DIANQI KONGZHI RUMEN
YU SHILI XIANGJIE

电气控制
入门与实例详解

陈洁 著

化学工业出版社

·北京·

内容简介

本书全面系统地介绍了电气控制技术及其应用,内容分为两篇,第一篇主要介绍常用低压电器、继电器控制及其电路、电动机控制及其电路、PLC控制及其电路、单片机控制及其电路等;第二篇列举了常见的电气控制工程应用案例,包括三相异步电动机的控制实例、机床控制实例、风机控制实例以及水泵控制实例等,每个实例都先给出控制方案,最后再介绍控制程序的设计。

本书内容体系完整、结构清晰、图文并茂、重点突出、案例典型、实用性强,非常适合电气控制技术人员学习使用,也可作为大中专院校相关专业师生的参考书。

图书在版编目(CIP)数据

电气控制入门与实例详解/陈洁著.—北京:化学工业出版社,2024.8
ISBN 978-7-122-45658-8

Ⅰ.①电… Ⅱ.①陈… Ⅲ.①电气控制 Ⅳ.①TM921.5

中国国家版本馆CIP数据核字(2024)第097605号

责任编辑:于成成 李军亮　　　　　　文字编辑:袁玉玉　袁　宁
责任校对:王　静　　　　　　　　　　装帧设计:王晓宇

出版发行:化学工业出版社
　　　　　(北京市东城区青年湖南街13号　邮政编码100011)
印　　装:大厂回族自治县聚鑫印刷有限责任公司
787mm×1092mm　1/16　印张20¾　字数518千字
2024年9月北京第1版第1次印刷

购书咨询:010-64518888　　　　　　售后服务:010-64518899
网　　址:http://www.cip.com.cn
凡购买本书,如有缺损质量问题,本社销售中心负责调换。

定　　价:99.00元

前言
PREFACE

在当今快速发展的工业自动化领域，电气控制技术越来越重要，作为现代工业体系不可或缺的核心技术，电气控制技术可以实现电气设备的高效、稳定和智能化运行，从而显著提高生产效率、保障生产安全。随着科技的持续进步和工业需求的不断扩大，精通电气控制技术已成为每个电气工程师的基本要求。

电气控制技术有继电器控制、PLC控制和单片机控制等多种类型。继电器控制按照某种逻辑关系将电器触头接通或断开，使电器线圈通电或断电，完成驱动电器功能。PLC以软件控制硬件，实现从硬逻辑到软逻辑的跨越，具有通用灵活、可靠性高、使用寿命长等优点，在工控领域得到了广泛应用。单片机的出现，使电气控制的个性化得到了进一步发挥：一方面单片机内置布尔处理机，其指令系统中的位操作类等指令可方便地进行逻辑或算术运算，实现控制功能；另一方面还可通过种种方法将PLC常用的梯形图语言嵌入到单片机开发中，实现PLC的单片机化。

针对电气控制技术不同应用场景的控制需求，本书系统全面地讲解了继电器控制、PLC控制和单片机控制等控制技术的基础逻辑与应用技巧，并通过大量工程实例，展示电气控制技术的复杂应用，帮助读者深入理解电气控制技术，并能够独立设计和应用复杂电气控制系统。

在内容编排上，本书注重理论与实践结合，主要分为两篇：第1篇全面系统地介绍了电气控制技术的基础知识，包括常用低压电器的分类、性能与选择，如熔断器、断路器、接触器和继电器等；继电器控制电路，如点动控制、双联控制、自锁控制、互锁控制等的实现以及电路逻辑函数原理；电动机控制技术与实现，如电动机的启动、保护、主回路与控制回路；以及PLC硬件结构、指令和梯形图设计，单片机硬件结构、指令和位处理程序设计等；第2篇讲解电气控制实例，该部分聚焦具体的工程实例，包括三相异步电动机控制、机床控制、风机控制和水泵控制等，每一个实例都是在讲解继电器控制电路的基础上，分别给出PLC和单片机控制方案，并详细介绍控制程序的设计。

本书内容体系完整、结构清晰、图文并茂、重点突出、案例典型、实用性强，非常适合电气控制技术人员学习使用，也可作为大中专院校相关师生的参考书。

本书由陈洁著，第1章的撰写得到了张雷的帮助，书中专用转换软件由叶剑锋工程师提供，在此表示感谢。本书控制程序均在PLC或制作的单片机控制板上验证通过。

由于著者水平和经验所限，书中不足之处在所难免，恳请广大读者予以批评指正。如有任何问题，欢迎发送电子邮件联系，邮箱为 chenjiee@126.com。

陈洁

目录

CONTENTS

第1篇
电气控制技术基础

第2篇
电气控制实例

第1篇

电气控制技术基础

　　本篇首先介绍电气控制中常用的低压电器分类、主要性能、产品示例和选择；其次对几种基本的继电器控制电路进行解读，并帮助读者举一反三、触类旁通；再次根据现行规范要求对三相交流异步电动机的选择、启动、保护，及主回路和控制回路的规定做说明，让读者明确规范；然后以三菱FX$_{3SA}$可编程控制器（PLC）为例，介绍其硬件结构、资源与指令，以及程序设计方法；以STC11F系列单片机为例，介绍其硬件结构、指令系统，以及适合电气控制的位处理程序设计方法；本篇的最后介绍PLC和单片机控制应用设计中需要用到的几种软件以及几款单片机控制板。学习本篇内容要求对电气控制基本知识有所了解。

第1章

常用低压电器

根据我国电工专业范围的划分和分工，低压电器标准规定，低压电器通常是指电压不超过 1000V 的交流工频电路或标称电压不超过 1500V 直流电路中起通断、控制、保护和调节作用的电气设备，以及利用电能来控制、保护和调节非电过程和非电装置的用电装备。

低压电器的种类繁多，用途广泛。按所控制的对象分为低压配电电器与低压控制电器。前者主要用于配电系统中，对此类电器的要求是工作可靠，有足够的动稳定性和热稳定性。这类电器有刀开关、隔离器、隔离开关、熔断器、断路器等。后者主要用于电力拖动自动控制系统和用电设备中，要求这类电器工作准确可靠、寿命长。主要有接触器、控制继电器、主令开关、起动器、电磁铁等。

低压电器应适应所在场所的环境条件，应按现行的国家有关标准要求，考虑各种外界的影响，包括环境温度、空气湿度、灰尘、水、腐蚀性气体、振动、电磁辐射、高海拔（大于2000m）的特殊条件。正常使用的条件为：

a. 周围空气温度不超过 40℃，24h 测得的平均值不超过 35℃，一年内测得的平均值低于该值；周围空气温度最低值为 -5℃。

b. 安装地点的海拔不超过 2000m。

c. 空气是干净的，其相对湿度在最高温度为 40℃时不超过 50%；在较低温度下可以有较高的相对湿度，例如在 20℃时相对湿度可达 90%。

1.1 熔断器

熔断器是当电流超过规定值足够长时间时，通过熔断一个或几个成比例的特殊设计的熔体分断此电流，由此断开其所接入电路的装置。它是根据电流超过规定值一定时间后，以其自身产生的热量使熔体熔化，从而使电路断开的原理制成的一种电流保护器。熔断器广泛应用于低压配电系统和控制系统及用电设备中，作为短路和过电流保护，是应用普遍的保护器件之一。

熔断器由绝缘底座（或支持件）、触头、熔体等组成。熔体是熔断器的主要工作部分，熔体相当于串联在电路中的一段特殊导线，当电路发生短路或过载时，电流过大，熔体因过热而熔化，从而切断电路。熔体常做成丝状、栅状或片状。熔体材料具有相对熔点低、特性稳定、易于熔断的特点。熔体一般采用铅锡合金、镀银铜片、锌、银等金属制成，其截面内具有多个狭颈或缺口。狭颈或缺口的形状是熔断器设计的重点，一般通过精密冲切的方式制成。

熔断器的正常工作条件是：系统电压的最大值不超过熔断器额定电压的110％；对于从交流电整流的直流电压，其脉动引起的变化应不大于110％额定电压平均值的5％或不低于9％；对于额定电压为690V的熔断器，最大系统电压不应超过熔断器额定电压的105％。应按制造厂说明书安装熔断器。

1.1.1　熔断器分类

(1) 按结构分类

① 专职人员使用的熔断器（主要用于工业）：刀型触头熔断器、螺栓连接熔断器、圆筒形帽熔断器、偏置触刀熔断器。

② 非熟练操作人员使用的熔断器（主要用于家用和类似用途）：D型熔断器、NF圆管式熔断器、BS圆管式熔断器、用于插头的圆管式熔断体（BS插头熔断器）。

(2) 按分断范围分类

第一个字母表示分断范围。

① g熔断体。全范围分断能力熔断体，能分断使熔断体熔化的电流至额定分断能力之间的所有电流的限流熔断体。

② a熔断体。部分范围分断能力熔断体，能分断某一最小电流值（通常为熔断体额定电流 I_n 的某一倍数）至额定分断能力之间的所有电流的限流熔断体。

(3) 按使用类别分类

第二个字母表示使用类别。该字母准确地规定时间-电流特性、规定时间（约定时间）和约定电流以及门限。

① G类。一般用途熔断体，用于配电线路保护。

② M类。保护电动机的熔断体。

③ Tr类。保护变压器的熔断体。

④ R和S类。半导体设备保护用熔断体，R类更快，S类耗散功率较小。

⑤ D类。延时熔断体。

⑥ N类。非延时熔断体。

⑦ PV类。太阳能光伏系统保护用熔断体。

(4) 分断范围和使用类别的组合

① gG：一般用途范围分断能力的熔断体。

② gM：保护电动机电流全范围分断能力的熔断体。

③ aM：保护电动机电流部分范围分断能力的熔断体。

④ gD：全范围分断能力延时熔断体。

⑤ gN：全范围分断能力非延时熔断体。

⑥ gR：半导体设备保护全范围分断能力延时熔断体。

⑦ gPV：用于太阳能光伏系统全范围分断能力延时熔断体。

1.1.2　熔断器主要性能

熔断器设计成在短路和过载两个条件下动作。典型的短路电流水平为10倍或以上的熔断器额定电流，过载电流水平为低于10倍的熔断器额定电流。

（1）分断能力

在额定频率和电压不超过正常工作条件所规定的恢复电压下，熔断器应能分断其预期电流在以下电流范围内的任何电流：对"g"熔断体，电流为 I_f；对"a"熔断体，电流为 $k_2 I_n$。还需要具有在交流情况下不低于规定功率因数相应于预期电流值的额定分断能力；在直流情况下不大于规定时间常数相应于预期电流值的额定分断能力。

（2）焦耳积分 $I^2 t$

在给定时间间隔内电流平方的积分。弧前 $I^2 t$ 是熔断器弧前时间内的 $I^2 t$ 积分；熔断 $I^2 t$ 是熔断器熔断时间内的 $I^2 t$ 积分。

$I^2 t$ 特性是在规定动作条件下作为预期电流函数的 $I^2 t$（弧前和/或熔断 $I^2 t$）曲线。

（3）短路情况下的熔断器动作

短路期间，所有狭颈（缺口）同时熔化，形成了与熔体狭颈数量相同的一系统电弧。所产生的电弧电压能使电流迅速减小，并强制降为零。该动作称为"限流"。

熔断器动作分为两个阶段，如图1-1所示。弧前（熔化）阶段（t_m）：狭颈（缺口）发热至熔点，且伴随材料汽化。燃弧阶段（t_a）：每个缺口开始起弧，然后电弧被填料熄灭。熔断时间为弧前时间与燃弧时间之和。

弧前 $I^2 t$ 和熔断 $I^2 t$ 分别表示在弧前时间和熔断时间内被保护电路中电流释放的能量。图1-1展示了短路条件下熔断体的限流能力。应注意熔断体的截断电流 i_c 大大低于预期电流峰值 I_p。

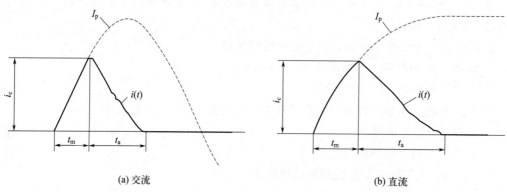

(a) 交流　　　　　　　　　(b) 直流

图 1-1　限流熔断器动作

t_m—弧前时间；t_a—燃弧时间；I_p—预期电流峰值；i_c—被熔断器限制的电流

（4）过载情况下熔断器动作

过载期间，有"M效应"的材料熔化，在熔体的缺口处形成电弧。围绕熔体的填料（通常为干净石英砂）快速熄灭电弧，并强制将电流降为零。冷却时，熔化的填料转变成如玻璃状的材料，将熔体的各断开部分互相隔离，防止电弧重燃和电流再流通。

熔断器动作仍分为两个阶段，如图1-2所示。弧前（熔化）阶段（t_m）：熔体发热至含M效应材料部分的熔点。典型的弧前时间长于数毫秒，并且与过载电流的大小成反比。低水平的过载形成更长的弧前时间，从数秒至数小时不等。燃弧阶段（t_a）：电弧在M效应材料处产生，随后被填料熄灭。燃弧时间取决于动作电压。两个阶段形成了熔断器熔断时间（$t_m + t_a$）。弧前 $I^2 t$ 和熔断 $I^2 t$ 的值分别表示在弧前（熔化）时间和熔断时间内被保护电路

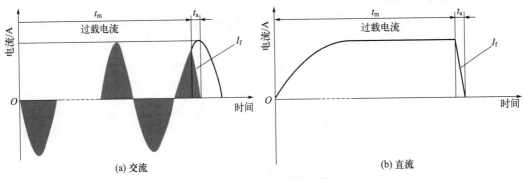

图 1-2　过载时熔断器动作

中过载电流释放的能量；在过载条件下，虽然弧前 I^2t 值非常高，但它几乎不提供有用的应用数据。如果弧前时间大于数个周期或数个时间常数，则弧前时间是优先测量值。在此情况下，与弧前时间相比，燃弧时间可忽略。

（5）约定时间和约定电流

约定时间和约定电流参数关系到线路过负荷保护的实施，专职人员使用的 gG 熔断体的约定时间和约定电流见表 1-1。其中 I_n 为熔断体额定电流，即在规定条件下，熔断体能够长期承载而不使性能降低的电流；I_{nf} 为约定不熔断电流，即在规定时间（约定时间）内熔断体能承载而不熔化的规定电流值；I_f 为约定熔断电流，即在规定时间（约定时间）内引起熔断体熔断的规定电流值。

表 1-1　gG 熔断体的约定时间和约定电流

额定电流（I_n）/A	约定时间/h	约定电流	
		I_{nf}	I_f
$I_n \leqslant 4$	1	$1.5I_n$	$2.1I_n$
$4 < I_n < 16$	1	$1.5I_n$	$1.9I_n$
$16 \leqslant I_n \leqslant 63$	1	$1.25I_n$	$1.6I_n$
$63 < I_n \leqslant 160$	2		
$160 < I_n \leqslant 400$	3		
$400 < I_n$	4		

（6）熔断器之间的选择性

当熔断时间≥0.1s 时，熔断体之间的选择性通过时间-电流特性进行验证。当熔断时间<0.1s 时，熔断体之间的选择性通过弧前 I^2t 和熔断 I^2t 的值进行验证，应使上级熔断体的最小弧前 I^2t 值不小于下级熔断体的最大熔断 I^2t 值，即具有选择性。

熔断体额定电流 $I_n \geqslant 16A$ 的 gG 熔断器，上下级的额定电流之比为 1.6：1（及更大）时，选择性可得到保证。对于每个预期电流值，上级熔断器的最小弧前时间，不应小于下级熔断器的最大熔断时间，选择性即可实现。按照标准规定的熔断体额定电流值，以下两个系列相邻值间可有选择性：

16A/25A/40A/63A/100A/160A/250A/400A/630A/1000A

20A/32A/50A/80A/125A/200A/315A/500A/800A

（7）超过海拔 2000m 的动作

在海拔不超过 2000m 处，低压熔断体可以承载额定电流而不需要降容。随着海拔的升高，熔断器的载流能力会受周围冷却空气影响，载流能力随气压下降而降低。随着空气密度减小，熔断体的热对流降低，当海拔超过 2000m 时，每超过 100m 要求 0.5% 的降容系数，用公式表述为

$$\frac{I}{I_n} = 1 - \frac{h-2000}{100} \times \frac{0.5}{100}$$

式中　I——在海拔 h 处的最大载流能力，A；

　　　I_n——不超过海拔 2000m 处的额定电流，A；

　　　h——海拔高度，m。

1.1.3　熔断器参数及产品示例

（1）主要技术参数

熔断器的主要技术参数有额定电压、额定电流、熔体额定电流、环境温度、耗散功率、极限分断能力等。

① 额定电压　熔断器的额定电压是指熔断器长期工作时和分断后能够承受的电压，其值一般等于或大于电气设备的额定电压。交流熔断器额定电压标称值为 230V、400V、500V、690V。

② 额定电流　熔断器的额定电流是指熔断器长期工作时，设备部件温升不超过规定值时所能承受的电流。厂家为了减少熔断器支持件额定电流的规格，熔断器支持件的额定电流等级比较少，而熔体的额定电流等级比较多，即在一个额定电流等级的熔断器支持件内可以分几个额定电流等级的熔体，但熔体的额定电流最大不能超过熔断器支持件的额定电流。

③ 环境温度　熔断器的环境温度是指直接环绕熔断体的空气温度，不应与室温相混淆。在许多实用场合，熔断体的温度相当高，这是因为熔断体是配置在不同结构的支持件或底座中以及整个熔断器又是封闭在配电柜或控制柜中。

④ 耗散功率　熔断体在规定的使用和性能条件（包括稳态温度条件到达后的电流恒定有效值）下承载规定电流时释放的功率。

（2）熔断器组合电器

熔断器组合电器将由熔断体提供的电路保护和由开关提供的通断功能组合在一个单元内。有两种不同类型的熔断器组合电器：开关熔断器组和隔离开关熔断器组是与熔断体串联的开关，通常是与操作人员无关的带手操装置的电器（速动）；熔断器式隔离器和熔断器式隔离开关其熔断体本身作为电器的移动部件，通常是与操作人员有关的带手操装置的电器。开关和熔断器组合电器的定义和符号见表 1-2。

表 1-2　开关和熔断器组合电器的定义和符号

开关		
开关（接通和分断）	隔离器（隔离）	隔离开关（接通分断和隔离）

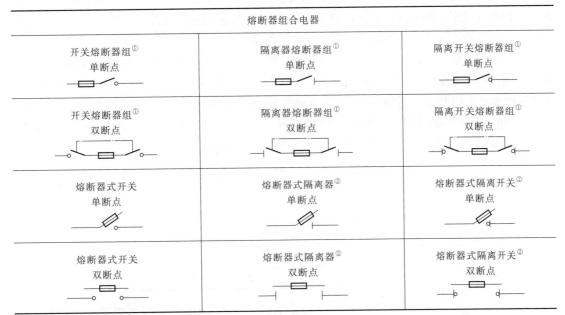

熔断器组合电器		
开关熔断器组[①] 单断点	隔离器熔断器组[①] 单断点	隔离开关熔断器组[①] 单断点
开关熔断器组[①] 双断点	隔离器熔断器组[①] 双断点	隔离开关熔断器组[①] 双断点
熔断器式开关 单断点	熔断器式隔离器[②] 单断点	熔断器式隔离开关[②] 单断点
熔断器式开关 双断点	熔断器式隔离器[②] 双断点	熔断器式隔离开关[②] 双断点

注：显示为单断点的设备可以为双断点。

① 熔断器可以在设备触头的任意一侧或在这些触头之间的固定位置。

② 电源和负载接线端子间的隔离仅能通过试验来验证。

(3) 产品示例

① RL 螺旋式熔断器 螺旋式熔断器由熔断体、熔断器底座（熔座）、载容件三部分组成。熔断管装有石英砂，熔体埋于其中。熔体熔断时，电弧喷向石英砂及其缝隙，可迅速降温而熄灭。为了便于监视，熔断器一端装有色点，不同的颜色表示不同的熔体电流，熔体熔断时，色点跳出，示意熔体已熔断。螺旋式熔断器额定电流为 5～200A，主要用于短路电流大的分支电路或有易燃气体的场所。某一般用途全范围分断能力的熔断体产品主要技术参数如表 1-3 所示，该产品外形如图 1-3 所示。

表 1-3　RL1 gG 熔断器主要技术参数

型号规格	额定电压 /V	额定频率 /Hz	额定电流/A		额定分断能力	
			熔断器	熔断体	I_r/kA	$\cos\varphi$
RL1-15	380	50	15	2/4/6/10/15	50	0.35
RL1-60			60	20/25/30/35/40/50/60/		
RL1-100			100	60/80/100		0.25
RL1-200			200	100/125/150/200		

② RT 熔断器 填料管式熔断器是一种有限流作用的熔断器。由填有石英砂的瓷熔管、触头和镀银铜栅状熔体组成。填料管式熔断器均装在特别的底座上，如带隔离刀闸的底座或以熔断器为隔离刀的底座上，通过手动机构操作。填料管式熔断器额定电流为 50～1000A，主要用于短路电流大的电路或有易燃气体的场所。

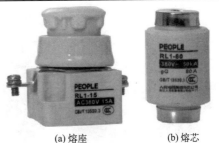

(a) 熔座　　　　　(b) 熔芯

图 1-3　RL1 gG 熔断器产品外形

a. RT14 系列。RT14 系列为瓷质圆筒形结构，两端有帽盖。该系列熔断器由熔断体和熔断器支持件（底座、载熔件）组成，额定电流为 20A 的熔断器支持件有螺栓安装和导轨安装两种结构，其他电流等级为螺栓安装。该系列熔断器熔体分为带撞击器和不带撞击器两种。带撞击器的熔体熔断时撞击器弹出，既可作为熔断信号指示，也可以触动微动开关驱动继电器等电器线圈，进行电动机的断相保护。该系列熔断器主要技术参数如表 1-4 所示。某产品外形如图 1-4 所示，该产品功能等级 gG/gL 用于电缆和导线系统保护，gT 用于变压器系统保护，aM/gM 用于电动机系统保护；额定分断能力为 AC 400V 100kA、AC 500V/690V 50kA、DC 250V≥10kA，电压为 AC 250V 和 AC 415V 产品的分断能力为 8～30.3kA。

表 1-4　RT14 系列熔断器主要技术参数

型号	额定电压 /V	额定电流/A		额定分断能力	
		熔断器	熔断体	I_r/kA	$\cos\varphi$
RT14-20	AC 400，DC 250	20	2/4/6/10/20	100	0.1～0.2
RT14-32		32	2/4/6/10/20/25/32		
RT14-63		63	10/16/20/25/32/40/50/63		

(a) 熔座　　　　(b) 熔芯

图 1-4　RT14 产品外形

b. RT18 系列。RT18 系列熔断器由熔断体、熔断器支持件（底座、载熔件）组成。熔断体由熔管、熔体、填料等组成。由纯铜带或丝制成的变截面熔体装于高强度的熔管内，熔管中填满高纯度石英砂作为灭弧介质。熔断器支持件由底座、载熔件等组成，熔断器工作时呈全封闭式结构。载熔件上可带熔断指示灯，熔断体熔断时指示灯点亮。支持件采用 TH35 标准导轨式安装，方便快捷。两个端面的接线端子利用螺栓与外导线连接。

某一般用途全范围分断能力的 gG 型熔断体产品主要技术参数如表 1-5 所示，该产品外形如图 1-5 所示，产品极数有 1/2/3/4 极，型号最后一位字母 X 为带指示灯。

表 1-5　RT18 gG 熔断器主要技术参数

型号规格	额定电压 /V	额定频率 /Hz	额定电流/A		额定分断能力	
			熔断器	熔断体	I_r/kA	$\cos\varphi$
RT18-32	380	50	32	2/4/6/8/10/12/16/20/25/32	100	0.1～0.2
RT18-63			63	2/4/6/8/10/12/16/20/25/32/40/50/63		
RT18-125			125	2/4/6/8/10/12/16/20/25/32/40/50/63/80/100/125		

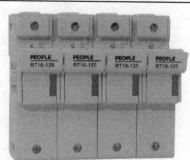

图 1-5　RT18 产品外形

　　c. RT28 系列。RT28 型圆筒形帽熔断器适用于额定电压至交流 500V，额定电流至 63A 的配电装置中作为过载和短路保护。氖灯和电阻组成了熔断器底座熔断体熔断信号装置（代号 "X"）。RT28-32、RT28-63 熔断体可分为 gG 型和 aM 型，gG 型为全范围分断能力一般用途熔断体，aM 型为部分分断电动机短路保护熔断体，gG 型和 aM 型熔断体均可与 RT28 系列底座配合使用。RT28N-32X 熔断器底座外形如图 1-6 所示。熔断器底座与熔断体配用见表 1-6。

图 1-6　RT28N-32X 熔断器底座外形

表 1-6　熔断器底座与熔断体配用表

熔断器底座型号	配用的熔断体（熔芯）			分断能力 /kA
	尺码/(mm×mm)	熔断体型号	电流/A	
RT14-20	10×38	RT14-20、RT28-32	2/4/6/8/10/16/20	100
RT14-32	14×51	RT14-32、RT28-63	2/4/6/8/10/16/20/25/32	100
RT14-63	22×58	RT14-63、RT29-125	10/16/20/25/32/40/50/63	100
RT28-32	10×38	RT14-20、RT28-32	2/4/6/8/10/16/20/25/32	20
RT28-32X				
RT28N-32				
RT28N-32X				
HG30-32				
HG30-32X	14×51	RT14-32、RT28-63	10/16/20/25/32/40/50/63	20
RT28-63X				
RT29-125	22×58	RT14-63、RT29-125	25/32/40/50/63/80/100/125	100

　　③ RS 快速熔断器　RS0、RS3 系列半导体设备保护用熔断体适用于交流 50Hz、额定电压最高至 500V、额定电流至 1000A 的工业电气配电装置中，主要作为硅整流元件、晶闸管等半导体元件的短路保护。设计序号中数字 0 表示保护硅整流元件用，数字 3 表示保护晶闸管元件用。

　　RS0、RS3 系列熔断体由 L 形母线接线端子、熔管、熔体、填料、指示件组成。由纯银片制成的变截面熔体封装于高强度的熔管内，熔管中填满高纯度石英砂作为灭弧介质，熔体两端采用点焊与母线接线端子牢固连接，指示件与熔体并联。当熔体熔断瞬间指示件立即弹出，显示熔断体已熔断。此类熔断体还可外加 RX1 系列熔断信号器，当熔体熔断时信号器同时动作，推动微动开关，带动其他辅助电器工作，应转换电路或提醒操作人员注意。熔断体为螺栓连接，无需底座配合使用。

RS0、RS3 系列半导体设备短路保护用 aR 型熔断器产品主要技术参数如表 1-7 所示，该产品外形如图 1-7 所示。

表 1-7　RS0、RS3 系列熔断器主要技术参数

熔断器型号	额定电压/V	电流等级/A	熔断体额定电流/A	最大耗散功率/W	额定分断能力/kA
RS0-50	500	50	10/12/15/20/32/40/50	15	50
RS0-100		100	32/50/63/80/100	35	
RS0-200		200	125/150/160/180/200	50	
RS0-400		400	150/200/250/300/320/350/400	90	
RS0-600		600	250/300/320/350/400/480/500/600	115	
RS3-50	500	50	10/12/15/20/32/40/50	20	50
RS3-100		100	32/50/63/80/100	50	
RS3-200		200	125/150/160/180/200	60	
RS3-400		400	150/200/250/300/320/350/400	70	
RS3-600		600	250/300/320/350/400/480/500/600	85	
RS3-1000		1000	600/700/800/1000	100	

图 1-7　RS0、RS3 系列产品外形

④ 熔断式隔离开关　HR17B 系列熔断式隔离开关，适用于交流 50Hz、额定电压 660V、约定自由空气发热电流至 630A 的具有短路电流的配电电路和电动机电路中，用作手动不频繁操作的电源开关、隔离开关和应急开关，并作电流短路保护之用，但一般不作直接开闭单台电动机之用。

HR17B 系列熔断式隔离开关主要由底座、上盖、灭弧罩等部分组成。静触头直接装在底座上，熔断体装在上盖中直接作为动触头刀片用，上盖可沿底座上的支点呈扇形旋转打开，使熔断体从插座中完全拔出，并具有较大的隔离距离，上盖亦可方便地从底座上撤出，便于开关的安装与安全拆换熔断体。该开关中底座、上盖、灭弧罩等均由耐弧塑料压制而成，为全塑型结构，具有良好的机械强度、阻燃性能与介电性能，且结构简单、拆装方便、安全可靠。灭弧罩中装有多片金属灭弧栅，能加强隔离开关的灭弧能力，消除飞弧的危害，提高触头的使用寿命。该隔离开关可带负荷操作，可挂接在母线上，也可固定安装在面板上，可插熔断体作为动触头用，也可直接带刀片当隔离开关用，可带辅助 1 开 1 闭微动开关，用以指示开关的接通与分断。

HR17B 系列熔断式隔离开关主要技术参数见表 1-8，配用熔断体见表 1-9，用于电动机电路时允许熔断体的额定电流大于隔离开关的额定电流，该产品外形如图 1-8 所示。

表 1-8　HR17B 系列熔断式隔离开关主要技术参数

约定自由空气发热电流 I_{th}/A		40	63	160	250	400	630
额定绝缘电压 U_i/V		690			800		
工频耐压/V		2500			3000		
额定工作电压 U_e/V		AC 400/600					
额定频率/Hz		50					
使用类别	AC 400V	AC-23B					
	AC 600V	AC-21B、AC-22B					
额定接通能力(A_{rms})		$10I_e$					
额定分断能力(A_{rms})		$8I_e$					
额定限制短路电流/kA		50					
额定工作电流 I_e/A	400V/AC-23B	40	63	160	250	400	630
	660V/AC-22B	32	50	100	200	315	425
机械寿命/次		10000	8000	5000	3000	2000	1500
电寿命/次		3000	2000	1000	600	400	300
操作力/N		≤100	≤150	≤250	≤300	≤350	≤400
熔断器损耗功率 P/W		4	6	12	24	34	48
辅助微动开关主参数		50Hz、AC-15/230V、3A					

表 1-9　HR17B 系列熔断式隔离开关与熔断体的配用

约定自由空气发热电流 I_{th}/A	配用熔断体尺码	熔断体额定电流/A
40	RT14	2/4/6/8/10/12/16/20/25/32/40
63	RT14	10/12/16/20/25/32/40/50/63
160	NT00	10/16/25/32/40/50/63/80/100/125/160
250	NT1	80/100/125/160/200/225/250
400	NT2	125/160/200/225/250/300/315/355/400
630	NT3	315/355/400/425/500/630

图 1-8　HR17B 系列熔断式隔离开关外形

1.1.4　熔断器的选择

由于各种电气设备都具有一定的过载能力，允许在一定条件下较长时间运行；而当负载超过允许值时，就要求保护熔体在一定时间内熔断。还有一些设备启动电流很大，但启动时间很短，所以要求这些设备的保护特性要适应设备运行的需要，要求熔断器在电机启动时不熔断，在短路电流作用下和超过允许过负荷电流时，能可靠熔断，起到保护作用。熔体额定电流选择偏大，负载在短路或长期过负荷时不能及时熔断；选择过小，可能在正常负载电流作用下就会熔断，影响正常运行。为保证设备正常运行，必须根据负载性质合理地选择熔体额定电流。

gG 型和 gN 型熔断器可用于电动机和电动机起动器电路的保护部件，选择熔断器电流额定值除了满足过负荷、短路保护外，还应躲过电动机启动时的尖峰电流。启动时的尖峰电流取决于电动机采用的启动方式。对于直接启动，该电流是电动机额定电流的 6～8 倍；对于星三角或自耦变压器启动，该电流是电动机额定电流的 3～4 倍。因此熔断器的额定电流可能大大高于电动机的额定电流。交流电动机短路保护的熔断器，其额定电流应大于电动机额定电流，且其安秒特性曲线计及偏差后应略高于电动机启动电流-时间特性曲线。当电动机频繁启动和制动时，熔断体的额定电流应加大 1 级或 2 级。

除了用一般用途熔断器保护电动机外，还可用其他用于电动机保护的熔断器类型，如具有全范围分断能力的使用类别 gD 和 gM 的熔断器，以及仅提供短路保护的使用类别 aM 的后备保护熔断器。这些特殊类型的熔断器能耐受较高电动机启动电流，不需要像一般用途熔断器那样提高电流等级。

(1) 单台电动机回路熔断体选择

电动机的短路和接地故障保护器应优先选 aM 熔断器。aM 熔断器的熔断体额定电流按同时满足两个条件选择：熔断体额定电流大于电动机的额定电流；电动机的启动电流不超过熔断体额定电流的 6.3 倍。若电动机启动电流按 7 倍考虑，熔断体额定电流可取电动机额定电流的 1.1 倍左右。gG 熔断器的规格宜按熔断体允许通过的启动电流来选择。笼形电动机直接启动时熔断器的选择参考见表 1-10。

表 1-10　笼形电动机直接启动时熔断器的参考规格

电动机额定功率 /kW	电动机额定电流 /A	电动机启动电流 /A	熔断体额定电流/A	
			aM 熔断器	gG 熔断器
0.55	1.6	8	2	4
0.75	2.1	12	4	6
1.1	3	19	4	10
1.5	3.8	25	4 或 6	10
2.2	5.3	36	6	16
3	7.1	48	10	20
4	9.2	62	10	20
5.5	12	83	16	25
7.5	16	111	20	32
11	23	167	25	40 或 50

电动机额定功率 /kW	电动机额定电流 /A	电动机启动电流 /A	熔断体额定电流/A	
			aM 熔断器	gG 熔断器
15	31	225	32	50 或 63
18.5	37	267	40	63 或 80
22	44	314	50	80
30	58	417	63 或 80	100
37	70	508	80	125
45	85	617	100	160
55	104	752	125	200
75	141	1006	160	200
90	168	1185	200	250
110	204	1388	250	315
132	243	1663	315	315
160	290	1994	400	400
200	361	2474	400	500
250	449	3061	500	630
315	555	3844	630	800

注：1. 电动机额定电流取 4 极和 6 极的平均值；电动机启动电流取同功率中最高两项的平均值，均为 Y2 系列的数据，但对 YX3 系列也基本适用。

2. aM 熔断器规格参考法国溯高美索克曼（SOCOMEC）公司资料；gG 熔断器规格参考欧洲熔断器协会的资料，但均按国产电动机数据予以调整。

（2）多台电动机配电线路熔断体选择

多台电动机配电线路熔断体选择应符合下列要求，即

$$I_r \geqslant K_r[I_{rM1} + I_{c(n-1)}]$$

式中　I_r——熔断体额定电流，A；

I_c——线路的计算电流，A；

I_{rM1}——线路中启动电流最大的一台电动机的额定电流，A；

$I_{c(n-1)}$——除启动电流最大的一台电动机以外的线路计算电流，A；

K_r——配电线路熔断体选择计算系数，取决于最大一台电动机的启动状况，最大一台电动机额定电流与线路计算电流的比值及 K_r 值见表 1-11。

表 1-11　最大一台电动机额定电流与线路计算电流的比值及 K_r 值

I_{rM1}/I_c	≤0.25	0.25~0.4	0.4~0.6	0.6~0.8
K_r	1.0	1.0~1.1	1.1~1.2	1.2~1.3

1.2　断路器

断路器是能接通、承载以及分断正常电路条件下的电流，也能在所规定的非正常电路（例如短路）下接通、承载一定时间和分断电流的一种机械开关电器。在电路中作接通、分

断和承载额定工作电流和短路、过载等故障电流,并能在线路和负载发生过载、短路、欠压等情况下,迅速分断电路,进行可靠的保护。

低压断路器主要由触头系统、灭弧系统、各种脱扣器和操作机构等部分组成。主触头有单断口指式触头、双断口桥式触头、插入式触头等几种形式。主触头的动、静触头接触处焊有接触电阻小的银基合金镶块,在正常情况下除可以长时间通过较大的负荷电流外,还可以接通或分断负荷电流,在故障情况下还必须可靠分断故障电流。灭弧装置一般为栅片式灭弧罩,灭弧室的绝缘壁一般用钢板纸压制或用陶土烧制。灭弧装置的主要作用是熄灭触头在切断电路时所产生的电弧。脱扣器是低压断路器中用来接收信号的元件。若线路中出现不正常情况或由操作人员或继电保护装置发出信号时,脱扣器会根据信号的情况通过传递元件使触头动作,掉闸切断电路。低压断路器的脱扣器一般有过电流脱扣器、热脱扣器、欠电压脱扣器和分励脱扣器等几种。断路器的操作机构一般为四连机构,可分为直接手柄传动操作机构、电磁铁操作结构、电动机操作机构、电动操作机构和液压操作机构等五种。

1.2.1　断路器分类

(1) 按选择性类别分类

① A类　A类断路器是通常具有反时限和瞬时动作过电流脱扣器,而没有短延时过电流脱扣器的断路器,在短路条件下可通过其他方式提供选择性,是一种非选择性型断路器。

非选择性型断路器在短路情况下,不明确用作串联在负载侧的另一个短路保护装置的选择性保护,无人为的短延时,因而没有额定短路时耐受电流的要求。非选择性型断路器也可以为长延时动作,只作为过负荷保护用。

② B类　具有符合规定的额定短时耐受电流值及相应短延时过电流脱扣器的断路器,是选择性型断路器。

选择性型断路器有两段、三段保护和智能化保护。两段保护为瞬时和短延时特性两段,三段保护为瞬时、短延时和长延时特性三段。其中瞬时和短延时特性适合短路保护,长延时特性适用于过负荷保护。选择性型断路器在短路情况下,明确用作串联在负载的另一个短路保护装置的选择性保护,即有人为的短延时(可调节),其延时时间不小于0.05s,因而有额定短时耐受电流要求。

(2) 按分断介质分类

① 空气中分断　触头在大气压力的空气中断开和闭合的断路器,称为空气断路器。

② 真空中分断　触头在高真空管中断开和闭合的断路器,称为真空断路器。

③ 气体中分断　触头在除大气压力或较高压力的空气外的气体中断开和闭合的断路器,称为气体断路器。

(3) 按设计形式分类

根据设计形式可以分为万能式、塑料外壳式、小型模数式。

(4) 按操作机构的控制方法分类

根据操作机构的控制方法可以分为有关人力操作、无关人力操作、有关动力操作、无关动力操作和储能操作。

(5) 按是否适合隔离分类

根据是否适合隔离可以分为适合隔离、不适合隔离。

（6）按是否需要维修分类

根据是否需要维修可以分为需要维修、不需要维修。

（7）按安装方式分类

根据安装方式可以分为固定式、插入式、抽屉式。

（8）按脱扣器形式分类

根据脱扣器形式可以分为分励脱扣器、过电流脱扣器、欠电压脱扣器、闭合脱扣器、其他脱扣器。其中过电流脱扣器又分为：

① 瞬时脱扣器：短路脱扣器的最常用形式，无任何人为延时动作。

② 定时限脱扣器：即短路延时脱扣器，经一定延时后动作的短路脱扣器，通常延时时间分几挡可选，但不受短路电流值大小的影响。

③ 反时限脱扣器：即过载脱扣器，延时动作时间与过电流值大小变化趋势相反。

1.2.2　断路器主要性能

断路器的特性包括断路器的形式（种类、极数）、主电路的额定值和极限值（包括短路特性）、时间-电流特性、使用类别、控制电路、辅助电路、继电器和脱扣器、与短路保护电器的协调配合、通断操作过电压等。

（1）额定值

① 额定工作电压 U_e　额定工作电压是一个与额定工作电流组合共同确定电器用途的电压值，它与相应的试验和使用类别有关。单极电器的额定工作电压一般规定为跨极两端电压。多极电器的额定工作电压规定为相间电压。常用的有交流 220V、380V、660V、1140V；直流 110V、240V、750V、850V、1000V、1500V。

② 额定绝缘电压 U_i　额定绝缘电压是一个与介电试验电压和爬电距离有关的电压值。在任何情况下最大的额定工作电压值不应超过额定绝缘电压值。

③ 额（整）定电流 I_n　断路器的额定电流就是额定不间断电流 I_u，并且等于约定自由空气发热电流 I_{th}。不可调过载脱扣器的额定电流就是断路器的额定电流 I_n。可调式过载脱扣器的电流整定值，通常称为整定电流，采用符号 I_n。

（2）短路特性

短路特性是断路器在短路条件下应考虑的基本要求，说明如下：

① 额定短时耐受电流 I_{cw}　额定短时耐受电流是在有关产品标准规定的试验条件下由制造商规定断路器能够无损地承载的短时耐受电流值。

② 额定短路接通能力 I_{cm}　额定短路接通能力是在额定工作电压、额定频率、规定的功率因数（交流）或时间常数（直流）下由制造商对电器所规定的短路接通能力电流值。在规定的条件下，用最大预期峰值电流表示。

③ 额定短路分断能力 I_{cn}　额定短路分断能力是在额定工作电压、额定频率、规定的功率因数（交流）或时间常数（直流）下由制造商对电器所规定的短路分断能力电流值。在规定的条件下，用预期分断电流值（对交流，用交流分量有效值）表示。

④ 额定限制短路电流　额定限制短路电流是在有关产品标准规定的试验条件下，用制造商指定的短路保护电流进行保护的电器，由制造商规定在短路保护电器动作时间内能够良好地承受的预期短路电流值。

(3) 时间-电流特性

过电流脱扣器的时间-电流特性，由生产商提供的曲线形式给出，这些曲线表示断路器从冷态开始的断开时间与过负荷和短路脱扣器动作范围内的电流变化关系，以对数坐标表示。

1.2.3 微型断路器产品示例

微型断路器（MCB）是指符合标准 GB/T 10963.1—2020《电气附件 家用及类似场所用过电流保护断路器 第1部分：用于交流的断路器》要求，适用于交流 50Hz、60Hz 或 50/60Hz，额定电压不超过 440V（相间），额定电流不超过 125A，额定短路分断能力不超过 25000A 的交流空气式断路器。这些断路器是用来作建筑物线路设施的过电流保护及类似用途，它们设计成为未受过训练的人员使用，并且无需维修。在类似场所使用，当同时符合 GB/T 14048.2—2020 时，可以用于工业和公共建筑的终端回路。

(1) 分类

① 根据极数分为：单极断路器、带一个保护极的二极断路器、带两个保护极的二极断路器、带三个保护极的三极断路器、带三个保护极的四极断路器、带四个保护极的四极断路器。保护极是指具有过电流脱扣器的极；不带保护极是没有装过电流脱扣器的极，常用于开闭中性导体的极。

② 根据安装方式分为：平面安装式、嵌入式安装、面板式（配电板式安装）。

③ 根据瞬时脱扣电流分为：B型、C型、D型，以及制造商特定的类型。

(2) 主要特性

① 瞬时脱扣的标准范围 瞬时脱扣的范围见表 1-12。其中，I_n 为反时限脱扣器额定电流。对特定场合，脱扣形式 D 可使用至 $50I_n$ 值。

表 1-12 瞬时脱扣范围

脱扣形式	脱扣范围
B	$>3I_n \sim 5I_n$
C	$>5I_n \sim 10I_n$
D	$>10I_n \sim 20I_n$

② 约定时间和约定脱扣电流 家用和类似场所用断路器的时间-电流动作特性见表 1-13。其中，I_n 为反时限脱扣器额定电流，A；$1.13I_n$ 是约定不脱扣电流；$1.45I_n$ 是约定脱扣电流。

表 1-13 家用和类似场所用断路器的时间-电流动作特性

试验电流	起始状态	脱扣或不脱扣时间极限/h		预期结果
		$I_n \leqslant 63A$	$I_n > 63A$	
$1.13I_n$	冷态	1	2	不脱扣
$1.45I_n$	电流在5s内稳定增加	1	2	脱扣

(3) 产品示例

① RDB5-125 系列 RDB5-125 系列小型断路器，主要用于交流 50Hz 或 60Hz、额定工

作电压400V、额定电流至125A、额定短路分断能力不超过6000A的保护配电线路中，作线路不频繁接通、分断和转换之用，具有过载、短路保护功能。主要技术参数见表1-14，脱扣曲线如图1-9所示，产品外形如图1-10所示。

表1-14　RDB5-125系列小型断路器主要技术参数

壳体等级额定电流 I_n/A	125
额定电流 I_n/A	63/80/100/125
功能	短路保护、过载保护、隔离、控制
极数/P	1、2、3、4
额定频率/Hz	50
额定绝缘电压/V	AC 500
额定冲击耐受电压 U_{imp}/V	4000
额定工作电压 U_e/V	230/400
运行短路能力 I_{cs}/A	6000
瞬时脱扣特性	C、D
电气寿命/次	10000

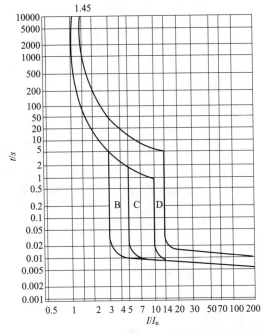

图1-9　RDB5-125系列小型断路器脱扣曲线

图1-10　RDB5-125系列小型断路器产品外形

② DZ47-60系列　DZ47-60小型断路器，适用于照明配电系统（C型）或电动机的配电系统（D型）。主要用于交流50Hz或60Hz、额定工作电压400V、额定电流至60A的线路中，作过载、短路保护，同时也可以在正常情况下不频繁地通断电器装置和照明线路。主要技术参数见表1-15，脱扣曲线如图1-11所示，限流特性如图1-12所示，产品外形如图1-13所示。

表 1-15 DZ47-60 系列小型断路器主要技术参数

壳体等级额定电流 I_n/A		60	
额定电流 I_n/A		1/2/3/4/5/6/10/15/16/20/25/32/40/50/60	
功能		短路保护、过载保护	
极数/P		1、2、3、4	
瞬时脱扣器形式		C 型（$5I_n \sim 10I_n$）	
		D 型（$10I_n \sim 16I_n$）	
运行短路分断能力/A	C 型	1～40	6000
		50～60	4000
	D 型	1～60	4000
电气寿命/次		4000	

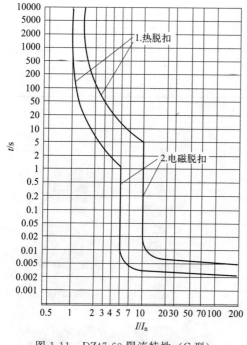

图 1-11 DZ47-60 限流特性（C 型）

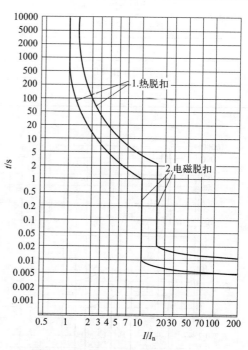

图 1-12 DZ47-60 限流特性（D 型）

图 1-13 DZ47-60 小型断路器产品外形

③ DZ108 系列 DZ108 系列塑料外壳断路器适用于交流 50Hz 或 60Hz、额定电压为 380V 及以下、额定电流为 0.1～63A 的电路，作为电动机的过载、短路保护，也可在配电网络中作为线路和电源设备的过载及短路保护。在正常情况下，亦可用作线路的不频繁转换

及电动机的不频繁启动和转换。

断路器具有双金属片式反时限延时脱扣器和电磁式瞬时脱扣器。过载脱扣器具有温度补偿装置。脱扣机构采用速闭、速断结构，使断路器具有限流特性。其主要技术参数见表1-16，过电流脱扣器电流整定范围见表1-17，保护特性见表1-18，产品外形如图1-14所示。

表 1-16　DZ108 主要技术数据

型号	DZ108-20		DZ108-32		DZ108-63	
额定绝缘电压 U_i/V	660		660		660	
极数/P	3		3		3	
380V $I_{cu}/\cos\varphi$ [额定短路分断能力 I_{cu}/kA (有效值)O-t-CO-t-CO]	1.5/0.95		10/0.5		22/0.25	
380V $I_{cm}/\cos\varphi$ (额定短路接通能力 I_{cm}/kA)	2.2/0.95		17/0.5		46/0.25	
控制电动机最大功率 AC-3/kW	220V	5.5		9		18
	380V	10		16		32
辅助触头	额定发热电流/A	6		6		6
	AC-15 额定工作电压/V	220	380	220	380	220	380
	AC-15 额定工作电流/A	1.4	0.8	1.4	0.8	1.4	0.8
	AC-15 额定接通能力/A	14	8	14	8	14	8
	AC-15 额定分断能力/A	14	8	14	8	14	8

表 1-17　DZ108 过电流脱扣器电流整定范围

产品型号	额定电流/A	脱扣器整定范围 I_r/A	额定电流/A	脱扣器整定范围 I_r/A
DZ108-20	0.16	0.1~0.16	0.25	0.16~0.25
	0.4	0.25~0.4	0.63	0.4~0.63
	1	0.63~1	1.6	1~1.6
	2.5	1.6~2.5	3.2	2~3.2
	4	2.5~4	5	3.2~5
	6.3	4~6.3	8	5~8
	10	6.3~10	12.5	8~12.5
	16	10~16	20	14~20
DZ108-32	1.6	1~1.6	2.5	1.6~2.5
	4	2.5~4	6.3	4~6.3
	10	6.3~10	12.5	8~12.5
	16	10~16	20	12.5~20
	25	16~25	32	22~32
DZ108-63	10	6.3~10	16	10~16
	25	16~25	32	22~32
	40	28~40	50	36~50
	63	45~63		

表 1-18   DZ108 断路器保护特性

电动机保护型	脱扣器整定电流倍数	$1.05I_n$	$1.2I_n$	$1.5I_n$	$7.2I_n$	$12I_n$
	动作时间	2h 内不脱扣	2h 内脱扣	2min 内脱扣	可返回时间>1s	0.2s 内脱扣
配电保护型	脱扣器整定电流倍数	$1.05I_n$	$1.3I_n$	$10I_n$		
	动作时间	1h 内不脱扣	1h 内脱扣	0.2s 内脱扣		

图 1-14   DZ108 断路器外形

(4) 断路器图形符号

断路器在电路中的图形符号见表 1-19。

表 1-19   断路器的功能和图形符号

接通和分断	接通、分断和隔离
断路器	隔离断路器

1.2.4   断路器的选择

(1) 断路器类型及附件选择

当采用断路器作电流保护时，电动机回路应采用电动机保护用低压断路器。其瞬时过电流脱扣器的动作电流与长延时脱扣器动作电流之比（简称瞬时电流倍数）宜为 14 或 10～20 可调。

仅用作短路保护时，即在另装过载保护电器的情况下，宜采用只带瞬时脱扣器的低压断路器，或把长延时脱扣器作为后备电流保护。

兼作电动机过载保护时，即在没有其他过载保护电器情况下，低压断路器应装有瞬时脱扣器和长延时脱扣器，且必须为电动机保护型。

兼作低电压保护时，即不另装接触器或机电式起动器的情况下，低压断路器应装有低电压脱扣器。

低压断路器的电动操作机构、分励脱扣器、辅助触头及其他附件，应根据电动机的控制要求装设。

(2) 过电流脱扣器的整定电流

瞬时脱扣器的整定电流应为电动机启动电流的 2～2.5 倍，即 $I_{set3} = 2～2.5I_{stM}$。

长延时脱扣器用作后备保护时，其整定电流 I_{set1} 应满足相应的瞬时脱扣器整定电流为电动机启动电流 2.2 倍的条件；笼形电动机直接启动时应满足下列要求，即

$$I_{set1} \geqslant (2.0-2.5)\frac{I_{st}}{K_{ins}} = (2.0-2.5) \times \frac{K_{LR}}{K_{ins}} \times I_{rM}$$

式中　I_{set1}——长延时脱扣器整定电流，A；

　　　I_{rM}——电动机的额定电流，A；

　　　I_{st}——电动机的堵转电流，A；

　　　K_{LR}——电动机的堵转电流倍数；

　　　K_{ins}——断路器的瞬时电流倍数，值为 10～20，宜取 14。

长延时脱扣器用作电动机过载保护时，其整定电流应接近但不小于电动机的额定电流，且在 7.2 倍整定电流下的动作时间应大于电动机的启动时间。相应的瞬时脱扣器应满足断路器类型及附件选择的要求；否则应另装过载保护电器，而不得随意加大长延时脱扣器的整定电流。

过电流脱扣器的额定电流和可调范围应根据整定电流选择。断路器的额定电流应不小于长延时脱扣器的整定电流，即 $I_n \geqslant I_{set1}$。

1.3　接触器

接触器是仅有一个休止位置，能接通、承载和分断正常电路条件（包括过载运行条件）下的电流的一种非手动操作的机械开关电器。电磁式接触器是由电磁铁产生的力闭合接通主触头或断开分断主触头的接触器。接触器是一种用于频繁地接通或断开交直流主电路、大容量控制电路等大电流电路的自动切换电器。在功能上接触器除能自动切换外，还具有手动开关所缺乏的远距离操作功能和失压（或欠压）保护功能，但没有自动开关所具有的过载和短路保护功能。接触器生产方便、成本低，主要用于控制电动机、电热设备、电焊机、电容器组等，是电力拖动自动控制线路中应用最广泛的电器元件。

交流接触器由电磁系统、触头系统、灭弧系统、绝缘外壳及附件等部分组成。电磁系统包括吸引线圈、动铁芯和静铁芯。触头系统包括三副主触头和若干个动合（常开 NO）或动断（常闭 NC）辅助触头，触头与动铁芯是连在一起、同时动作的。灭弧系统用于迅速切断电弧、免于烧坏主触头的装置。绝缘外壳及附件由各种弹簧、传动机构、短路环、接线柱和壳体等组成。

1.3.1　接触器分类

按接触器主触头控制的电路中电流种类分为直流接触器和交流接触器。它们的线圈电流种类既有与各自主触头电流相同的，也有不同的，如对于重要场合使用的交流接触器，为了工作可靠，其线圈可采用直流励磁方式。

按其主触头的极数（即主触头的个数）来分，直流接触器有单极和双极两种，交流接触器有三极、四极和五极三种。其中交流接触器用于单相双回路控制可采用四极；对于多速电动机的控制或自耦合降压启动控制，可采用五极的交流接触器。

按灭弧介质分为空气接触器、油接触器、气体接触器、真空接触器。其中真空交流接触器以真空为灭弧介质，其主触头密封在真空管内。由于真空管内几乎无任何介质，当触头分

离时，电弧只能由触头上蒸发出来的金属蒸气来维持，真空电弧的等离子体很快向四周扩散，在第一次电压过零时电弧就能熄灭。

按操作方式分为人力式、电磁式、电动式、气动式、电磁-气动式。

按控制方式分为由指示开关操作或程序控制的自动式、手操作或按钮操作的非自动式、部分是自动的或部分是非自动控制的半自动式。

按用途不同可分为机械联锁接触器、切换电容接触器、真空交流接触器。机械联锁交流接触器实际上是由两台相同规格的交流接触器中间加上机械联锁机构所组成的，保证在任何情况下只能是一台接触器吸合，两台接触器不能同时吸合。通常用于电动机的正反转控制中。切换电容接触器专用于低压无功补偿设备中，投入或切除电容器组，以调整电力系统功率因数，切换电容接触器在空气电磁式接触器的基础上加入了抑制浪涌的装置，使合闸时浪涌电流对电容的冲击和分闸时的过电压得到抑制。

1.3.2　接触器主要性能

(1) 额定绝缘电压 U_i

在规定条件下，用来度量电器及其部件的不同电位的绝缘强度、电气间隙和爬电距离的标称电压。除非另有规定，否则此值为电器的最大额定工作电压。

(2) 额定工作电流 I_e

额定工作电流是指主电路触头允许长期通过的最大电流。常用的额定工作电流等级有5A、10A、20A、40A、60A、100A、150A、250A、400A和600A等。

(3) 额定工作电压 U_e

接触器的额定工作电压是指在规定条件下，保证接触器主触头正常工作的电压值。通常最大额定工作电压即为额定绝缘电压。交流接触器额定工作电压的等级有110V、220V、380V、500V和660V。

(4) 接通和分断能力

接触器的接通能力是指在规定的接通条件下触头能良好地接通的电流值。在此电流值下，接通不会造成触头熔焊。分断能力是指在规定分断条件下能良好分断的电流值。在此电流值下，断开不产生飞弧和过分磨损而能可靠灭弧。

接触器接通和分断能力为 $(1.5\sim10)I_n$，接触器的使用类别不同，对主触头接通和分断能力的要求也不一样，而使用类别是根据不同控制对象规定的。

(5) 吸持功率

接触器主电路触头保持吸合状态下消耗的视在功率。

(6) 交流接触器的能效等级

接触器能效等级分为3级，其中1级能效最高。各等级接触器在额定工作电流下的实测吸持功率应不大于表1-20的规定。

表 1-20　接触器能效限定值及能效等级

额定工作电流 I_e/A	吸持功率 S_h/VA		
	1级	2级	3级
$6\leqslant I_e\leqslant12$	4.5	7.0	9.0
$12<I_e\leqslant22$	4.5	8.0	9.5

续表

额定工作电流 I_e/A	吸持功率 S_h/VA		
	1 级	2 级	3 级
$22 < I_e \leqslant 32$	4.5	8.3	14.0
$32 < I_e \leqslant 40$	4.5	10.0	45.0
$40 < I_e \leqslant 63$	4.5	18.0	50.0
$63 < I_e \leqslant 100$	4.5	18.0	60.0
$100 < I_e \leqslant 160$	4.5	18.0	85.0
$160 < I_e \leqslant 250$	4.5	18.0	150.0
$250 < I_e \leqslant 400$	4.5	18.0	190.0
$400 < I_e \leqslant 630$	4.5	18.0	240.0

注：额定工作电流 I_e 指主电路额定工作电压为 380V 时的电流，主电路额定工作电压为 400V 时参考 380V 执行。

(7) 接触器使用类别

使用类别是与开关电器或熔断器完成本身用途所处工作条件有关的规定要求［接通能力（如适用）、分断能力、其他特性、连接的电路以及有关的使用条件和性能］的组合。接触器的使用类别及其代号见表 1-21。

表 1-21 接触器使用类别及其代号

电流	使用类别代号	附加类别名称	典型用途举例
AC	AC-1	一般用途	无感或微感负载、电阻炉
	AC-2		绕线式感应电动机的启动、分断
	AC-3		笼形感应电动机的启动、运行中分断
	AC-4		笼形感应电动机的启动、反接制动或反向运行、点动
	AC-5a	镇流器	放电灯的通断
	AC-5b	白炽灯	白炽灯的通断
	AC-6a		变压器的通断
	AC-6b		电容器组的通断
	AC-7a		家用电器和类似用途的低感负载
	AC-7b		家用的电动机负载
	AC-8a		具有手动复位过载脱扣器的密封制冷压缩机中的电动机控制
	AC-8b		具有自动复位过载脱扣器的密封制冷压缩机中的电动机控制
DC	DC-1		无感或微感负载、电阻炉
	DC-3		并励电动机的启动、反接制动或反向运行、点动，电动机在动态中分断
	DC-5		串励电动机的启动、反接制动或反向运行、点动，电动机在动态中分断
	DC-6	白炽灯	白炽灯的通断

注：1. AC-3 使用类别可用于不频繁地点动或在有限的时间内反接制动，例如机械的移动。在有限的时间内操作次数不超过 1min 内 5 次或 10min 内 10 次。

2. 密封制冷压缩机是由压缩机和电动机构成的，这两个装置都装在同一外壳内，无外部传动轴或轴封，电动机在冷却介质中操作。

3. 使用类别 AC-7a 和 AC-7b 见 GB/T 17885。

1.3.3　交流接触器产品示例

（1）CJX1 系列

CJX1 系列交流接触器主要用于交流 50Hz 或 60Hz，额定绝缘电压为 660～1000V，在 AC-3 使用类别下额定工作电压为 380V 时额定工作电流为 9～475A 的电力线路中。作供远距离接通和分断电路之用，并适用于控制交流电动机的启动、停止及反转。CJX1 系列交流接触器型号、额定绝缘电压、额定工作电流和可控电动机功率见表 1-22，CJX1 交流接触器型号与吸引线圈功率消耗等参数见表 1-23，产品外形如图 1-15 所示。该系列交流接触器通常有三副主触头、四副动断或动合辅助触头。

表 1-22　CJX1 交流接触器型号、额定绝缘电压与额定工作电流和可控电动机功率

型号	额定绝缘电压/V	额定工作电流（380V）/A		可控电动机功率/kW					
				230/220V	400/380V		500V	690/660V	
		AC-3	AC-4	AC-3	AC-3	AC-4	AC-3	AC-3	AC-4
CJX1-9	660	9	3.3	2.4	4	1.4	5.5	5.5	2.4
CJX1-12		12	4.3	3.3	5.5	1.9	7.5	7.5	3.3
CJX1-16		16	7.7	4	7.5	3.5	10	11	6
CJX1-22		22	8.5	6.1	11	4	11	11	6.6
CJX1-32		32	15.6	8.5	15	7.5	21	23	13
CJX1-45	1000	45	24	15	22	12.6/12	30	39	21.8/20.8
CJX1-63		63	28	18.5	30	14.7/14	41	55	25.4/24.3
CJX1-75		75	34	22	37	17.9/17	50	67	30.9/29.5
CJX1-85		85	42	26	45	22/21	59	67	38/36
CJX1-110		110	54	37	55	28.4/27	76	100	49/46.9
CJX1-140		140	68	43	75	36/35	98	100	63/60
CJX1-170		170	75	55	90	40/38	118	156	69/66
CJX1-205		205	96	64	110	52/50	145	156	90/86
CJX1-250		250	110	78	132	61/58	178	235	105/100
CJX1-300		300	125	93	160	69/66	210	235	119/114
CJX1-400		400	150	125	200	85/81	284	375	147/140
CJX1-475		475	150	144	250	85/81	329	375	147/140
CJX1F-9	660	9	3.3	2.4	4	1.48/1.4	5.5	5.5	2.54/2.4
CJX1F-12		12	4.3	3.3	5.5	2/1.9	7.5	7.5	3.45/3.3
CJX1F-16		16	7.7	4	7.5	3.5	10	11	6
CJX1F-22		22	8.5	6.1	11	4	11	11	6.6
CJX1F-32		32	15.6	8.5	15	7.5	21	23	13
CJX1F-38		38	18.5	11	18.5	9	25	23	15.5

表 1-23 CJX1 交流接触器型号与吸引线圈功率消耗及其他参数

型号	吸引线圈功率消耗/VA		线圈工作电压范围	辅助触头电流 I_e/A	
				AC-15	DC-13
	保持	吸合		380/220V	110V/220V
CJX1-9	10	68	$(0.8\sim1.1)U_s$	0.95	0.15
CJX1-12					
CJX1-16					
CJX1-22					
CJX1-32					
CJX1-45	17	183			
CJX1-63					
CJX1-75	32	330			
CJX1-85					
CJX1-110	39	550			
CJX1-140					
CJX1-170	58	910			
CJX1-205					
CJX1-250	84	1430			
CJX1-300					
CJX1-400	115	2450			
CJX1-475					
CJX1F-9	10	68			
CJX1F-12					
CJX1F-16					
CJX1F-22					
CJX1F-32	12.1	101			
CJX1F-38					

(2) CJX2 系列

CJX2 系列交流接触器主要用于交流 50Hz 或 60Hz、额定绝缘电压至 660V、电流至 95A 的电路中,供远距离接通和分断电路频繁启动和控制交流电动机之用,并可与适当的热继电器组成电磁起动器以保护可能发生操作过负荷的电路。CJX2 系列交流接触器型号、额定工作电流和可控电动机功率等主要参数和技术性能指标见表 1-24,产品外形如图 1-16 所示。

该系列接触器可采用积木式安装方式加装辅助触头组、空气延时头(延时范围为 0.1~30s,10~180s)、热继电器等附件。

表 1-24   CJX2 主要参数及技术性能指标

项目			CJX2-09	CJX2-12	CJX2-18	CJX2-25	CJX2-32
额定工作电流/A	380V	AC-3	9	12	18	25	32
		AC-4	3.5	5	7.7	8.5	12
	660V	AC-3	6.6	8.9	12	18	21
		AC-4	1.5	2	3.8	4.4	7.5
额定绝缘电压/V			660				
可控三相笼形电动机功率/kW	220V	AC-3	2.2	3	4	5.5	7.5
	380V		4	5.5	7.5	11	15
	660V		5.5	7.5	10	15	18.5
交流线圈功率	50Hz	吸合/VA	70			110	
		保持/VA	8			11	
		功率/W	1.8~2.7			3~4	
动作范围			吸合电压为 $0.85U_s \sim 1.1U_s$；释放电压为 $0.20U_s \sim 0.75U_s$				
辅助触头基本参数			AC-15：360VA；DC-13：33W；I_{th}：10A				
型号			CJX2-40	CJX2-50	CJX2-65	CJX2-80	CJX2-95
额定工作电流/A	380V	AC-3	40	50	65	80	95
		AC-4	18.5	24	28	37	44
	660V	AC-3	34	39	42	49	49
		AC-4	9	12	14	17.3	21.3
额定绝缘电压/V			660				
可控三相笼形电动机功率/kW	220V	AC-3	11	15	18.5	22	25
	380V		18.5	22	30	37	45
	660V		30		37		45
交流线圈功率	50Hz	吸合/VA	200				
		保持/VA	20				
		功率/W	6~10				
动作范围			吸合电压为 $0.85U_s \sim 1.1U_s$；释放电压为 $0.20U_s \sim 0.75U_s$				
辅助触头基本参数			AC-15：360VA；DC-13：33W；I_{th}：10A				

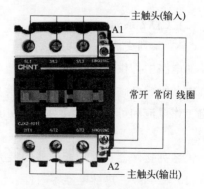

图 1-15   CJX1 交流接触器外形   图 1-16   CJX2 交流接触器外形

（3）接触器的电路符号

具有动合（常开 NO）和动断（常闭 NC）辅助触头各一副、三副主触头及吸引线圈的接触器在电路中的图形符号如图 1-17 所示，线圈与触头在电路中可分开画。三副主触头的接线端子号分别是 KM:[1] 与 KM:[2]、KM:[3] 与 KM:[4]、KM:[5] 与 KM:[6]；线圈接线端子号为 KM:[A1] 与 KM:[A2]；动

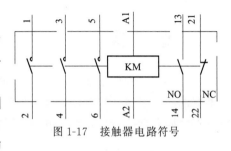

图 1-17　接触器电路符号

合辅助触头的接线端子号为 KM：[13] 与 KM:[14]，动断辅助触头的接线端子号为 KM：[21] 与 KM:[22]，其中个位数 [1] 和 [2] 是动断辅助触头标识，个位数 [3] 和 [4] 是动合辅助触头标识。

1.3.4　接触器的选择

接触器作为接通和断开负载电源的电器，选用时除应满足安装方式和环境外，还必须考虑被控负载和控制电路的要求。只要使用条件不比后面如图 1-21 所示标准使用类别给出的试验条件更严酷，则可以选用其他类别。

被控负载方面除满足负载功率、使用类别、工作制类型、操作频率、工作寿命等外，还应满足接触器的额定控制电路电压 U_c 必须大于或等于被控制负载的额定工作电压，额定工作电流 I_e 大于负载的计算电流，与熔断器或断路器的配合，以及短路特性等。

控制电路的要求除满足额定控制电源电压 U_s 外，还应考虑接触器辅助触头的数量和容量、能效等级和控制线路长度。优先选用能效等级 2 级以上的接触器产品。

如果控制线路过长，由于线路电容太大，可能对接触器或继电器释放动作不起反应。导致交流接触器或继电器不能释放的控制线路临界长度可按下式估算，即

$$L_{cr} = \frac{500 P_h}{C U_n^2}$$

式中　L_{cr}——控制线路临界长度，km；

　　　P_h——接触器或继电器的保持功率，VA；

　　　C——单位长度线路电容，μF/km；导线截面积为 $1.5 \sim 4 mm^2$ 时，两芯电缆线间电容约为 $0.3 \mu F/km$，三芯电缆中一芯对另两芯的电容约为 $0.6 \mu F/km$；

　　　U_n——控制回路标称电压，V。

如果控制线路过长，由于电压降，接触器或继电器线圈对吸合动作可能不起反应。根据电压降校验，控制线路最大长度可按下式估算，即

$$L_{max} = \frac{0.1 U_n^2}{\Delta u P_a}$$

式中　L_{max}——接触器与控制点的最大距离，km；

　　　U_n——控制回路标称电压，V；

　　　P_a——接触器吸合功率，VA；

　　　Δu——控制线路单位长度电压降，V/(Akm)；两芯电缆导线截面积为 $1.5 mm^2$ 时约为 29V/(Akm)，为 $2.5 mm^2$ 时约为 18V/(Akm)，为 $4 mm^2$ 时约为 11V/(Akm)。

1.4　继电器

继电器是一种根据某种输入信号的变化而接通或断开控制电路，实现控制目的的电器。继电器的种类很多，按工作原理可分为：电磁式继电器、感应式继电器、电动式继电器、热继电器、固态继电器、光电继电器、时间继电器、真空继电器、接触式继电器等。

1.4.1　电磁式继电器

电磁继电器是自动控制电路中常用的一种元件。实际上它是用较小电流控制较大电流的一种自动开关。因此，广泛应用于电子设备中。电磁继电器一般由一个线圈、铁芯、一组或几组带触头的簧片组成。触头有动触头和静触头之分，在工作过程中能够动作的称为动触头，不能动作的称为静触头。其工作原理是：当线圈通电以后，铁芯被磁化产生足够大的电磁力，吸动衔铁并带动簧片，使动触头和静触头闭合接通或分开断路；当线圈断电后，电磁吸力消失，衔铁返回原来的位置，动触头和静触头又恢复到原来闭合或分开的状态。应用时只要把需要控制的电路接到触头上，就可利用继电器达到控制的目的。

电磁式继电器按种类分为电压继电器、电流继电器（过电流继电器、过载继电器、逆电流继电器）和中间继电器。按控制电源种类分为交流电压操作、直流电压操作、交流电流操作、直流电流操作。按动作机构分为直动式和拍合式。按触头组合分为具有两个端子的单断点触头元件、具有两个端子的双断点触头元件、具有三个端子的单断点触头元件、具有四个端子的双断点触头元件。

(1) 主要技术参数

① 额定工作电压 U_e：继电器的额定工作电压最高至 690V AC 或 230V DC。

② 额定工作电压下的使用类别：AC-15 或 DC-13。

③ 额定工作电流 I_s：AC-15 为 0.3～6A；DC-13 为 0.2～2.2A。

④ 额定绝缘电压 U_i：继电器的额定绝缘电压为 690V。

⑤ 额定冲击耐受电压 U_{imp}：继电器的额定冲击耐受电压为 4kV。

⑥ 额定控制电源电压 U_s：24V/48V/110V/220V/380V AC(50Hz)；24V/48V/110V/220V DC。

⑦ 额定操作频率：1200 次/h。

⑧ 约定自由空气发热电流 I_{th}：5A 或 10A。

⑨ 污染等级：继电器安装环境的污染等级为 3。

⑩ 额定限制短路电流：由制造商规定。

⑪ 动作范围：电压继电器和中间继电器在其额定控制电源 U_s 85%～110% 之间的任何值下应可靠地吸合。在规定的动作范围情况下，额定值的 85%U_s 应为下限值，而额定值的 110% 为上限值。继电器释放和完全断开的动作范围是其额定电源电压 U_s 的 20%～75%（交流）和 10%～75%（直流）。此范围的 20%U_s（交流）或 10%U_s（直流）适用于下限值，75%U_s（交、直流）适用于上限值。

(2) 产品示例

① JZX-22F 系列　JZX-22F 小型电磁继电器有 2Z、3Z、4Z 三种触头形式，控制电源电压交、直流规格齐全；备有各种插座选用，并有带指示灯的规格。同类型号为：HH52P(-L)、

MY2(N)、JZX-18F(L)、HH53P(-L)、MY3(N)、HH54P(-L)、MY4(N)。其主要性能和参数见表1-25，产品外形如图1-18所示。

表1-25　JZX-22F小型电磁继电器性能参数

触头参数	触头形式	2Z(C)、3Z(C)、4Z(C)
	初始接触电阻/mΩ	100
	触头负载(cosφ＝1.0)	2Z/3Z:5A;4Z:3A(250V AC/30V DC)
	最大切换功率	2Z/3Z:1250VA/150W;4Z:750VA/90W
动作参数	动作时间(25℃,额定电压下)/ms	≤25
	释放时间(25℃,额定电压下)/ms	≤25
线圈参数	额定功耗	直流:约0.9～1.2W;交流:约1.8～2.0VA
	吸合电压	DC:≤80％额定电压;AC:≤80％额定电压
	释放电压	DC:≥10％额定电压;AC:≥20％额定电压
	最大电压	110％额定电压

② NXJ系列　NXJ小型电磁继电器有2Z、3Z、4Z、2ZH四种触头形式，控制电源电压交、直流规格齐全；高接触可靠性，可用于PLC控制，备有配套插座，可选带状态指示灯。其主要性能和参数见表1-26，产品外形如图1-19所示。

表1-26　NXJ小型电磁继电器性能参数

触头参数	触头形式	2Z(C)、3Z(C)、4Z(C)、2ZH(C)
	初始接触电阻/mΩ	≤50
	触头负载(cosφ＝1.0)	2Z/3Z:5A;4Z:3A;2ZH:10A(250V AC/30V DC)
	最大切换功率	2Z/3Z:1250VA/150W;4Z:750VA/90W;2ZH:250VA/300W
动作参数	动作时间(25℃,额定电压下)/ms	≤15
	释放时间(25℃,额定电压下)/ms	≤15
线圈参数	额定功耗	直流:约0.9～1.0W;交流:约1.2～1.8VA
	吸合电压	DC:≤80％额定电压;AC:≤80％额定电压
	释放电压	DC:≥10％额定电压;AC:≥20％额定电压
	最大电压	110％额定电压

图1-18　JZX-22F继电器外形

图1-19　NXJ小型继电器外形

(3) 电路符号

具有 2Z 和 4Z 触头形式的继电器在电路中的图形符号如图 1-20 所示，线圈与触头在电路中可分开画。其动合触头的接线端子号分别是 KJ:[5]与 KJ:[9]、KJ:[6]与 KJ:[10]、KJ:[7]与 KJ:[11]、KJ:[8]与 KJ:[12]，动断触头的接线端子号分别是 KJ:[1]与 KJ:[9]、KJ:[2]与 KJ:[10]、KJ:[3]与 KJ:[11]、KJ:[4]与 KJ:[12]；线圈接线端子号为 KJ:[14]与 KJ:[13]，当控制电源为直流时 KJ:[14]宜接正极。

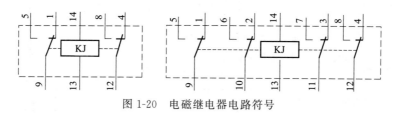

图 1-20 电磁继电器电路符号

1.4.2 热继电器

热继电器是利用测量元件被加热到一定程度而动作的一种继电器。热继电器的测量元件通常是双金属片，它是由主动层和被动层组成。主动层材料采用较高膨胀系数的铁镍铬合金，被动层材料采用膨胀系数很小的铁镍合金。主动层和被动层可采用热和压力使其结合成双金属片，也可采用冷结合。因此双金属片在受热后将向被动层方向弯曲。

双金属片的加热方式有直接加热、间接加热和复式加热。直接加热就是把双金属片当作热元件，让电流直接通过。间接加热是用与双金属片无电联系的加热元件产生的热量来加热。复式加热是直接加热与间接加热两种加热形式的结合。双金属片受热弯曲，当弯曲到一定程度时，通过动作机构使触头动作。热继电器主要用作三相感应电动机的过载保护。

(1) 主要技术条件和参数

作为电动机过载保护装置的热继电器，应能保证电动机不超过容许的过载，又能最大限度地利用电动机的过载能力，还要保证电动机的正常启动。为此，对热继电器提出了如下技术条件：

① 应具有可靠而合理的保护特性。一般电动机在保证绕组正常使用寿命的条件下，具有反时限的容许过载特性曲线，作为电动机过载保护装置的热继电器，应具有一条相似的反时限保护特性曲线，其位置应居电动机容许过载特性曲线之下。

② 具有一定的温度补偿。为避免环境温度变化引起双金属片弯曲而带来的误差，应引入温度补偿装置。

③ 具有手动复位与自动复位功能。当热继电器动作后，可在其后 2min 内按下手动复位按钮进行复位，或在 5min 内可靠地自动复位。

④ 热继电器动作电流可以调节。为减少热元件的规格，以利于生产和使用，要求动作电流可通过调节凸轮，在 66%～100% 的范围内调节。

热继电器的主要技术参数有额定电压、额定电流、相数、热元件编号、整定电流调节范围、有无断相保护等。

热继电器的额定电流是指允许装入的热元件的最大额定电流值。热元件的额定电流是指该元件长期允许通过的电流值。每一种额定电流的热继电器可分别装入若干种不同额定电流的热元件。

（2）产品示例

热继电器的整定电流是指热继电器的热元件允许长期通过，但又刚好不致引起热继电器动作的电流值。为了便于用户选择，某些型号中的不同整定电流的热元件用不同编号来表示。对于某一热元件的热继电器，可通过调节其电流旋钮，在一定范围内调节电流整定值。

① NR4 系列　NR4 系列热继电器适用于交流 50Hz/60Hz，额定电压 690V、1000V，电流 0.1～180A 的长期工作或间断长期工作交流电动机的过载与断相保护。该系列热继电器为三相双金属片式，脱扣级别为 10A；具有差动式断相保护、整定电流连续可调装置、温度补偿、动作指示、触头检测机构、停止按钮、手动与自动复位按钮、一副动合和一副动断触头等，可与接触器插入式安装或独立安装，动作可靠。其时间-电流特性曲线如图 1-21 所示，产品外形如图 1-22 所示。

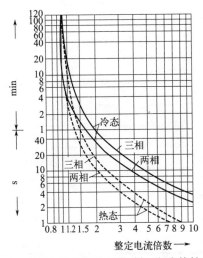

图 1-21　NR4 系列热继电器时间-电流特性曲线

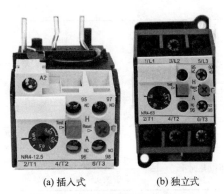

(a) 插入式　　　(b) 独立式

图 1-22　NR4 系列热继电器外形

② JR36 系列　JR36 系列热继电器适用于交流 50Hz/60Hz、额定电压 690V、电流 0.25～160A 的长期工作或间断长期工作交流电动机的过载与断相保护。该系列热继电器为三相双金属片式，JR36-20 脱扣级别为 10A，JR36-63 为 20A；具有差动式断相保护、整定电流连续可调装置、温度补偿、动作灵活性检测机构、触头检测机构、手动与自动复位转换调节结构、一副动合和一副动断触头等，可独立安装。其时间-电流特性曲线如图 1-23 所示，产品外形如图 1-24 所示。

（3）电路符号

热继电器在电路中的图形符号如图 1-25 所示，三相双金属片与触头在电路中可分开画。三相双金属片接线端子号分别为 KR:[1]与 KR:[2]、KR:[3]与 KR:[4]、KR:[5]与 KR:[6]，其动合辅助触头的接线端子号是 KR:[97]与 KR:[98]，动断辅助触头的接线端子号是 KR:[95]与 KR:[96]。

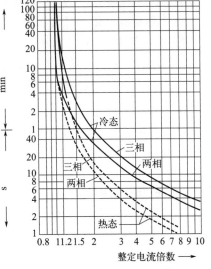

图 1-23　JR36 系列热继电器
时间-电流特性曲线

JR36-20　　　　　JR36-63　　　　　JR36-160

图1-24　JR36系列热继电器外形

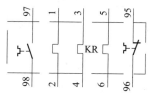

图1-25　热继电器电路符号

1.4.3　时间继电器

时间继电器是一种当电器或机械给出输入信号时，在预定的时间后输出电气断开或电气接通信号的继电器。按照时间继电器进行延时的方式，有空气阻尼（气囊）式、电动（同步电动机）式、和电子（晶体管）电路式三种。按照工作方式，有通电延时和断电延时两种。时间继电器除线圈外，一般具有瞬时触头和延时触头，其触头动作特点见表1-27。

表1-27　时间继电器动作特点

触头类型		动作特点	
		线圈通电	线圈断电
瞬时型动合触头		同时闭合	同时断开
瞬时型动断触头		同时断开	同时闭合
通电延时型	动合触头	延时闭合	同时断开
	动断触头	延时断开	同时闭合
断电延时型	动合触头	同时闭合	延时断开
	动断触头	同时断开	延时闭合

（1）主要技术参数

① 额定控制电源电压。指继电器正常工作时在其线圈上所需加的电压。根据继电器型号的不同，可以是交流电压，也可以是直流电压。

② 工作方式。指延时过程的启动条件。通常分通电延时、断电延时、循环延时。

③ 触头容量。指输出触头允许加载的电压和电流。它决定继电器能控制电压和电流的大小，使用时不能超出此值，否则会很容易损坏继电器的触头。

④ 延时范围。指延时的最小值和最大值。最小值与最大值之间的延时值可以通过调节旋钮来设定。

（2）产品示例

① JSZ3系列　JSZ3系列时间继电器具有体积小、重量轻、结构紧凑、延时范围广、延时精度高、可靠性好、寿命长等特点，是自动控制系统延时控制的常用元件。其主要参数见表1-28，产品外形如图1-26所示。

表1-28　JSZ3系列时间继电器主要参数

项目	JSZ3A	JSZ3C	JSZ3F	JSZ3F-2Z	JSZ3K	JSZ3Y	JSZ3R
工作方式	通电延时	通电延时带瞬动触头	断电延时		信号断开延时	星-三角启动延时	往复(循环)延时

续表

项目	JSZ3A	JSZ3C	JSZ3F	JSZ3F-2Z	JSZ3K	JSZ3Y	JSZ3R
延时范围	A：0.05～0.5s/5s/30s/3min B：0.1～1s/10s/60s/6min C：0.5～5s/50s/5min/30min D：1～10s/100s/10min/60min E：5～60s/10min/60min/6h F：0.25～2min/20min/2h/12h G：0.5～4min/40min/4h/24h		0.1～1s 0.5～5s 1～10s 2.5～30s 5～60s 10～120s 15～180s		0.1～1s 0.5～5s 1～10s 2.5～30s 5～60s 10～120s 15～180s	0.1～1s 0.5～5s 1～10s 2.5～30s 5～60s 10～120s 15～180s	0.5～6s/60s 1～10s/10min 2.5～30s/30min 5～60s/60min
设定方式	电位器						
额定控制 电源电压	36V AC/110V AC/127V AC/220V AC/380V AC(50Hz)；24V DC						
额定控制 电源电压 允许波 动范围	85%～110%						
触头数 量/副	延时 2	延时 1 瞬时 1	延时 1	延时 2	延时 1	延时星-三角 1	延时 1
触头容量	U_e/I_e：AC-15 为 240V AC/0.75A，415V AC/0.47A；DC-13 为 220V DC/0.27A。I_{th}：5A						

② JS14P 系列　JS14P 系列时间继电器适用于交流 50Hz、额定控制电源电压至 380V 及直流额定控制电源电压至 240V 的控制电路中的自动控制电路，作为延时元件，按所预置时间接通或分断电路。其主要参数见表 1-29，产品外形如图 1-27 所示。

表 1-29　JS14P 系列时间继电器主要参数

项目	JSP14P-21	JSP14P-22	JSP14P-23	JSP14P-24	JSP14P-25	JSP14P-26	JSP14P-27	JSP14P JSP14P-M
工作方式	通电延时							
延时范围	0.1～9.9s 1～99s	0.1～9.9s 10～990s	1～99s 10～990s	10～990s 1～99min	0.1～99.9s 1～999s	1～999s 10～9990s	10～9990s 1～999min	略
额定控制 电源电压	AC/DC 24～48V，AC/DC 100～240V，AC 220V，AC380V(50Hz)							
额定控制 电源电压 允许波 动范围	85%～110%							
触头 数量/幅	延时 2							
触头 容量	U_e/I_e：AC-15 为 220V AC/0.75A，230V AC/0.75A，240V AC/0.75A，380V AC/0.47A，400V AC/0.47A，415V AC/0.47A；DC-13 为 220V DC/0.27A。I_{th}：5A							

图 1-26 JSZ3 时间继电器产品外形   图 1-27 JS14P 时间继电器产品外形

(3) 电路符号

时间继电器在电路中的图形符号如图 1-28 所示，继电器线圈与触头在电路中可分开画。图 1-28 中线圈接线端子号分别为 KTT:[A1]与 KTT:[A2]、KTS:[A1]与 KTS:[A2]；通电延时动合触头的接线端子号是 KTT:[17]与 KTT:[18]，通电延时动断触头的接线端子号是 KTT:[15]与 KTT:[16]；断电延时动合触头的接线端子号是 KTT:[17]与 KTT:[18]，断电延时动断触头的接线端子号是 KTT:[15]与 KTT:[16]；瞬动触头图 1-28 中未画出。注意：接线端子号随产品或型号不同而不相同。

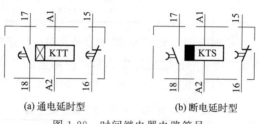

(a) 通电延时型   (b) 断电延时型

图 1-28 时间继电器电路符号

1.4.4 接触器式继电器

接触器式继电器是用作控制开关的接触器。继电器为开启式，触头为双断点，动作机构为直动式。按工作方式分为瞬时接触器式继电器和延时接触器式继电器两种，即无任何故意延时动作的接触器式继电器和具有规定延时特性的接触器式继电器。延时接触器式继电器又分为通电延时、断电延时和通电断电延时三种。延时接触器式继电器可装有瞬时触头元件。按触头基本组合形式分为 4X 或 4Y、2X＋2Y、4Zb 等。按控制电路电源种类分为交流操作和直流操作。按安装方式分为螺钉固定式和导轨式。

(1) 主要技术参数

① 额定工作电压 U_e。继电器的额定工作电压最高至 660V AC 或 220V DC。

② 额定绝缘电压 U_i。继电器的额定绝缘电压为 690V。

③ 额定控制电源电压 U_s。继电器的额定控制电源电压交流为 24V、48V、110V、220V、380V，直流为 24V、48V、110V、220V。

④ 约定自由空气发热电流 I_{th}。继电器的约定自由空气发热电流为 10A。

⑤ 额定工作制。继电器的额定工作制有八小时工作制、不间断工作制、推荐负载因数

为 40% 的断续周期工作制或断续工作制。

⑥ 使用类别。继电器的使用类别为 AC-15 和 DC-13。

（2）产品示例

JZC1 系列接触器式继电器主要用于交流 50Hz 或 60Hz、额定工作电压至 660V 或直流额定工作电压至 600V 的控制电路中，用来控制各种磁铁线圈及用作电信号的放大和传递，是实现自动、远控必不可少的低压电器元件。

继电器交流操作采用直动式 E 形铁芯，直流操作采用三气隙永磁电磁系统和双断点桥式触头系统的直动式连动结构，动作灵活、可靠。JZC1 系列接触器式继电器主要参数见表 1-30，产品外形如图 1-29（a）所示。

表 1-30　JZC1 系列接触器式继电器主要参数

额定绝缘电压 U_i/V			660
额定工作电流/A AC-15		220V	10
		380V	5
		660V	3
操作频率/h^{-1}		AC-3	1200
		AC-15	1200
		DC-13	
吸引线圈工作电压范围			$(0.8 \sim 1.1)U_s$
吸引线圈功率消耗	交流/VA	吸合	10
		启动	68
	直流/W	吸合	15
		启动	15
约定自由空气发热电流/A			10
额定冲击耐受电压/kV			6
额定限制短路电流/kA			10
线圈额定控制电源电压 U_s/V			AC 380V/220V/127V/110V/48V/36V/24V； DC 220V/110V/48V/42V/36V/24V/12V

（3）电路符号

接触器式继电器在电路中的图形符号如图 1-29（b）所示，继电器线圈与触头在电路中可分开画。图 1-29（b）中线圈接线端子号分别为 KJC:[A1] 与 KJC:[A2]，动合触头的接线端子号是 KJC:[13] 与 KJC:[14]、KJC:[43] 与 KJC:[44]，动断触头的接线端子号是 KJC:

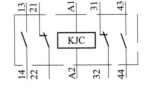

(a) JZC1 接触器式继电器外形　　　　(b) 接触器式继电器电路符号

图 1-29　JZC1 接触器式继电器外形及接触器式继电器电路符号

[21]与KJC:[22]、KJC:[31]与KJC:[32]。注意：接线端子号随产品或型号不同可能不相同。

1.5　主令电器

主令电器是用来发布指令、改变控制系统工作状态的电器。其主要类型有按钮、行程开关、指示灯、万能转换开关、脚踏开关等。

1.5.1　按钮

控制按钮是一种结构简单、应用广泛的主令电器，用以远距离操纵接触器、继电器等电磁装置或用于信号和电气联锁线路中。

控制按钮由按钮帽、复位弹簧、桥式触头、外壳等组成，通常做成复合式，即具有动合（常开NO）触头和动断（常闭NC）触头。按下按钮时，先断开常闭触头，后接通常开触头；按钮释放后，在复位弹簧的作用下，按钮触头"先断后合"自动复位。控制按钮种类很多，在结构上有揿动式、自锁式、钥匙式、旋转式、带灯式和打碎玻璃按钮。

常用的控制按钮型号有LA18、LA19、LA20、LAY3和LA25等系列。LA18系列采用积木式两面拼接装配基座，触头数量可按照需要拼接，一般装置成2副常开、2副常闭。LA19是将按钮和信号灯两元件组合成一体产品，它只有1副常开触头和1副常闭触头，信号灯受另一触头控制，按钮兼作信号灯罩，用透明塑料制成。较常用的几种按钮外形如图1-30所示，按钮在电路中的图形符号如图1-31所示，图中SA为旋转按钮、SB为揿动按钮、SE为自锁按钮。

图1-30　常用按钮外形

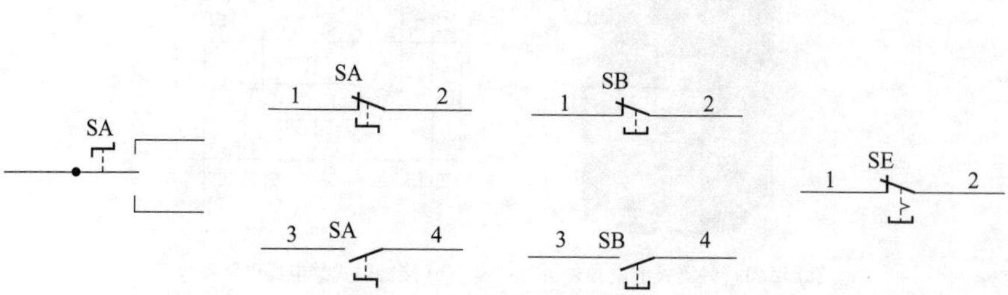

图1-31　按钮的电路符号

1.5.2　行程开关

行程开关也称为位置开关或限位开关，用于控制机械设备的行程及限位保护。在实际生产中，将行程开关安装在预先安排的位置，当装于生产机械运动部件上的模块撞击行程开关时，行程开关的触头动作，实现电路的切换。因此，行程开关是一种根据运动部件的行程位置而切换电路的电器，它的作用原理与按钮类似。行程开关广泛用于各类机床和起重机械，用以控制其行程、进行终端限位保护。在电梯的控制电路中，还利用行程开关来控制开关轿门的速度，自动开关门的限位，轿厢的上、下限位保护。行程开关按操作方式不同有接触式和非接触（感应）式两种。

（1）接触式

接触式行程开关根据其操作机构又可分为直动式（按钮式）和旋转式两种。两种的结构基本相同，都是由操作机构、传动系统、触头系统和外壳组成，两者的主要区别在于传动系统的不同。直动式行程开关的结构、动作原理与按钮相似。单轮旋转式行程开关当运动机构的挡铁压到行程开关的滚轮上时，传动杠杆连同转轴一起转动，凸轮撞动撞块使得常闭触头断开，常开触头闭合。挡铁移开后，复位弹簧使其复位（双轮旋转式不能自动复位）。YBLX 型行程开关外形如图 1-32 所示，行程开关在电路中的图形符号如图 1-33 所示。

图 1-32　接触式行程开关部分外形图

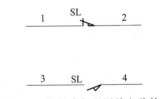

图 1-33　接触式行程开关电路符号

（2）感应式

非接触式即感应式行程开关又称为接近开关。它是利用位移传感器对接近物体的敏感特性达到控制开关通或断的目的。当有物体移向接近开关，并接近到一定距离时，位移传感器才有"感知"，开关才会动作。通常把这个距离叫"检出距离"。不同的接近开关检出距离也不同。当被检测时，物体是按一定的时间间隔，一个接一个地移向接近开关，又一个一个地离开，这样不断地重复。不同的接近开关，对检测对象的响应能力是不同的。这种响应特性被称为"响应频率"。

因为位移传感器可以根据不同的原理和不同的方法做成，而不同的位移传感器对物体的"感知"方法也不同，所以常见的接近开关有多种。感应式接近开关除可以完成行程控制和限位保护外，还是一种非接触型的检测装置，用作检测零件尺寸和测速等，也可用于变频计数器、变频脉冲发生器、液面控制和加工程序的自动衔接等。其特点有工作可靠、寿命长、功耗低、复定位精度高、操作频率高以及适应恶劣的工作环境等。

① 感应开关种类

a. 涡流（电感）式接近开关。这种开关通常称为电感式接近开关。它由 LC 高频振荡器和放大处理电路组成，利用在开关的感应面产生一个交变磁场，当金属物体接近此感应面时，金属中则产生涡流而吸取振荡器的能量，使振荡器输出幅度线性衰减，然后根据衰减量的变化来完成无接触检测物体的目的。由此识别出有无金属物体接近，进而控制开关的通或断。这种接近开关所能检测的物体必须是金属物体。电感式接近开关属于一种有开关量输出的位置传感器。

b. 电容式接近开关。这种开关的测量头通常是构成电容器的一个极板，而另一个极板是开关的外壳。这个外壳在测量过程中通常是接地或与设备的机壳相连接。当有物体移向接近开关时，不论它是否为导体，由于它的接近，总要使物体和接近开关之间的电容介电常数发生变化，从而使电容量发生变化，使得和测量头相连的电路状态也随之发生变化，由此便可控制开关的接通或断开。这种接近开关检测的对象，不限于导体，可以是绝缘的液体或粉状物等。电容式接近开关亦属于一种具有开关量输出的位置传感器。

c. 霍尔接近开关。霍尔元件是一种磁敏元件。利用霍尔元件做成的开关，叫做霍尔开关。当磁性物件移近霍尔开关时，开关检测面上的霍尔元件因产生霍尔效应而使开关内部电路状态发生变化，由此识别附近有磁性物体存在，进而控制开关的通或断。这种接近开关的检测对象必须是磁性物体。

d. 光电式接近开关。利用光电效应做成的开关叫光电开关。将发光器件与光电器件按一定方向装在同一个检测头内。当有反光面（被检测物体）接近时，光电器件接收到反射光后便输出信号，由此便可"感知"到有物体接近。光电开关工作时，由内部振荡回路产生的调制脉冲经反射电路后，由发射管辐射出光脉冲。当被测物体进入受光器作用范围时，被反射回来的光脉冲进入光敏二极管，并在接收电路中将光脉冲解调为电脉冲信号，再经放大器放大和同步选通整形，然后用数字积分或 RC 积分方式排除干扰，最后经延时（或不延时）触发驱动器输出光电开关控制信号。

光电式接近开关按发射器和接收器的位置不同有：直接反射式光电开关、反射板反射式光电开关、对射式光电开关、槽式光电开关、光纤式光电开关。

e. 热释电式接近开关。用能感知温度变化的元件做成的开关叫热释电式接近开关。这种开关是将热释电器件安装在开关的检测面上，当有与环境温度不同的物体接近时，热释电器件的输出便变化，由此便可检测出有物体接近。

f. 其他形式的接近开关。当观察者或系统对波源的距离发生改变时，接近到的波的频率会发生偏移，这种现象称为多普勒效应。声呐和雷达就是以这个效应为原理制成的。利用多普勒效应可制成超声波接近开关、微波接近开关等。当有物体移近时，接近开关接收到的反射信号会产生多普勒频移，由此可以识别出有无物体接近。

② 感应式开关的技术指标

a. 动作距离。当动作片由正面靠近接近开关的感应面时，使接近开关动作的距离为接近开关的最大动作距离。

b. 释放（复位）距离。当动作片由正面离开接近开关的感应面，开关由动作转为释放时，测定动作片离开感应面的最大距离。

c. 差动距离。最大动作距离和释放距离之差的绝对值。

d. 动作（响应）频率。反复接近检测物体时，能得出每秒响应它的输出的次数。

e. 工作电压。保证接近开关正常可靠工作时所提供的电源电压。

③ 选型原则 对于不同材质的检测体和不同的检测距离，应选用不同类型的接近开关，以使其在系统中具有高的性能价格比，为此在选型中应遵循以下原则：

a. 当检测体为金属材料时，应选用高频振荡型接近开关，该类型接近开关对铁镍、A3钢类检测体检测最灵敏。对铝、黄铜和不锈钢类检测体，其检测灵敏度就低。

b. 当检测体为非金属材料时，如木材、纸张、塑料、玻璃和水等，应选用电容型接近开关。

c. 金属体和非金属要进行远距离检测和控制时，应选用光电型接近开关或超声波型接近开关。

d. 对于检测体为金属，若检测灵敏度要求不高时，可选用价格低廉的磁性接近开关或霍尔式接近开关。

④ 产品示例 几种常用感应开关的外形如图 1-34 所示。

⑤ 电路符号 感应式行程开关在电路中的图形符号如图 1-35 所示。

图 1-34 感应开关外形

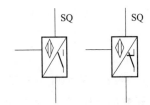

图 1-35 感应开关电路符号

1.5.3 指示灯

用于指示工作系统技术状况或警示的发光器件，称为指示灯，也叫信号灯。通常有交流指示灯和直流指示灯两种，其主要参数有额定工作电压、额定工作电流、基色、工作寿命、光亮度、安装孔大小。某种指示灯的外形如图 1-36 所示，指示灯在电路中的图形符号如图 1-37 所示。选用时要注意是交流还是直流，以及其工作电压、安装孔大小、发光颜色等。

图 1-36 某产品指示灯外形图

图 1-37 指示灯电路符号

1.6 控制变压器

控制变压器是一种小型干式变压器。它在工矿企业的电气设备中作为控制电路、指示灯或局部照明电源的变压器，且具有两个或两个以上电气隔离绕组。控制变压器一般为开启式结构，主要由铁芯和线圈（绕组）组成。铁芯一般由硅钢片叠合而成，也可用铁氧体制作。线圈有两个或者多个绕组，接电源的绕组叫初级，其余的叫次级。按安装形式可分为立式和卧式。

（1）主要技术参数

① 额定电源电压 U_e　是在正常运行条件下，施加于变压器输入端的标称电压。基本规格有：220V、380V、415V、440V 和 660V。

② 额定输出电压 U_H　是在正常运行条件下，变压器输出电压的标称值。基本规格有：6V、12V、24V、36V、48V、110V、127V、220V、380V 和 660V。

③ 额定输出容量　额定输出容量等于变压器的额定输出电压与额定输出电流之积。当变压器具有多个独立输出绕组时，额定输出容量等于各输出绕组额定输出电压与该绕组额定电流之积的总和。

变压器按额定输出容量的规格有 40VA、（50VA）、63VA、100VA、（150VA）、160VA、250VA、（300VA）、400VA、（500VA）、630VA、（800VA）、1000VA、（1500VA）1600VA、（2000VA）、2500VA 和 3000VA，优先采用不带括号的数系。

④ 空载输出电压 U_k　是在额定电源电压、额定频率下，空载时的输出电压。变压器控制绕组、照明绕组的空载输出电压应不大于 $1.1U_k$，信号绕组的空载电压应不大于 6V（U_H＝6V 时）或 12V（U_H＝12V 时）。

⑤ 负载输出电压 U_m　是在额定电源电压、额定频率下，输出额定功率时的输出电压。变压器控制绕组、照明绕组、信号绕组的负载输出电压应符合表 1-31。

表 1-31　控制变压器负载输出电压

输出绕组的额定容量/VA	负载输出电压 U_m/V	
	控制绕组、照明绕组	信号绕组
40～1000	（95%～105%）U_H	$5 < U_m \leqslant 6 (U_H = 6V)$ $10 < U_m \leqslant 12 (U_H = 12V)$
（1500）1600～3000		$4.5 < U_m \leqslant 6 (U_H = 6V)$ $9 < U_m \leqslant 12 (U_H = 12V)$

⑥ 空载损耗和效率　变压器的空载损耗值与效率应符合表 1-32 的规定值。

（2）产品示例

某制造商生产的具有 380V 输入绕组、220V 和 36V 输出绕组的控制变压器外形如图 1-38所示。

（3）电路符号

具有三绕组的控制变压器在电路中的图形符号如图 1-39 所示。

表 1-32 变压器空载损耗值与效率

额定输出容量 /VA	空载损耗值 /W	效率 η /%	额定输出容量 /VA	空载损耗值 /W	效率 η /%
40	≤4	≥80	(500)	≤22	≥85
(50)	≤5		630	≤25	
63	≤7		(800)	≤30	
100	≤9	≥85	1000	≤35	≥90
(150)	≤11		(1500)	≤39	
160	≤12		1600	≤41	
250	≤15		(2000)	≤45	
(300)	≤17		2500	≤50	
400	≤19		3000	≤60	

图 1-38 控制变压器外形

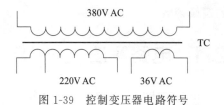

图 1-39 控制变压器电路符号

第2章

基本继电器控制电路

在工农业生产、交通运输、建筑设施以及家庭生活中，需要使用各种各样的机械设备，如机床、电梯、风机、水泵、洗衣机等。驱动这些机械运转使其工作的原动机一般是电动机。控制电路就是控制电动机运转的线路，各种机械的控制电路虽然不同，有的较复杂，但它们都是由一些单元电路组成，这些单元电路称为基本控制电路。本章对点动控制、双联控制、自锁控制、互锁控制、点动互锁控制和往返来回控制6种基本继电器控制电路进行解读，并根据控制信号之间的关系，以主令电器按钮、行程开关等电器的触头作为输入逻辑变量，继电器或接触器的线圈为输出逻辑变量，列举基本控制电路的逻辑函数。

2.1 电路解读

电路解读就是对控制电路中各个电器线圈和触头状态、动作次序、回路通断的变化过程进行分析。

2.1.1 点动控制

用按钮对接触器进行点动控制就是用一个按钮去控制接触器的吸合或释放。按下按钮时接触器吸合（或释放），松开按钮后接触器释放（吸合），接触器点动控制电路如图 2-1 所示。图 2-1 中控制变压器 TC 将 380V 电压降为 220V 提供控制电源，FU1 和 FU2 为短路保护熔断器，SB 为操作按钮，KM 为被控制接触器（线圈）。按钮未被按下时称为常态，其动合触头处在断开状态（也称为常开），动断触头处在闭合状态（也称为常闭）。接触器的线圈没有通电时称为释放状态，其主触头处于断开状态，辅助动合触头处在断开状态，辅助动断触头处在闭合状态；接触器的线圈通电后称为吸合状态，其主触头处于闭合状态，辅助动合触头处在闭合状态，辅助动断触头处在断开状态。

图 2-1 中有 1 个输入电器按钮 SB，1 个输出电器接触器 KM。按钮未被按下时其触头 SB:[3] 与 SB:[4] 处在断开状态。按下按钮 SB，则其触头 SB:[3] 与 SB:[4] 闭合，回路 [201]→FU1:[1]→FU1:[2]→SB:[3]→SB:[4]→KM:[A1]→KM:[A2]→FU2:[2]→FU2:[1]→[202] 接通，使接触器线圈 KM:[A1] 与 KM:[A2] 通电，接触器 KM 吸合。松开按钮 SB，则其触头 SB:[3] 与 SB:[4] 断开，回路 [201]→FU1:[1]→FU1:[2]→SB:[3] ‖ SB:[4]→KM:[A1]→KM:[A2]→FU2:[2]→FU2:[1]→[202] 断路，接触器 KM 线圈断电、释放。这种按住按钮接触器就吸合，松开按钮接触器就释放的控制电路称为点动控制电路。

2.1.2 双联控制

　　用开关对接触器进行双联控制就是用两个开关去控制接触器吸合或释放动作。扳动开关1或开关2后接触器吸合；接触器吸合状态下扳动开关2或开关1后接触器就释放，接触器双联控制的电路如图2-2所示。图2-2中SK1和SK2是操作开关，KM为被控制接触器（线圈）。

　　图2-2中有2个输入电器开关SK1和SK2，1个输出电器接触器KM。开关未操作时，其触头SK1:[1]与SK1:[2]、SK2:[1]与SK2:[2]闭合，SK1:[3]与SK1:[4]、SK2:[3]与SK2:[4]断开；回路[201]→FU1:[1]→FU1:[2]→SK1:[1]→SK1:[2]→SK2:[3]∥SK2:[4]→KM:[A1]→KM:[A2]→FU2:[2]→FU2:[1]→[202]断路，回路[201]→FU1:[1]→FU1:[2]→SK1:[3]∥SK1:[4]→SK2:[1]→SK2:[2]→KM:[A1]→KM:[A2]→FU2:[2]→FU2:[1]→[202]断路。

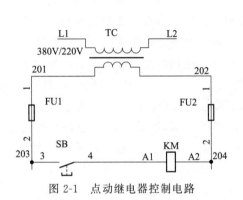

图 2-1　点动继电器控制电路

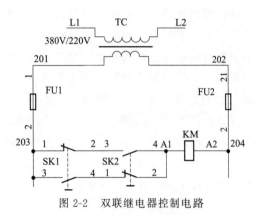

图 2-2　双联继电器控制电路

　　保持开关SK2不动，扳动开关SK1，则其触头SK1:[3]与SK1:[4]闭合，SK1:[1]与SK1:[2]断开，回路[201]→FU1:[1]→FU1:[2]→SK1:[3]→SK1:[4]→SK2:[1]→SK2:[2]→KM:[A1]→KM:[A2]→FU2:[2]→FU2:[1]→[202]接通，接触器线圈KM:[A1]与KM:[A2]通电，接触器KM吸合。保持开关SK1不动，扳动开关SK2，则其触头SK2:[1]与SK2:[2]断开，SK2:[3]与SK2:[4]闭合，回路[201]→FU1:[1]→FU1:[2]→SK1:[1]→SK1:[2]→SK2:[3]→SK2:[4]→KM:[A1]→KM:[A2]→FU2:[2]→FU2:[1]→[202]接通，使接触器线圈KM:[A1]与KM:[A2]通电，接触器KM吸合。当开关SK1和SK2状态相异时两个回路中必有一个接通，接触器线圈通电吸合；当开关SK1和SK2状态相同时两个回路都断路，接触器KM线圈断电、释放。

2.1.3 自锁控制

　　前面的点动控制中，按住按钮接触器就吸合，松开按钮接触器就释放。若按下按钮后即使松开按钮也能使接触器保持吸合状态，这种电路称为自锁控制电路。用按钮对接触器进行自锁控制需要用两个按钮去控制接触器的吸合或释放，规定一个用于吸合，另一个用于释放操作。当按下吸合按钮后接触器就吸合，即使松开该按钮，接触器仍然保持吸合状态；按下释放按钮后接触器便立即释放。自锁继电器控制电路如图2-3所示。

　　按钮未被按下时按钮SB1触头SB1:[3]与SB1:[4]处在断开状态，通常称为动合或常开触头；按钮 SB2 触头 SB2:[1]与 SB2:[2]处在闭合状态，通常称为动断或常闭触头。

当按下按钮 SB1 后，回路[201]→FU1:[1]→FU1:[2]→SB1:[3]→SB1:[4]→SB2:[1]→SB2:[2]→KM:[A1]→KM:[A2]→FU2:[2]→FU2:[1]→[202]接通，接触器 KM 线圈通电、吸合。接触器 KM 吸合后，其辅助触头 KM:[13]与 KM:[14]闭合，旁路按钮触头 SB1:[3]与 SB1:[4]，锁住接触器吸合状态，即使松开按钮 SB1 接触器也不会释放。此时的接通回路是[201]→FU1:[1]→FU1:[2]→KM:[13]→KM:[14]→SB2:[1]→SB2:[2]→KM:[A1]→KM:[A2]→FU2:[2]→FU2:[1]→[202]。

按下按钮 SB2 后，回路[201]→FU1:[1]→FU1:[2]→KM:[13]→KM:[14]→SB2:[1]‖SB2:[2]→KM:[A1]→KM:[A2]→FU2:[2]→FU2:[1]→[202]断路，接触器 KM 线圈失电、释放，其辅助触头 KM:[13]与 KM:[14]断开。

2.1.4 互锁控制

互锁控制就是两个输出接触器具有互斥性，即同一时间段两者不能同时吸合，只能是一个吸合、另一个释放，或两个都是释放状态。用按钮对接触器进行互锁控制就是用两个按钮分别去控制两个接触器的吸合，第三个按钮控制接触器的释放，规定其中一个接触器吸合后即使对另一个进行吸合操作也不能使另一个吸合。在两个接触器都释放状态下，当按下吸合按钮 SB2 后，接触器 KM1 就吸合，即使松开按钮 SB2，接触器 KM1 仍然保持吸合状态；按下释放按钮 SB1 后接触器 KM1 立即释放。在两个接触器都释放状态下，当按下吸合按钮 SB3 后，接触器 KM2 就吸合，即使松开按钮 SB3，接触器 KM2 仍然保持吸合状态；按下释放按钮 SB1 后，接触器 KM2 立即释放，互锁继电器控制电路如图 2-4 所示。图 2-4 中 SB1 是接触器 KM1、KM2 释放按钮，SB2 是 KM1 吸合按钮，SB3 是 KM2 吸合按钮。

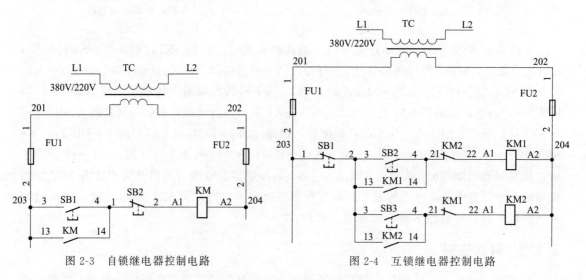

图 2-3　自锁继电器控制电路　　　　　图 2-4　互锁继电器控制电路

当按下按钮 SB2 后，回路[201]→FU1:[1]→FU1:[2]→SB1:[1]→SB1:[2]→SB2:[3]→SB2:[4]→KM2:[21]→KM2:[22]→KM1:[A1]→KM1:[A2]→FU2:[2]→FU2:[1]→[202]接通，接触器 KM1 线圈通电、吸合。接触器 KM1 吸合后其辅助触头 KM1:[13]与 KM1:[14]闭合，锁住接触器吸合状态，即使松开按钮 SB2 接触器也不会释放；此时的导通回路是[201]→FU1:[1]→FU1:[2]→SB1:[1]→SB1:[2]→KM1:[13]→KM1:

[14]→KM2：[21]→KM2：[22]→KM1：[A1]→KM1：[A2]→FU2：[2]→FU2：[1]→[202]。KM1 吸合后其辅助动断触头 KM1[21]与 KM1[22]断开，此时即使按下按钮 SB3，接触器 KM2 的线圈也无法通电，不能吸合。

按下按钮 SB1 后，回路[201]→FU1：[1]→FU1：[2]→SB1：[1]‖SB1：[2]→KM1：[13]→KM1：[14]→KM2：[21]→KM2：[22]→KM1：[A1]→KM1：[A2]→FU2：[2]→FU2：[1]→[202]断路，接触器 KM1 线圈断电、释放，其辅助触头 KM1：[13]与 KM1：[14]断开，KM1：[21]与 KM1：[22]闭合。

当按下按钮 SB3 后，回路[201]→FU1：[1]→FU1：[2]→SB1：[1]→SB1：[2]→SB3：[3]→SB3：[4]→KM1：[21]→KM1：[22]→KM2：[A1]→KM2：[A2]→FU2：[2]→FU2：[1]→[202]接通，接触器 KM2 线圈通电、吸合。接触器 KM2 吸合后，其辅助触头 KM2：[13]与 KM2：[14]闭合，锁住接触器吸合状态，即使松开按钮 SB3 接触器也不会释放；此时的接通回路是[201]→FU1：[1]→FU1：[2]→SB1：[1]→SB1：[2]→KM2：[13]→KM2：[14]→KM1：[21]→KM1：[22]→KM2：[A1]→KM2：[A2]→FU2：[2]→FU2：[1]→[202]。KM2 吸合后其辅助动断触头 KM2：[21]与 KM2：[22]断开，此时即使按下按钮 SB2 接触器 KM1 的线圈也无法通电，不能吸合。

按下按钮 SB1 后，回路[201]→FU1：[1]→FU1：[2]→SB1：[1]‖SB1：[2]→KM2：[13]→KM2：[14]→KM1：[21]→KM1：[22]→KM2：[A1]→KM2：[A2]→FU2：[2]→FU2：[1]→[202]断路，接触器 KM2 线圈断电、释放，其辅助触头 KM2：[13]与 KM：[14]断开，KM2：[21]与 KM2：[22]闭合。

2.1.5　点动互锁控制

点动互锁控制是把前面介绍的点动控制与互锁控制整合在一起，增加一个"方式"选择开关使控制电路具有既能进行点动运转又能连续运行的两种功能；是为了防止电动机过载，控制电路中增加的热保护功能。

图 2-5 所示的继电器控制电路是具有过载保护，既能点动又能连续运转的电动机双向运行的互锁控制电路。图 2-5 中 TC 为控制电源降压隔离变压器（380V/220V）；FU1 和 FU2 是短路保护熔断器；KR 为热继电器，是一种过载保护继电器；SB1 为停止按钮；SB2 为正向运转启动按钮；SB3 为反向运转启动按钮；SA 为点动/连续运转方式选择开关；KM1 和 KM2 分别是提供电动机正序或逆序两种相序供电的电源接触器线圈。在控制电路上电后没有进行任何操作的情况下，图 2-5 中电器触头 KR：[95]与 KR：[96]、SB1：[1]与 SB1：[2]、KM1：[21]与 KM1：[22]、KM2：[21]与 KM2：[22]是闭合的，触头 SB2：[3]与 SB2：[4]、SB3：[3]与 SB3：[4]、KM1：[13]与 KM1：[14]、KM2：[13]与 KM2：[14]是断开的。控制电源端子[203]与[204]之间的电压应与接触器或继电线圈电压相同，图 2-5 中为 220V AC。

（1）点动方式

选择开关 SA 松开状态，其触头 SA：[13]与 SA：[14]和 SA：[3]与 SA：[4]断开，为点动方式。

① KM1 动作。在运行方式选择开关 SA 松开状态下，按下按钮 SB2，回路[203]→KR：[95]→KR：[96]→SB1：[1]→SB1：[2]→SB2：[3]→SB2：[4]→KM2：[21]→KM2：[22]→KM1：[A1]→KM1：[A2]→[204]接通，接触器 KM1 线圈通电、吸合。KM1 吸合后其辅助

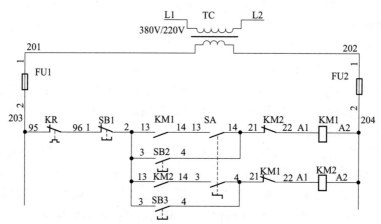

图 2-5 点动互锁继电器控制电路

触头 KM1:[13]与 KM1:[14]闭合、KM1:[21]与 KM1:[22]断开。因 SA 触头 SA:[13]与 SA:[14]断开，故旁路 KM1:[13]→KM1:[14]→SA:[13]∥SA:[14]断路。KM1:[21]与 KM1:[22]断开能保证在 KM1 吸合期间 KM2 不能吸合，起到锁定作用。

松开按钮 SB2，回路[203]→KR:[95]→KR:[96]→SB1:[1]→SB1:[2]→SB2:[3]∥ SB2:[4]→KM2:[21]→KM2:[22]→KM1:[A1]→KM1:[A2]→[204]断路，接触器 KM1 线圈断电、释放，其辅助触头 KM1:[13]与 KM1:[14]断开，KM1:[21]与 KM1:[22]闭合。

② KM2 动作。同样按下按钮 SB3，回路[203]→KR:[95]→KR:[96]→SB1:[1]→SB1: [2]→SB3:[3]→SB3:[4]→KM1:[21]→KM1:[22]→KM2:[A1]→KM2:[A2]→[204]接 通，接触器 KM2 线圈通电、吸合。KM2 吸合后，其辅助触头 KM2:[13]与 KM2:[14]闭 合、KM2:[21]与 KM2:[22]断开。因 SA 触头 SA:[3]与 SA:[4]断开，故旁路 KM2: [13]→KM2:[14]→SA:[3]∥SA:[4]断路。触头 KM2:[21]与 KM2:[22]断开能保证在 KM2 吸合期间 KM1 不能吸合，起到锁定作用。

松开按钮 SB3，回路[203]→KR:[95]→KR:[96]→SB1:[1]→SB1:[2]→SB3:[3]∥ SB3:[4]→KM1:[21]→KM1:[22]→KM2:[A1]→KM2:[A2]→[204]断路，接触器 KM2 线圈断电、释放，其辅助触头 KM2:[13]与 KM2:[14]断开、KM2:[21]与 KM2:[22]闭合。

(2) 连续方式

选择开关 SA 合上状态，其触头 SA:[13]与 SA:[14]和 SA:[3]与 SA:[4]闭合，为连续方式。

① KM1 吸合。在运行方式选择开关 SA 合上状态下，按下按钮 SB2，回路[203]→KR: [95]→KR:[96]→SB1:[1]→SB1:[2]→SB2:[3]→SB2:[4]→KM2:[21]→KM2:[22]→ KM1:[A1]→KM1:[A2]→[204]接通，接触器 KM1 线圈通电吸合。KM1 吸合后，其辅助触头 KM1:[13]与 KM1:[14]闭合、KM1:[21]与 KM1:[22]断开。旁路 KM1:[13]→KM1: [14]→SA:[13]→SA:[14]接通，起自保作用。触头 KM1:[21]与 KM1:[22]断开能保证在 KM1 吸合期间 KM2 不能吸合，起到锁定作用。

松开按钮 SB2，回路[203]→KR:[95]→KR:[96]→SB1:[1]→SB1:[2]→KM1:[13]→ KM1:[14]→SA:[13]→SA:[14]→KM2:[21]→KM2:[22]→KM1:[A1]→KM1:[A2]→ [204]仍接通，KM1 保持吸合状态。

② KM1 释放。KM1 吸合、KM2 释放状态下，按下按钮 SB1，其触头 SB1:[1]与 SB1:

[2]断开，回路[203]→KR：[95]→KR：[96]→SB1：[1]∥SB1：[2]→KM1：[13]→KM1：[14]→SA：[13]→SA：[14]→KM2：[21]→KM2：[22]→KM1：[A1]→KM1：[A2]→[204]断路，KM1线圈断电、释放。

③ KM2吸合。按下按钮SB3，回路[203]→KR：[95]→KR：[96]→SB1：[1]→SB1：[2]→SB3：[3]→SB3：[4]→KM1：[21]→KM1：[22]→KM2：[A1]→KM2：[A2]→[204]接通，接触器KM2线圈通电、吸合。KM2吸合后，其辅助触头KM2：[13]与KM2：[14]闭合、KM2：[21]与KM2：[22]断开。旁路KM2：[13]→KM2：[14]→SA：[3]→SA：[4]接通，起自保作用。触头KM2：[21]与KM2：[22]断开能保证在KM2吸合期间KM1不能吸合，起到锁定作用。

松开按钮SB3，回路[203]→KR：[95]→KR：[96]→SB1：[1]→SB1：[2]→KM2：[13]→KM2：[14]→SA：[3]→SA：[4]→KM1：[21]→KM1：[22]→KM2：[A1]→KM2：[A2]→[204]仍接通，KM2保存吸合状态。

④ KM2释放。KM1释放、KM2吸合状态下，按下按钮SB1，其触头SB1：[1]与SB1：[2]断开，回路[203]→KR：[95]→KR：[96]→SB1：[1]∥SB1：[2]→KM2：[13]→KM2：[14]→SA：[3]→SA：[4]→KM1：[21]→KM1：[22]→KM2：[A1]→KM2：[A2]→[204]断开，KM2线圈断电释放。

⑤ 过载保护。在KM1或KM2吸合状态下，若热保护继电器KR动作后其触头KR：[95]与KR：[96]断开，回路[203]→KR：[95]∥KR：[96]→SB1：[1]→SB1：[2]→KM1：[13]→KM1：[14]→SA：[13]→SA：[14]→KM2：[21]→KM2：[22]→KM1：[A1]→KM1：[A2]→[204]断路，KM1线圈断电、释放；或回路[203]→KR：[95]∥KR：[96]→SB1：[1]→SB1：[2]→KM2：[13]→KM2：[14]→SA：[3]→SA：[4]→KM1：[21]→KM1：[22]→KM2：[A1]→KM2：[A2]→[204]断路，KM2线圈断电、释放。

2.1.6 往返来回控制

往返来回控制是一种按位置进行正反转切换的可逆行程控制，它是在互锁控制基础上增加位置开关变化而来的。通常用于某机械部件在允许的一段距离内移动，在允许行程的两端点各放置一只行程开关，移动的机械部件上装设一个撞块。当机械部件移动到一端时其撞块撞击行程开关，行程开关动作，使动断触头断开、动合触头闭合，达到控制移动行程的目的。行程控制是机械设备应用较广泛的控制方式之一，机床工作台的控制就是一个例子。

往返来回继电器控制电路如图2-6所示。图2-6中TC为提供控制电源的降压隔离变压器（380V/220V），FU1和FU2是短路保护熔断器，KR是一种过载保护的热继电器，SB1为停止按钮，SB2为前进移动启动按钮，SB3为后退移动启动按钮，SA为点动/连续运转方式选择开关，SL1和SL2分别为装设于移动行程两端的前进限位行程开关、后退限位行程开关，KM1和KM2分别是使电动机正转、反转时给电动机正序、逆序两种相序供电的电源接触器线圈。运转方式选择开关SA松开状态时，其触头SA：[13]与SA：[14]和SA：[3]与SA：[4]断开，为点动方式；转动选择开关SA使其触头SA：[13]与SA：[14]和SA：[3]与SA：[4]闭合，为连续方式。书中设定正转为前进，反转为后退。

(1) 点动方式

① 前进。按下按钮SB2，其动合触头SB2：[3]与SB2：[4]闭合，回路[203]→KR：

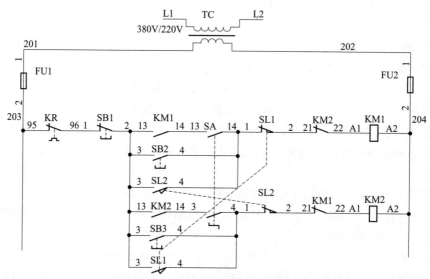

图 2-6　往返来回继电器控制电路

[95]→KR:[96]→SB1:[1]→SB1:[2]→SB2:[3]→SB2:[4]→SL1:[1]→SL1:[2]→KM2:[21]→KM2:[22]→KM1:[A1]→KM1:[A2]→[204]接通，接触器 KM1 线圈通电吸合，电动机正转。KM1 吸合后，其辅助动合触头 KM1:[13] 与 KM1:[14]闭合，动断触头 KM1:[21] 与 KM1:[22]断开。因 SA 触头 SA:[13] 与 SA:[14]断开，故旁路 KM1:[13]→KM1:[14]→SA:[13]‖SA:[14]断路，不能自保。KM1:[21] 与 KM1:[22]断开能保证在 KM1 吸合期间 KM2 不能吸合，起到锁定作用。松开按钮 SB2，其动合触头 SB2:[3] 与 SB2:[4]断开，回路[203]→KR:[95]→KR:[96]→SB1:[1]→SB1:[2]→SB2:[3]‖SB2:[4]→SL1:[1]→SL1:[2]→KM2:[21]→KM2:[22]→KM1:[A1]→KM1:[A2]→[204]断路，接触器 KM1 线圈断电、释放，电动机停转。KM1 辅助触头 KM1:[13] 与 KM1:[14]断开、KM1:[21] 与 KM1:[22]闭合。按住 SB2 前进，松开 SB2 停止，实现点动前进功能。

在 SB2 按住期间，机械部件向前移动。当装设撞块的机械部件移动到前端撞块撞击行程开关 SL1 后，SL1 的触头动作，其动断触头 SL1:[1] 与 SL1:[2]断开，动合触头 SL1:[3] 与 SL1:[4]闭合，使回路[203]→KR:[95]→KR:[96]→SB1:[1]→SB1:[2]→SB2:[3]→SB2:[4]→SL1:[1]‖SL1:[2]→KM2:[21]→KM2:[22]→KM1:[A1]→KM1:[A2]→[204]断路，接触器 KM1 线圈断电、释放，电动机停止正转。同时 SL1:[3] 与 SL1:[4]闭合，使回路[203]→KR:[95]→KR:[96]→SB1:[1]→SB1:[2]→SL1:[3]→SL1:[4]→SL2:[1]→SL2:[2]→KM1:[21]→KM1:[22]→KM2:[A1]→KM2:[A2]→[204]接通，KM2 线圈通电、吸合，电动机反转。因 SA 触头 SA:[3] 与 SA:[4]断开，故旁路 KM2:[13]→KM2:[14]→SA:[3]‖SA:[4]断路，不能自保。当机械部件后退，撞块脱离行程开关 SL1 后，回路[203]→KR:[95]→KR:[96]→SB1:[1]→SB1:[2]→SL1:[3]‖SL1:[4]→SL2:[1]→SL2:[2]→KM1:[21]→KM1:[22]→KM2:[A1]→KM2:[A2]→[204]断路，接触器 KM2 线圈断电、释放，电动机停止反转。同时回路[203]→KR:[95]→KR:[96]→SB1:[1]→SB1:[2]→SB2:[3]→SB2:[4]→SL1:[1]→SL1:[2]→KM2:[21]→KM2:[22]→KM1:[A1]→KM1:[A2]→[204]又接通，接触器 KM1 线圈通电、吸合，电动机正转。这样机械部件（如滑台）在前进端点处会出现后退、前进往返抖动。

② 后退。按下按钮 SB3，其动合触头 SB3:[3]与 SB3:[4]闭合，回路[203]→KR:[95]→KR:[96]→SB1:[1]→SB1:[2]→SB3:[3]→SB3:[4]→SL2:[1]→SL2:[2]→KM1:[21]→KM1:[22]→KM2:[A1]→KM2:[A2]→[204]接通，接触器 KM2 线圈通电、吸合，电动机反转。KM2 吸合后，其辅助触头 KM2:[13]与 KM2:[14]闭合、KM2:[21]与 KM2:[22]断开。因 SA 触头 SA:[3]与 SA:[4]断开，故旁路 KM2:[13]→KM2:[14]→SA:[3]‖SA:[4]未接通，不能自保。KM2:[21]与 KM2:[22]断开能保证在 KM2 吸合期间 KM1 不能吸合，起到锁定作用。松开按钮 SB3，其动合触头 SB3:[3]与 SB3:[4]断开，回路[203]→KR:[95]→KR:[96]→SB1:[1]→SB1:[2]→SB3:[3]‖SB3:[4]→SL2:[1]→SL2:[2]→KM1:[21]→KM1:[22]→KM2:[A1]→KM2:[A2]→[204]断路，接触器 KM2 线圈断电、释放，电动机停转。KM2 辅助触头 KM2:[13]与 KM2:[14]断开、KM2:[21]与 KM2:[22]闭合。按住 SB3 后退，松开 SB3 停止，达到点动后退功能。

在 SB3 按住期间，机械部件后退移动。当装设撞块的机械部件移动到后端，撞块撞击行程开关 SL2 后，SL2 的触头动作，SL2:[1]与 SL1:[2]断开，SL2:[3]与 SL1:[4]闭合，使回路[203]→KR:[95]→KR:[96]→SB1:[1]→SB1:[2]→SB3:[3]→SB3:[4]→SL2:[1]‖SL1:[2]→KM1:[21]→KM1:[22]→KM2:[A1]→KM2:[A2]→[204]断路，接触器 KM2 线圈断电、释放，电动机停止反转。同时 SL2:[3]与 SL2:[4]闭合，使回路[203]→KR:[95]→KR:[96]→SB1:[1]→SB1:[2]→SL2:[3]→SL2:[4]→SL1:[1]→SL1:[2]→KM2:[21]→KM2:[22]→KM1:[A1]→KM1:[A2]→[204]接通，KM1 线圈通电、吸合，电动机正转。因 SA 触头 SA:[13]与 SA:[14]断开，故旁路 KM1:[13]→KM1:[14]→SA:[13]‖SA:[14]未接通，不能自保。当机械部件前进，撞块脱离行程开关 SL2 后，回路[203]→KR:[95]→KR:[96]→SB1:[1]→SB1:[2]→SL2:[3]‖SL2:[4]→SL1:[1]→SL1:[2]→KM2:[21]→KM2:[22]→KM1:[A1]→KM1:[A2]→[204]断路，接触器 KM1 线圈断电、释放，电动机停止正转。同时回路[203]→KR:[95]→KR:[96]→SB1:[1]→SB1:[2]→SB3:[3]→SB3:[4]→SL2:[1]→SL2:[2]→KM1:[21]→KM1:[22]→KM2:[A1]→KM2:[A2]→[204]又接通，接触器 KM2 线圈得电、吸合，电动机反转。这样机械部件（如滑台）同样在后退端点处会出现前进、后退往返抖动。

(2) 连续方式

① 前进。在停转状态下按下按钮 SB2，回路[203]→KR:[95]→KR:[96]→SB1:[1]→SB1:[2]→SB2:[3]→SB2:[4]→SL1:[1]→SL1:[2]→KM2:[21]→KM2:[22]→KM1:[A1]→KM1:[A2]→[204]构成，接触器 KM1 线圈通电、吸合，电动机正转。KM1 吸合后，其辅助触头 KM1:[13]与 KM1:[14]闭合、KM1:[21]与 KM1:[22]断开。因 SA 触头 SA:[13]与 SA:[14]闭合，故旁路 KM1:[13]→KM1:[14]→SA:[13]→SA:[14]接通，进行自保。KM1:[21]与 KM1:[22]断开能保证在 KM1 吸合期间 KM2 不能吸合，起到锁定作用。

松开按钮 SB2，回路[203]→KR:[95]→KR:[96]→SB1:[1]→SB1:[2]→KM1:[13]→KM1:[14]→SA:[13]→SA:[14]→SL1:[1]→SL1:[2]→KM2:[21]→KM2:[22]→KM1:[A1]→KM1:[A2]→[204]仍接通，KM1 保持吸合状态。

在接触器 KM1 吸合、机械部件前进期间，当装设撞块的机械部件移动到前端撞块撞击行程开关 SL1 后，SL1 的触头动作，SL1:[1]与 SL1:[2]断开、SL1:[3]与 SL1:[4]闭合，使回路[203]→KR:[95]→KR:[96]→SB1:[1]→SB1:[2]→KM1:[13]→KM1:[14]→SA:

[13]→SA:[14]→SL1:[1]∥SL1:[2]→KM2:[21]→KM2:[22]→KM1:[A1]→KM1:[A2]→[204]断路，接触器 KM1 线圈断电、释放，电动机停止正转。同时 SL1:[3]与 SL1:[4]闭合，使回路[203]→KR:[95]→KR:[96]→SB1:[1]→SB1:[2]→SL1:[3]→SL1:[4]→SL2:[1]→SL2:[2]→KM1:[21]→KM1:[22]→KM2:[A1]→KM2:[A2]→[204]接通，KM2 线圈通电、吸合，电动机反转。因 SA 触头 SA:[3]与 SA:[4]闭合，故旁路 KM2:[13]→KM2:[14]→SA:[3]→SA:[4]接通，进行自保。当机械部件后退，撞块脱离行程开关 SL1 后，回路[203]→KR:[95]→KR:[96]→SB1:[1]→SB1:[2]→KM2:[13]→KM2:[14]→SA:[3]→SA:[4]→SL2:[1]→SL2:[2]→KM1:[21]→KM1:[22]→KM2:[A1]→KM2:[A2]→[204]接通，接触器 KM2 保持吸合，电动机继续反转，直到撞击行程开关 SL2 后改变行进方向。

②　后退。在停转状态下按下按钮 SB3，回路[203]→KR:[95]→KR:[96]→SB1:[1]→SB1:[2]→SB3:[3]→SB3:[4]→SL2:[1]→SL2:[2]→KM1:[21]→KM1:[22]→KM2:[A1]→KM2:[A2]→[204]接通，接触器 KM2 线圈通电、吸合。KM2 吸合后，其辅助触头 KM2:[13]与 KM2:[14]闭合、KM2:[21]与 KM2:[22]断开。旁路 KM2:[13]→KM2:[14]→SA:[3]→SA:[4]接通，起自保作用。KM2:[21]与 KM2:[22]断开能保证在 KM2 吸合期间 KM1 不能吸合，起到锁定作用。

松开按钮 SB3，回路[203]→KR:[95]→KR:[96]→SB1:[1]→SB1:[2]→KM2:[13]→KM2:[14]→SA:[3]→SA:[4]→SL2:[1]→SL2:[2]→KM1:[21]→KM1:[22]→KM2:[A1]→KM2:[A2]→[204]仍接通，KM2 保持吸合状态。

在 KM2 吸合、机械部件后退期间，当装设撞块的机械部件移动到后端，撞块撞击行程开关 SL2 后，SL2 的触头动作，SL2:[1]与 SL2:[2]断开、SL2:[3]与 SL2:[4]闭合，使回路[203]→KR:[95]→KR:[96]→SB1:[1]→SB1:[2]→KM2:[13]→KM2:[14]→SA:[3]→SA:[4]→SL2:[1]∥SL2:[2]→KM1:[21]→KM1:[22]→KM2:[A1]→KM2:[A2]→[204]断路，接触器 KM2 线圈断电、释放，电动机停止反转。同时触头 SL2:[3]与 SL2:[4]闭合，使回路[203]→KR:[95]→KR:[96]→SB1:[1]→SB1:[2]→SL2:[3]→SL2:[4]→SL1:[1]→SL1:[2]→KM2:[21]→KM2:[22]→KM1:[A1]→KM1:[A2]→[204]接通，KM1 吸合，电动机正转。因 SA 触头 SA:[13]与 SA:[14]闭合，故旁路 KM1:[13]→KM1:[14]→SA:[13]→SA:[14]接通，进行自保。当机械部件前进，撞块脱离行程开关 SL2 后，回路[203]→KR:[95]→KR:[96]→SB1:[1]→SB1:[2]→KM1:[13]→KM1:[14]→SA:[13]→SA:[14]→SL1:[1]→SL1:[2]→KM2:[21]→KM2:[22]→KM1:[A1]→KM1:[A2]→[204]接通，接触器 KM1 线圈保持吸合，电动机继续正转，直到撞击行程开关 SL1 后改变行进方向。

③　停止。在前进状态下按下按钮 SB1，其触头 SB1:[1]与 SB1:[2]断开，回路[203]→KR:[95]→KR:[96]→SB1:[1]∥SB1:[2]→KM1:[13]→KM1:[14]→SA:[13]→SA:[14]→SL1:[1]→SL1:[2]→KM2:[21]→KM2:[22]→KM1:[A1]→KM1:[A2]→[204]断路，KM1 线圈断电、释放，电动机停止正转。在后退状态下按下按钮 SB1，其触头 SB1:[1]与 SB1:[2]断开，回路[203]→KR:[95]→KR:[96]→SB1:[1]∥SB1:[2]→KM2:[13]→KM2:[14]→SA:[3]→SA:[4]→SL2:[1]→SL2:[2]→KM1:[21]→KM1:[22]→KM2:[A1]→KM2:[A2]→[204]断路，KM2 线圈断电、释放，电动机停止反转。

若运转期间热保护继电器 KR 动作后，其触头 KR:[95]与 KR:[96]断开，前进回路

$[203] \rightarrow KR:[95] \parallel KR:[96] \rightarrow SB1:[1] \rightarrow SB1:[2] \rightarrow KM1:[13] \rightarrow KM1:[14] \rightarrow SA:[13] \rightarrow$ $SA:[14] \rightarrow SL1:[1] \rightarrow SL1:[2] \rightarrow KM2:[21] \rightarrow KM2:[22] \rightarrow KM1:[A1] \rightarrow KM1:[A2] \rightarrow [204]$ 断路，KM1 线圈断电、释放；后退回路 $[203] \rightarrow KR:[95] \parallel KR:[96] \rightarrow SB1:[1] \rightarrow SB1:$ $[2] \rightarrow KM2:[13] \rightarrow KM2:[14] \rightarrow SA:[3] \rightarrow SA:[4] \rightarrow SL2:[1] \rightarrow SL2:[2] \rightarrow KM1:[21] \rightarrow$ $KM1:[22] \rightarrow KM2:[A1] \rightarrow KM2:[A2] \rightarrow [204]$ 断路，KM2 线圈断电、释放；电动机停止转动。

2.2　电路的逻辑函数

传统的继电器控制电路是由若干个触头通过串并联方式将电源施加到一个线圈上，这些触头的不同组态使得线圈通电或断电，从而驱动继电器或接触器等电器的动作。若将这些触头作为输入逻辑信号，线圈作为输出逻辑信号，那么继电器控制电路就是一种开关逻辑电路，其逻辑状态值不是 1 就是 0。

2.2.1　布尔代数

布尔代数即为逻辑代数，是研究逻辑电路的数学工具，它为分析和设计逻辑电路提供了理论基础。逻辑代数与普通代数一样也是用字母表示变量，如 a，A，b，B，c，C，…，x，X，y，Y，z，Z 等，但两种代数变量的取值范围不同，逻辑代数的变量取值只能是"0"或"1"。这里的"0"与"1"没有大小之分，而是表示两种互不相容的状态，如命题的"真"与"假"、电位的"高"与"低"、继电器的"吸合"与"释放"、电器触头的"闭合"与"断开"等。在研究问题时，值"0"与"1"究竟代表什么意义，则要看具体的对象而定。

对于一个二值逻辑问题，常常可以设定此问题产生的条件为输入逻辑变量，设定此问题的结果为输出逻辑变量，用逻辑函数来描述它。输入逻辑变量通常以小写英文字母来表示，而输出逻辑变量常以大写字母来表示。逻辑函数可以用代数式表示，也可以用图形符号表示。

(1) 基本逻辑运算

基本的逻辑运算有三种：逻辑或（"加"运算）、逻辑与（"乘"运算）、逻辑"非"（求反运算）。设输入变量有 A、B，输出变量是 L。

① 逻辑或

$$L = A + B$$

逻辑或的运算规则为：$A + 0 = A$，$A + 1 = 1$，$A + A = A$。

② 逻辑与

$$L = AB$$

逻辑与的运算规则为：$A \cdot 0 = 0$，$A \cdot 1 = A$，$AA = A$。

注意，在逻辑表达式中，在不至于混淆的地方常省略"·"。

③ 逻辑非

$$L = \overline{A}$$

逻辑非的运算规则为：$\overline{\overline{A}} = A$，$A + \overline{A} = 1$，$A\overline{A} = 0$。

（2）逻辑函数基本等式

① 交换律

$$A+B=B+A, \qquad AB=BA$$

② 结合律

$$A+B+C=A+(B+C)=(A+B)+C, ABC=(AB)C=A(BC)$$

③ 分配律

$$A(B+C)=AB+AC, A+BC=(A+B)(A+C)$$

④ 特殊规律　重叠律　　　　　$A+A=A, AA=A$

反演律　　　　　　　　$\overline{A+B}=\overline{A}\ \overline{B}, \overline{AB}=\overline{A}+\overline{B}, \overline{\overline{A}}=A$

（3）规则与公式

① 三个规则

a. 代入规则。任何一个含有变量 A 的等式，如果将所有出现变量 A 的地方都代入一个逻辑函数 F，则等式仍然成立。

有了代入规则，就可以将基本等式中的变量用某一逻辑函数来替代，从而扩大等式的应用范围。

若有 $A(B+E)=AB+AE$，且 $E=C+D$，则

$$A[B+(C+D)]=AB+A(C+D)=AB+AC+AD$$

b. 反演规则。设 F 是一个逻辑函数表达式，如果将 F 中所有 "·" 换为 "+"，所有的 "+" 换为 "·"；所有的常量 "0" 换为常量 "1"；常量 "1" 换为常量 "0"；所有的原变量换为反变量，反变量换为原变量，这样所得到的函数式就是 $\overline{F}$。$\overline{F}$ 称为原函数 F 的反函数。反演规则又称为德·摩根定理。

若有 $F=\overline{A}\ \overline{B}+CD$，则由反演规则可得 $\overline{F}=(A+B)(\overline{C}+\overline{D})$。

c. 对偶规则。设 F 是一个逻辑函数表达式，如果将 F 中所有的 "+" 换为 "·"，所有的 "·" 换为 "+"；所有的常量 "0" 换为常量 "1"，常量 "1" 换为常量 "0"，就得到一个新的函数表达式 F^*，F^* 称为 F 的对偶式。如

$$F=A(B+\overline{C}) \qquad\qquad F^*=A+B\overline{C}$$
$$F=A\overline{B}+AC \qquad\qquad F^*=A+\overline{B}(A+C)$$

需要注意的是，F 的对偶式 F^* 与 F 的反演式 $\overline{F}$ 是不同的，在求 F^* 时，不需要将原变量和反变量互换。一般情况下，$F^*\neq\overline{F}$。

② 常用公式　逻辑代数的常用公式有 4 个。

a. $AB+A\overline{B}=A$。

上式表明，如果两个乘积项除了公有因子（如 A）外，不同的因子恰好互补（如 B 和 $\overline{B}$），则这两个乘积项可以合并为一个由公因子组成的乘积项。

b. $A+AB=A$。

上式表明，如果某一乘积项（如 AB）的部分因子（如 A）恰好是另一个乘积项（如 A）的全部，则该乘积项（AB）是多余的。

c. $A+\overline{A}B=A+B$。

上式表明，如果某一乘积项（如 $\overline{A}B$）的部分因子（如 $\overline{A}$）恰好是另一个乘积项的补（如 A），则该乘积项（$\overline{A}B$）里的这部分因子（$\overline{A}$）是多余的。

d. $AB+\overline{A}C+BC=AB+\overline{A}C$。

上式表明，如果两个乘积项中的部分因子恰好互补（如 AB 和 $\overline{A}C$ 中的 A 和 $\overline{A}$），而这两项中的其余因子（如 B 和 C）都是第三个乘积项中的因子，则第三个乘积项是多余的。

（4）逻辑函数的简化

同一个逻辑函数可用不同形式的逻辑函数关系式描述，即对于一个逻辑函数的表达式不是唯一的。如

$$F(A,B,C)=AB+\overline{A}C=AB(C+\overline{C})+\overline{A}(B+\overline{B})C=ABC+AB\overline{C}+\overline{A}BC+\overline{A}\,\overline{B}C$$

上面几个等式中每一个乘积项中包含的输入变量数不同，只有最后一个等式中的任一个乘积项都包含全部输入变量，每个输入变量或以原变量形式或以反变量形式出现，且仅出现一次。式中每一个乘积项，A，B，C 三个输入变量的 8 组变量取值中，只有一组变量取值使该式的值为"1"，而其余各组变量取值时，该乘积项的值都为"0"。如乘积项 ABC，只有在变量取值 $A=1$，$B=1$，$C=1$ 时，该乘积项 $ABC=1$，而其余的任意一组变量取值均使 $ABC=0$。由于包含全部变量的乘积项等于"1"的机会最小，故把这种乘积项称为最小项。全部由最小项相加而成的与-或函数表达式称为最小项表达式，或称为标准与-或式。

逻辑函数的标准形式除了最小项表达式外，还有逻辑函数的最大项表达式，它是逻辑函数或-与的标准形式。

同一函数可以有繁简不同的表达式，实现它的电路也不相同，到底采用什么样的表达式，才能使电路所用的元器件最少、设备最简单呢？一般来说，如果表达式比较简单，那么电路使用的元器件就少，设备就简单。然后，对于采用不同元器件，"简单"的标准就不同了。通常都是指将一个与-或表达式简化为最简与-或式的方法。

逻辑函数的化简方法，通常有代数化简法、卡诺图化简法、奎恩麦克拉斯法、增项消项法等。本节只介绍前两种。

① 代数化简法　代数化简法就是运用逻辑代数中的基本公式和常用公式化简逻辑函数。代数化简法又称为公式化简法，常用的方法有合并项法、吸收法、消去法、取消法、配项法等。

a. 合并项法。该方法常利用公式 $AB+A\overline{B}=A$，将两项合并为一项，且消去一个变量。如

$$F=A(B+C)+A(\overline{B+C})=A$$

b. 吸收法。该方法常利用公式 $A+AB=A$，吸收掉 AB 项。如

$$F=A\overline{B}+A\overline{B}CD(E+H)=A\overline{B}$$

c. 消去法。该方法常利用公式 $A+\overline{A}B=A+B$，消去 $\overline{A}B$ 中多余因子 $\overline{A}$。如

$$F=AB+\overline{A}C+\overline{B}C=AB+(\overline{A}+\overline{B})C=AB+\overline{AB}C=AB+C$$

d. 取消法。该方法常利用公式 $AB+\overline{A}C+BC=AB+\overline{A}C$，取消 BC 项。如

$$F=ABC+\overline{A}D+\overline{C}D+BD=ABC+(\overline{A}+\overline{C})D+BD=ABC+\overline{AC}D+BD=ABC+\overline{AC}D$$

e. 配项法。该方法为了求得最简结果，有时可以将某一乘积项乘以 $(A+\overline{A})$，将该项拆为两项；或利用公式 $AB+\overline{A}C=AB+\overline{A}C+BC$，增加 BC 项，再与其他乘积项进行合并化简。如

$$F=AB+\overline{A}\,\overline{B}+\overline{B}\,\overline{C}+BC=AB+\overline{A}\,\overline{B}(C+\overline{C})+\overline{B}\,\overline{C}+BC(A+\overline{A})$$
$$=AB+\overline{A}\,\overline{B}C+\overline{A}\,\overline{B}\,\overline{C}+\overline{B}\,\overline{C}+ABC+\overline{A}BC=AB+\overline{B}\,\overline{C}+\overline{A}C(\overline{B}+B)$$
$$=AB+\overline{B}\,\overline{C}+\overline{A}C$$

② 卡诺图化简法

a. 卡诺图的画法。前面已经提到一个逻辑功能的描述，可以做出它的真值表，并由真值表可以很方便地写出逻辑函数表达式。这种逻辑函数表达式即为最小项表达式或最大项表达式。真值表与函数最小项表达式（或最大项表达式）之间存在一一对应关系。但是，直接把真值表作为运算工具十分不方便。若把真值表形式变换成方格图的形式，这样的图称为真值图，也称为卡诺图。卡诺图实质上是将代表最小项的小方格按相邻原则排列而成的方块图。

相邻原则：几何上邻接的小方格所代表的最小项，只有一个变量互为反变量，其他变量都相同。这里的相邻包括这个最小项中头尾在内。常用的一个变量、两个变量、三个变量、四个变量的卡诺图如图 2-7 所示。

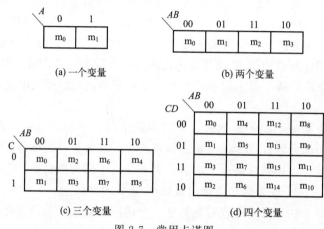

图 2-7　常用卡诺图

从图 2-7 中可以看到，利用卡诺图对逻辑函数进行简化，在排列变量各种取值组合时，必须按循环码的规则进行排列，即相邻两组之间只有一个变量的值不同，如两变量的四种组合按照 $00 \rightarrow 01 \rightarrow 11 \rightarrow 10$ 次序排列。若有 n 个变量，则一共有 2^n 个组合。因此五变量以上的卡诺图通常不用。

将逻辑函数式化成最小项表达式，就可以在相应变量的卡诺图中表示出这个函数。具体做法是：该表达式中的最小项，在相应的小方格内填上"1"，其余填上"0"。

函数 $G = \overline{A}\,\overline{B}CD + \overline{A}BCD + A\overline{B}\,\overline{C}D$ 只需在四变量卡诺图中 m_3、m_7、m_9 方格内填上"1"，其余填"0"，如图 2-8 所示。

若已知一个逻辑函数的真值表，就可以直接填该函数卡诺图。只要把真值表中输出为"1"的那个最小项填上"1"就行了。真值表中输出为"0"的那些项可以填上"0"，也可以不填。

b. 卡诺图化简逻辑函数的依据。

（a）相邻两个小方格均为"1"，可以合并为一项，合并后消去一个变量。

（b）相邻四个小方格均为"1"，可以合并为一项，合并后消去两个变量。

（c）相邻八个小方格均为"1"，可以合并为一项，合并后消去三个变量。

c. 卡诺图化简逻辑函数的步骤。

（a）画出逻辑函数的卡诺图。

（b）画出包围圈。按化简依据，将相邻的"1"方格按或两个、或四个、或八个为一组圈起来。直到所有"1"方格全部被圈入。包围圈越大，乘积项中因子越少；包围圈个数越少，乘积项数越少；同一个"1"方格可以重复圈入。先圈大，后圈小，不要遗漏"1"方格。

（c）将每个包围圈所表示的乘积项进行逻辑加。

d. 化简实例。

化简逻辑函数 $F(A,B,C,D)=\Sigma(0,3,4,6,7,9,12,14,15)$。

画出逻辑函数 F 对应的卡诺图，如图 2-9（a）所示。画包围圈，如图 2-9（b）所示。

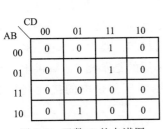

图 2-8 函数 G 的卡诺图

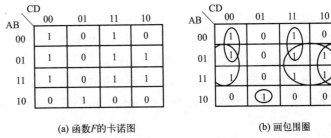

(a) 函数 F 的卡诺图　　　　(b) 画包围圈

图 2-9 函数 F 的卡诺图化简

按包围圈写出与-或表达式，即

$$F(A,B,C,D)=BC+B\overline{D}+\overline{A}\ \overline{C}\ \overline{D}+\overline{A}CD+A\overline{B}\ \overline{C}D$$

2.2.2 基本电路逻辑函数

继电器控制电路中假定一个电器的动合触头（常开触头）状态用其代号字符来表示，而动断触头（常闭触头）的状态就是以逻辑非表示。电器的线圈状态也用其代号字符来表示。针对某个电器线圈所连接的触头，按照从上到下、从左到右的次序，并联进行逻辑或运算、串联进行逻辑与运算的原则，列出每个线圈所连接触头的逻辑函数表达式。

图 2-1 电路的逻辑函数为

$$KM=SB$$

图 2-2 电路的逻辑函数为

$$KM=\overline{SK1}SK2+SK1\overline{SK2}$$

图 2-3 电路的逻辑函数为

$$KM=(SB1+KM)\overline{SB2}$$

图 2-4 电路的逻辑函数为

$$KM1=\overline{SB1}(SB2+KM1)\overline{KM2}$$
$$KM2=\overline{SB1}(SB3+KM2)\overline{KM1}$$

图 2-5 电路的逻辑函数为

$$KM1=\overline{KR}\ \overline{SB1}(KM1SA+SB2)\overline{KM2}$$
$$KM2=\overline{KR}\ \overline{SB1}(KM2SA+SB3)\overline{KM1}$$

图 2-6 电路的逻辑函数为

$$KM1=\overline{KR}\ \overline{SB1}(KM1SA+SB2+\overline{SL2})\overline{SL1}\ \overline{KM2}$$
$$KM2=\overline{KR}\ \overline{SB1}(KM2SA+SB3+\overline{SL1})\overline{SL2}\ \overline{KM1}$$

第3章

电动机与控制技术条件

交流电动机具有结构简单、价格便宜、维护方便等优点，广泛应用于机械类、生产类、建筑类等设备上。不同类型的设备采用不同供电方法，其低压交流电动机的继电器控制电路是不同类型电路并存的局面。单台电动机的启停控制一般采用两根相线供电的单相380V供电，机床设备传统上采用控制变压器隔离供电，建筑消防设备采用的是单相220V供电。根据现行的有关规范要求及有关文献资料，本书优先采用由控制变压器供电的接地型控制电路。

3.1 低压电动机的选择

电动机的工作制、额定功率、堵转转矩、最小转矩、最大转矩、转速及其调节范围等电气和机械参数应满足电动机所拖动机械在各种运行方式下的规定。

3.1.1 电动机类型的选择

机械对启动、调速及制动无特殊要求时，应采用笼形电动机，但功率较大且连续工作的机械，当在技术经济上合理时，宜采用同步电动机。

重载启动的机械，选用笼形电动机不能满足启动要求或加大功率不合理时，宜采用绕线转子电动机。调速范围不大的机械，且低速运行时间较短时，宜采用绕线转子电动机。

机械对启动、调速及制动有特殊要求时，电动机类型及其调速方式应根据技术经济比较确定。当采用交流电动机不能满足机械要求的特性时，宜采用直流电动机；交流电源消失后必须工作的应急机组，亦可采用直流电动机。

变负载运行的风机和泵类等机械，当在技术经济上合理时，应采用调速装置，并选用相应类型的电动机。

3.1.2 电动机额定功率的选择

电动机的额定功率是指额定输出功率，即电动机满载运行时在电动机转轴上的有效机械功率。它没有包括电动机的机械损耗（轴承损耗、风耗）和电气损耗（铁损、铜损）。电动机的额定电流即满载电流，是指电动机满足运行时由电动机接线端子处输入的电流。三相电动机的额定电流 I_{rM} 应按下式计算，即

$$I_{rM} = \frac{P_{rM}}{\sqrt{3}\,U_{rM}\eta_r\cos\varphi_r}$$

式中　I_{rM}——电动机的额定电流，A；

P_{rM}——电动机的额定功率，kW；

U_{rM}——电动机的额定电压，kV；

η_r——电动机满载时的效率；

$\cos\varphi_r$——电动机满载时的功率因数。

连续工作负载平稳的机械应采用最大连续定额的电动机，其额定功率应按机械的轴功率选择。当机械为重载启动时，笼形电动机和同步电动机的额定功率应按启动条件校验；对同步电动机，尚应校验其牵入转矩。

短时工作的机械应采用短时定额的电动机，其额定功率应按机械的轴功率选择；当无合适规格的短时定额电动机时，可按允许过载转矩选用周期工作定额的电动机。

断续周期工作的机械应采用相应的周期工作定额的电动机，其额定功率宜根据制造厂提供的不同负载持续率和不同启动次数下的允许输出功率选择，亦可按典型周期的等值负载换算为额定负载持续率选择，并应按允许过载转矩校验。

连续工作负载周期变化的机械应采用相应的周期工作定额的电动机，其额定功率宜根据制造厂提供的数据选择，亦可按等值电流法或等值转矩法选择，并应按允许过载转矩校验。

选择电动机额定功率时，应根据机械的类型和重要性计入储备系数。当电动机使用地点的海拔和冷却介质温度与规定的工作条件不同时，其额定功率应按制造厂的资料予以校正。

电动机的额定电压应根据其额定功率和配电系统的电压等级及技术经济的合理性确定。电动机的防护形式应符合安装场所的环境条件。电动机的结构及安装形式应与机械相适应。

3.2　低压电动机的启动

3.2.1　电压要求

电动机启动时，其端子电压应能保证机械要求的启动转矩，且在配电系统中引起的电压波动不应妨碍其他用电设备的工作。

配电母线上接有照明或其他对电压波动较敏感的负荷，电动机频繁启动时，交流电动机启动时配电母线上的电压不宜低于额定电压的90%；电动机不频繁启动时，交流电动机启动时配电母线上的电压不宜低于额定电压的85%。

配电母线上未接照明或其他对电压波动较敏感的负荷，交流电动机启动时配电母线上的电压不应低于额定电压的80%。

配电母线上未接其他用电设备时，可按保证电动机启动转矩的条件决定；对于低压电动机，尚应保证接触器线圈的电压不低于释放电压。

3.2.2　启动方式选择

电动机启动时，配电母线的电压符合本书3.2.1节要求；机械能承受电动机全压启动时的冲击转矩；制造厂对电动机的启动方式无特殊规定。

笼形电动机应全压启动。当不符合全压启动的条件时，电动机宜降压启动，或选用其他适当的启动方式。当有调速要求时，电动机的启动方式应与调速方式相匹配。

绕线转子电动机宜采用在转子回路中接入频敏变阻器或电阻器启动，且启动电流平均值不宜超过电动机额定电流的2倍或制造厂的规定值；启动转矩应满足机械的要求；当有调速要求时，电动机的启动方式应与调速方式相匹配。

直流电动机宜采用调节电源电压或电阻器降压启动，且启动电流不宜超过电动机额定电流的 1.5 倍或制造厂的规定值；启动转矩和调速特性应满足机械的要求。

3.3　低压电动机的保护

交流电动机除应装设短路保护和接地故障的保护外，还应根据电动机的用途分别装设过载保护、断相保护、低电压保护以及同步电动机的失步保护。

3.3.1　短路保护

每台交流电动机应分别装设相间短路保护；总计算电流不超过 20A，且允许无选择切断时，或根据工艺要求，必须同时启停的一组电动机，不同时切断将危及人身设备安全时，数台交流电动机可共用一套短路保护电器。

交流电动机的短路保护器件宜采用熔断器或低压断路器的瞬动过电流脱扣器，亦可采用带瞬动元件的过电流继电器。短路保护兼作接地故障的保护时，应在每个不接地的相线上装设保护器件。仅作相间短路保护时，熔断器应在每个不接地的相线上装设，过电流脱扣器或继电器应至少在两相上装设。当只在两相上装设时，在有直接电气联系的同一网络中，保护器件应装设在相同的两相上。

当交流电动机正常运行、正常启动或自启动时，短路保护器件不应误动作。应正确选用短路保护电器的使用类别；熔断体的额定电流应大于电动机的额定电流，且其安秒特性曲线计及偏差后应略高于电动机启动电流-时间特性曲线；当电动机频繁启动和制动时，熔断体的额定电流应加大 1 级或 2 级。瞬动过电流脱扣器或过电流继电器瞬动元件的整定电流应取电动机启动电流周期分量最大有效值的 2～2.5 倍。当采用短延时过电流脱扣器作保护时，短延时脱扣器整定电流宜躲过启动电流周期分量最大有效值，延时不宜小于 0.1s。

3.3.2　接地保护

每台交流电动机应分别装设接地故障的保护，但共用一套短路保护的数台电动机可共用一套接地故障的保护器件。

交流电动机的故障保护（间接接触）防护应符合现行国家标准《低压配电设计规范》（GB 50054）的有关规定。

当交流电动机的短路保护器件满足接地故障的保护要求时，应采用短路保护器件兼作接地故障的保护。

3.3.3　过载保护

运行中容易过载的交流电动机、启动或自启动条件困难而要求限制启动时间的电动机，应装设过载保护。连续运行的电动机宜装设过载保护，过载保护应动作于断开电源。当断电比过载造成的损失更大时，应使过载保护动作于信号。短时工作或断续周期工作的电动机可不装设过载保护，当电动机运行中可能堵转时，应装设电动机堵转的过载保护。

交流电动机宜在配电线路的每相上装设过载保护器件，其动作特性应与电动机过载特性相匹配。过载保护的动作时限应躲过电动机正常启动或自启动时间。热过载继电器整定电流

应按下式确定，即

$$I_{zd} = K_k K_{jx} \frac{I_{ed}}{NK_h}$$

式中　I_{zd}——热过载继电器整定电流，A；

　　　I_{ed}——电动机的额定电流，A；

　　　K_k——可靠系数，动作于断电时取 1.2，动作于信号时取 1.05；

　　　K_{jx}——接线系数，接于相电流时取 1.0，接于相电流差时取 $\sqrt{3}$；

　　　K_h——热过载继电器返回系数，取 0.85；

　　　N——电流互感器变比。

可在启动过程的一定时限内短接或切除过载保护器件。

3.3.4　断相保护

连续运行的三相交流电动机，当采用熔断器保护时，应装设断相保护；当采用低压断路器保护时，宜装设断相保护。断相保护器件宜采用断相保护热继电器，亦可采用温度保护或专用的断相保护装置。

交流电动机采用低压断路器兼作电动机控制电器时，可不装设断相保护；短时工作或断续周期工作的电动机亦可不装设断相保护。

3.3.5　低电压保护

按工艺或安全条件不允许自启动的交流电动机应装设低电压保护。

为保证重要交流电动机自启动而需要切除的次要交流电动机应装设低电压保护。次要交流电动机宜装设瞬时动作的低电压保护。不允许自启动的重要交流电动机应装设短延时的低电压保护，其时限可取 0.5～1.5s。

按工艺或安全条件，在长时间断电后不允许自启动的交流电动机，应装设长延时的低电压保护，其时限按照工艺的要求确定。

低电压保护器件宜采用低压断路器的欠电压脱扣器、接触器或接触器式继电器的电磁线圈，亦可采用低电压继电器和时间继电器。当采用电磁线圈作低电压保护时，其控制回路宜由交流电动机主回路供电；当由其他电源供电，主回路失压时，应自动断开控制电源。

对于需要自启动不装设低电压保护或装设延时低电压保护的重要交流电动机，当电源电压中断后在规定时限内恢复时，控制回路应有确保交流电动机自启动的措施。

电动机的保护可采用符合现行国家标准《低压开关设备和控制设备　第 4-2 部分：接触器和电动机起动器　交流电动机用半导体控制器和起动器（含软起动器）》(GB/T 14048.6)保护要求的综合保护器。

3.4　主回路和控制回路

3.4.1　主回路

低压交流电动机主回路宜由具有隔离功能、控制功能、短路保护功能、过载保护功能、附加保护功能的器件和布线系统等组成。

每台电动机的主回路上应装设隔离电器。共用一套短路保护电器的一组电动机或由同一配电箱供电且允许无选择地断开的一组电动机，可数台电动机共用一套隔离电器。电动机及其控制电器宜共用一套隔离电器。符合隔离要求的短路保护电器可兼作隔离电器。隔离电器宜装设在控制电器附近或其他便于操作和维修的地点。无载开断的隔离电器应能防止误操作。

短路保护电器应与其负载侧的控制电器和过载保护电器协调配合。短路保护电器的分断能力应符合现行国家标准的有关规定。

每台电动机应分别装设控制电器，但当工艺需要时，一组电动机可共用一套控制电器。控制电器宜采用接触器、起动器或其他电动机专用的控制开关。启动次数少的电动机，其控制电器可采用低压断路器或与电动机类别相适应的隔离开关。电动机的控制电器不得采用开启式开关。控制电器应能接通和断开电动机堵转电流，其使用类别和操作频率应符合电动机的类型和机械的工作制。控制电器宜装设在便于操作和维修的地点。过载保护电器的装设宜靠近控制电器或为其组成部分。

电动机主回路导线或电缆的载流量不应小于电动机的额定电流。当电动机经常接近满载工作时，导线或电缆载流量宜有适当的余量；当电动机为短时工作或断续工作时，其导线或电缆在短时负载下或断续负载下的载流量不应小于电动机的短时工作电流或额定负载持续率下的额定电流。电动机主回路的导线或电缆应按机械强度和电压损失进行校验。对于向一级负荷配电的末端线路以及少数更换导线很困难的重要末端线路，尚应校验导线或电缆在短路条件下的热稳定。绕线式电动机转子回路导线或电缆载流量应符合下列规定：

① 启动后电刷不短接时，其载流量不应小于转子额定电流。当电动机为断续工作时，应采用导线或电缆在断续负载下的载流量。

② 启动后电刷短接，当机械的启动静阻转矩不超过电动机额定转矩的50%时，不宜小于转子额定电流的35%；当机械的启动静阻转矩超过电动机额定转矩的50%时，不宜小于转子额定电流的50%。

3.4.2 控制回路

(1) 控制回路技术条件

电动机的控制回路应装设隔离电器和短路保护电器；主回路短路保护器件能有效保护控制回路的线路时，或控制回路接线简单、线路很短且有可靠的机械防护时，或控制回路断电会造成严重后果时，电动机主回路供电可不另装设隔离电器和短路保护电器。

控制回路的电源及接线方式应安全可靠、简单适用。当TN或TT系统中的控制回路发生接地故障时，控制回路的接线方式应能防止电动机意外启动或不能停车。对可靠性要求高的复杂控制回路可采用不间断电源供电，亦可采用直流电源供电。直流电源供电的控制回路宜采用不接地系统，并应装设绝缘监视装置。额定电压不超过交流50V或直流120V的控制回路的接线和布线应能防止引入较高的电压和电位。

电动机的控制按钮或控制开关宜装设在电动机附近便于操作和观察的地点。当需在不能观察电动机或机械的地点进行控制时，应在控制点装设指示电动机工作状态的灯光信号或仪表。

自动控制或联锁控制的电动机应有手动控制和解除自动控制或联锁控制的措施；远方控制的电动机应有就地控制和解除远方控制的措施；当突然启动可能危及周围人员安全时，应在机械旁装设启动预告信号和应急断电控制开关或自锁式停止按钮。

当反转会引起危险时，反接制动的电动机应采取防止制动终了时反转的措施。

电动机旋转方向的错误将危及人员和设备安全时，应采取防止电动机倒相造成旋转方向错误的措施。

控制电路由交流电源供电时，应使用独立绕组的变压器将交流电源与控制电源隔离。如果使用几个变压器，这些变压器的绕组宜按使次级侧电压同相位的方式连接。对于用单一电动机起动器和不超过两个控制器件（如联锁装置、启/停控制台）的机械，不强制使用变压器或配有变压器的开关模式电源单元。

源自 AC 电源的 DC 控制电路连接到保护联结电路，它们应由 AC 控制电路变压器的单独绕组或其他控制电路变压器供电。

控制电压标称值应与控制电路的正确运行协调一致。AC 控制电路的标称电压不宜超过：适用于标称频率 50Hz 的电路为 230V；适用于标称频率 60Hz 的电路为 277V。DC 控制电路的标称电压不宜超过 220V。

（2）控制回路故障防护

任何控制电路的接地绝缘故障都可能引起误操作，例如：意外启动、潜在的危险运动或妨碍机械停止，应采取减少绝缘故障概率的措施。

① 由 AC 电源直接供电　TN 或 TT 系统中的控制回路发生接地故障时，保护或控制点可被大地短接，使控制失灵或线圈通电，造成电动机不能停车或意外启动。当控制回路接线复杂、线路很长，特别是在恶劣环境中装有较多的行程开关和联锁接点时，这个问题更加突出。

控制回路的可靠性问题易被忽视，应引起设计人员的重视。控制回路通常是由不同电气元件的触头（控制点）与某个电器线圈按先后次序连接而成的。触头与线圈的相对位置发出变化，可能会出现触头被意外旁路的情况，导致电动机不能停车或意外启动。如图 3-1 所示是控制电源直接引自 AC 电源的控制回路。当 a、b、c 任何一点接地时，控制点 K1 均不被短接，甚至 a 和 b 两点同时接地时，虽然控制点 K1 被旁路亦将因熔断器 FU1 熔断而停车，故接线 I 是正确的。虽然 d 点接地会使熔断器 FU2 熔断，但当 e 点接地时，控制点 K2 被短接（旁路），回路不被控制点 K2 所控制，运行中的电动机将不能停车，不工作的电动机将意外启动，接线 II 是错误的，不应采用。当 h 点接地时，控制点 K3 闭合时熔断器 FU3 熔

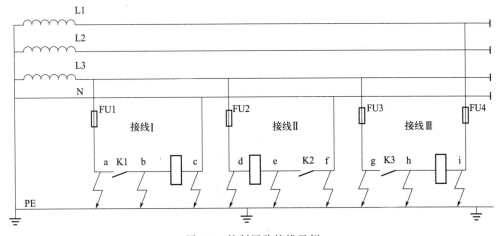

图 3-1　控制回路接线示例

断，此时线圈接于相电压下，通电的接触器不能可靠释放，不通电的则不排除吸合的可能，从而有可能造成电动机不能停车或意外启动，故接线Ⅲ是有问题的，这种做法只能用于极简单的控制回路（如磁力起动器中）。

此外，当图 3-1 中 a、b、d、g、h（或 i）点接地时，相应的熔断器熔断，电动机将被迫（a、b、d 点）或可能（g、h 点）停止工作。

为提高控制回路的可靠性，可在控制回路中装设隔离变压器。二次侧采用不接地系统，不仅可避免电动机意外启动或不能停车，而且任何一点接地时电动机能继续坚持工作。

直流控制电源如为中性点或一极接地系统，控制回路发生接地故障时的情况可按以上分析类推。因此最好采用不接地系统，并应装设绝缘监视装置，但为了节能和减少接触器噪声而采用整流电源时，可不受此限制。

② 不由变压器供电　控制电路不由控制变压器供电或参照 IEC 61558-2-16 具有独立绕组变压器的开关电源单元供电，只允许用于最多含一台电动机起动器和/或最多两个控制器件的机械。

根据供电系统的接地情况，可能的情况是：

a. 直接连接到接地的供电系统（TN 或 TT 系统）。

在某一相线和中线之间供电，见图 3-2；或在两根相线之间供电，见图 3-3。该方法要求多极控制开关，该开关转换所有带电导线（体）以避免在控制电路接地故障时的意外启动。

b. 直接连接到不接地或经高阻抗接地的电源系统（IT 系统）。

在某一相线和中线之间供电，见图 3-4；或在两根相线之间供电，见图 3-5。该方法要求配置一个在出现接地故障时自动切断电路的装置。

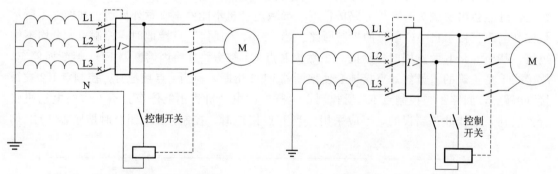

图 3-2　接地系统相线和中线供电　　　　　　图 3-3　接地系统两根相线供电

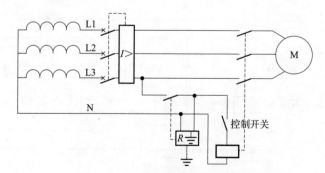

图 3-4　不接地系统相线和中线供电

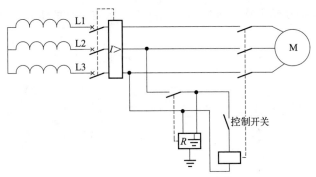

图 3-5　不接地系统两根相线供电

③ 由变压器供电

a. 绕组一端接地的控制电路。

共用导线（体）应连接到电源端点的保护联结线路上。所有电磁或其他器件（例如继电器、指示灯）的工作触头、固态元件等应插入到控制电路电源连接开关的导线（体）与线圈或器件的端子之间。线圈或器件的其他端子直接连接控制电路电源的没有任何开关元件的共用导线（体），如图 3-6 所示。此方法也可用于 DC 控制电路，在这种情况下图 3-6 中的变压器由 DC 电源单元代替。保护装置的触头可以连接在共用导体和线圈之间，前提是连接很短（例如：在同一壳体内），不致发生接地故障（例如：过载继电器直接安装在接触器上）。

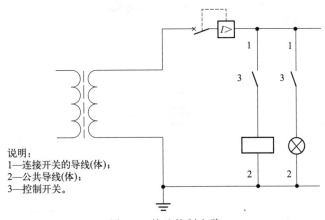

说明：
1—连接开关的导线(体)；
2—公共导线(体)；
3—控制开关。

图 3-6　接地控制电路

b. 绕组非接地的控制电路。

由未连接保护联结电路的控制变压器供电的控制电路应满足下列要求之一：

（a）具有在双导线（体）上工作的双极控制开关，见图 3-7。此方法也可用于 DC 控制电路，在这种情况下，图 3-7 中的变压器由 DC 电源代替。

（b）提供一个装置，例如绝缘监测装置，在接地故障发生时自动中断电路，见图 3-8。此方法也可用于 DC 控制电路，在这种情况下，图 3-8 中的变压器由 DC 电源代替。

（c）在上述第二项（b）中，如果自动中断会增加风险，例如当首次出现接地故障时，仍要求继续运行。在机械上应配置能足以触发听觉和视觉信号的绝缘监测装置（例如：依照 IEC 61557-8），见图 3-9。此方法也可用于 DC 控制电路，在这种情况下，图 3-9 中的变压器由 DC 电源代替，当变压器和整流器组合使用时，绝缘监测装置应连接到控制电路的 DC 电压部分整流器后的保护联结电路。机械用户对该报警所需执行的步骤，在使用信息中描述。

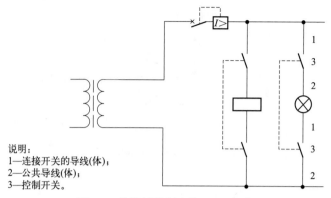

说明：
1—连接开关的导线(体)；
2—公共导线(体)；
3—控制开关。

图 3-7　非接地控制电路（a）方法

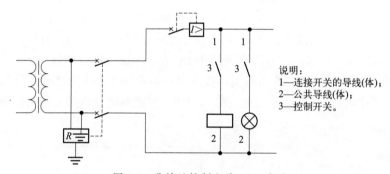

说明：
1—连接开关的导线(体)；
2—公共导线(体)；
3—控制开关。

图 3-8　非接地控制电路（b）方法

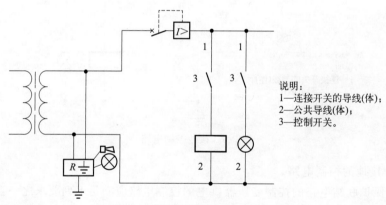

说明：
1—连接开关的导线(体)；
2—公共导线(体)；
3—控制开关。

图 3-9　非接地控制电路（c）方法

c. 绕组中心抽头接地

由所带绕组中心抽头接地的控制变压器供电的控制电路，应具有可以切断两根导线的过电流保护装置。控制开关应是双极开关，作用于两根导线，见图 3-10。

（3）控制变压器的取舍

低压交流电动机控制电路现在是多种形式电路并存的局面。直接采用两根相线供电的单相 380V 系统大多存在于生产设备的电气控制中，如钢铁、水泥企业等；机床设备传统上采用控制变压器隔离供电，并延续至今，如摇臂钻床、普通车床等；建筑设备直接采用一根相

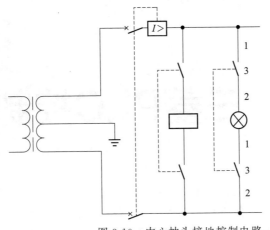

说明：
1—连接开关的导线(体)；
2—公共导线(体)；
3—控制开关。

图 3-10　中心抽头接地控制电路

线一根中性线的单相 220V 供电，如排烟加压风机、消防水泵等。电梯和自动扶梯应属于建筑设备，因其早于建筑中的风机、水泵出现而没有单独成类，传统上被归于机床类，其控制电路的供电也通过隔离变压器提供。

低压交流电动机控制电路设计应做到保障人身安全、运行可靠、经济合理和安装维护方便。由于低压交流电动机的供电通常是三相 380V 或 660V，不管其绕组是星形接线，还是三角形接线，都不需要中性线 N。电动机主回路电缆不配出中性线，电缆及其他设备投资大为节省。控制回路电源采用隔离变压器供电，不但没有增加成本，反而具有一些优点，便于控制电路在不同电压等级上的移植。

控制电路采用控制变压器供电的有 5 种形式。当采用绕组非接地方法时需要再增加绝缘监测装置，这种方法适用于控制回路中线圈单侧接地时也需要正常工作的系统，但是对于图 3-8 和图 3-9 所示电路中，当线圈一侧存在多个控制触头出现该侧 2 处及以上多点接地时，就存在某个和几个触头被旁路而失去控制权利的隐患。

综合以上各种情况，控制电路采用变压器供电，图 3-6 所示的控制电路形式是应该优先采用的。该电路不需要增加绝缘监测装置，能避免控制点被旁路，不增加成本。

低压交流电动机控制电路应优先采用由变压器供电的接地控制电路，其共用导线（体）应连接到在电源端点的保护联结线路上。所有电磁或其他器件（例如继电器、指示灯）的工作触头、固态元件等应插入到控制电路电源连接开关的导线（体）与线圈或器件的端子之间。线圈或器件的其他端子直接连接控制电路电源的没有任何开关元件的共用导线（体）。采用由变压器供电的控制电路便于在不同电压等级上移植。该方法也是国外常见的做法。在要求可靠性很高的场合，宜采用由变压器供电的非接地控制电路。

三菱PLC控制基础

　　三菱公司的 FX 系列产品是由电源、CPU、存储器和输入输出组成的一体单元式可编程控制器（PLC），其产品样本中有 FX$_{1S}$、FX$_{1N}$、FX$_{2N}$、FX$_{2U}$、FX$_{3U}$、FX$_{3UC}$、FX$_{3G}$、FX$_{3GC}$、FX$_{3S}$ 等系列。本章介绍 FX$_3$ 系列可编程控制器的硬件结构、资源和指令、程序设计要点，最后给出基本继电器控制电路的梯形图。

4.1　PLC 硬件结构

　　本节在列举三菱 FX$_{3S}$ 系列可编程控制器的主要特点和产品型号规格后，以 FX$_{3SA}$ 可编程控制器为例介绍基本单元模块的面板布局、端子排列和输入输出接线。

4.1.1　主要特点

　　FX$_{3S}$ 可编程控制器的基本功能有：

　　① 最大 30 点的输入输出点数，备有输入输出合计点数为 10 点、14 点、20 点和 30 点的基本单元。

　　② 程序容量最大为 4000 步，内置 16000 步的 EEPROM 内存。

　　③ 内置 USB 通信端口。标准内置编程通信功能用的 USB 通信端口，可以进行 12Mb/s 的高速通信。

　　④ 内置 RUN/STOP 开关。可以通过内置开关进行 RUN/STOP 的操作，也可以从通用的输入端子或外围设备上发出 RUN/STOP 的指令。

　　⑤ 内置模拟量旋钮。2 个可进行计时器设定时间等调节的模拟量旋钮，此外通过使用选件的模拟量旋钮功能扩展板，可以追加 8 个，FX3S-30M□/E□-2AD 除外。

　　⑥ 内置模拟量输入。在电压输入中内置 2 点能够使用的模拟量输入，通过使用选件的功能扩展板与特殊适配器，可增加模拟量输入点数，仅 FX3S-30M□/E□-2AD 除外。

　　⑦ 支持在 RUN 操作中写入，通过计算机用的编程软件，可以在可编程控制器进行 RUN 操作时更改程序。

　　⑧ 内置时钟功能。内置时钟功能，可以执行时间的控制；支持程序的远程调试，如果使用编程软件，便可以通过连接在 RS-232C 功能扩展板，依据 RS-232C 通信特殊适配器上的调制解调器，执行远距离的程序传送以及可编程控制器的运行监控。

　　基本单元的输入输出高速处理功能：

　　① 高速计数器功能。单相 60kHz×2 点＋10kHz×4 点，双相 30kHz×1 点＋5kHz×1 点。

　　② 脉冲捕捉功能。无需编写复杂的程序，就可以获取 ON 宽度/OFF 宽度较窄的信号，

输入端子 X000、X001 信号的 ON/OFF 宽度为 $10\mu s$，输入端子 X002～X005 信号的 ON/OFF 宽度为 $50\mu s$。

③ 输入中断功能。通过 ON 宽度/OFF 宽度最小为 $10\mu s$（X000、X001）或 $50\mu s$（X002～X005）的外部信号可以优先处理中断子程序。

④ 脉冲输出功能。使用基本单元晶体管输出型的输出端子时，2 轴可同时输出最高为 100kHz 的脉冲（Y000、Y001）。

⑤ 丰富的定位指令。DSZR——带 DOG 搜索功能的机械原点回归指令；ABS——从本公司的带绝对位置（ABS）检测功能的伺服放大器上读出当前值的指令；DRVI——指定从当前值位置开始的移动距离的定位（相对定位）；DRVA——以当前值 [0] 为基准，指定目标位置的定位（绝对定位）；PLSV——可以改变脉冲串输出频率的指令。

通信/网络功能和种类：可以连接支持各种通信功能的功能扩展板以及特殊适配器，如 RS-232C/RS-422/USB、N∶N 网络、并联连接、计算机连接、变频器通信、RS-232C/RS-485 无协议通信、MODBUS 通信、以太网。

模拟量种类：电压/电流输入、电压/电流输出、热电偶或铂电阻温度传感器输入。

4.1.2 产品分类和规格

(1) 产品分类

三菱 FX_3 系列可编程控制器产品分为基本单元、功能扩展板、连接器转换适配器、特殊适配器和存储器盒五类，如图 4-1 所示。

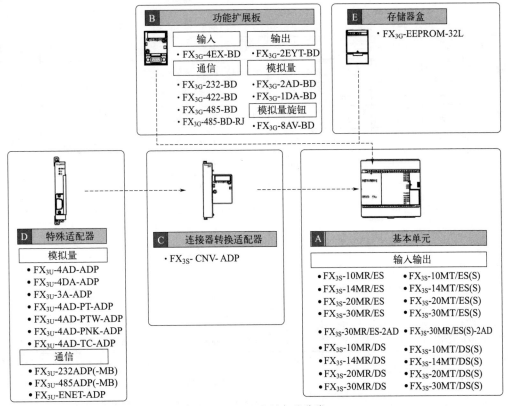

图 4-1 FX_3 系列产品分类

（2）产品规格

① 基本单元   基本单元是内置了 CPU、存储器、输入输出和电源的一体化模块产品，其型号各部分含义如图 4-2 所示。每一种型号的点数及输入、输出和连接形式如表 4-1 所示。

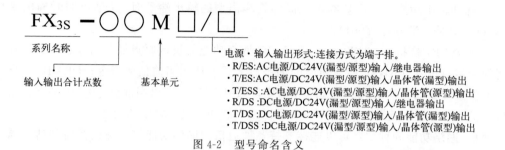

图 4-2   型号命名含义

表 4-1   FX$_{3S}$ 系列点数及输入、输出和连接形式

型号	输入输出点数			输入形式	输出形式	连接形式
	合计点数	输入点数	输出点数			
AC 电源/DC24V 漏型/源型输入通用型						
FX$_{3S}$-10MR/ES	10	6	4	DC24V（漏型/源型）	继电器	端子排
FX$_{3S}$-10MT/ES	10	6	4	DC24V（漏型/源型）	晶体管（漏型）	端子排
FX$_{3S}$-10MT/ESS	10	6	4	DC24V（漏型/源型）	晶体管（源型）	端子排
FX$_{3S}$-14MR/ES	14	8	6	DC24V（漏型/源型）	继电器	端子排
FX$_{3S}$-14MT/ES	14	8	6	DC24V（漏型/源型）	晶体管（漏型）	端子排
FX$_{3S}$-14MT/ESS	14	8	6	DC24V（漏型/源型）	晶体管（源型）	端子排
FX$_{3S}$-20MR/ES	20	12	8	DC24V（漏型/源型）	继电器	端子排
FX$_{3S}$-20MT/ES	20	12	8	DC24V（漏型/源型）	晶体管（漏型）	端子排
FX$_{3S}$-20MT/ESS	20	12	8	DC24V（漏型/源型）	晶体管（源型）	端子排
FX$_{3S}$-30MR/ES	30	16	14	DC24V（漏型/源型）	继电器	端子排
FX$_{3S}$-30MT/ES	30	16	14	DC24V（漏型/源型）	晶体管（漏型）	端子排
FX$_{3S}$-30MT/ESS	30	16	14	DC24V（漏型/源型）	晶体管（源型）	端子排
FX$_{3S}$-30MR/ES-2AD	30	16	14	DC24V（漏型/源型）	继电器	端子排
FX$_{3S}$-30MT/ES-2AD	30	16	14	DC24V（漏型/源型）	晶体管（漏型）	端子排
FX$_{3S}$-30MT/ESS-2AD	30	16	14	DC24V（漏型/源型）	晶体管（源型）	端子排
DC 电源/DC24V 漏型/源型输入通用型						
FX$_{3S}$-10MR/DS	10	6	4	DC24V（漏型/源型）	继电器	端子排
FX$_{3S}$-10MT/DS	10	6	4	DC24V（漏型/源型）	晶体管（漏型）	端子排
FX$_{3S}$-10MT/DSS	10	6	4	DC24V（漏型/源型）	晶体管（源型）	端子排
FX$_{3S}$-14MR/DS	14	8	6	DC24V（漏型/源型）	继电器	端子排
FX$_{3S}$-14MT/DS	14	8	6	DC24V（漏型/源型）	晶体管（漏型）	端子排
FX$_{3S}$-14MT/DSS	14	8	6	DC24V（漏型/源型）	晶体管（源型）	端子排

续表

型号	输入输出点数			输入形式	输出形式	连接形式
	合计点数	输入点数	输出点数			
FX$_{3S}$-20MR/DS	20	12	8	DC24V(漏型/源型)	继电器	端子排
FX$_{3S}$-20MT/DS	20	12	8	DC24V(漏型/源型)	晶体管(漏型)	端子排
FX$_{3S}$-20MT/DSS	20	12	8	DC24V(漏型/源型)	晶体管(源型)	端子排
FX$_{3S}$-30MR/DS	30	16	14	DC24V(漏型/源型)	继电器	端子排
FX$_{3S}$-30MT/DS	30	16	14	DC24V(漏型/源型)	晶体管(漏型)	端子排
FX$_{3S}$-30MT/DSS	30	16	14	DC24V(漏型/源型)	晶体管(源型)	端子排

AC 电源型基本单元的电源电压为 AC 100～240V, 允许范围是 AC 85～264V, 额定频率为 50/60Hz, 消耗功率不超过 21W, DC 24V 供给电源最大输出电流为 400mA。

DC 电源型基本单元的电源电压为 DC 24V, 允许范围是 DC 20.4～26.4V, 消耗功率不超过 8.5W, DC 24V 供给电源最大输出电流为 400mA。

② 功能扩展板　9 种功能扩展板的型号和功能如表 4-2 所示。

表 4-2　功能扩展板型号和功能

型号	功能
FX$_{3G}$-4EX-BD*	4 点通用输入
FX$_{3G}$-2EYT-BD*	2 点晶体管输出
FX$_{3G}$-232-BD	RS-232C 通信用
FX$_{3G}$-422-BD	RS-422 通信用
FX$_{3G}$-485-BD	RS-485 通信用(欧式端子排)
FX$_{3G}$-485-BD-RJ	RS-485 通信用(RJ45 接口)
FX$_{3G}$-8AV-BD	8 通道, 模拟量旋钮用
FX$_{3G}$-2AD-BD	2 通道, 电压输入/电流输入
FX$_{3G}$-1DA-BD	1 通道, 电压输出/电流输出

* FX$_{3S}$ 可编程控制器 Ver.1.10 以上版本支持。

③ 连接器转换适配器和存储器盒　连接特殊适配器用的功能扩展适配器的型号为 FX$_{3S}$-CNV-ADP。存储器盒的型号为 FX$_{3G}$-EEPROM-32L, 具有 32000 步的 EEPROM 内存(带程序传送开关), FX$_{3S}$ 系列可以在 16000 步以内使用, 但程序容量为 4000 步。

④ 特殊适配器　10 种特殊适配器的型号和功能如表 4-3 所示。

表 4-3　特殊适配器型号和功能

型号	内容
FX$_{3U}$-232ADP(-MB)	RS-232C 通信用
FX$_{3U}$-485ADP(-MB)	RS-485 通信用
FX$_{3U}$-ENET-ADP*	以太网通信用
FX$_{3U}$-4AD-ADP	4 通道, 电压输入/电流输入
FX$_{3U}$-4DA-ADP	4 通道, 电压输出/电流输出

续表

型号	内容
FX$_{3U}$-3A-ADP	2 通道,电压输入/电流输入;1 通道,电压输出/电流输出
FX$_{3U}$-4AD-PT-ADP	4 通道,Pt100 温度传感器输入(−50～＋250℃)
FX$_{3U}$-4AD-PTW-ADP	4 通道,Pt100 温度传感器输入(−100～＋600℃)
FX$_{3U}$-4AD-PNK-ADP	4 通道,Pt1000/Ni1000 温度传感器输入
FX$_{3U}$-4AD-TC-ADP	4 通道,热电偶(K、J 型)温度传感器输入

＊ FX$_{3U}$-ENET-ADP Ver 1.20 以上对应。

(3) FX$_{3SA}$ 可编程控制器

FX$_{3SA}$ 可编程控制器以 FX$_{3S}$ 可编程控制器为基础,它们的替换关系见表 4-4。需要注意的是 FX$_{3SA}$ 可编程控制器基本单元的 DC 24V 供电电源端子,如 [24＋]、[24]、[COM]、[0V] 端子不能接地,否则根据外围设备的接地布置,DC 24V 供电电源可能发生短路。

使用 GX Words2、FX-30P、GX Developer 时,请选择 FX$_{3S}$ 型使用。在不对应 FX$_{3S}$ 系列的外围设备中,可以选择 FX$_{3G}$ 系列进行编程。

表 4-4　FX$_{3SA}$ 与 FX$_{3S}$ 可编程控制器替换型号

FX$_{3SA}$ 可编程控制器		FX$_{3S}$ 可编程控制器	FX$_{3SA}$ 可编程控制器		FX$_{3S}$ 可编程控制器
FX$_{3SA}$-10MR-CM	→	FX$_{3S}$-10MR/ES	FX$_{3SA}$-10MT-CM	→	FX$_{3S}$-10MT/ES
FX$_{3SA}$-14MR-CM	→	FX$_{3S}$-14MR/ES	FX$_{3SA}$-14MT-CM	→	FX$_{3S}$-14MT/ES
FX$_{3SA}$-20MR-CM	→	FX$_{3S}$-20MR/ES	FX$_{3SA}$-20MT-CM	→	FX$_{3S}$-20MT/ES
FX$_{3SA}$-30MR-CM	→	FX$_{3S}$-30MR/ES	FX$_{3SA}$-30MT-CM	→	FX$_{3S}$-30MT/ES

4.1.3　面板布局和端子排列

FX$_{3SA}$-30MR-CM 面板布局如图 4-3 所示。打开端子排盖板、上盖板和连接器盖板后,其下面的布局如图 4-4 所示。接线端子的排列如图 4-5 所示。

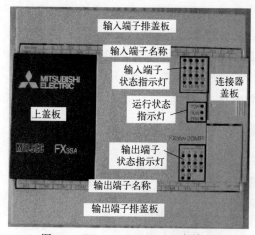

图 4-3　FX$_{3SA}$-30MR-CM 面板布局

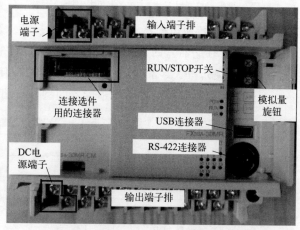

图 4-4　端子连接器开关旋钮布局

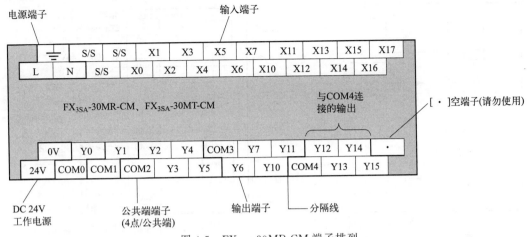

图 4-5 FX$_{3SA}$-30MR-CM 端子排列

4.1.4 输入输出接线

不能用外部电源给基本单元的 DC 24V 电源供电，即［24V］和［0V］端子分别与外部电源相连，否则可能会损坏产品。

（1）输入端子

基本单元的输入（X）是内部供电 DC 24V 电源与 S/S 端子通过不同的连接构成漏型或源型输入通用型。当 DC 输入信号是从输入（X）端子流出电流然后输入时，称为漏型输入，即内部供电 DC 24V 的［24V］（［+］）端子与［S/S］端子相连，如图 4-6 所示。开关闭合时输入（X）为 ON 状态，此时输入指示的 LED 灯点亮。连接晶体管输出型的传感器输出时，可以使用 NPN 开集电极型晶体管输出，如图 4-7 所示。传感器内部的输出晶体管导通时，输入（X）为 ON 状态，此时输入指示的 LED 灯点亮。当 DC 输入信号是电流流向输入（X）端子的输入时，称为源型输入，即内部供电 DC 24V 的［24V］（［−］）端子与［S/S］端子相连，如图 4-8 所示。开关闭合时输入（X）为 ON 状态，此时输入指示的 LED 灯点亮。连接晶体管输出型的传感器输出时，可以使用 PNP 开集电极型晶体管输出，如图 4-9 所示，传感器内部的输出晶体管导通时，输入（X）为 ON 状态，此时输入指示的 LED 灯点亮。

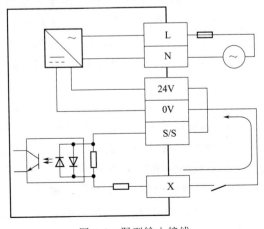

图 4-6 漏型输入接线

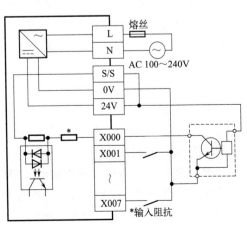

图 4-7 晶体管输出型的传感器接线

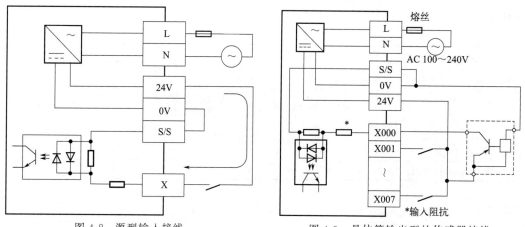

图 4-8　源型输入接线　　　　　图 4-9　晶体管输出型的传感器接线

　　输入回路采用光电耦合器进行隔离和设置 C-R 滤波器，对于输入信号 ON→OFF、OFF→ON 的变化，大约有 10ms 的响应延迟。X000～X017 内置数字式滤波器，可以通过特殊数据寄存器（D8020），以 1ms 为单位在 0～15ms 之间更改该滤波器时间。设定为 0 时，X000 和 X001 的输入滤波器值是 10μs，X002～X007 的输入滤波器值是 50μs，X010～X017 的输入滤波器值是 200μs。

　　需要注意的是可编程控制器输入端子 X000～X007 的输入电流为 7mA/DC 24V，X010 以上端子输入电流为 5mA/DC 24V，适宜使用微小电流的输入设备，若使用大电流的无电压触头（开关灯）时，可能会出现接触不良。

（2）输出端子

　　FX_{3SA} 系列可编程控制器有继电器输出型和晶体管输出型两种产品。晶体管输出型又分漏型输出和源型输出的产品。

　　① 继电器输出型　继电器输出型产品包括 1 点、4 点公共端输出型。可以以各公共端为单位，驱动不同的回路电压系统（如 AC 220V、DC 24V）的负载，如图 4-10 所示。负载驱动用电源应使用 DC 30V 或 AC 220V 以下的产品。输出继电器的线圈与触头之间、可编程控制器内部回路与外部的负载回路之间采取电气上的隔离，而且各公共端部分之间也相互隔离。继电器的线圈中通电时，输出指示灯 LED 点亮，输出触头为 ON。输出继电器从线圈通电到输出触头闭合为止，或从线圈断开到输出触头断开为止的响应时间均约为 10ms。对于 AC 240V 以下的回路电压，在电阻负载情况下可以驱动 2A/1 点的负载，在电感性负载情况下可以驱动 80VA 以下（AC 120V 或 AC 240V）的负载。电感性负载的 DC 回路中，应在该负载上并联续流用的二极管；电感性负载的 AC 回路中，应在该负载上并联浪涌吸收器；如图 4-11 所示。

　　② 晶体管输出型　基本单元的晶体管输出中包括漏型输出和源型输出的产品。负载电流流到输出端子 Y 的输出称为漏型输出，即负载电源的负极接输出公共端子。负载电流从输出端子 Y 流出的输出称为源型输出，即负载电源的正极接输出公共端子。

　　晶体管输出型产品包括 1 点、4 点公共端输出型。漏型输出应把 COM□（编号）端子连接到负载电源的负极上，源型输出应把 ＋V□（编号）端子连接到负载电源的正极上，如图 4-12 所示。驱动负载的电源为 DC 5～30V 的平滑电源，应使用输出电流可以达到负载回路中连接的熔丝额定电流 2 倍以上的电源。可编程控制器内部回路与输出晶体管之间采取光电耦合器隔离，而且各公共端部分之间也相互隔离。驱动光电耦合器是输出指示灯 LED 点亮，输出晶体管为 ON。从驱动或断开光电耦合器之后，到晶体管变为 ON 或 OFF 的时间为：Y000 和 Y001 为 $5\mu s$ 以下（DC 5～24V，10～100mA），Y002～Y015 为 0.2ms 以下（DC 24V，2100mA 以上）。

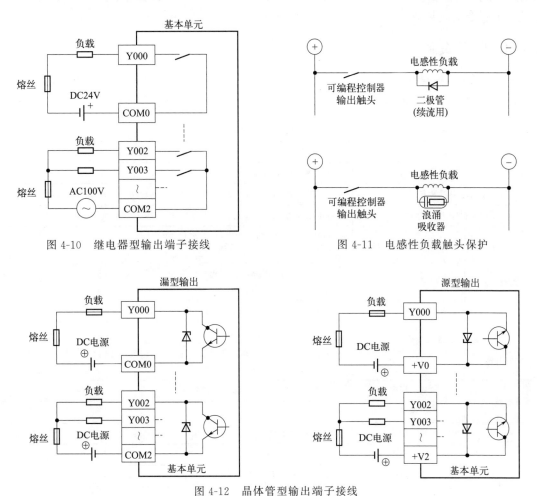

图 4-10　继电器型输出端子接线　　　　　　　　图 4-11　电感性负载触头保护

图 4-12　晶体管型输出端子接线

使用电感性负载时，根据具体情况必要时在负载两端并联续流二极管，如图 4-13 所示。

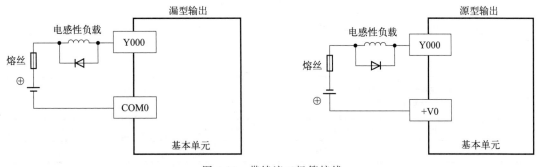

图 4-13　带续流二极管接线

4.2 PLC 资源与指令

三菱 FX 系列 PLC 的指令分为基本指令、步进指令和应用指令。FX$_{3S}$ 系列的基本指令共有 27 条；步进指令有 2 条；应用指令分成 16 个子类，共有 135 条指令。本节将通过一些示例说明指令的具体应用。

4.2.1 PLC 资源

FX$_{3S}$ 系列可编程控制器的资源见表 4-5。时钟的当前时间状态由可编程控制器内置的大容量电容器保持。可编程控制器通电 30min 以上才能给大容量电容器充满电。

表 4-5　FX$_{3S}$ 系列 PLC 资源

项目		性能	
运算控制方式		重复执行保存的程序的方式，有中断指令	
输入输出控制方式		批次处理方式(执行 END 指令时)，有输入输出刷新指令、脉冲捕捉功能	
程序语言		继电器符号方式＋步进梯形图方式(可以用 SFC 表现)	
程序存储器	内置存储器容量/型号	16000 步/EEPROM 内存(程序容量 4000 步) 允许写入次数：2 万次	
	存储器盒(选件)	16000 步/EEPROM 内存(程序容量 4000 步) 允许写入次数：1 万次	
	RUN 中写入功能	有(可编程控制器运行过程汇总可以更改程序)	
	关键字功能	有关键字保护功能、自定义关键字功能	
实时时钟	时钟功能	内置，1980～2079(有闰年修正)，阳历 2 位数/4 位数可以切换，月误差 ±45s/25℃	
指令种类	基本指令	顺控指令 29 个，步进梯形图指令 2 个	
	应用指令	116 种	
运算处理速度	基本指令	0.21μs/指令	
	应用指令	0.5～数百 μs/指令	
输入输出点数	输入点数	16 点以下(不可扩展)	
	输出点数	14 点以下(不可扩展)	
输入输出继电器	输入继电器	X000～X017	软元件编号为八进制数
	输出继电器	Y000～Y015	
辅助继电器	一般用	M0～M383	384 点
	EEPROM 保持用	M384～M511	128 点
	一般用	M512～M1535	1024 点
	特殊用	M8000～M8511	512 点
状态继电器	初始化状态用 (EEPROM 保持)	S0～S9	10 点
	EEPROM 保持	S10～S127	118 点
	一般用	S128～S255	128 点

续表

项目			性能	
定时器 (ON 延时)	100ms	T0～T31	32 点	0.1～3276.7s
	100ms/10ms	T32～T62	31 点	0.1～3276.7s/0.01～327.67s M8028 接通后,可将 T32～T62(31点)更改为 10ms 定时器
	1ms	T63～T127	65 点	0.001～32.767s
	1ms 累积型	T128～T131	4 点	0.001～32.767s
	100ms 累积型	T132～T137	6 点	0.1～3276.7s
模拟量旋钮			2 个内置模拟量旋钮可以作为模拟量计时器使用 VR1:D8030 VR2:D8031	
模拟量输入			2 个内置模拟量输入可作为电压输入使用 ch1:D8270 ch2:D8271	
低速计数器	16 位增量(一般用)	C0～C15	16 点	0～32767 的计数
	16 位增量(EEPROM 保持)	C16～C31	16 点	0～32767 的计数
	32 位增/减(一般用)	C200～C234	35 点	$-2147483648～+2147483647$ 的计数
高速计数器	单相单计数输入(32 位增/减,EEPROM 保持)	C235～C245	$-2147483648～+2147483647$ 的计数	
	单相双计数输入(32 位增/减,EEPROM 保持)	C246～C250		
	双相双计数输入(32 位增/减,EEPROM 保持)	C251～C255		
数据寄存器 (成对使用 时为 32 位)	一般用(16 位)	D0～D127	128 点	
	EEPROM 保持 用(16 位)	D128～D255	128 点	
	一般用(16 位)	D256～D2999	2744 点	
	文件数据寄存器 (EEPROM 保持)	D1000～D2999	最大 2000 点	可以通过参数,以 500 点为单位将 D1000 以后的软元件作为文件寄存器设定在程序区域(EEPROM)
	特殊用(16 位)	D8000～D8511	512 点	
	变址用(16 位)	V0～V7 Z0～Z7	16 点	
指针	JUMP、CALL 分支用	P0～P255	256 点	CJ 指令、CALL 指令用
	输入中断用	I00□～I50□	6 点	
	定时器中断用	I6□□～I8□□	3 点	
嵌套	主控用	N0～N7	8 点	MC 指令用
常数	十进制数(K)	16 位	$-32768～+32767$	
		32 位	$-2147483648～+2147483647$	
	十六进制数(H)	16 位	0～FFFF	
		32 位	0～FFFFFFFF	
	实数(E)	32 位	$-1.0×2^{128}～-1.0×2^{-126}$、0、$1.0×2^{-126}～1.0×2^{128}$ 可以用小数点和指数形式表示	

（1）输入继电器

可编程控制器接受外部开关信号的接口就是输入继电器。该元件的地址（有的称为"符号"）标识用字母 X 来表示输入继电器。不同规格的可编程控制器输入继电器的数量是不同的，可编程控制器的每个输入点对应一个输入继电器。在可编程控制器内部，一个输入继电器有一副动合（常开）触头、一副动断（常闭）触头。与实际继电器的一副触头只能用一次是不同的，这种软继电器的触头可以在程序中多次重复使用。输入继电器在可编程控制器内部是没有线圈的，可以认为它的线圈直接接在输入端子上。

输入继电器 Xn 代表可编程控制器外部输入信号状态的元件，通过端口 Xn 来检测外部信号状态。"0"代表外部信号开路，"1"代表外部信号闭合。用户程序指令方法不能修改输入继电器的状态，其状态只能由外部端子来驱动。输入继电器以 X000，X001，…，X007，X010，X011，…等为地址（符号）标识，其序号是以八进制方式编号。

（2）输出继电器

可编程控制器向外控制的接口就是输出继电器。该类元件的地址（符号）标识用字母 Y 来表示输出继电器。不同规格的可编程控制器输出继电器的数量是不同的，可编程控制器的每个输出点对应一个输出继电器。在可编程控制器内部，一个输出继电器有一副动合（常开）触头、一副动断（常闭）触头。而这种软继电器的触头在程序中是可以多次重复使用的，这一点与实际的继电器一副触头只能用一次是不同的。输出继电器与输入继电器不同，除了拥有触头外还有一个线圈。该线圈可以由其他元件来驱动，其值为"0"表示输出继电器释放，"1"表示输出继电器闭合。

输出继电器以 Y000，Y001，…，Y007，Y010，Y011，…等为地址（符号）标识，其序号是以八进制方式编号。从硬件上，根据 PLC 内部输出元件的不同，可分为继电器型、晶体管型等。

FX$_{3S}$ 系列可编程控制器基本单元的输入输出点数如表 4-6 所示。

表 4-6　FX$_{3S}$ 系列 PLC 基本单元输入输出点数

型号	输入继电器		输出继电器	
	点数	端子号（八进制）	点数	端子号（八进制）
FX$_{3S}$-10M□	6	X000～X005	4	Y000～Y004
FX$_{3S}$-14M□	8	X000～X007	6	Y000～Y005
FX$_{3S}$-20M□	12	X000～X007 X010～X013	8	Y000～Y007
FX$_{3S}$-30M□	16	X000～X007 X010～X017	14	Y000～Y007 Y010～Y015

（3）辅助继电器

可编程控制器内部有很多辅助继电器，该类元件的符号（地址）标识用字母 M 表示。这种辅助继电器实质上是可编程控制器内部某一位的状态标志，是用户程序执行过程中的中间变量。它相当于传统继电器控制系统中的中间继电器，PLC 内部虚拟辅助继电器也具有线圈和动合（常开）/动断（常闭）触头。其动合（常开）/动断（常闭）触头在可编程控制器的程序中可以无限次地使用，且这些触头不能直接驱动可编程控制器输出端子外部所接的负载，外部负载必须由输出继电器通过输出点来驱动。

可编程控制器内部的辅助继电器可分为一般用（普通用）、EEPROM 保持用（停电保持用）及特殊用辅助继电器三大类。编号为 M0～M383（共 384 点）和 M512～M1535（共 1024 点）的为一般用辅助继电器，编号为 M384～M511（共 128 点）的为 EEPROM 保持用辅助继电器，M8000～M8511（共 512 点）的为特殊用辅助继电器。

（4）定时器

可编程控制器内部的定时器类似于传统电气控制线路中的时间继电器，在程序中用作延时控制。可编程控制器中的定时器按基本时间单位（计时步长）可分为 3 种：1ms、10ms、100ms。

定时器 T 以 T0，T1，…，T137 等为符号（地址）标识，其序号是以十进制方式编号。每一个定时器都有 3 个量使用同一个地址编号，它们分别是设定值寄存器、当前值寄存器和动合（常开）/动断（常闭）触头。触头在程序中可以无限制地被使用，设定值寄存器用于存放程序中赋予的定时时间的设置值，当前值寄存器记录定时器线圈被驱动后的计时当前值。这两种寄存器均为 16 位二进制存储器，其最大值乘以定时器的基本时间单位即该定时器的最大定时值。定时器线圈被驱动后，当前寄存器开始计数，它的当前计数值与设定值寄存器存放的设定值相等时，定时器的触头动作。定时器的设定值可采用十进制（K）或十六进制（H）常数进行设置，也可以用寄存器 D 中的内容进行间接设定。

FX$_{3S}$ 系列可编程控制器定时器共有 138 个，其中 1ms 时基的有 65 个（T63～T127）和 4 个累积型（T128～T131），100ms 时基的有 63 个（T0～T62）和 6 个累积型（T132～T137）。当特殊继电器 M8028 接通后，可将 100ms 时基中的 T32～T62（31 个）更改为 10ms 时基的定时器。

（5）计数器

可编程控制器内部的计数器类似于传统电气控制线路中的计数器，在梯形图中用作计数控制。PLC 中的计数器按其位数有 16 位和 32 位；按其计数的运算方式有增计数器、减计数器和增/减计数器；按其计数值的易失性有停电保持型和普通型；按其计数信号有内部信号计数器和外部信号计数器；按其计数的频率高低有低速计数器和高速计数器。

计数器以 C0，C1，…，C255 进行标识，顺序按十进制编号。对于每一个计数器都拥有线圈、设定值、计数值、触头。当计数器线圈的驱动信号由断开到闭合（OFF→ON）时，计数器的计数值增加 1，若计数值达到预设的设置值时，其触头动作，即动合（常开）触头闭合，动断（常闭）触头断开。若计数值被清除，则其触头复原，即动合触头恢复到断开状态，动断触头恢复到闭合状态。若该计数器是保持型，那么重新上电后计数值仍然保存掉电前的数值。

与定时器类似，计数器的设定值，除了可以用常数 K 外，也可以通过数据寄存器设定。不作为计数器使用的计数器编号，可以作为数据记忆用的数据寄存器使用。

FX$_{3S}$ 系列可编程控制器低速计数器共有 67 个，其中 C0～C15 是 16 个一般用增计数器，C16～C31 是 16 个 EEPROM 保持用增计数器，C200～C234 是 35 个一般用增/减计数器。C235～C245 是单相单计数输入 32 位增/减 EEPROM 保持高速计数器，C246～C250 是单相双计数输入 32 位增/减 EEPROM 保持高速计数器，C251～C255 是双相双计数输入 32 位增/减 EEPROM 保持高速计数器。

（6）状态继电器

可编程控制器内部的状态继电器没有与传统电气控制线路中的元件类似，在梯形图中用作步进程序设计和执行控制。利用 STL 步进指令控制步进状态 S 的转移，简化编程设计。

状态 S 变量以 S0，S1，…，S255 等为符号标识，其序号是以十进制方式编号。若没有采用 STL 编程方式，S 可当作普通的位元件，如 M 变量一样来使用。FX_{3S} 系列 PLC 的状态继电器有 256 个。其中 S0～S9（共 10 个）是初始化状态用（EEPROM 保持），S10～S127（共 118 个）是 EEPROM 保持，S128～S255（共 128 个）是一般用。

（7）数据寄存器

可编程控制器在进行输入输出操作、逻辑和算术运算时需要许多数据寄存器存储被处理的数据。数据寄存器按其用途分为普通用途数据寄存器、特殊用途数据寄存器、供变址用的数据寄存器、文件数据寄存器；按其位数分为 16 位数据寄存器、32 位数据寄存器。32 位数据寄存器由邻近的两个 16 位数据寄存器合并而成，地址较低的为低字节，而地址较高的为高字节。两种寄存器的最高位是数据的符号位，该位为 0 时数据为正，为 1 时数据为负。

1 个 16 位的数据寄存器处理的数值范围为 $-32768～+32767$。位 15 为符号位，"0"表示正数，"1"表示负数。1 个 32 位的数据寄存器处理的数值范围为 $-2147483648～+2147483647$。位 31 为符号位，"0"表示正数，"1"表示负数。数据寄存器以 D0，D1，…，D8511 为标识，按十进制进行编号。

D0～D127（共 128 个）是一般用 16 位数据寄存器，D128～D255（共 128 个）是 EEPROM 保持用 16 位数据寄存器，D256～D2999（共 2744 个）是一般用 16 位数据寄存器，D1000～D2999（最大 2000 个）是 EEPROM 保持文件数据寄存器，D8000～D8511（共 512 个）是特殊用 16 位数据寄存器。

变址用数据寄存器 V0～V7 和 Z0～Z7 都是 16 位寄存器，V 和 Z 可以合并使用作为 32 位数据寄存器，此时 V 为高 16 位，Z 为低 16 位。V 和 Z 配对为（V0，Z0），（V1，Z1），…，（V7，Z7）。

（8）嵌套和指针

N0～N7（共 8 点）是 FX_{3S} 系列可编程控制器的嵌套，为 MC 指令用。在主程序中当驱动指令 MC 的逻辑条件成立时，程序便转至执行 MC 指令中所指定指针 N_i 的程序段，进入分支程序，直到遇到 MCR 指令才结束分支程序。在主程序中没有嵌套时，同一个指针 N_i 可无限次使用；存在嵌套时，嵌套级 N 的编号从 $N_0 \rightarrow N_1 \rightarrow \cdots N_i \cdots \rightarrow N_6 \rightarrow N_7$ 增大。

指针 P0～P255（共 256 个）是 FX_{3S} 系列可编程控制器，为 CJ 指令、CALL 指令用。在主程序中当驱动指针 P_i 的逻辑条件成立时，程序便转至执行指针 P_i 所指定地址的子程序，直到遇到 SRET 指令才重新回到主程序原来驱动指针 P_i 的逻辑条件处继续往下执行。

I00□～I50□（共 6 个）为输入中断用，输入编号对应的指针编号和禁止中断的指令见表 4-7；I6□□～I8□□（共 3 个）为定时器中断用，指针编号不能重复使用，输入编号、中断周期和禁止中断的指令见表 4-8。中断动作需要配合中断许可 EI（FNC04）、中断禁止 DI（FNC05）和中断返回 IRET（FNC03）3 个应用指令使用。在中断许可的情况下，当逻辑条件成立时，程序便立即跳转至指针所指定的地址去执行中断服务程序，一直到遇到 IRET 指令再返回到主程序原来的位置继续往下执行。

表 4-7 输入编号对应的指针编号和禁止中断的指令

输入编号	指针编号		禁止中断的指令 (从 RUN→STOP 时清除)
	上升沿中断	下降沿中断	
X000	I001	I000	M8050
X001	I101	I100	M8051
X002	I201	I200	M8052
X003	I301	I300	M8053
X004	I401	I400	M8054
X005	I501	I500	M8055

表 4-8 输入编号对应中断周期和禁止中断的指令

输入编号	中断周期/ms	中断禁止标志位 (从 RUN→STOP 时清除)
I6□□	在指针名的□□中,输入 10~99 的整数。例如:I610 表示每 10ms 一次的定时器中断	M8056
I7□□		M8057
I8□□		M8058

一旦在程序中使用了中断指针,与之对应的输入端(X0~X5)不能再用于高速计数或其他用途。使用中断指针的中断源有外部中断、定时中断和高速计数器中断 3 种。相对应的输入端信号受上升沿或下降沿触发,CPU 马上就跳转至对应指针 I00j~I50j($j=1$ 时上升沿触发中断,$j=0$ 时下降沿触发中断)指定的中断服务程序处执行,直到遇到中断返回 IRET 指令才回到主程序原来的位置继续往下执行,则为外部中断。定时中断则是 CPU 每隔一段时间(10~99ms)就会自动中断目前执行的程序,跳转至对应指针 I6□□~I8□□指定的中断服务程序处执行。高速计数器指令的比较结果可指定中断服务程序,当高速计数器的当前值等于设置值时,CPU 便跳至对应指针 I010~I060 指定的中断服务处执行。

(9)常数

在程序设计中常数数据可以用十进制数、十六进制数或实数来表示。十进制数是在数字前加字母 K,十六进制数则是加字母 H 来标识,实数是加字母 E 来标识,如 K16、H10E102.3(E1.023+2)等。十进制表示法一般用于定时器或计数器的设置值,或是应用指令的操作数;十六进制表示法一般用在应用指令的操作数中。FX$_{3S}$ 系列 PLC 的常数数值范围见表 4-5。

① 16 位:−32768~+32767(K 表示)/0H~FFFFH(H 表示)。

② 32 位:−2147483648~+2147483647(K 表示)/0H~FFFFFFFFH(H 表示)。

(10)特殊功能继电器

特殊功能继电器按其线圈驱动方式可分为两类:系统驱动型和程序驱动型。

① 系统驱动型 该类特殊功能辅助继电器的线圈在梯形图中不能由其他软元件驱动,只能由系统来驱动。而用户在程序中只能使用其触头,如 M8002。

② 程序驱动型 这类特殊功能辅助继电器的线圈在用户程序中可由其他软元件驱动,用于控制 PLC 的工作状态和执行模式等。该类特殊功能继电器存在驱动时有效和 END 指令执行后有效两种情况,前者如 M8028。

PLC 状态、时钟及标志位的特殊辅助继电器见表 4-9,用 [ ] 框起的软件,不能在程序中执行驱动或写入。

表 4-9　PLC 状态、时钟及标志位的特殊辅助继电器

编号	名称	动作或功能	备注
PLC 状态			
[M]8000	RUN 监控 a 触头		RUN 一直为 ON
[M]8001	RUN 监控 b 触头		RUN 一直为 OFF
[M]8002	初始脉冲 a 触头		RUN 后一个扫描周期为 ON
[M]8003	初始脉冲 b 触头		RUN 后一个扫描周期为 OFF
[M]8004		M8061、M8062、M8064、M8065、M8066、M8067 中任意一个为 ON 时接通	
[M]8005～[M]8009		不可使用	
时钟			
[M]8010		不可以使用	
[M]8011	10ms 时钟	10ms 周期的 ON/OFF（ON:5ms;OFF:5ms）	10ms 周期的振荡
[M]8012	100ms 时钟	100ms 周期的 ON/OFF（ON:50ms;OFF:50ms）	100ms 周期的振荡
[M]8013	1s 时钟	1s 周期的 ON/OFF（ON:500ms,OFF:500ms）	1s 周期的振荡
[M]8014	1min 时钟	1min 周期的 ON/OFF（ON:30s;OFF:30s）	1min 周期的振荡
[M]8015		停止计时以及预置,实时时钟用	
[M]8016		时间读出后的显示被停止,实时时钟用	
[M]8017		±30s 补偿,实时时钟用	
[M]8018		检测出安装,实时时钟用	一直为 ON
[M]8019		实时时钟错误,实时时钟用	RTC
标志位			
M8028	定时器切换	时基从 100ms 变为 10ms	接通切换

动作或功能栏（PLC 状态部分）：

RUN输入

M8061的错误发生

M8000

M8001

M8002

M8003

扫描时间

4.2.2　PLC 基本指令

FX$_{3S}$ 系列的基本指令、步进指令的助记符、功能、对象软元件及梯形图表示方法见表 4-10 和表 4-11。

表 4-10　FX$_{3S}$ 系列基本指令的助记符、功能、对象软元件和梯形图

助记符	功能	对象软元件	梯形图
LD	动合触头逻辑运算开始	X,Y,M,S,T,C	对象软元件
LDI	动断触头逻辑运算开始	X,Y,M,S,T,C	对象软元件
LDP	取脉冲上升沿，上升沿检出运算开始	X,Y,M,S,T,C	对象软元件
LDF	取脉冲下降沿，下降沿检出运算开始	X,Y,M,S,T,C	对象软元件
AND	动合触头逻辑与运算	X,Y,M,S,T,C	对象软元件
ANI	动断触头逻辑与运算	X,Y,M,S,T,C	对象软元件
ANDP	动合触头上升沿逻辑与运算	X,Y,M,S,T,C	对象软元件
ANDF	动合触头下降沿逻辑与运算	X,Y,M,S,T,C	对象软元件
OR	动合触头逻辑或运算	X,Y,M,S,T,C	对象软元件
ORI	动断触头逻辑或运算	X,Y,M,S,T,C	对象软元件
ORP	动合触头上升沿逻辑或运算	X,Y,M,S,T,C	对象软元件
ORF	动合触头下降沿逻辑或运算	X,Y,M,S,T,C	对象软元件
ANB	并联回路块的逻辑与运算	—	
ORB	串联回路块的逻辑或运算	—	
INV	运算结果取反	—	INV

续表

助记符	功能	对象软元件	梯形图
MEP	上升沿时导通	—	
MEF	下降沿时导通	—	
OUT	输出驱动线圈	Y,M,S,T,C	对象软元件
SET	置位	Y,M,S,D□.b	SET 对象软元件
RST	复位,寄存器清零	Y,M,S,T,C,D,R,V,Z,D□.b	RST 对象软元件
PLS	上升沿微分输出单脉冲	Y,M	PLS 对象软元件
PLF	下降沿微分输出单脉冲	Y,M	PLF 对象软元件
MC	公共串联点的连接线圈指令,主控	Y,M(特殊M除外)	MC N 对象软元件
MCR	公共串联点的消除指令,主控复位	—	MCR N
MPS	运算存储,压栈		MPS
MRD	读栈顶数据	—	MRD
MPP	取出栈顶数据		MPP
NOP	无操作	—	
END	程序结束	—	END

表 4-11　FX₃ₛ 步进指令的助记符、功能、对象软元件和梯形图

助记符	功能	对象软元件	梯形图
STL	步进梯形图开始	S	STL 对象软元件
RET	步进梯形图结束	—	RET

4.2.3　PLC 应用指令

三菱 PLC 的应用指令可以处理 16 位或 32 位数据,在指令助记符前加字母 D,表示该

指令处理的是 32 位数据,助记符前没有字母 D 的为一般的 16 位数据处理指令。指令可以连续执行和脉冲执行,在指令助记符后加字母 P,表示该指令脉冲执行,助记符后无字母 P 为连续执行。应用指令的助记符、功能、对象软元件及其梯形图表示方法见表 4-12。

表 4-12 FX$_{3S}$ 系列应用指令的助记符、功能、对象软元件和梯形图

助记符	功能	对象软元件	梯形图
程序流程			
CJ	条件跳转	Pn	
CALL	子程序调用	Pn	
SRET	子程序返回	与 CALL 指令配套使用	
IRET	中断返回	—	
EI	允许中断	—	
DI	禁止中断	—	
FEND	主程序结束	—	
WDT	看门狗定时器	—	
FOR	循环范围开始	S:KnX,KnY,KnM,KnS,T,C,D,V,Z,K,H	
NEXT	循环范围结束	—	
传送、比较			
CMP	比较	S1,S2:KnX,KnY,KnM,KnS,T,C,D,V,Z,K,H D:Y,M,S	
ZCP	区间比较	S1,S2,S:KnX,KnY,KnM,KnS,T,C,D,V,Z,K,H D:Y,M,S	
MOV	传送	S:KnX,KnY,KnM,KnS,T,C,D,V,Z,K,H D:KnY,KnM,KnS,T,C,D,V,Z n:K,H	
SMOV	位移动	S:KnX,KnY,KnM,KnS,T,C,D,V,Zm1,m2:K,H D:KnY,KnM,KnS,T,C,D,V,Z n:K,H	

续表

助记符	功能	对象软元件	梯形图
CML	反转传送	S：KnX，KnY，KnM，KnS，T，C，D，V，Z，K，H D：KnY，KnM，KnS，T，C，D，V，Z n：K，H	⊢⊢——［ CML ∣ S ∣ D ］
BMOV	成批传送	S：KnX，KnY，KnM，KnS，T，C，D，V，Z，K，H D：KnY，KnM，KnS，T，C，D n：D，K，H	⊢⊢——［ BMOV ∣ S ∣ D ∣ n ］
FMOV	多点传送	S：KnX，KnY，KnM，KnS，T，C，D，V，Z，K，H D：KnY，KnM，KnS，T，C，D n：K，H	⊢⊢——［ FMOV ∣ S ∣ D ∣ n ］
XCH	交换	D1，D2：KnX，KnY，KnM，KnS，T，C，D，R，V，Z	⊢⊢——［ XCH ∣ D1 ∣ D2 ］
BCD	BCD 转换	S：KnX，KnY，KnM，KnS，T，C，D，V，Z D：KnY，KnM，KnS，T，C，D，V，Z	⊢⊢——［ BCD ∣ S ∣ D ］
BIN	BIN 转换	S：KnX，KnY，KnM，KnS，T，C，D，V，Z D：KnY，KnM，KnS，T，C，D，V，Z	⊢⊢——［ BIN ∣ S ∣ D ］
四则、逻辑运算			
ADD	BIN 加法运算	S1，S2：KnX，KnY，KnM，KnS，T，C，D，V，Z，K，H D：KnY，KnM，KnS，T，C，D，V，Z	⊢⊢——［ ADD ∣ S1 ∣ S2 ∣ D ］
SUB	BIN 减法运算	S1，S2：KnX，KnY，KnM，KnS，T，C，D，V，Z，K，H D：KnY，KnM，KnS，T，C，D，V，Z	⊢⊢——［ SUB ∣ S1 ∣ S2 ∣ D ］
MUL	BIN 乘法运算	S1，S2：KnX，KnY，KnM，KnS，T，C，D，Z，K，H D：KnY，KnM，KnS，T，C，D，Z	⊢⊢——［ MUL ∣ S1 ∣ S2 ∣ D ］
DIV	BIN 除法运算	S1，S2：KnX，KnY，KnM，KnS，T，C，D，Z，K，H D：KnY，KnM，KnS，T，C，D，Z	⊢⊢——［ DIV ∣ S1 ∣ S2 ∣ D ］
INC	BIN 加一运算	D：KnY，KnM，KnS，T，C，D，V，Z	⊢⊢——［ INC ∣ D ］
DEC	BIN 减一运算	D：KnY，KnM，KnS，T，C，D，V，Z	⊢⊢——［ DEC ∣ D ］
WAND	逻辑与	S1，S2：KnX，KnY，KnM，KnS，T，C，D，V，Z，K，H D：KnY，KnM，KnS，T，C，D，V，Z	⊢⊢——［ WAND ∣ S1 ∣ S2 ∣ D ］

续表

助记符	功能	对象软元件	梯形图
WOR	逻辑或	S1,S2:KnX,KnY,KnM,KnS,T,C, D,V,Z,K,H D:KnY,KnM,KnS,T,C,D,V,Z	┤├─── WOR | S1 | S2 | D
WXOR	逻辑异或	S1,S2:KnX,KnY,KnM,KnS,T,C, D,V,Z,K,H D:KnY,KnM,KnS,T,C,D,V,Z	┤├─── WXOR | S1 | S2 | D
NEG	补码	D:KnY,KnM,KnS,T,C,D,R,V,Z	┤├─── NEG | D
循环、移位			
ROR	循环右移	D:T,C,D,R,V,Z n:D,K,H	┤├─── ROR | D | n
ROL	循环左移	D:T,C,D,R,V,Z n:D,K,H	┤├─── ROL | D | n
RCR	带进位循环右移	D:T,C,D,R,V,Z n:D,R,K,H	┤├─── RCR | D | n
RCL	带进位循环左移	D:T,C,D,R,V,Z n:D,R,K,H	┤├─── RCL | D | n
SFTR	位右移	S:X,Y,M,S D:Y,M,S n1:K,H n2:D,K,H	┤├─── SFTR | S | D | n1 | n2
SFTL	位左移	S:X,Y,M,S D:Y,M,S n1:K,H n2:D,K,H	┤├─── SFTL | S | D | n1 | n2
WSFR	字右移	S:KnX,KnY,KnM,KnS,T,C,D D:KnY,KnM,KnS,T,C,D n1:K,H n2:D,K,H	┤├─── WSFR | S | D | n1 | n2
WSFL	字左移	S:KnX,KnY,KnM,KnS,T,C,D D:KnY,KnM,KnS,T,C,D n1:K,H n2:D,K,H	┤├─── WSFL | S | D | n1 | n2
SFWR	移位写入	S:KnX,KnY,KnM,KnS,T,C,D, V,Z,K,H D:KnY,KnM,KnS,T,C,D n:K,H	┤├─── SFWR | S | D | n
SFRD	移位读出	S:KnY,KnM,KnS,T,C,D D:KnY,KnM,KnS,T,C,D,V,Z n:K,H	┤├─── SFRD | S | D | n

续表

助记符	功能	对象软元件	梯形图
\multicolumn{4}{c}{数据处理}			
ZRST	成批复位	D1,D2:Y,M,S,T,C,D	ZRST D1 D2
DECO	译码	S:X,Y,M,S,T,C,D,V,Z,K,H D:Y,M,S,T,C,D n:K,H	DEC O S D n
ENCO	编码	S:X,Y,M,S,T,C,D,V,Z D:T,C,D,V,Z n:K,H	ENC O S D n
SUM	ON 位数	S:KnX,KnY,KnM,KnS,T,C,D,V,Z,K,H D:KnY,KnM,KnS,T,C,D,V,Z	SUM S D
BON	ON 位的判定	S:KnX,KnY,KnM,KnS,T,C,D,V,Z,K,H D:Y,M,S n:D,K,H	BON S D n
MEAN	平均值	S:KnX,KnY,KnM,KnS,T,C,D D:KnY,KnM,KnS,T,C,D,V,Z n:D,K,H	MEAN S D n
FLT	BIN 整数→二进制浮点数转换	S,D:D	FLT S D
\multicolumn{4}{c}{高速处理}			
REF	输入输出刷新	D:X,Y n:K,H(注:8 的倍数)	REF D n
MTR	矩阵输入	S:X D1:Y D2:Y,M,S n:K,H	MTR S D1 D2 n
HSCS	比较置位（高速计数器用）	S1:KnX,KnY,KnM,KnS,T,C,D,Z,K,H S2:C D:Y,M,S	HSCS S1 S2 D
HSCR	比较复位（高速计数器用）	S1:KnX,KnY,KnM,KnS,T,C,D,Z,K,H S2:C D:Y,M,S	HSCR S1 S2 D
HSZ	区间比较（高速计数器用）	S1,S2:KnX,KnY,KnM,KnS,T,C,D,Z,K,H S:C D:Y,M,S	HSZ S1 S2 S D

续表

助记符	功能	对象软元件	梯形图
SPD	脉冲密度	S1：X S2：KnX，KnY，KnM，KnS，T，C，D，V，Z，K，H D：T，C，D，V，Z	─┤├───────[SPD | S1 | S2 | D]─
PLSY	脉冲输出	S1，S2：KnX，KnY，KnM，KnS，T，C，D，Z，K，H D：Y（晶体管输出）	─┤├───────[PLSY | S1 | S2 | D]─
PWM	脉宽调制	S1，S2：KnX，KnY，KnM，KnS，T，C，D，Z，K，H D：Y0，Y1（晶体管输出）	─┤├───────[PWM | S1 | S2 | D]─
PLSR	带加减脉冲输出	S1，S2，S3：KnX，KnY，KnM，KnS，T，C，D，Z，K，H D：Y0，Y1（晶体管输出）	─┤├───────[PLSR | S1 | S2 | S3 | D]─
方便指令			
IST	初始化状态	S：X，Y，M D1，D2：S20～S255	─┤├───────[IST | S | D1 | D2]─
SER	数据检索	S1：KnX，KnY，KnM，KnS，T，C，D，V，Z S2：KnX，KnY，KnM，KnS，T，C，D，V，Z，K，H D：KnY，KnM，KnS，T，C，D n：D，K，H	─┤├───────[SER | S1 | S2 | D | n]─
ABSD	凸轮顺控绝对方式	S1：KnX，KnY，KnM，KnS，T，C，D S2：C D：Y，M，S n：K，H	─┤├───────[ABSD | S1 | S2 | D | n]─
INCD	凸轮顺控相对方式	S1：KnX，KnY，KnM，KnS，T，C，D S2：C D：Y，M，S n：K，H	─┤├───────[INCD | S1 | S2 | D | n]─
ALT	交替输出	D：Y，M，S	─┤├───────[ALT | D]─
RAMP	斜坡信号	S1，S2，D：D n：D，K，H	─┤├───────[RAMP | S1 | S2 | D | n]─
外围设备 I/O			
DSW	数字开关	S：X D1：Y D2：T，C，D，V，Z n：K，H	─┤├───────[DSW | S | D1 | D2 | n]─

续表

助记符	功能	对象软元件	梯形图
SEGL	7段时分显示	S:KnX,KnY,KnM,KnS,T,C,D, V,Z,K,H D:Y n:K,H	⊢⊢——[SEGL | S | D | n]
二进制浮点数运算			
ECMP	浮点数比较	S1,S2:D,K,H D:Y,M,S	⊢⊢——[ECMP | S1 | S2 | D]
EMOV	浮点数数据传送	S:D,E D:D	⊢⊢——[EMOV | S | D]
EADD	浮点数加法运算	S1,S2:D,K,H,E D:D	⊢⊢——[EADD | S1 | S2 | D]
ESUB	浮点数减法运算	S1,S2:D,K,H,E D:D	⊢⊢——[ESUB | S1 | S2 | D]
EMUL	浮点数乘法运算	S1,S2:D,K,H,E D:D	⊢⊢——[EMUL | S1 | S2 | D]
EDIV	浮点数除法运算	S1,S2:D,K,H,E D:D	⊢⊢——[EDIV | S1 | S2 | D]
ESQR	浮点数开方运算	S:D,K,H,E D:D	⊢⊢——[ESQR | S | D]
INT	→BIN整数转换	S,D:D	⊢⊢——[INT | S | D]
定位			
DSZR	带DOG搜索的原点回归	S1:X,Y,M,S S2:X000~X005 D1:晶体管输出Y000,Y001 D2:M,S	⊢⊢——[DSZR | S1 | S2 | D1 | D2]
ABS	读出ABS当前值	S:X,Y,M,S D1:M,S D2:KnY,KnM,KnS,T,C,D,Z	⊢⊢——[ABS | S | D1 | D2]
ZRN	原点回归	S1,S2:KnX,KnY,KnM,KnS,T,C, D,V,Z,K,H S3:X,Y,M,S D:晶体管输出Y000,Y001	⊢⊢——[ZRN | S1 | S2 | S3 | D]
PLSV	可变速脉冲输出	S1:KnX,KnY,KnM,KnS,T,C,D, V,Z,K,H D1:晶体管输出Y000,Y001 D2:M,S	⊢⊢——[PLSV | S | D1 | D2]

续表

助记符	功能	对象软元件	梯形图
DRVI	相对定位	S1,S2:KnX,KnY,KnM,KnS,T,C,D,V,Z,K,H D1:晶体管输出 Y000,Y001 D2:M,S	DRVI S1 S2 D1 D2
DRVA	绝对定位	S1,S2:KnX,KnY,KnM,KnS,T,C,D,V,Z,K,H D1:晶体管输出 Y000,Y001 D2:M,S	DRVA S1 S2 D1 D2
时钟运算			
TCMP	时钟数据比较	S1,S2,S3:KnX,KnY,KnM,KnS,T,C,D,V,Z,K,H S:T,C,D D:Y,M,S	TCMP S1 S2 S3 S D
TZCP	时钟数据区间比较	S1,S2:T,C,D S:T,C,D D:Y,M,S	TZCP S1 S2 S D
TADD	时钟数据加法运算	S1,S2,D:T,C,D	TADD S1 S2 D
TSUB	时钟数据减法运算	S1,S2,D:T,C,D	TSUB S1 S2 D
TRD	读出时钟数据	D:T,C,D	TRD D
TWR	写入时钟数据	D:T,C,D	TWR S
HOUR	计时表	S:KnX,KnY,KnM,KnS,T,C,D,V,Z,K,H D1:D D2:Y,M,S	HOUR S D1 D2
触头比较			
LD=	S1=S2	S1,S2:KnX,KnY,KnM,KnS,T,C,D,V,Z,K,H	LD= S1 S2 ──( )
LD>	S1>S2	S1,S2:KnX,KnY,KnM,KnS,T,C,D,V,Z,K,H	LD> S1 S2 ──( )
LD<	S1<S2	S1,S2:KnX,KnY,KnM,KnS,T,C,D,V,Z,K,H	LD< S1 S2 ──( )
LD<>	S1≠S2	S1,S2:KnX,KnY,KnM,KnS,T,C,D,V,Z,K,H	LD<> S1 S2 ──( )

续表

助记符	功能	对象软元件	梯形图
LD<=	S1≤S2	S1,S2:KnX,KnY,KnM,KnS,T,C,D,V,Z,K,H	LD<=　S1　S2
LD>=	S1≥S2	S1,S2:KnX,KnY,KnM,KnS,T,C,D,V,Z,K,H	LD>=　S1　S2
AND=	S1=S2	S1,S2:KnX,KnY,KnM,KnS,T,C,D,V,Z,K,H	AND=　S1　S2
AND>	S1>S2	S1,S2:KnX,KnY,KnM,KnS,T,C,D,V,Z,K,H	AND>　S1　S2
AND<	S1<S2	S1,S2:KnX,KnY,KnM,KnS,T,C,D,V,Z,K,H	AND<　S1　S2
AND<>	S1≠S2	S1,S2:KnX,KnY,KnM,KnS,T,C,D,V,Z,K,H	AND<>　S1　S2
AND<=	S1≤S2	S1,S2:KnX,KnY,KnM,KnS,T,C,D,V,Z,K,H	AND<=　S1　S2
AND>=	S1≥S2	S1,S2:KnX,KnY,KnM,KnS,T,C,D,V,Z,K,H	AND>=　S1　S2
OR=	S1=S2	S1,S2:KnX,KnY,KnM,KnS,T,C,D,V,Z,K,H	OR=　S1　S2
OR>	S1>S2	S1,S2:KnX,KnY,KnM,KnS,T,C,D,V,Z,K,H	OR>　S1　S2
OR<	S1<S2	S1,S2:KnX,KnY,KnM,KnS,T,C,D,V,Z,K,H	OR<　S1　S2
OR<>	S1≠S2	S1,S2:KnX,KnY,KnM,KnS,T,C,D,V,Z,K,H	OR<>　S1　S2
OR<=	S1≤S2	S1,S2:KnX,KnY,KnM,KnS,T,C,D,V,Z,K,H	OR<=　S1　S2
OR>=	S1≥S2	S1,S2:KnX,KnY,KnM,KnS,T,C,D,V,Z,K,H	OR>=　S1　S2

续表

助记符	功能	对象软元件	梯形图
外部设备通信			
IVCK	变频器的运转监视	S1,S2:D,K,H D:KnY,KnM,KnS,D n:K,H	⊢⊢ [IVCK] [S1] [S2] [D] [n]
IVDR	变频器的运行控制	S1,S2:D,K,H S3:KnY,KnM,KnS,D,K,H n:K,H	⊢⊢ [IVDR] [S1] [S2] [S3] [n]
IVRD	读取变频器的参数	S1,S2:D,K,H D:D n:K,H	⊢⊢ [IVRD] [S1] [S2] [D] [n]
IVWR	写入变频器的参数	S1,S2:D,K,H S3:D n:K,H	⊢⊢ [IVWR] [S1] [S2] [S3] [n]
IVMC	变频器的多个命令	S1,S2:D,K,H S3,D:D n:K,H	⊢⊢ [IVMC] [S1] [S2] [S3] [D] [n]
ADPRW	MODBUS读出、写入	S,S1,S2,S3:K,H S4/D:X,Y,S,K,H	⊢⊢ [ADPRW] [S] [S1] [S2] [S3] [S4/D]

4.3 PLC 程序设计

　　程序设计就是用计算机语言把解决问题的步骤描述出来，也就是把计算机指令或语句组成一个有序的集合。应用程序的编写需要程序设计语言的支持，可编程控制器中有多种程序设计语言，它们是梯形图语言、助记符（指令表）语言、功能表图语言、功能模块图语言及结构化语句描述语言等。

　　梯形图语言和助记符（指令表）语言是基本程序设计语言，通常由一系列指令组成，用这些指令可以完成大多数简单的控制功能，例如，代替继电器、计数器、计时器完成顺序控制和逻辑控制等，通过扩展或增强指令集，它们也能执行其他的基本操作。由于它们与传统的继电器-接触器控制电路类似，具有图形结构、操作简单、易于掌握等特点，为广大电气工程设计和应用人员所喜爱。

　　编制 PLC 控制梯形图的方法有多种，常用的是经验法和顺序法两种典型的方法。其中经验法就是运用他人或自己的经验进行程序设计。根据工程项目的工艺要求、操作流程等选择与之相近的程序，然后针对它们之间的不同处按照当前的控制要求进行修改，通过边修改边调试，使之适合当前工程项目的要求。这种方法在程序设计方面不能形成一种风格，程序设计的质量与设计者的经验以及引用电路、程序有很大关系。这种方法适用于比较简单的梯形图设计，对初学者来说是一种易学易用、容易理解和掌握、立竿见影的方法。

　　而顺序法又分为逻辑流程图法、时序流程图法和步进顺控法。逻辑流程图法是用逻辑框图表示 PLC 程序的执行过程，反映输入与输出的关系。逻辑流程图就是把系统的工艺流程用逻辑框图表示出来形成系统的逻辑流程图。这种方法编制的 PLC 控制程序逻辑思路清晰，输入与输出的因果关系及联锁条件明确；整个程序脉络清晰，便于分析控制程序，便于查找故障点，便于调试和修改程序。对一个复杂的程序，直接用语句表或梯形图编程可能会使人觉得无从下手，则可以先画出逻辑流程图，再为逻辑流程图的各个部分用语句表或梯形图编制应用程序。时序流程图法就是首先画出控制系统的时序图，即按时间先后的各输入输出点的动作次序，再根据时序关系画出对应的控制任务的程序框图，最后把程序框图写成 PLC 程序。时序流程图法是很适合于以时间为基准的控制系统的编程方法。步进顺控法是在顺控指令的配合下设计复杂的控制程序。一般比较复杂的程序都可以分成若干个功能比较简单的程序段，一个程序段可以看成整个控制过程中的一步。从这个角度去看，一个复杂系统的控制过程是由这样的若干步组成的。系统控制的任务实际上可以认为在不同时刻或在不同进程中完成对每步的控制。由于大多数种类的 PLC 都有专门的步进顺控指令，故在画完各个步进的状态图后，就可以利用步进顺控指令方便地编写出控制程序。

4.3.1 编程规则与注意事项

梯形图作为一种编程语言，绘制时有一定的规则。在编辑梯形图时，要注意以下几点。

① 梯形图的各种符号，要以左母线为起点，以右母线为终点（可允许省略右母线），从左向右分行绘出。每一行起始的触头群构成该行梯形图的"执行条件"，与右母线连接的应是输出线圈、功能指令，不能是触头。一行写完，自上而下依次再写下一行。注意，触头不能接在线圈的右边，如图 4-14(a) 所示；线圈也不能直接与左母线连接；必须通过触头连接，单独线圈支路优先，如图 4-14(b) 所示。

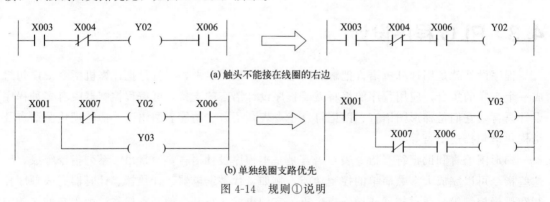

(a) 触头不能接在线圈的右边

(b) 单独线圈支路优先

图 4-14 规则①说明

② 触头应画在水平线上，不能画在垂直分支线上。例如，在图 4-15 左侧中触头 X003 被画在垂直线上，便很难正确识别它与其他触头的关系，也难以判断通过触头 X003 对输出线圈的控制方向。因此，应根据信号单向自左至右、自上而下流动的原则将桥式梯形图改成

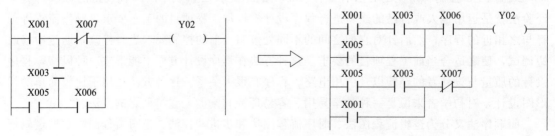

图 4-15 规则②说明

多信号流向的梯形图，对输出线圈 Y02 的几种可能控制路径画成如图 4-15 右侧所示的形式。

③ 不包含触头的分支应放在垂直方向，不可水平方向设置，以便于识别触头的组合和对输出线圈的控制路径，如图 4-16 所示。

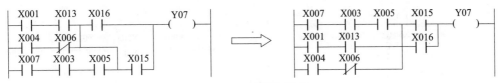

图 4-16 规则③说明

④ 如果有几个电路块并联时，应将触头最多的支路块放在最上面。若有几个支路块串联时，应将并联支路多的尽量靠近左母线。这样可以使编制的程序简洁明了，指令语句减少，如图 4-17 所示。

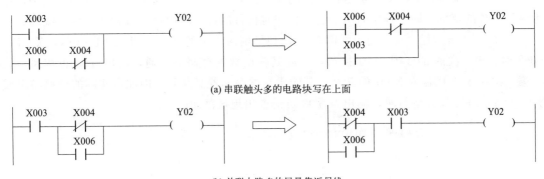

(a) 串联触头多的电路块写在上面

(b) 并联电路多的尽量靠近母线

图 4-17 规则④说明

⑤ 遇到不可编程的梯形图时，可根据信号流向对原梯形图重新编排，以便于正确进行编程。图 4-18 中举了几个实例，将不可编程梯形图重新编排成可编程的梯形图。

⑥ 双线圈输出问题。在梯形图中，线圈前边的触头代表线圈输出的条件，线圈代表输出。在同一程序中，某个线圈的输出条件可能非常复杂，但应是唯一且可集中表达的。由

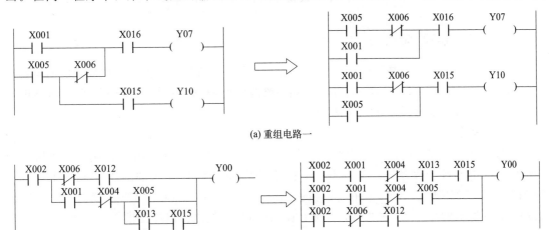

(a) 重组电路一

(b) 重组电路二

图 4-18

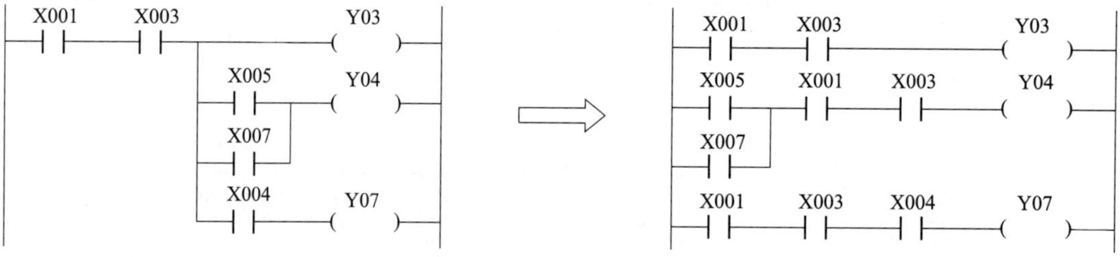

(c) 重组电路三

图 4-18   重组电路举例

PLC 的操作系统引出的梯形图编绘法则规定，一个线圈在梯形图中只能出现一次。如果在同一程序中同一组件的线圈使用两次或多次，称为双线圈输出。可编程控制器程序对这种情况的出现，扫描执行的原则规定是：前面的输出无效，最后一次输出才是有效的。但是，作为这种事件的特例，同一程序的两个绝不会同时执行的程序段中可以有相同的输出线圈。

在图 4-19 所示程序中，输出线圈 Y03 出现了两次输出的情况。当 X001＝ON，X007＝OFF 时，第一次的 Y03 因 X001 接通，因此其输出数据存储器接通，输出 Y03 也接通。但是第二次的 Y03 因输入 X007 的断开，其输出数据存储器又断开，因此，实际的外部输出成为 Y03＝OFF。实际运行时，输出点 Y03 可能会出现振荡而闪烁。

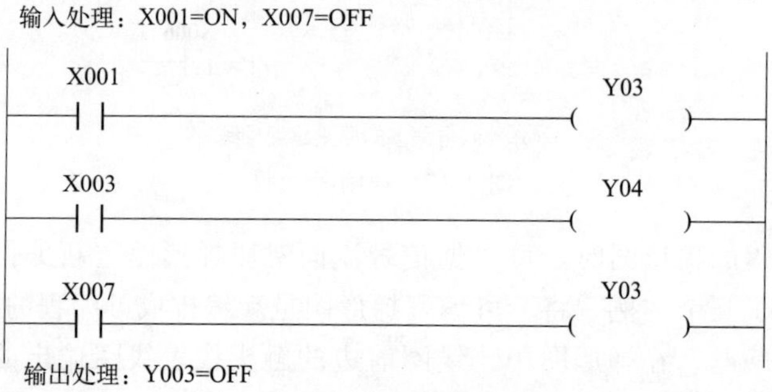

图 4-19   双线圈输出的程序分析

4.3.2   继电器电路转换法

经典控制电路转换法是经验法编程中比较特殊的一种方法，它是将典型成熟的继电器控制电路，通过"代号替换""符号替换""触头修改""按规则整理"等若干步骤，将继电器控制电路转换成 PLC 控制的梯形图程序。

（1）代号替换

代号替换就是在继电器电路中将每一个元件的代号用该元件在 PLC 控制电路中所分配的资源（继电器或寄存器等）来替换。如按钮 SB1 接在 PLC 输入端的 X01 端子上，就用"X01"换之；若接触器 KM1 接在 PLC 的输出端子 Y00 上，就用"Y00"换之；若时间继电器 KT 分配到的是 PLC 的"T10"，那么就用"T10"换之；以此类推。

（2）符号替换

元件符号替换就是把继电器电路中的图形符号用梯形图的软元件符号来替换。如动合（常开）触头以 ┤├ 符号替换继电器控制电路中的 ——— 符号，动断（常闭）触头以 ┤/├ 符号替换继电器控制电路中的 ⌒，单个并联动合（常开）触头是 ⊣⊢，单个动断（常闭）触头是 ⊣⊬，输出线圈以 ( ) 符号替换继电器控制电路中的 ⊣⊢。PLC 中同一个软元件的触头可多次重复使用。

（3）触头修改

触头修改就是将代号替换和符号替换后得到的梯形图中的动断和动合触头修改。当该触头软元件是输入继电器且在 PLC 控制电路中外接的是动断触头时，该动断触头必须修改为梯形图的动合软元件，动合触头必须修改为动断触头。若是该输入继电器外接动合触头的不需要修改。

（4）按规则整理

按规则整理就是按 4.3.1 节中的要求进行整理，有以下几个方面：

① 梯形图的每一行应以左母线为起点，以右母线为终点（可允许省略右母线），从左向右分行绘出。

② 每一行起始的触头是该行梯形图的"执行条件"，写完一行后自上而下依次再写下一行。

③ 软元件应画在水平线（即行）上，不能跨接在上下两行上，同一元件的同类触头可重复多次使用。

④ 有几个电路块并联时，应将软元件最多的支路块放在最上面。有几个支路块串联时，应将并联支路多的靠近左母线。

⑤ 一个输出线圈与其左侧连接的软元件宜单独成一个网络，输出线圈左侧的软元件触头不能与其他网络的输出线圈共享。与右母线连接的应是输出线圈，不能是软元件触头。

⑥ 同一点多线圈输出合用一个梯形图元件。

4.3.3　基本电路的 PLC 梯形图

本节给出 2.1 节中介绍的基本继电器控制电路采用可编程控制器控制的梯形图。PLC 采用 FX_{3SA}-30MR-CM 可编程控制器，使用 GX Developer 软件进行梯形图程序编制，PLC 类型选 FX_{3G} 型。为方便起见将该节中用到的输入电器和输出电器都整合在一张 PLC 控制电路中，控制电路如图 4-20 所示。

（1）点动控制

把输入电器按钮 SB2 的一对动合触头接到 FX_{3SA}-30MR-CM 输入端子的 X3 与 0V 上，即将 SB2 分配到 PLC 的输入继电器 X3。把输出电器接触器 KM 线圈的一端接到 PLC 端子 Y2 上，另一端接到控制电源变压器［3］脚上，即将 KM 分配给 PLC 的输出继电器 Y2。点动 PLC 控制电路如图 4-20 所示，忽略上面未涉及的电器。

点动继电器控制的电路如图 4-21(a) 所示；将图 4-21(a) 中电器代号 SB2 和 KM 分别用 PLC 输入继电器 X3 和输出继电器 Y2 替换，如图 4-21(b) 所示；再将电器符号 ⌒ 和 ⊣⊢ 分别用 PLC 输入继电器触头 ⊣⊢ 和输出继电器线圈 ( ) 替换，如图 4-21(c) 所示；因图 4-20 中 X3 对应端子外接的 SB2 是动合触头，且继电器控制电路简单，不需要进行触头修改和整理，图 4-21(c) 即为 PLC 控制梯形图。

（2）双联控制

把输入电器按钮开关 SK1 的一对动合触头接到 FX_{3SA}-30MR-CM 输入端子的 X7 与 0V

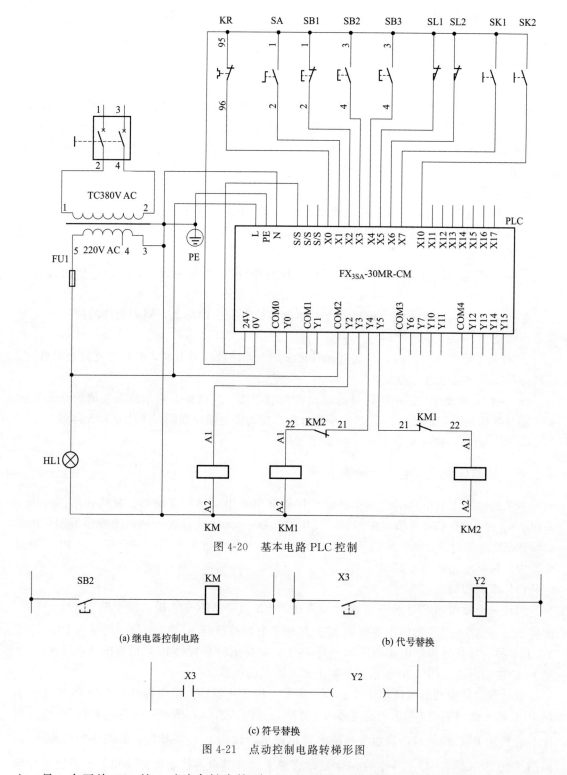

图 4-20　基本电路 PLC 控制

(a) 继电器控制电路   (b) 代号替换

(c) 符号替换

图 4-21　点动控制电路转梯形图

上，另一个开关 SK2 的一对动合触头接到 FX$_{3SA}$-30MR-CM 输入端子的 X10 与 0V 上，即将 SK1 和 SK2 分别分配到 PLC 的输入继电器 X7 和 X10。把输出电器接触器 KM 的线圈的一端接到 PLC 端子 Y2 上，另一端接到控制电源变压器［3］脚上，即将 KM 分配给 PLC

的输出继电器 Y2。双联 PLC 控制电路如图 4-20 所示，忽略上面未涉及的电器。

　　双联继电器控制的电路如图 4-22（a）所示；将图 4-22（a）中电器代号 SK1 和 SK2 分别用 PLC 输入继电器 X7 和 X10 替换，电器代号 KM 用 PLC 输出继电器 Y2 替换，如图 4-21（b）所示；再将电器符号 ⌐⌐ 和 ⌐ 、 ⌐ 和 ⌐ ，以及 ⌐□ 分别用 PLC 输入继电器动合触头 ⊢⊢、动断触头 ⊬⊢、输出继电器线圈（ ）替换，如图 4-22（c）所示；因图 4-20 中 X7 和 X10 对应端子外接的 SK1 和 SK2 是动合触头，且继电器控制电路简单，不需要进行触头修改和整理，图 4-22（c）即为 PLC 控制梯形图。

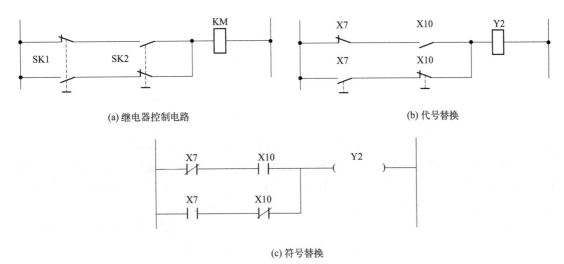

(a) 继电器控制电路　　　　　　　　　　(b) 代号替换

(c) 符号替换

图 4-22　双联控制电路转梯形图

（3）自锁控制

　　把输入电器按钮 SB1 的一对动断触头接到 FX$_{3SA}$-30MR-CM 输入端子的 X2 与 0V 上，即将 SB1 分配到 PLC 的输入继电器 X2；把输入电器按钮 SB2 的一对动合触头接到 FX$_{3SA}$-30MR-CM 输入端子的 X3 与 0V 上，即将 SB2 分配到 PLC 的输入继电器 X3。把输出电器接触器 KM 线圈的一端接到 PLC 端子 Y2 上，另一端接到控制电源变压器［3］脚上，即将 KM 分配给 PLC 的输出继电器 Y2。自锁 PLC 控制电路如图 4-20 所示，忽略上面未涉及的电器。

　　自锁继电器控制的电路如图 4-23（a）所示；将图 4-23（a）中电器代号 SB1 和 SB2 分别用 PLC 输入继电器 X2 和 X3 替换，电器代号 KM 用 PLC 输出继电器 Y2 替换，如图 4-23（b）所示；再将电器符号 ⌐⌐ 和 ⌐ 、 ⌐ 、 ⌐□ 分别用 PLC 继电器触头 ⊢⊢、⊬⊢、输出继电器线圈（ ）替换，如图 4-23（c）所示；因图 4-20 中 X2 对应端子外接的 SB1 是动断触头，需要进行触头修改，即将 X2 的动断触头 ⊬⊢ 修改为动合触头 ⊢⊢，图 4-23（d）即为 PLC 控制梯形图。

（4）互锁控制

　　把输入电器按钮 SB1 的一对动断触头接到 FX$_{3SA}$-30MR-CM 输入端子的 X2 与 0V 上，即将 SB1 分配到 PLC 的输入继电器 X2；把输入电器按钮 SB2 的一对动合触头接到 FX$_{3SA}$-30MR-CM 输入端子的 X3 与 0V 上，即将 SB2 分配到 PLC 的输入继电器 X3；把输入电器按钮 SB3 的一对动合触头接到 FX$_{3SA}$-30MR-CM 输入端子的 X4 与 0V 上，即将 SB3 分配到 PLC 的输入继

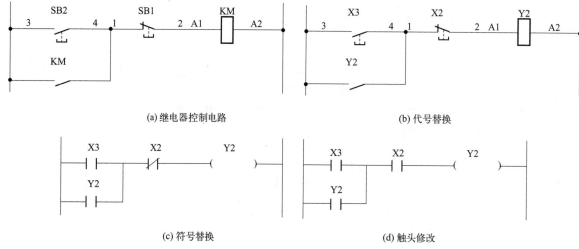

(a) 继电器控制电路　　　　　　　　　　　　　(b) 代号替换

(c) 符号替换　　　　　　　　　　　　　(d) 触头修改

图 4-23　自锁控制电路转梯形图

电器 X4。把输出电器接触器 KM1 线圈的一端接到 PLC 端子 Y4 上，另一端接到控制电源变压器 [3] 脚上，即将 KM1 分配给 PLC 的输出继电器 Y4；把输出电器接触器 KM2 线圈的一端接到 PLC 端子 Y5 上，另一端接到控制电源变压器 [3] 脚上，即将 KM2 分配给 PLC 的输出继电器 Y5。互锁 PLC 控制电路如图 4-20 所示，忽略上面未涉及的电器。

互锁继电器控制的电路如图 4-24(a) 所示；将图 4-24(a) 中电器代号 SB1、SB2 和 SB3 分别用 PLC 输入继电器 X2、X3 和 X4 替换，电器代号 KM1 和 KM2 分别用 PLC 输出继电器 Y4 和 Y5 替换，如图 4-24(b) 所示；再将电器符号 和 、 和 分别用 PLC 继电器触头 、 替换，电器符号 用输出继电器线圈 替换，如图 4-24(c) 所示；因图 4-20 中 X2 对应端子外接的 SB1 是动断触头，需要进行触头修改，即将 X2 的动断触头 修改为动合触头 ，如图 4-24(d) 所示；最后按规则整理得到 PLC 控制梯形图，如图 4-24(e) 所示。

（5）点动互锁控制

点动互锁控制电路是在互锁控制电路中增加点动功能，即在互锁 PLC 控制电路中增加点动/连续选择开关 SA。除此之外增加电动机过载保护，即还增加一个热继电器 KR。把输入电器 KR 的动断触头接到 FX$_{3SA}$-30MR-CM 输入端子的 X0 与 0V 上，即将 KR 分配到 PLC 的输入继电器 X0；把输入电器 SA 的动合触头接到 FX$_{3SA}$-30MR-CM 输入端子的 X1 与 0V 上，即将 SA 分配到 PLC 的输入继电器 X1；把输入电器按钮 SB1 的一对动断触头接到 FX$_{3SA}$-30MR-CM 输入端子的 X2 与 0V 上，即将 SB1 分配到 PLC 的输入继电器 X2；把输入电器按钮 SB2 的一对动合触头接到 FX$_{3SA}$-30MR-CM 输入端子的 X3 与 0V 上，即将 SB2 分配到 PLC 的输入继电器 X3；把输入电器按钮 SB3 的一对动合触头接到 FX$_{3SA}$-30MR-CM 输入端子的 X4 与 0V 上，即将 SB3 分配到 PLC 的输入继电器 X4。把输出电器接触器 KM1 线圈的一端接到 PLC 端子 Y4 上，另一端接到控制电源变压器 [3] 脚上，即将 KM1 分配给 PLC 的输出继电器 Y4；把输出电器接触器 KM2 线圈的一端接到 PLC 端子 Y5 上，另一端接到控制电源变压器 [3] 脚上，即将 KM2 分配给 PLC 的输出继电器 Y5。点动互锁 PLC 控制电路如图 4-20 所示，忽略上面未涉及的电器。

点动互锁继电器控制的电路如图 4-25(a) 所示；将图 4-25(a) 中电器代号 KR、SA、

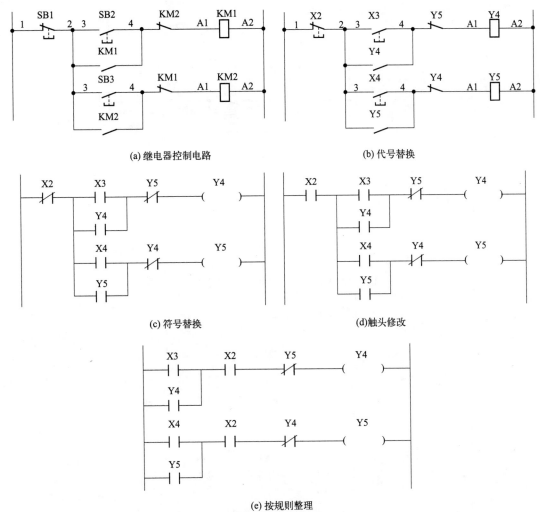

(a) 继电器控制电路　　　　　(b) 代号替换

(c) 符号替换　　　　　(d)触头修改

(e) 按规则整理

图 4-24　互锁控制电路转梯形图

SB1、SB2 和 SB3 分别用 PLC 输入继电器 X0、X1、X2、X3 和 X4 替换，电器代号 KM1 和 KM2 分别用 PLC 输出继电器 Y4 和 Y5 替换，如图 4-25（b）所示；再将电器符号 ⊣⊢ 、⊣⊢ 和 ⊣⊢ 用 PLC 继电器触头 ⊣⊢ 替换，⊣⊢ 、⊣⊢ 和 ⊣⊢ 用 PLC 继电器触头 ⊣⊬ 替换，电器符号 ⊐ 用输出继电器线圈 ⊸（ ）⊷ 替换，如图 4-25（c）所示；因图 4-20 中 X0

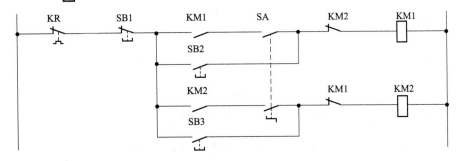

(a) 继电器控制电路

图 4-25

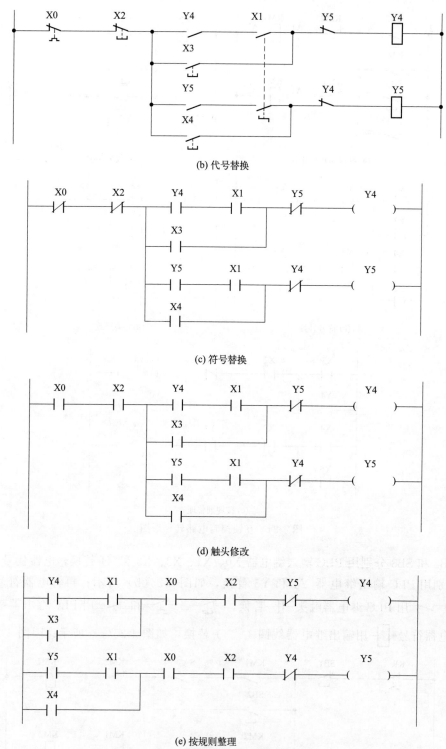

(b) 代号替换

(c) 符号替换

(d) 触头修改

(e) 按规则整理

图 4-25   点动互锁控制电路转梯形图

和 X2 对应端子外接的是动断触头，需要进行触头修改，即将 X0 和 X2 的动断触头 ─│／│─ 修改为动合触头 ─│ │─，如图 4-25(d) 所示；最后按规则整理得到 PLC 控制梯形图，如图 4-25 (e) 所示。

(6) 往返来回控制

往返来回控制电路是在点动互锁控制电路中增加行程控制功能，即在点动互锁 PLC 控制电路中增加运动两端的行程开关 SL1 和 SL2，用于控制前进至末端时后退返回、返回至始端时停止。把输入电器 SL1 的动断触头接到 FX$_{3SA}$-30MR-CM 输入端子的 X5 与 0V 上，即将 SL1 分配到 PLC 的输入继电器 X5；把输入电器 SL2 的动断触头接到 FX$_{3SA}$-30MR-CM 输入端子的 X6 与 0V 上，即将 SL2 分配到 PLC 的输入继电器 X6；把输入电器 KR 的动断触头接到 FX$_{3SA}$-30MR-CM 输入端子的 X0 与 0V 上，即将 KR 分配到 PLC 的输入继电器 X0；把输入电器 SA 的动合触头接到 FX$_{3SA}$-30MR-CM 输入端子的 X1 与 0V 上，即将 SA 分配到 PLC 的输入继电器 X1；把输入电器按钮 SB1 的一对动断触头接到 FX$_{3SA}$-30MR-CM 输入端子的 X2 与 0V 上，即将 SB1 分配到 PLC 的输入继电器 X2；把输入电器按钮 SB2 的一对动合触头接到 FX$_{3SA}$-30MR-CM 输入端子的 X3 与 0V 上，即将 SB2 分配到 PLC 的输入继电器 X3；把输入电器按钮 SB3 的一对动合触头接到 FX$_{3SA}$-30MR-CM 输入端子的 X4 与 0V 上，即将 SB3 分配到 PLC 的输入继电器 X4。把输出电器接触器 KM1 线圈的一端接到 PLC 端子 Y4 上，另一端接到控制电源变压器 [3] 脚上，即将 KM1 分配给 PLC 的输出继电器 Y4；把输出电器接触器 KM2 线圈的一端接到 PLC 端子 Y5 上，另一端接到控制电源变压器 [3] 脚上，即将 KM2 分配给 PLC 的输出继电器 Y5。往返来回 PLC 控制电路如图 4-20 所示，忽略上面未涉及的电器。

往返来回继电器控制的电路如图 4-26(a) 所示；将图 4-26(a) 中电器代号 KR、SA、SB1、SB2、SB3、SL1 和 SL2 分别用 PLC 输入继电器 X0、X1、X2、X3、X4、X5 和 X6 替换，电器代号 KM1 和 KM2 分别用 PLC 输出继电器 Y4 和 Y5 替换，如图 4-26(b) 所示；再将电器符号 用 PLC 继电器触头 替换，电器符号 用输出继电器线圈 替换，如图 4-26(c) 所示；因图 4-20 中 X0、X2、X5 和 X6 对应端子外接的是动断触头，需要进行触头修改，即将其动断触头 修改为动合触头 ，动合触头 修改为动断触头 ，如图 4-26(d) 所示；最后按规则整理得到 PLC 控制梯形图，如图 4-26(e) 所示。

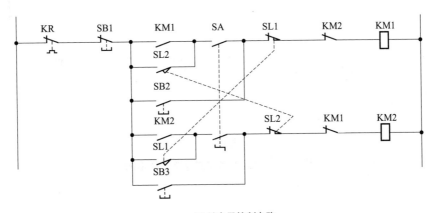

(a)继电器控制电路

图 4-26

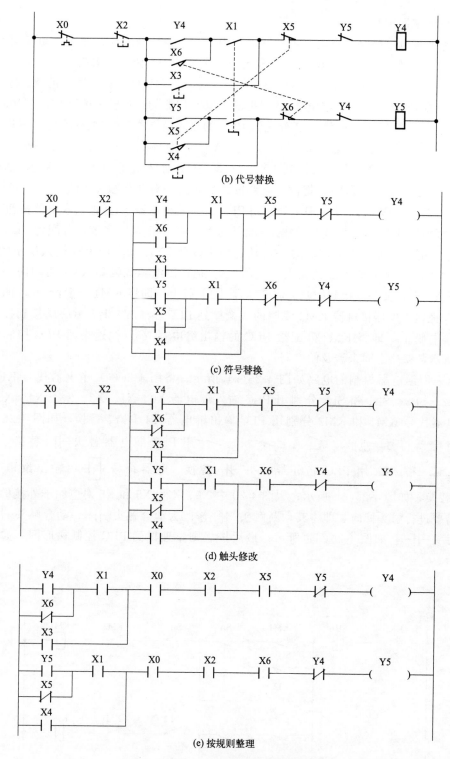

(b) 代号替换

(c) 符号替换

(d) 触头修改

(e) 按规则整理

图 4-26   往返来回控制电路转梯形图

第 5 章

单片机控制基础

本章简要地介绍指令代码完全兼容传统 8051 的 STC11Fxx 系列单片机的硬件结构及其指令系统，以及汇编语言程序设计要点，最后给出时间继电器的单片机汇编语言程序设计及其应用的位处理程序。

5.1 STC 单片机的硬件结构

5.1.1 STC11Fxx 单片机简介

STC11Fxx 系列单片机是宏晶科技生产的单时钟/机器周期（1T）的单片机，是高速、低功耗、超强抗干扰的新一代 8051 单片机，指令代码完全兼容传统 8051，定时器 0/定时器 1/串行口与传统 8051 兼容，增加了独立波特率发生器，省去了定时器 2。传统 8051 的 111 条指令执行速度全面提升，速度快 3～24 倍。内部集成高可靠复位电路，针对高速通信、智能控制、强干扰场合使用。该系列单片机的主要特点有：

① 增强型：8051CPU，1T，单时钟/机器周期，指令代码完全兼容传统 8051。

② 工作电压：STC11Fxx 系列工作电压为 5.5～4.1V/3.7V（5V 单片机）；STC11Lxx 系列工作电压为 3.6～2.4V/2.1V（3V 单片机）。

③ 工作频率范围：0～35MHz，相当于普通 8051 单片机的 0～420MHz。

④ 用户应用程序空间：1/2/3/4/5/6/8/16/20/32/40/48/52/60/62KB。

⑤ 片上集成 1280B 或 256BRAM。

⑥ 通用 I/O 口（36/40/12/14/16 个）；复位后为准双向口/弱上拉（普通 8051 传统 I/O 口）；可设置成四种模式，即准双向口/弱上拉、强推挽/强上拉、仅为输入/高阻、开漏；每个 I/O 口驱动能力均可达到 20mA，但整个芯片最大不要超过 100mA。

⑦ ISP（在系统可编程）/IAP（在应用可编程），无需专用编程器，无需专用仿真器，可通过串口（RxD/P3.0，TxD/P3.1）直接下载用户程序。

⑧ 有 EEPROM 功能。

⑨ 看门狗。

⑩ 内部集成 MAX810 专用复位电路（晶体频率在 24MHz 以下时，要选择高复位门槛电压，如 4.1V 以下复位；晶体频率在 12MHz 以下时，可选择低的复位门槛电压，如 3.7V 以下复位。复位脚接 1kΩ 电阻到地）。

⑪ 内置一个对内部 Vcc 进行掉电检测的掉电检测电路，可设置为中断或复位，5V 单片机掉电检测门槛电压为 4.1V/3.7V 左右，3.3V 单片机掉电检测门槛电压为 2.4V 左右。

⑫ 时钟源：外部高精度晶体/时钟或内部 RC 振荡器可选。常温下内部 RC 振荡器频率为 4～8MHz。

⑬ 共 2 个 16 位定时器（与传统 8051 兼容的定时器/计数器，16 位定时器 T0 和 T1），1 个独立波特率发生器。

⑭ 一个独立的通用全双工异步串行口（UART），做主机时可以当 2 个串口使用，即 [RxD/P3.0，TxD/P3.1] 可以切换到 [RxD/P1.6，TxD/P1.7]，通过将串口在 P3 和 P1 口之间来回切换，将 1 个串口作为 2 个主串口分时复用，可低成本实现 2 个串口。

⑮ 工作温度范围：−40～+85℃（工业级）或 0～75℃（商业级）。

⑯ 封装：SOP16/DIP16/DIP18/SOP20/DIP20/LSSOP20/PDIP-40/LQFP-44/PLCC-44。

5.1.2　STC11Fxx 单片机内部结构及引脚排列

STC11Fxx 系列单片机的内部结构框图如图 5-1 所示。STC11Fxx 系列单片机中包含算术逻辑运算单元（ALU）、暂存器 1（TMP1）、暂存器 2（TMP2）、程序状态字（PSW）、累加器 A（ACC）、B 寄存器、看门狗定时器（WDT）、程序计数器（PC）、程序存储器、在系统/应用可编程（ISP/IAP）、地址生成器、定时器 0/1、串口、随机存储器（RAM）、随机存储器地址寄存器、扩展随机存储器（AUX-RAM）、端口锁存器 0/1/2/3/4、端口驱动器 0/1/2/3/4、内部低压检测和复位（LVD/LVR）、控制单元（control unit）、堆栈指针和外部晶体振荡电路等模块。几乎包含数据采集和控制中所需的所有单元模块，可称得上一个片上系统。

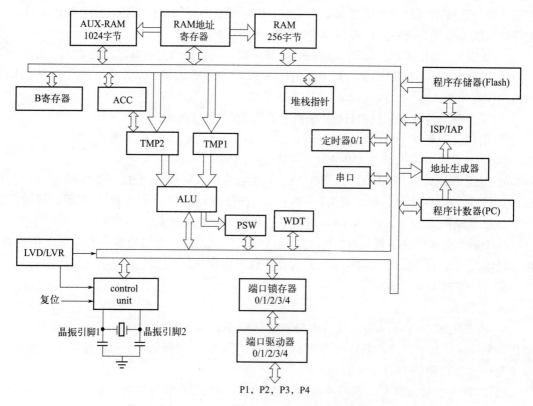

图 5-1　STC11Fxx 单片机内部结构框图

（1）内部 RAM

单片机内部 RAM 共 256 字节，分为低 128 字节 RAM、高 128 字节 RAM 及特殊功能寄存器区 3 个部分。低 128 字节的数据存储器既可直接寻址也可间接寻址。高 128 字节 RAM 与特殊功能寄存器区地址范围相同，都使用地址 80H～FFH 的区域，但物理上是独立的，通过使用不同的寻址方式进行区分。高 128 字节 RAM 只能间接寻址，特殊功能寄存器区只可直接寻址。

低 128 字节 RAM 也称为通用 RAM 区，分为工作寄存器组区、可位寻址区、用户 RAM 区和堆栈区。工作寄存器组区地址为 00H～1FH，共 32 个字节单元，分 4 个寄存器组，每组包含 8 个编号为 R0～R7 的 8 位工作寄存器。可位寻址区的地址为 20H～2FH，共 16 个字节单元。20H～2FH 单元既可像普通 RAM 一样按字节存取，也可对每个单元（8位）中的任何一位单独存取，共 128 位，对应的地址范围是 00H～7FH。位地址范围虽然与内部 RAM 低 128 字节的地址相同，但实质上是有区别的，位地址是指向某个字节单元中的某一位，而单元地址是指向某一个字节（8 位）。内部 RAM 中地址范围为 30H～FFH 的单元是用户的 RAM 区和堆栈区。单片机复位后，堆栈指针 SP 为 07H，指向工作寄存器组 0 中的 R7，用户初始化程序应对 SP 设置初值，一般以设置在"通用 RAM"区域为宜。

工作寄存器组上面的 16 个单元（地址 20H～2FH）构成了布尔处理机的存储器空间。这 16 个单元的 128 位各自都有专门的位地址，如图 5-2 所示。

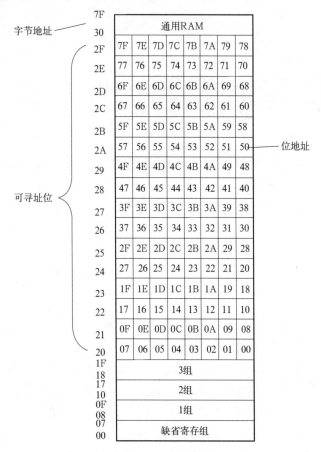

图 5-2 内部 RAM 中可位寻址的地址

(2) 多功能 I/O 引脚

STC11Fxx 系列单片机在 8051 单片机原有的 4 个 8 位通用 I/O 口基础上新增一个 P4 口，封装不同 P4 口的 8 个引脚可能不全出现。5 个通用 I/O 口均可由软件配置成准双向口/弱上拉（标准 8051 输出模式）、强推挽/强上拉、仅为输入（高阻）或开漏输出功能 4 种工作类型之一，每个 I/O 引脚驱动能力均可达到 20mA，但整个芯片最大不得超过 100mA。但需要注意的是，虽然每个 I/O 引脚在弱上拉时都能承受 20mA 的灌电流（还是要加限流电阻，如 1kΩ、560Ω 等），在强推挽输出时都能输出 20mA 的拉电流（也要加限流电阻），但整个芯片的工作电流推荐不要超过 55mA。5 个通用 I/O 的特殊功能寄存器地址及其各位地址如图 5-3 所示。

P4寄存器(可位寻址)

特殊功能寄存器名称	地址	位	B7	B6	B5	B4	B3	B2	B1	B0
P4	C0H	名称	P4.7	P4.6	P4.5	P4.4	P4.3	P4.2	P4.1	P4.0

P3寄存器(可位寻址)

特殊功能寄存器名称	地址	位	B7	B6	B5	B4	B3	B2	B1	B0
P3	B0H	名称	P3.7	P3.6	P3.5	P3.4	P3.3	P3.2	P3.1	P3.0

P2寄存器(可位寻址)

特殊功能寄存器名称	地址	位	B7	B6	B5	B4	B3	B2	B1	B0
P2	A0H	名称	P2.7	P2.6	P2.5	P2.4	P2.3	P2.2	P2.1	P2.0

P1寄存器(可位寻址)

特殊功能寄存器名称	地址	位	B7	B6	B5	B4	B3	B2	B1	B0
P1	90H	名称	P1.7	P1.6	P1.5	P1.4	P1.3	P1.2	P1.1	P1.0

P0寄存器(可位寻址)

特殊功能寄存器名称	地址	位	B7	B6	B5	B4	B3	B2	B1	B0
P0	80H	名称	P0.7	P0.6	P0.5	P0.4	P0.3	P0.2	P0.1	P0.0

图 5-3 多功能口地址

对 STC11Fxx 系列单片机 P4 口的访问，如同常规的 P1/P2/P3 口一样，并均可位寻址。P4 口中 P4.4、P4.5、P4.6 具有第二功能，必须进行设置后方能作为 I/O 口。P4 口的地址与引脚地址及设置如图 5-4 所示。

P4端口的地址在C0h，P4口中的每一位均可位寻址，位地址如下：								
位	P4.7	P4.6	P4.5	P4.4	P4.3	P4.2	P4.1	P4.0
位地址	C7h	C6h	C5h	C4h	C3h	C2h	C1h	C0h

由P4SW寄存器设置(NA/P4.4，ALE/P4.5，NA/P4.6)三个端口的第二功能

助记符	地址	名称	7	6	5	4	3	2	1	0	复位值
P4SW	BBH	端口4切换		NA_P4.6	ALE_P4.5	NA_P4.4					x000, xxxx

NA_P4.4 0，复位后P4SW.4=0，NA/P4.4脚是弱上拉，无任何功能

  1，通过设置P4SW.4=1，将NA/P4.4脚设置成I/O口(P4.4)

ALE_P4.5 0，复位后P4SW.5=0，ALE/P4.5脚是ALE信号，只有在用MOVX指令访问片外扩展器件时才有信号输出

  1，通过设置P4SW.5=1，将ALE/P4.5脚设置成I/O口(P4.5)

NA_P4.6 0，复位后P4SW.6=0，NA/P4.6是外部低压检测脚，可使用查询方式或设置成中断来检测

  1，通过设置P4SW.6=1将NA/P4.6脚设置成I/O口(P4.6)

图 5-4 P4 口地址与引脚地址及设置

（3）引脚排列

STC11Fxx 的封装及其引脚排列如图 5-5 所示。40/44 脚封装芯片各引脚的功能说明如表 5-1 所示。

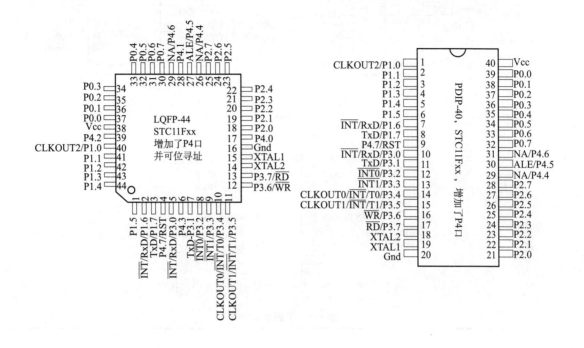

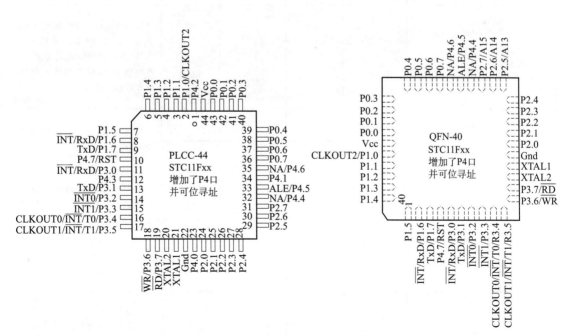

图 5-5

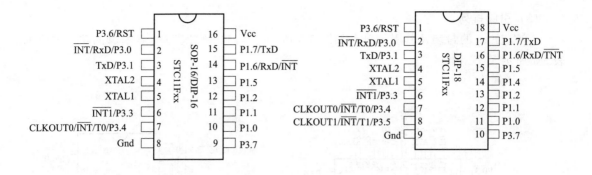

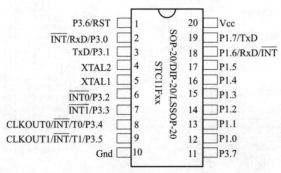

图 5-5　STC11Fxx 系列单片机的封装及引脚排列

表 5-1　引脚功能说明

助记符	引脚序号				功能说明
	LQFP-44	PDIP-40	PLCC-44	QFN-40	
P0.7~P0.0	30~37	32~39	36~43	27~34	端口 P0：有上拉电阻的 8 位双向 I/O 口；除用作通用 I/O 口外，在访问外部程序或数据存储器时，分时复用低 8 位地址和数据总线
P1.0~P1.4	40~44	1~5	2~6	36~40	端口 P1：有弱上拉电阻的通用 I/O 口
P1.5~P1.7	1~3	6~8	7~9	1~3	
$\overline{\text{INT}}$/RxD/P1.6	2	7	8	2	P1.6 能作为 UART 功能块的数据接收端 RxD 和外部中断端 $\overline{\text{INT}}$
TxD/P1.7	3	8	9	3	P1.7 能作为 UART 功能块的数据发送端 TxD
P2.0~P2.7	18~25	21~28	24~31	16~23	端口 P2：有上拉电阻的 8 位双向 I/O 口；除用作通用 I/O 口外，在访问外部程序或数据存储器时，输出高 8 位地址

续表

助记符	引脚序号				功能说明
	LQFP-44	PDIP-40	PLCC-44	QFN-40	
$\overline{INT}$/RxD/P3.0	5	10	11	5	端口 P3：有弱上拉电阻通用 I/O 口；提供多种特殊功能。
TxD/P3.1	7	11	13	6	P3.0 和 P3.1 作为 UART 功能块的数据接收端 RxD 和 发送端 TxD；
$\overline{INT0}$/P3.2	8	12	14	7	P3.2 和 P3.3 作为外部中断源；
$\overline{INT1}$/P3.3	9	13	14	8	P3.4 和 P3.5 作为定时器 T0 和 T1，可编程为时钟输出 CLKOUT0 和 CLKOUT1；
CLKOUT0/$\overline{INT}$/T0/P3.4	10	14	16	9	P3.6 作为访问外部存储器 的写信号 $\overline{WR}$；
CLKOUT1/$\overline{INT}$/T1/P3.5	11	15	17	10	P3.7 作为访问外部存储器 的读信号 $\overline{RD}$
P3.6/$\overline{WR}$($\overline{WR}$/P3.6)	12	16	18	11	
P3.7/$\overline{RD}$($\overline{RD}$/P3.7)	13	17	19	12	
P4.0	17		23		端口 P4：扩充 I/O 口，类似 P1 口
P4.1	28		34		
P4.2	39		1		
P4.3	6		12		
P4.7/RST	4	9	10	4	复位端 RST：维持两个机器 周期的高电平，使器件复位
NA/P4.6	29	31	35	26	P4SW.6 ＝ 1 时作 I/O 口 P4.6
NA/P4.4	26	29	32	24	P4SW.4 ＝ 1 时作 I/O 口 P4.6
ALE/P4.5	27	30	33	25	P4SW.5 ＝ 0 时作 ALE 信 号；P4SW.5 ＝ 1 时作 I/O 口 P4.6
XTAL1	15	19	21	14	反相振荡放大器的输入端： 使用外部振荡信号时信号输入
XTAL2	14	18	20	13	反相振荡放大器的输出端： 使用外部振荡信号时悬空
Vcc	38	40	44	35	电源正极
Gnd	16	20	22	15	电源负极

5.1.3 STC11Fxx 单片机选型

部分 STC11Fxx 系列单片机主要资源如表 5-2 所示，供选用参考。

表 5-2　STC11Fxx 系列部分单片机主要资源

型号	工作电压/V	Flash程序存储器容量/KB	SRAM容量/B	EEPROM	串行口并可掉电唤醒	普通定时器计数器T0/T1外部引脚掉电唤醒	独立波特率发生器	CCP/PCA/PWM（可当外部中断并可掉电唤醒）	看门狗	支持掉电唤醒外部中断/个	内部低压监测中断	内部复位（可选复位门槛电压）
STC11F08XE	5.5~3.7	8	1280	53KB	1~2	2	有	有	有	5	有	有
STC11F16XE	5.5~3.7	16	1280	45KB	1~2	2	有	有	有	5	有	有
STC11F32XE	5.5~3.7	32	1280	29KB	1~2	2	有	有	有	5	有	有
STC11F40XE	5.5~3.7	40	1280	21KB	1~2	2	有	有	有	5	有	有
STC11F48XE	5.5~3.7	48	1280	13KB	1~2	2	有	有	有	5	有	有
STC11F52XE	5.5~3.7	52	1280	9KB	1~2	2	有	有	有	5	有	有
STC11F56XE	5.5~3.7	56	1280	5KB	1~2	2	有	有	有	5	有	有
STC11F60XE	5.5~3.7	60	1280	1KB	1~2	2	有	有	有	5	有	有
IAP11F62X	5.5~3.7	62	1280	IAP	1~2	2	有	有	有	5	有	有
STC11L08XE	2.1~3.6	8	1280	53KB	1~2	2	有	有	有	5	有	有
STC11L16XE	2.1~3.6	16	1280	45KB	1~2	2	有	有	有	5	有	有
STC11L32XE	2.1~3.6	32	1280	29KB	1~2	2	有	有	有	5	有	有
STC11L40XE	2.1~3.6	40	1280	21KB	1~2	2	有	有	有	5	有	有
STC11L48XE	2.1~3.6	48	1280	13KB	1~2	2	有	有	有	5	有	有
STC11L52XE	2.1~3.6	52	1280	9KB	1~2	2	有	有	有	5	有	有
STC11L56XE	2.1~3.6	56	1280	5KB	1~2	2	有	有	有	5	有	有
STC11L60XE	2.1~3.6	60	1280	1KB	1~2	2	有	有	有	5	有	有
IAP11L62X	2.1~3.6	62	1280	IAP	1~2	2	有	有	有	5	有	有

5.2　STC 单片机的指令系统

5.2.1　寻址方式

寻址方式规定数据的来源和目的地,是每一种计算机指令集中不可缺少的部分。可以理解为计算机自动执行指令过程中寻址操作数的地址,即如何寻找运算数据和结果数据的存放位置。STC 单片机的寻址方式有立即寻址、直接寻址、寄存器间接寻址、寄存器寻址、相对寻址、变址寻址和位寻址 7 种。

立即寻址是在程序指令中给出参加运算的操作数,直接存放在程序指令操作码的后续单元中。

直接寻址是在程序指令中给出参加运算的操作数地址,操作数通常存放在内部数据 RAM、特殊功能寄存器、位地址空间。

寄存器间接寻址是在程序指令中给出参加运算的操作数地址并将其存放在寄存器 R0、R1 或数据指针 DPTR 中,用@R0、@R1 或@DPTR 表示,操作数通常存放在数据 RAM 空间。

寄存器寻址是在程序指令中给出参加运算的操作数地址,并将其存放在寄存器 R0~R7、累加器 A（ACC）、通用寄存器 B、数据指针（DPTR）和进位 C 中。其中寄存器 R0~R7 由指令码的低 3 位表示,ACC、B、DPTR 及进位 C 隐含在指令码中。寄存器工作区的选择由程序状态字 PSW 中的 RS1 和 RS0 位确定。

相对寻址是将程序计数器 PC 中的当前值与指令第二字节给出的数相加,其结果作为转移指令的转移地址。转移地址也称为转移目的地址,PC 中的当前值称为基地址,指令第二字节给出的数称为偏移量。由于转移目的地址是相对于 PC 中的基地址而言的,所以这种寻址方式称为相对寻址。偏移量为带符号的数,范围为 $-128 \sim +127$。

变址寻址:指令操作数指定一个存放变址基值的变址寄存器。变址寻址时,偏移量与变址基值相加,其结果作为操作数的地址。变址寄存器有程序计数器 PC 和数据指针 DPTR。

STC11Fxx 单片机的指令集共有 111 条指令,与普通 8051 指令代码完全兼容,但执行的效率大幅度提升。其中 INC DPTR 指令的执行速度大幅度提升 24 倍,有 12 条指令一个时钟就可以执行完成,平均速度快 8~12 倍。指令的操作代码都用一组 0 或 1 数字进行特定编码,即机器码。为了方便记忆每一个机器码,用若干个字母组合成一个助记符表示,一个助记符代表一个机器码,进行一种操作,助记符与机器码一一对应。用汇编语言表达这些代码时,只要熟记这些助记符即可。

STC11Fxx 系列单片机指令系统分为数据传送类指令、算术操作类指令、逻辑操作类指令、布尔变量操作类指令、控制转移类指令 5 类。在根据指令的功能特性分类介绍之前先把一些符号做简单的说明。

Rn——现行选定的寄存器区中 8 个寄存器 R0~R7（$n=0 \sim 7$）。

direct——8 位内部数据存储单元地址。它可以是一个内部数据 RAM 单元地址（0~127）或一个专用寄存器地址［即 I/O 口、控制寄存器、状态寄存器等（128~255）］。

@Ri——通过寄存器 R1 或 R0 间接寻址的 8 位内部数据 RAM 单元（0~255）,$i=$ 0,1。

♯data——指令中的 8 位立即数。

♯data16——指令中的 16 位立即数。

addr16——16 位目标地址。用于 LCALL 和 LJMP 指令，可指向 64KB 程序存储器地址空间的任何地方。

addr11——11 位目标地址。用于 ACALL 和 AJMP 指令，转向下一条指令的第一字节所在的同一个 2KB 程序存储器地址空间内。

rel——带符号的 8 位偏移量字节。用于 SJMP 和所有条件转移指令中。偏移字节相对于下一条指令第一字节计算，在 −128～+127 范围内取值。

bit——内部数据 RAM 或专用功能寄存器里的直接寻址位。

DPTR——数据指针，可用作 16 位的地址寄存器。

A——累加器。

B——专用寄存器，用于乘（MUL）和除（DIV）指令中。

C_Y——进位标志或进位位。

/bit——表示对该位操作数取反。

(X)——X 中的内容。

((X))——由 X 所指出的单元中的内容。

5.2.2　数据传送类指令

数据传送类指令通常的操作是把源操作数传送到指令所指定的目标地址，指令执行后，源操作数不变，目的操作数被源操作数所代替。若要求在数据传送时，不丢失目的操作数，则可以用交换型传送指令。数据传送类指令用到的助记符有 MOV、MOVX、MOVC、XCH、XCHD、SWAP、POP、PUSH 8 种。29 条数据传送指令的助记符、功能说明、字节数、机器码、操作说明和执行时间如表 5-3 所示。

表 5-3　数据传送类指令

指令助记符	功能说明	字节数	机器码	操作说明	机器周期所需时钟	
					12 时钟	1 时钟
MOV A,Rn	寄存器中数据送累加器 A	1	E8～EF	(A)←(Rn)	12	1
MOV Rn,A	累加器 A 中数据送寄存器 Rn	1	F8～FF	(Rn)←(A)	12	2
MOV A,@Ri	间接 RAM 单元中数据送累加器 A	1	E6～E7	(A)←((Ri))	12	2
MOV @Ri,A	累加器 A 中数据送间接 RAM 单元	1	F6～F7	((Ri))←(A)	12	3
MOV A,♯data	立即数送累加器	2	74 data	(A)←♯data	12	2
MOV A,direct	直接寻址单元送累加器 A	2	E5 direct	(A)←(direct)	12	2
MOV direct,A	累加器 A 中数据送直接寻址单元	2	F5 direct	(direct)←(A)	12	3
MOV Rn,♯data	立即数送寄存器 Rn	2	78～7F data	(Rn)←♯data	12	2
MOV direct,♯data	立即数送直接寻址单元	3	75 direct data	(direct)←♯data	24	3

续表

指令助记符	功能说明	字节数	机器码	操作说明	机器周期所需时钟	
					12 时钟	1 时钟
MOV @Ri,♯data	立即数送间接 RAM 单元	2	76～77data	$((Ri)) \leftarrow \sharp data$	12	3
MOV direct,Rn	寄存器 Rn 中数据送直接寻址单元	2	88～8F direct	$(direct) \leftarrow (Rn)$	24	3
MOV Rn,direct	直接寻址单元中数据送寄存器 Rn	2	A8～AF direct	$(Rn) \leftarrow (direct)$	24	4
MOV direct,@Ri	间接 RAM 单元中数据送直接寻址单元	2	86～87direct	$(direct) \leftarrow ((Ri))$	24	4
MOV @Ri,direct	直接寻址单元中数据送间接 RAM 单元	2	A6～A7direct	$((Ri)) \leftarrow (direct)$	24	4
MOV direct,direct	直接寻址单元中数据送另一直接寻址单元	3	85 directdirect	$(direct) \leftarrow (direct)$	24	4
MOV DPTR,♯data 16	16 位立即数送数据指针	3	90 data15～8 data7～0	$(DPTR) \leftarrow data16$	24	3
MOVX A,@Ri	外部的片内扩展 RAM 中数据送累加器 A(8 位地址)	1	E2～E3	$(A) \leftarrow ((Ri))$	24	3
MOVX @Ri,A	累加器 A 中数据送外部片内扩展 RAM(8 位地址)	1	F2～F3	$((Ri)) \leftarrow (A)$	24	4
MOVX A,@DPTR	外部片内扩展 RAM 中数据送累加器 A(16 位地址)	1	E0	$((DPTR)) \leftarrow (A)$	24	3
MOVX @DPTR,A	累加器 A 中数据送外部片内扩展 RAM(16 位地址)	1	F0	$(A) \leftarrow ((DPTR))$	24	3
MOVC A,@A+DPTR	以 DPTR 为基址的变址寻址单元中数据送累加器 A	1	93	$(A) \leftarrow ((A)+(DPTR))$	24	4
MOVC A,@A+PC	以 PC 为基址的变址寻址单元中数据送累加器	1	83	$(PC) \leftarrow (PC)+1$ $(A) \leftarrow ((A)+(PC))$	24	4
XCH A,Rn	累加器 A 与寄存器数据交换	1	C8～CF	$(A) \leftrightarrow (Rn)$	12	3
XCH A,@Ri	累加器 A 与内部 RAM 数据交换	1	C6～C7	$(A) \leftrightarrow (Ri)$	12	4
XCH A,direct	累加器 A 与直接寻址数据交换	2	C5 direct	$(A) \leftrightarrow (direct)$	12	4
XCHD A,@Ri	累加器 A 与内部 RAM 低四位数据交换	1	D6～D7	$(A_{3\sim0}) \leftrightarrow ((Ri_{3\sim0}))$	12	4
SWAP A	累加器 A 高四位与低四位交换	1	C4	$(A_{3\sim0}) \leftrightarrow (A_{7\sim4})$	12	1
POP direct	栈顶弹至直接寻址单元	2	D0 direct	$(direct) \leftarrow ((SP))$ $(SP) \leftarrow (SP)-1$	24	3
PUSH direct	直接寻址单元中数据压入栈顶	2	C0 direct	$(SP) \leftarrow (SP)+1$ $((SP)) \leftarrow (direct)$	24	4

5.2.3　算术操作类指令

算术操作类指令有 4 种基本的算术操作运算，即加、减、乘、除。这 4 种指令能对 8 位无符号数进行直接运算；借助溢出标志，可对带符号数进行 2 的补码运算；借助进位标志，可以实现多精度的加、减和环移；也可对压缩的 BCD 数进行运算。算术操作类指令用到的助记符有 ADD、ADDC、INC、DA、SUBB、DEC、MUL、DIV 8 种。24 条算术操作类指令的助记符、功能说明、字节数、机器码、操作说明和执行时间如表 5-4 所示。

表 5-4　算术操作类指令

指令助记符	功能说明	字节数	机器码	操作说明	机器周期所需时钟	
					12 时钟	1 时钟
ADD A，Rn	寄存器 Rn 中数据加到累加器 A	1	28~2F	$(A)\leftarrow(A)+(Rn)$	12	2
ADD A，@Ri	间接 RAM 单元中的数据加到累加器 A	1	26~27	$(A)\leftarrow(A)+((Ri))$	12	3
ADD A，direct	直接寻址单元中的数据加到累加器 A	2	25 direct	$(A)\leftarrow(A)+(direct)$	12	3
ADD A，#data	立即数加到累加器 A	2	24 data	$(A)\leftarrow(A)+data$	12	2
ADDC A，Rn	寄存器 Rn 中数据带进位加到累加器 A	1	38~3F	$(A)\leftarrow(A)+$ $(C)+(Rn)$	12	2
ADDC A，@Ri	间接 RAM 单元中的数据带进位加到累加器 A	1	36~37	$(A)\leftarrow(A)+$ $(C)+((Ri))$	12	3
ADDC A，#data	立即数带进位加到累加器 A	2	34 data	$(A)\leftarrow(A)+$ $(C)+data$	12	2
ADDC A，direct	直接寻址单元中数据带进位加到累加器 A	2	35 direct	$(A)\leftarrow(A)+$ $(C)+(direct)$	12	3
INC A	累加器 A 中数据加 1	1	04	$(A)\leftarrow(A)+1$	12	2
INC Rn	寄存器 Rn 中数据加 1	1	08~0F	$(Rn)\leftarrow(Rn)+1$	12	3
INC direct	直接寻址单元中数据加 1	2	05 direct	$(direct)\leftarrow(direct)+1$	12	4
INC @Ri	内部 RAM 单元中数据加 1	1	06~07	$((Ri))\leftarrow((Ri))+1$	12	4
INC DPTR	数据指针加 1	1	A3	$(DPTR)\leftarrow(DPTR)+1$	24	1
DA A	累加器中十进制数调整	1	D4	若$(A_{3\sim0})>9 \vee (AC)=1$，则$(A_{3\sim0})\leftarrow(A_{3\sim0})+6$；若$(A_{7\sim4})>9 \vee (C)=1$，则$(A_{7\sim4})\leftarrow(A_{7\sim4})+6$	12	4
SUBB A，Rn	累加器 A 带借位减寄存器中数据	1	98~9F	$(A)\leftarrow(A)-$ $(C)-(Rn)$	12	2
SUBB A，@Ri	累加器 A 带借位减间接 RAM 单元中数据	1	96~97	$(A)\leftarrow(A)-$ $(C)-((Ri))$	12	3

续表

指令助记符	功能说明	字节数	机器码	操作说明	机器周期所需时钟	
					12 时钟	1 时钟
SUBB A,♯data	累加器 A 带借位减立即数	2	94 data	$(A)\leftarrow(A)-(C)-data$	12	2
SUBB A,direct	累加器 A 带借位减直接寻址单元中数据	2	95 direct	$(A)\leftarrow(A)-(C)-(direct)$	12	3
DEC A	累加器 A 中数据减 1	1	14	$(A)\leftarrow(A)-1$	12	2
DEC Rn	寄存器 Rn 中数据减 1	1	18~1F	$(Rn)\leftarrow(Rn)-1$	12	3
DEC @Ri	间接 RAM 单元中数据减 1	1	16~17	$((Ri))\leftarrow((Ri))-1$	12	4
DEC direct	直接寻址单元中数据减 1	2	15 direct	$(direct)\leftarrow(direct)-1$	12	4
MUL AB	累加器 A 乘寄存器 B	1	A4	$(B_{7\sim0})(A_{7\sim0})\leftarrow(A)\times(B)$	48	4
DIV AB	累加器 A 除以寄存器 B	1	84	$(A)\leftarrow(A)/(B)$的商 $(B)\leftarrow(A)/(B)$的余 $(C)\leftarrow0,(OV)\leftarrow0$	48	5

5.2.4 逻辑操作类指令

基本的逻辑运算有与、或、非三种。51 系列单片机的逻辑指令功能很强,能完成与、或、异或、清除、求反、左右移位等逻辑操作,并且这类指令的目的操作数不仅仅是累加器 A,而且可以是内部 RAM 中的任何一位。逻辑操作类指令用到的助记符有 ANL、ORL、XRL、RL、RLC、RR、RRC、CLR 和 CPL。24 条逻辑操作类指令的助记符、功能说明、字节数、机器码、操作说明和执行时间如表 5-5 所示。

表 5-5 逻辑操作类指令

指令助记符	功能说明	字节数	机器码	操作说明	机器周期所需时钟	
					12 时钟	1 时钟
ANL A,Rn	累加器 A 逻辑与寄存器 Rn	1	58~5F	$(A)\leftarrow(A)\wedge(Rn)$	12	2
ANL A,@Ri	累加器 A 逻辑与间接 RAM 单元	1	56~57	$(A)\leftarrow(A)\wedge((Ri))$	12	3
ANL A,direct	累加器 A 逻辑与直接寻址单元	2	55 direct	$(A)\leftarrow(A)\wedge(direct)$	12	3
ANL A,♯data	累加器 A 逻辑与立即数	2	54 data	$(A)\leftarrow(A)\wedge data$	12	2
ANL direct,A	直接寻址单元逻辑与累加器 A	2	52	$(direct)\leftarrow(direct)\wedge(A)$	12	4
ANL direct,♯data	直接寻址单元逻辑与立即数	3	53	$(direct)\leftarrow(direct)\wedge data$	24	4
ORL A,Rn	累加器 A 逻辑或寄存器 Rn	1	48~4F	$(A)\leftarrow(A)\vee(Rn)$	12	2
ORLA,@Ri	累加器 A 逻辑或间接 RAM 单元	1	46~47	$(A)\leftarrow(A)\vee((Ri))$	12	3
ORL A,direct	累加器 A 逻辑或直接寻址单元	2	45 direct	$(A)\leftarrow(A)\vee(direct)$	12	3

指令助记符	功能说明	字节数	机器码	操作说明	机器周期所需时钟	
					12 时钟	1 时钟
ORL A, #data	累加器 A 逻辑或立即数	2	44 data	$(A) \leftarrow (A) \lor data$	12	2
ORL direct, A	直接寻址单元逻辑或累加器 A	3	42	$(direct) \leftarrow (direct) \lor (A)$	12	4
ORL direct, #data	直接寻址单元逻辑或立即数	3	43	$(direct) \leftarrow (direct) \lor data$	24	4
XRL A, Rn	累加器 A 逻辑异或寄存器 Rn	1	68~6F	$(A) \leftarrow (A) \oplus (Rn)$	12	2
XRL A, @Ri	累加器 A 逻辑异或间接 RAM 单元	1	66~67	$(A) \leftarrow (A) \oplus ((Ri))$	12	3
XRL A, direct	累加器 A 逻辑异或直接寻址单元	2	65 direct	$(A) \leftarrow (A) \oplus (direct)$	12	3
XRL A, #data	累加器 A 逻辑异或立即数	2	64 data	$(A) \leftarrow (A) \oplus data$	12	2
XRL direct, A	直接寻址单元逻辑异或累加器 A	3	62	$(direct) \leftarrow (direct) \oplus (A)$	12	4
XRL direct, #data	直接寻址单元逻辑异或立即数	3	63	$(direct) \leftarrow (direct) \oplus data$	24	4
CLR A	累加器 A 清零	1	E4	$(A) \leftarrow 0$	12	1
CPL A	累加器 A 按位取反	1	F4	$(A) \leftarrow (/A)$	12	2
RL A	累加器 A 循环左移一位	1	23	$(A_{n+1}) \leftarrow (A_n)$ $(A_0) \leftarrow (A_7)$	12	1
RLC A	累加器 A 带进位位循环左移一位	1	33	$(A_{n+1}) \leftarrow (A_n), n = 0 \sim 6$ $(C) \leftarrow (A_7)$ $(A_0) \leftarrow (C)$	12	1
RR A	累加器 A 循环右移一位	1	03	$(A_n) \leftarrow (A_{n+1})$ $(A_7) \leftarrow (A_0)$	12	1
RRC A	累加器 A 带进位位循环右移一位	1	13	$(A_n) \leftarrow (A_{n+1}), n = 0 \sim 6$ $(A_7) \leftarrow (C)$ $(C) \leftarrow (A_0)$	12	1

5.2.5　控制转移类指令

控制转移类指令分无条件转移和条件转移、长跳转和短跳转、相对转移和绝对转移。17 条控制转移类指令的助记符、功能说明、字节数、机器码、操作说明和执行时间如表 5-6 所示。

表 5-6　控制转移类指令

指令助记符	功能说明	字节数	机器码	操作说明	机器周期所需时钟	
					12 时钟	1 时钟
ACALL addr11	2KB 地址内绝对调用	2	1	$(PC \leftarrow (PC) + 2, (SP) \leftarrow (SP) + 1$ $(SP) \leftarrow (PC)_L, (SP) \leftarrow (SP)) + 1$ $(SP) \leftarrow (PC)_H, (PC)_{10 \sim 0} \leftarrow addr11$	24	6

续表

指令助记符	功能说明	字节数	机器码	操作说明	机器周期所需时钟	
					12 时钟	1 时钟
LCALL addr16	64KB 地址内绝对调用	3	12	$(PC) \leftarrow (PC)+3, (SP) \leftarrow (SP)+1$ $(SP) \leftarrow (PC)_L, (SP) \leftarrow (SP)+1$ $(SP) \leftarrow (PC)_H, (PC) \leftarrow addr16$	24	6
RET	子程序返回	1	22	$(PC)_H \leftarrow ((SP)), (SP) \leftarrow (SP)-1$ $(PC)_L \leftarrow ((SP)), (SP) \leftarrow (SP)-1$	24	4
RETI	中断返回	1	32	$(PC)_H \leftarrow ((SP)), (SP) \leftarrow (SP)-1$ $(PC)_L \leftarrow ((SP)), (SP) \leftarrow (SP)-1$	24	4
AJMP addr11	2KB 地址内绝对转移	2	1	$(PC)_{10\sim0} \leftarrow addr11$	24	3
LJMP addr16	64KB 地址内绝对转移	3	02	$(PC) \leftarrow addr16$	24	4
SJMPrel	相对短转移	2	80	$(PC) \leftarrow (PC)+rel$	24	3
JMP @A+DPTR	相对于 DPTR 间接转移	1	73	$(PC) \leftarrow (A)+(DPTR)$	24	3
JZ rel	累加器为零转移	2	60	$(PC) \leftarrow (PC)+2,$若$(A)=0,$ 则$(PC) \leftarrow (PC)+rel$	24	3
JNZ rel	累加器为非零转移	2	70	$(PC) \leftarrow (PC)+2,$若$(A) <> 0,$ 则$(PC) \leftarrow (PC)+rel$	24	3
CJNE A,direct,rel	累加器与直接寻址单元不相等转移	3	B5	$(PC) \leftarrow (PC)+3,$若$(A) <>$ $(dieect),$则$(PC) \leftarrow (PC)+rel$	24	5
CJNE A,♯data,rel	累加器与立即数不相等转移	3	B4	$(PC) \leftarrow (PC)+3,$ 若$(A) <> (data),$ 则$(PC) \leftarrow (PC)+rel$	24	4
CJNE Rn,♯data,rel	寄存器与立即数不相等转移	3	B8~BF	$(PC) \leftarrow (PC)+3,$ 若$(Rn) <> (data),$ 则$(PC) \leftarrow (PC)+rel$	24	3
CJNE @Ri,♯data,rel	间接 RAM 单元与立即数不相等转移	3	B6,B7	$(PC) \leftarrow (PC)+3,$ 若$(Ri) <> (data),$ 则$(PC) \leftarrow (PC)+rel$	24	5
DJNZRn,rel	寄存器内容减 1 不为零转移	2	D8~DF	$(PC) \leftarrow (PC)+2,$ $(Rn) \leftarrow (Rn)-1,$ 若$(Rn) <> 0,$ 则$(PC) \leftarrow (PC)+rel$	24	4
DJNZdirect,rel	直接寻址单元减 1 不为零转移	3	D5	$(PC) \leftarrow (PC)+3,$ $(direct) \leftarrow (direct)-1,$ 若$(direct) <> 0,$ 则$(PC) \leftarrow (PC)+rel$	24	5
NOP	空操作	1	00		12	1

5.2.6 位操作类指令

8051 系列单片机中有一个布尔处理器，它能对某些字节中的位进行传送、逻辑运算和条件转移等位操作。在布尔处理器中，进位标志 C_Y 被视作一般 CPU 中的累加器，用来完成传送和逻辑运算。有了这些位操作指令，使得逻辑式的化简、逻辑运算、逻辑电路的模拟，以及逻辑控制等得以容易实现。位（布尔变量）操作类指令共有 17 条，其助记符、功能说明、字节数、机器码、操作说明和执行时间如表 5-7 所示。

表 5-7 位操作类指令

指令助记符	功能说明	字节数	机器码	操作说明	机器周期所需时钟	
					12 时钟	1 时钟
CLR C	进位位 C 清零	1	C3	$(C_Y) \leftarrow 0$	12	1
CLR bit	直接寻址位清零	2	C2	$(bit) \leftarrow 0$	12	4
SETB C	进位位 C 置 1	1	D3	$(C_Y) \leftarrow 1$	12	1
SETB bit	直接寻址位置 1	2	D2	$(bit) \leftarrow 1$	12	4
CPL C	进位位 C 取反	1	B3	$(C_Y) \leftarrow (/C_Y)$	12	1
CPL bit	直接寻址位取反	2	B2	$(bit) \leftarrow (/bit)$	12	4
ANL C,bit	进位位 C 逻辑与直接寻址位	2	82	$(C_Y) \leftarrow (C_Y) \wedge (bit)$	24	3
ANL C,/bit	进位位 C 逻辑与直接寻址位的反	2	B0	$(C_Y) \leftarrow (C_Y) \wedge (/bit)$	24	3
ORL C,bit	进位位 C 逻辑或直接寻址位	2	72	$(C_Y) \leftarrow (C_Y) \vee (bit)$	24	3
ORL C,/bit	进位位 C 逻辑或直接寻址位的反	2	A0	$(C_Y) \leftarrow (C_Y) \vee (/bit)$	24	3
MOV C,bit	直接寻址位送进位位 C	2	A2	$(C_Y) \leftarrow (bit)$	12	3
MOV bit,C	进位位 C 送直接寻址位	2	92	$(bit) \leftarrow (C_Y)$	24	4
JC rel	进位位 C 为 1 转移	2	40	$(PC) \leftarrow (PC)+2$,若$(C_Y)=1$,则 $PC \leftarrow (PC)+rel$	24	3
JNC rel	进位位 C 为 0 时转移	2	50	$(PC) \leftarrow (PC)+2$,若$(C_Y)=0$,则$(PC) \leftarrow (PC)+rel$	24	3
JB bit,rel	直接寻址位为 1 时转移	3	20	$(PC) \leftarrow (PC)+3$,若$(bit)=1$,则$(PC) \leftarrow (PC)+rel$	24	4
JNB bit,rel	直接寻址位为 0 时转移	3	30	$(PC) \leftarrow (PC)+3$,若$(bit)=0$,则$(PC) \leftarrow (PC)+rel$	24	4
JBC bit,rel	直接寻址位为 1 时转移,并清零该位	3	10	$(PC) \leftarrow (PC)+3$,若$(bit)=1$,则$(bit) \leftarrow 0$,$PC \leftarrow (PC)+rel$	24	5

指令由操作码和操作数组成。操作码用来规定执行操作的性质，操作数用来给指令的操作提供数据或地址。指令的执行会影响到标志位的状态，在进行程序设计时须多加注意。数据传送类指令和逻辑操作类指令一般不影响标志位的状态，逻辑操作类指令在涉及累加器 A 时才影响标志位 P；算术操作类指令通常会影响标志位的状态；在进行位操作时，进位标志位 C_Y 作为累加器。

5.3 单片机汇编语言程序设计

把解决问题的操作步骤用计算机指令系统中若干条指令有序地组合在一起，描述出来的工作叫做程序设计。用来被单片机执行的存储在单片机程序存储器中的是由 0 或 1 组成的一连串指令代码，这些代码被称为机器语言。机器语言被看作是指令的位串集合，每条机器指令能完成的动作，由单片机硬件决定。每一条指令由操作码和操作数组成，为了方便记忆，人们把操作码用助记符表示，操作数用字母数字表示，注释用文字说明程序是做什么的。这些区段组成汇编语言程序。

汇编语言是一种软件语言，一种符号语言，用汇编语言编写的源程序，单片机是不能直接执行的。汇编语言源程序必须通过翻译成二进制机器代码（通常称为"目标代码"），它包括构成机器语言程序的所有位串，以及告诉装载这些位串应放到单片机存储器中何处的信息。这样单片机才能执行，这个过程称为汇编。汇编过程可以由人工进行，但单片机应用系统的源程序都比较长，靠人工翻译容易出错、耗时又长，故可以用一种称为汇编程序的系统程序把它直接翻译为机器语言，汇编程序的输出是目标代码。对于 51 及其内核系列的单片机可采用 Keil μVision2 或 Keil μVision3 软件完成编译。

用汇编语言编写的源程序由若干行组成。行是构成汇编语言程序的基本单位，每行只能包含一条语句。每一条语句就是一条指令，命令 CPU 执行特定的操作，完成规定的功能。由汇编程序对用汇编语言编写的源程序进行汇编时，还要在源程序中提供一些供汇编程序用的指令，如要指定下一段程序或数据存放的起始地址等，这些指令在汇编后并不会生成机器代码，也不会使 CPU 做任何操作，所以称为伪指令。汇编语言中对字母是不区分大小写的。

5.3.1 常用伪指令

（1）ORG

ORG 伪指令总是出现在每段源程序或数据块的开始，以指明此语句下一行开始的程序段或数据块存放在程序存储器中的起始地址。其格式为

ORG xxxxH

字母 H 表示该数为十六进制，示例如图 5-6 所示。

```
;======起始跳转====================
     ORG  0000H
     LJMP  BEGIN
;------中断服务入口----------
     ORG  000BH
     LJMP  T0_10ms
```

图 5-6 ORG 伪指令示例

（2）DB

DB 伪指令通常出现在某段程序的最后，以表明该语句的后面是一张数据表。其格式为

标号：DB 字符常数（或字符 或表达式）

示例如下：

$$BCD: DB\quad 0,1,2,3,4,5,6,7,8,9$$

(3) DW

DW 伪指令的功能与伪指令 DB 类似，其不同在于 DW 定义的是一个字，即 2 个字节。而 DB 定义的是 1 个字节。DW 通常用于定义地址。该伪指令将数据按照低地址存放低字节、高地址存放高字节的次序存放。其格式为

标号：DW　数据表

示例如下：

$$TAB: DW\quad 3667H, 66H$$

(4) EQU

EQU 伪指令的功能是将操作数赋值于标号，使两边的两个量相等。其格式为

标号：名字　EQU　操作数

其中名字必须是以字母开始的字符串或数字串。示例如下：

time_delay　EQU　10

(5) DATA

DATA 伪指令的功能是将单片机内部 RAM 存储器的某个单元或某个特殊功能寄存器用一个符号表示。其格式如下：

标号：符号　DATA　操作数

示例如图 5-7 所示。

(6) BIT

BIT 伪指令的功能是将某个可以直接寻址的位用一个符号来表示。其格式如下：

标号：符号　BIT　位地址

示例如图 5-8 所示。

```
P4SW    DATA 0BBH   ;设置P4口状态字地址
P4      DATA 0C0H   ;设置P4口地址
PULSE_COU  DATA 30H ;10ms脉冲计数值单元设定
COUNT_100  DATA 31H ;100ms脉冲计数值单元设定
```
图 5-7　DATA 伪指令示例

```
FLASH1  bit  P4.2  ;10ms闪烁引脚
FLASH2  bit  P4.3  ;100ms闪烁引脚
FLASH3  bit  P3.2  ;500ms闪烁引脚
FLASH4  bit  P3.3  ;1s闪烁引脚
```
图 5-8　BIT 伪指令示例

(7) XDATA

XDATA 伪指令的功能与 DATA 类似，其不同在于 XDATA 是将单片机外部 RAM 存储器的某个单元用一个符号表示。其格式如下：

标号：符号　XDATA　字节地址

(8) $

$ 表示当前指令的首地址。51 单片机没有暂停指令，其通常用于 CPU 运行中的暂停控制。示例如下：

JNB PULSE_100，$　　　　;PULSE_100 为 0 等待

(9) END

END 伪指令是一个结束标志，用来说明汇编语言源程序段已结束。在一个源程序中只允许出现一个 END 语句，该伪指令必须是源程序的最后一个语句。若 END 语句后面还有源程序的话，汇编程序将不汇编这些语句。

5.3.2 程序结构及风格

(1) 语句格式

一般来讲，每行可分为四个区段，即标记段、操作码段、操作数段、注释段，段与段之间用一个定界符隔开，格式如下：

标号：操作码　目标地址，源地址；注释

① 标号　标号是指令的符号地址。在编写程序中采用符号地址是为了便于查询、修改以及转移指令的书写，并不是每条指令都必须有标号，通常在程序分支、转移所需要的地址处才加上一个标号。在程序汇编时，它被赋予指令目标码第一个字节存储单元地址的具体数值，这样，标号就能以一个确定的数值出现在操作数区段中。标号最多由 6 个可打印的ASCII 字符组成，第一个字符不能以数字为开始。一个程序中不能在两处使用同一标号，标号也不能使用单片机的保留字。标号应使用一种约定，以避免标号的重复，保证标号的可读性。良好的约定可以提高程序的通用性、可读性。

② 操作码　操作码是汇编语言程序每一行中不可缺少的部分，因为它表示指令执行什么样的操作。

③ 操作数　操作数取决于指令的寻址方式，可以是具体的数、标号（符号地址）、寄存器、直接地址等。操作数常由源地址和目标地址两部分组成。

④ 注释　注释是程序设计者对该行指令功能的说明，由可打印的 ASCII 字符或汉字等组成，为了简洁明了、便于阅读理解，一般用英语、汉语或某种直观的符号来解释本行指令的作用。注释对于理解程序尤为重要。

(2) 程序结构及风格

按照应用程序书写的先后次序，源程序主要由说明区、定义区、矢量区、主程序区、子程序区、中断服务区、常数区 7 个部分组成。

① 说明区　说明区用来描述程序的名称、功能、运行环境、编制人、编制时间、程序的版本等信息。以明确程序的用途、需要支持的硬件、作者等，如图 5-9 所示。

图 5-9　程序说明区示例

② 定义区　定义区用来定义单片机引脚、端口等的用途，或程序中使用的变量符号等，如图 5-10 所示。

③ 矢量区　矢量区是用来定义单片机所支持的中断矢量。8051 单片机按照中断源的不同有固定的中断服务程序的入口地址，这些地址是不能随意更改的，如图 5-11 所示。

④ 主程序区　主程序区是单片机系统应用程序的框架，使单片机按预定操作方式运行程序，完成人机对话和测量、控制等功能，使应用系统按照操作者的意图来完成指定的工作。因此称其为"监控程序"。

监控程序的任务有：完成系统自检、初始化、处理键盘命令、处理接口命令、处理条件触发、显示等功能。

```
;------内部资源定义-----------------------
  on_delay1_vlu   DATA 40H    ;时间继电器1定时值
  on_delay1_CN    BIT 10H     ;时间继电器1线圈
  on_delay1_NO    BIT 11H     ;时间继电器1动合触头
  on_delay2_vlu   DATA 41H    ;时间继电器2定时值
  on_delay2_CN    BIT 12H     ;时间继电器2线圈
  on_delay2_NO    BIT 13H     ;时间继电器2动合触头
;------电器元件定义-------------------
;输入:
  KR1    bit  P2.7    ;保护电器
  SB1    bit  P2.6    ;继电器释放
  SB2    bit  P2.5    ;继电器吸合

;输出:
  RELAY1  bit  P3.4   ;继电器1
  RELAY2  bit  P3.5   ;继电器2
  RELAY3  bit  P3.6   ;继电器3
  RELAY4  bit  P3.7   ;继电器4
```

图 5-10　单片机定义区

```
;------中断矢量-----------------
      ORG  0003H      ;外部中断0
  AJMP EX_INT0
      ORG  000bH      ;定时器0溢出
  AJMP TIME0
      ORG  0013H      ;外部中断1
  AJMP EX_INT1
      ORG  001BH      ;定时器1溢出
  AJMP TIME1
      ORG  0023H      ;串行口中断
  AJMP SERIAL
      ORG  002BH      ;定时器2溢出
  AJMP TIME2
;-----------------------------------
```

图 5-11　中断矢量区

⑤ 子程序区　子程序区是实现各自功能模块子程序的云集地,它是应用软件中规模最大的、构成最复杂的区域。

⑥ 中断服务区　中断服务区是单片机中断系统产生中断且允许中断时进行相应服务的程序区域。51 单片机有 6 个中断源,故最多有 6 个中断服务程序。

⑦ 常数区　常数区用来存放重要的系统常数,如显示的字符串、键盘编码、显示段码、专用数据表等。

5.3.3　控制程序编制步骤

继电器控制电路由断路器、熔断器、组合开关、按钮、位置开关、电磁继电器、接触器等电器组成。这些电器中除起保护功能的断路器、熔断器外,有的承担着外来信号采集,作为提供控制电路的信号输入;有的承担控制电路运算的结果去驱动外部电器或部件,作为信号输出;还有的既不接受外来的信号,也不会向外部输出信号,承载着控制电路内部信号之间的传输。这里分别称它们为输入电器、输出电器和中间电器。输入电器常用的有组合开关、按钮、位置开关、热继电器或液位继电器触头等;输出电器通常为电磁继电器、电磁阀、接触器线圈或信号指示灯等;中间电器一般为电磁继电器、时间继电器或计数器等。

(1) 信号资源分配

信号资源的分配就是把继电器控制电路中输入电器、输出电器和中间电器分列出来,将输入电器触头根据单片机控制电路中连接的输入端子所对应单片机的引脚编号进行定义,将输出电器线圈根据单片机控制电路中连接的输出端子所对应单片机的引脚编号进行定义。中间电器的线圈和触头等根据其功能用相应的单片机内部资源(寄存器或 RAM、可操作的位等)进行定义,如电磁继电器线圈和触头可定义单片机内部 RAM 中的同一可寻址位(地址 00H~7FH)。时间继电器和计数器的定义与电磁继电器略有不同,将在 5.3.4 节程序设计举例中详细介绍。

(2) 继电器控制电路的转换

将继电器控制电路转变为进行单片机位处理程序设计的梯形图,需要把继电器控制电源的两根线作为左、右母线，输出电器线圈的一端必须与右母线直接连接，之间不能有任何开关元件；所有电磁或其他器件（例如继电器、指示灯）的工作触头、固态元件等应插入到控制电路电源左母线与线圈之间；以每个输出电器线圈为单位，由左母线开始从左到右、从上到下对电器元件（触头）逐个进行逻辑运算；当输入电器元件接入单片机控制电路端子上的是动合触头，则不需要对继电器控制电路进行修改；若外接的是动断触头，必须修改该电器元件在控制电路中的所有触头，将动合改用动断，动断改用动合。

（3）程序设计要点

逻辑运算通常以正逻辑进行，即高电平为逻辑"1"，低电平为逻辑"0"。负逻辑则是以高电平为逻辑"0"，低电平为逻辑"1"。从布尔代数得知，对于逻辑信号而言，正逻辑的信号 A 等价于负逻辑的信号 $\overline{A}$，正逻辑的信号 $\overline{A}$ 等价于负逻辑的信号 A；对于逻辑运算来说，正逻辑的"与"运算等价于负逻辑的"或"运算，正逻辑的"或"运算等价于负逻辑的"与"运算。

虽然人们习惯于正逻辑，但有些方面是采用负逻辑的，如传统的电气控制线路就是其中之一。因此用布尔处理机进行梯形图编制时就存在正逻辑与负逻辑之分。

① 正逻辑设计　与左母线连接的首个电器元件（触头）用传送指令"MOV"，动合触头再进行取反指令"CPL"运算，若是动断触头则省去取反运算；与其下行单独并联的触头进行逻辑或"ORL"运算，与其右侧相串接的触头进行逻辑与指令"ANL"运算，若被运算的电器元件是动合触头，应取反后进行运算。

当遇到 2 个或以上多电器元件触头串联行并联时，必须把每个串联行的当前运算结果临时保存，以便与后续下一行的多触头串联行运算结果再进行逻辑或"ORL"运算。

输出线圈左侧的电器元件运算全部完成后，运算结果输出（信号输出）也使用传送指令"MOV"，在进行传送前需要进行一次逻辑取反"CPL"操作后再输出。

每一个输出电器分别进行上述步骤编程，直至将全部运算行录入，完成设计。

② 负逻辑设计　与左母线连接的首个电器元件（触头）也用传送指令"MOV"，动断触头则后续需要进行取反指令"CPL"运算，若是动合触头则省去取反运算；与其下行单独并联的触头进行逻辑与"ANL"运算，与其右侧相串接的触头进行的是逻辑或指令"ORL"运算，若被运算的是电器元件的动断触头，则应取其反。

当遇到 2 个或以上多触头串联行并联时，必须把每个串联行的当前运算结果临时保存，以便与后续下一行的多触头串联行运算结果再进行逻辑与"ANL"运算。

输出线圈左侧的电器元件运算全部完成后，输出信号也使用传送指令"MOV"。

每一个独立的输出电器或中间电器元件分别进行上述步骤编程，直至将全部输出电器或中间电器元件录入，完成设计。

总之，首先了解单片机的内部资源，掌握各端口每个引脚功能，包括可进行位操作的 RAM 单元地址范围和有关特殊功能寄存器；单片机的输入输出引脚供输入或输出电器元件用，RAM 单元或位供中间电器元件或临时存放运算的中间结果用。其次对每个电器元件进行定义，赋予一个固定资源。再次根据汇编语言编程格式，用位操作指令按照继电器控制线路的信号流向（从上到下、从左到右）进行逻辑运算，有时会用到单元运算等编制控制程序。然后将控制程序用 Keil C 进行编译，生成可执行代码，把生成的代码烧录到单片机中。最后搭建控制电路进行验证。

5.3.4　时间继电器程序设计

传统的继电器电气控制电路中，除了使用按钮、开关、热继电器、电磁中间继电器和接触器外，也经常使用时间继电器。在单片机电气控制中进行程序设计时，按钮、开关和热继电器等电器只有触头元件被使用，只要将其定义为单片机存储空间中的一个可寻址位即可。电磁中间继电器和接触器在结构上虽然与按钮、开关和热继电器不同，在控制电路中出现线圈和触头两种元件，但是机械上相互关联的线圈和触头的动作具有同时性，故电磁中间继电器和接触器也可按照按钮、开关或热继电器一样分配一个可直接寻址位；由这些位进行运算、给出结果。时间继电器在控制电路中除了出现线圈和触头两种元件外，还有一个延时量的设置，且机械上相互关联的线圈和触头动作不具备同时性，这就是时间继电器的特殊之处，故在程序设计中不能与电磁中间继电器和接触器一样来处理。下面在认识时间继电器的基础上，介绍其单片机程序设计及应用实例。

（1）时间继电器

时间继电器是一种当电器或机械给出输入信号时，在预定的时间后输出电气关闭或电气接通信号的继电器。按照时间继电器进行延时的方式，有空气阻尼（气囊）式、电动（同步电动机）式、或电子电路（晶体管）式 3 种。气囊式和晶体管式时间继电器的实物外形如图 5-12 所示。按照工作方式，有通电延时和断电延时两种，一般具有瞬时触头和延时触头，其触头动作特点见表 5-8。

时间继电器的图形符号及文字符号如图 5-13 所示。不管是哪种类型的时间继电器，它们都具有接收信号的线圈、输出信号的瞬时和延时触头，以及可调节延时量（定时值）三个要素。因此在进行时间继电器单片机程序设计时就针对这三个要素，按触头动作特点进行编制。

(a) 气囊式

(b) 晶体管式

图 5-12　时间继电器实物外形

表 5-8　时间继电器动作特点

触头类型		动作特点	
		线圈通电	线圈断电
瞬时型	动合触头	同时闭合	同时断开
	动断触头	同时断开	同时闭合
通电延时型	动合触头	延时闭合	同时断开
	动断触头	延时断开	同时闭合

续表

触头类型		动作特点	
		线圈通电	线圈断电
断电延时型	动合触头	同时闭合	延时断开
	动断触头	同时断开	延时闭合

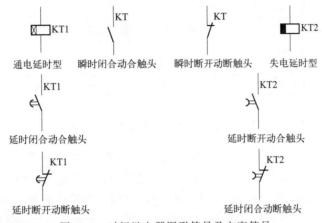

图 5-13　时间继电器图形符号及文字符号

（2）时间继电器程序

时间继电器的线圈与触头动作要求分为线圈通电延时和断电延时两种，触头有瞬时动作和延时之分。下面以通电延时闭合和断电延时断开为例，分别介绍时间继电器的程序设计。通电延时断开和断电延时闭合，可以分别对通电延时闭合和断电延时断开触头在逻辑上取反得到。

① 通电延时　通电延时时间继电器的程序设计，首先要定义时间继电器的线圈、时间继电器动合触头和时间继电器时间值单元，即给时间继电器分配资源，以通电延时时间继电器 KT0 为例的定义程序如图 5-14 所示。其次是构造时间继电器体，程序以时间继电器线圈与触头，及延时量的相互关联关系进行编制。以时间继电器 KT0 为例的构造体程序如图 5-15 所示，有关语句的功能见图 5-15 中的解释。再次则是使用时间继电器，通过汇编语句 MOV KT0_coil，C 和 MOV C，KT0_no 来使用时间继电器 KT0。

```
KT0_coil bit 10H   ;定义时间继电器0线圈
KT0_no   bit 20H   ;定义时间继电器0常开触头
KT0_vlu  data 40H  ;定义时间继电器0时间值单元
```

图 5-14　时间继电器 KT0 资源分配程序

② 断电延时　断电延时时间继电器的程序设计与通电延时时间继电器类似，不同的是时间继电器的构造体。给断电延时时间继电器 KT2 分配资源程序如图 5-16 所示。断电延时

```
;--------时间继电器0----------
        JB KT0_coil, ODL_0     ;检测时间继电器0线圈
        DJNZ KT0_vlu, KT0_out  ;线圈得电定时值减1,值非零转移
        CLR KT0_no             ;定时值到,动合触头闭合
        AJMP KT0_out
ODL_0:  SETB KT0_no            ;动合触头断开
        MOV KT0_vlu, #50       ;恢复时间继电器定时值(<255)
KT0_out:NOP
```

图 5-15　通电延时时间继电器构造体程序

时间继电器 KT2 的线圈与触头、及延时量的相互关联关系的构造体程序如图 5-17 所示，有关语句的功能见图中的解释。

```
KT2_coil bit 12H  ;定义时间继电器2线圈
KT2_no   bit 22H  ;定义时间继电器2常开触头
KT2_vlu  data 42H ;定义时间继电器2时间值单元
```

图 5-16　时间继电器 KT2 资源分配程序

```
;--------3断电延时时间继电器KT2----------
         JNB KT2_no, ODL_2    ;检测时间继电器触头，闭合转移
         JB KT2_coil, KT2_out ;检测时间继电器KT2线圈，未通电转移
         CLR KT2_no           ;延时断开动合触头闭合
         AJMP KT2_out
ODL_2:   JNB KT2_coil, KT2_out ;线圈未断电，转移
         DJNZ KT2_vlu, KT2_out ;线圈通电定时值减1,值非零转移
         SETB KT2_no           ;定时值到,延时断开动合触头断开
         MOV KT2_vlu, #70      ;恢复时间继电器定时值(<255)
KT2_out:NOP
```

图 5-17　断电延时时间继电器构造体程序

需要注意的是，8051 单片机是 8 位单片机，其内部 RAM 每一个单元的位数是 8，因此每个单元存放数据的值最大是 255。当时间继电器的时基是 100ms 时，最大延时量为 25.5s；时间继电器的时基是 1s 时，最大延时量为 255s。当延时量大于 25s、小于 255s 时就得用 1s 时基，延时量大于 255s 的需要进行专门处理。时间继电器的构造体中计时方式采用寄存器值减 1 指令进行操作，触头只定义一个延时触头。

(3) 应用举例

下面以 3 继电器顺序吸合、顺序释放为例，介绍通电延时和断电延时时间继电器的应用。继电器控制电路如图 5-18 所示，其工作原理说明如下。

按下按钮 SB2，断电延时时间继电器 KT2、继电器 KJ1、通电延时时间继电器 KT0 线圈通电，继电器 KJ1 线圈吸合，KT2 动合触头和 KJ1 动合触头闭合，通电延时继电器 KT0 开始计时。定时时间到时，触头 KT0 闭合，断电延时时间继电器 KT3、继电器 KJ2、通电延时时间继电器 KT1 线圈通电，继电器 KJ2 线圈吸合，KT3 动合触头和 KJ2 动合触头闭合，通电延时继电器 KT1 开始计时。定时时间到时，触头 KT1 闭合，继电器 KJ3 线圈通电吸合，触头 KJ3 闭合自保，完成继电器 KJ1→KJ2→KJ3 延时顺序吸合。

按下按钮 SB1，断电延时时间继电器 KT2、继电器 KJ1、通电延时时间继电器 KT0 线圈断电，触头 KJ1 断开，继电器 KJ1 线圈释放，断电延时继电器 KT2 开始计时。定时时间到时，KT2 动合触头断开，断电延时时间继电器 KT3、继电器 KJ2、通电延时时间继电器 KT1 线圈断电，触头 KJ2 断开，继电器 KJ2 线圈释放，断电延时继电器 KT3 开始计时。定时时间到时，KT3 动合触头断开，继电器 KJ3 线圈断电释放，完成继电器 KJ1→KJ2→KJ3 延时顺序释放。

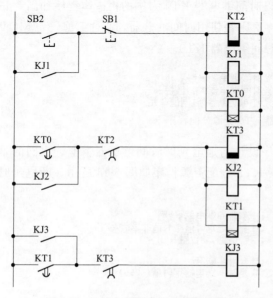

图 5-18　3 继电器顺序吸放控制电路

采用汇编语言按照位逻辑运算进行编制的程序如图 5-19 所示，程序采用正逻辑编写，时间继电器定时值设定为 7s，该程序在单片机主控制板上得到了验证。

```
;**********************************************
;* 文件名: 3relay_seq-ON-OFF.asm              *
;* 功能: 继电器顺序吸放合 (100ms时基)          *
;* 频率: 11.0592MHz       释放 (100ms时基)     *
;* 版本: V1.0             编制: 键弘            *
;* 说明: QRSTC-0806-HBRU10,STC11F60XE          *
;*       日期: 2022年11月6日                    *
;*                  正逻辑                      *
;**********************************************

;-----内部资源定义-----
P4SW    data 0BBH        ;设置P4口状态字地址
P4      data 0C0H        ;设置P4口地址
Tm100   data 30H         ;100ms定时单元设定

KT0_coil bit 10H         ;定义时间继电器0线圈
KT0_no   bit 20H         ;定义时间继电器0常开触头
KT0_vlu  data 40H        ;定义时间继电器0时间值单元
KT1_coil bit 11H
KT1_no   bit 21H
KT1_vlu  data 41H
KT2_coil bit 12H         ;定义时间继电器2线圈
KT2_no   bit 22H         ;定义时间继电器2常开触头
KT2_vlu  data 42H        ;定义时间继电器2时间值单元
KT3_coil bit 13H
KT3_no   bit 23H
KT3_vlu  data 43H

;-----电器元件定义-----
;输入:
SB1     bit P2.1
SB2     bit P2.2
;输出:
FLASH1  bit P3.2         ;闪烁引脚1
FLASH2  bit P3.3         ;闪烁引脚2
RELAY1  bit P3.4
RELAY2  bit P3.5
RELAY3  bit P3.6
RELAY4  bit P3.7

;-----起始跳转-----
        ORG 0000H
        LJMP BEGIN
;-----初始化-----
        ORG 0000H
BEGIN:  mov SP, #60H
        mov P0, #0FFH
        mov P1, #0FFH
        mov P2, #0FFH
        mov P3, #0FFH
        mov P4SW, #70H
        mov Tm100, #10      ;100ms脉冲时间值
        mov R1, #20H
        mov R7, #8
        mov @R1, #0FFH      ;
LP0:    INC R1
        DJNZ R7, LP0
        SETB FLASH1
        SETB FLASH2
        mov KT0_vlu, #70
        mov KT1_vlu, #70
        mov KT2_vlu, #70
        mov KT3_vlu, #70

;-----主程序-----
MAIN:   ACALL DEL10        ;调用10ms子程序
        DJNZ Tm100, LP1    ;ROM错元中的内容减1, 不为0转移
        CPL FLASH1         ;指示位取反
        mov Tm100, #10     ;恢复循环计时值

;-----1通电时间继电器KT0-----
        JB KT0_coil, ODL_0 ;检测时间继电器KT0线圈, 未通电转移
        DJNZ KT0_vlu, KT0_out ;线圈通电定时值递减, 值非零转移
        CLR KT0_no         ;定时值到, 延时断开动合触头闭合
        AJMP KT0_out
ODL_0:  SETB KT0_no        ;动合触头断开
        mov KT0_vlu, #70   ;恢复时间继电器定时值(<255)
KT0_out:NOP

;-----2通电时间继电器KT1-----
        JB KT1_coil, ODL_1 ;检测时间继电器KT1线圈, 值非零转移
        DJNZ KT1_vlu, KT1_out ;线圈通电定时值递减, 值非零转移
        CLR KT1_no         ;定时值到, 延时断开动合触头闭合
        AJMP KT1_out
ODL_1:  SETB KT1_no        ;动合触头断开
        mov KT1_vlu, #70   ;恢复时间继电器定时值(<255)
KT1_out:NOP

;-----3断电延时时间继电器KT2-----
        JNB KT2_coil, ODL_2 ;检测时间继电器触头, 闭合转移
        JB KT2_coil, KT2_out ;转移
        DJNZ KT2_vlu, KT2_out ;值非零转移
        CLR KT2_no         ;线圈未断电, 延时断开动合触头断开
        AJMP KT2_out
ODL_2:  JNB KT2_coil, KT2_out
        DJNZ KT2_vlu, KT2_out
        SETB KT2_no        ;线圈通电值到, 延时断开动合触头断开
        mov KT2_vlu, #70   ;恢复时间继电器定时值(<255)
KT2_out:NOP

;-----4断电延时时间继电器KT3-----
        JNB KT3_no, ODL_3  ;检测时间继电器触头, 闭合转移
        JB KT3_coil, KT3_out ;检测时间继电器KT3线圈, 未通电转移
        CLR KT3_no         ;延时断开动合触头闭合
        AJMP KT3_out
ODL_3:  JNB KT3_coil, KT3_out ;转移
        DJNZ KT3_vlu, KT3_out ;值非零转移
        SETB KT3_no        ;线圈通电值到, 延时断开动合触头断开
        mov KT3_vlu, #70   ;恢复时间继电器定时值(<255)
KT3_out:NOP

LP1:    MOV C, SB2
        CPL C
        ORL C, /RELAY1
        ANL C, /SB1
        CPL C
        MOV KT2_coil, C
        MOV RELAY1, C
        MOV C, KT0_no
        CPL C
        ORL C, /RELAY2
        ANL C, /KT2_no
        CPL C
        MOV KT3_coil, C
        MOV RELAY2, C
        MOV C, KT1_no
        CPL C
        ORL C, /RELAY3
        ANL C, /KT3_no
        CPL C
        MOV RELAY3, C
        LJMP MAIN

;-----延时10ms子程序-----
DEL10:  MOV R5, #3         ;立即数3送入寄存器R5
de111:  MOV R6, #97        ;立即数97送入寄存器R6
de112:  MOV R7, #90        ;立即数90送入寄存器R7
        DJNZ R7, $         ;寄存器R7中的内容减1, 不为零转移指令
        DJNZ R6, de112     ;寄存器R6中的内容减1, 不为零转移到de112
        DJNZ R5, de111     ;寄存器R5中的内容减1, 不为零转移到de111
        RET
        END
```

图 5-19　3继电器顺序吸放汇编程序

第6章

软件的使用操作

本章介绍梯形图编程软件 GX Developer、梯形图转单片机 HEX 转换软件 PMW-HEX-V3.0、编译软件 Keil μVision3，以及代码烧录软件 stc-isp-15xx-v6.69 的使用方法和具体操作。

6.1 梯形图编程软件

梯形图程序设计语言是用图形符号来描述程序。它来源于继电器逻辑控制系统的电气原理图，通过对符号的简化、演变而形成的一种形象、直观、实用的编程语言。采用梯形图程序设计语言时，程序用梯形图形式描述。这种程序设计语言采用因果关系来描述事件发生的条件和结果。每一个梯级代表一个或多个因果关系，描述事件发生的条件表示在左面，事件发生的结果表示在最右面。三菱编程软件有 FXGP/WIN、GX Developer、GX Works2 等多种，本节介绍 GX Developer 软件的使用操作。考虑到专用转换软件使用的是 FXGP/WIN 编程软件，故本节最后给出三菱编程软件 GX Developer 读取和写入 FXGP/WIN 格式文件的操作，供读者参考。

6.1.1 软件的初始界面

在电脑上安装好中文版 GX Developer Ver8.86Q 编程软件后，点击"开始"/"程序"/"MELSOFT 应用程序"/"GX Developer"，即可进入初始编程环境，如图 6-1 所示。图 6-1 中除了"创建工程""打开工程""PLC 读取""工程数据列表"四个按钮可见外，其余按钮均是灰色不可用的。

图 6-1 界面中最上面的是标题栏，其次是下拉菜单栏，接着的几行是工具栏，中间两个

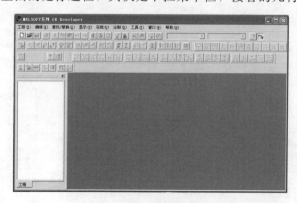

图 6-1　初始编程环境

窗口分别是工程数据列表窗口（左侧）和程序编辑窗口（右侧），最下面的是状态栏。

6.1.2 元件的图形符号

在编程软件中，各种元件都有相应的图形符号，编程软件的版本不同其图形符号相同，但使用的快捷键会有所不同。下面介绍图 6-1 中下拉菜单下方第 3 行的几种元件，如图 6-2 所示。这些图形快捷键在新建工程或打开已有的工程后颜色才会变深，即进入可使用状态。

图 6-2　元件图形符号

(1) 触头

在编程软件中表示触头的梯形图按其状态分有 2 种形式：常开和常闭。按其在图中的连接形式分为 2 种：串联和并联。

① 常开触头　常开触头的梯形图有 2 种：串联常开 ![F5] 和并联常开 ![sF5]（快捷键分别是功能键 "F5" 和 "Shift＋F5"，下同）。凡是 PLC 内部具有常开触头的元件都可以使用这两个图形来表示。当触头的代号是 "X*nnn*" 时，表示的是输入继电器的常开触头，其中 "*nnn*" 是该类元件的序号；当触头的代号是 "Y*nnn*" 时，表示的是输出继电器的常开触头；当触头的代号是 "M*nnn*" 时，表示的是辅助继电器的常开触头；当触头的代号是 "T*nnn*" 时，表示的是定时继电器的常开触头；当触头的代号是 "C*nnn*" 时，表示的是计数器的常开触头。

在通常情况下，动合触头是断开的，俗称常开触头。对于输入继电器，若输入端子上连接的外部触头闭合时，输入继电器动作，其常开触头闭合。对于输出继电器或辅助继电器，若其 "线圈" 被驱动，则输出继电器或辅助继电器动作，其常开触头闭合。对于定时器，当其 "线圈" 被驱动时，定时器开始计时，并到达设定值时其触头动作，其常开触头闭合。

② 常闭触头　常闭触头的梯形图也有 2 种：串联常闭 ![F6] 和并联常闭 ![sF6]。凡是 PLC 内部具有常闭触头的元件都可以使用这 2 个图形来表示。当触头的代号是 "X*nnn*" 时，表示的是输入继电器的常闭触头；当触头的代号是 "Y*nnn*" 时，表示的是输出继电器的常闭触头；当触头的代号是 "M*nnn*" 时，表示的是辅助继电器的常闭触头；当触头的代号是 "T*nnn*" 时，表示的是定时继电器的常闭触头；当触头的代号是 "C*nnn*" 时，表示的是计数器的常闭触头。

在通常情况下，常闭触头是闭合的。对于输入继电器，若输入端子上连接的外部触头闭合时，输入继电器动作，其常闭触头断开。对于输出继电器或辅助继电器，若其 "线圈" 被驱动，则输出继电器或辅助继电器动作，其常闭触头断开。对于定时器，当其 "线圈" 被驱动时，定时器开始计时，并到达设定值时其触头动作，其常闭触头断开。

(2) 线圈

在编程软件中表示继电器线圈的梯形图是 ![F7]。不管是辅助继电器、输出继电器，还是定时器，其线圈都使用这个梯形图。继电器的类型由输入的文字代号来确定。当线圈的代号是 "Y*nnn*" 时，表示的是输出继电器的线圈；当线圈的代号是 "M*nnn*" 时，表示的是辅助继电器的线圈；当线圈的代号是 "T*nnn*" 时，表示的是定时继电器的线圈；当线圈的代号是 "C*nnn*" 时，表示的是计数器的线圈。

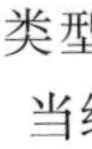

（3）应用指令

应用指令的梯形图为：■。不管是哪种应用指令都使用这个梯形图，应用指令的具体功能由梯形图符号中的运算符或代号所体现。如[>=　　　T201　　　K25　　]为应用指令中的触头比较指令，[MOV　　　K5　　　　　　D10　　　　]为应用指令中的传送指令。

（4）连接线

在编程软件中绘制梯形图时，元件之间的连接线有水平连接线（横线）和垂直连接线（竖线）两种。添加横线和竖线的梯形图分别为■和■，分别用于水平连接和垂直连接。删除横线和竖线的梯形图分别为■和■，分别用来对已存在的水平连接和垂直连接进行删除。

（5）取脉冲沿

取元件动作的脉冲沿梯形图有两种：上升沿和下降沿。每种取法在图中的连接又有串联和并联方式，故共有四个梯形图。其梯形图符号分别为：取上升沿串联■、取下升沿串联■、取上升沿并联■、取下降沿并联■。

（6）运算结果取反

运算结果取反的梯形图符号是■，用于对前面运行的结果进行取反后输出。

（7）运算结果取沿

梯形图符号■和■，分别是对运算所得结果的脉冲进行上升沿化和下降沿化，即取运算结果的上升沿或下降沿。

6.1.3　软件的基本操作

GX Developer 编程软件的基本操作有：创建新工程、打开工程、梯形图录入、转换操作、保存工程、注释编辑和显示、读入其他格式文件、写入 PLC、梯形图监视、关闭工程、退出编程软件。

（1）创建新工程

在图 6-1 所示界面上，用鼠标左键单击快捷按钮 ■，桌面弹出如图 6-3 所示"创建新工程"对话框。在"创建新工程"对话框中，用鼠标左键点击"PLC 系列"下面文本框右侧的小三角按钮，在弹出的下拉菜单中选择新工程所用 PLC 的系列。这里选"FXCPU"系列，如图 6-4 所示。再点击"PLC 类型"下面文本框右侧的小三角按钮，在弹出的下拉菜单中选择新工程所用 PLC 的类型。这里选"FX3G"型，如图 6-5 所示。在"程序类型"中选"梯形图"，即点击"梯形图"前面的单选项，使其出现黑圆点，如图 6-6 所示。若要设置工程名，则点击"设置工程名"前的选项，使小方框内出现"√"，然后在"驱动器/路径"右边的文本框内输入工程保存的驱动器/路径，在"工程名"右侧的文本框内输入工程名，如"2relayor"，如图 6-7 所示。再点击"确定"按钮，若工程名不存在，则会提示"新建工程吗？"，如图 6-8 所示，再点击"是"按钮即可。设置工程名和路径的另一种方法是：直接点图 6-7 中右下方的"浏览"按钮，在弹出的如图 6-9 所示对话框中，找到保存工程名的路径。再点"新建文件"按钮。完成"新建工程"后的界面如图 6-10 所示。

图 6-3 创建新工程

图 6-4 选择 PLC 系列

图 6-5 确定 PLC 类型

图 6-6 确定程序类型

图 6-7 设置路径和工程名

图 6-8 确定新建工程

图 6-9 用"浏览"设置

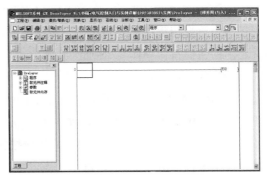

图 6-10 新工程界面

（2）打开工程

在图 6-1 初始界面上，用鼠标左键单击快捷按钮 ，桌面弹出如图 6-11 所示的"打开工程"对话框。在"打开工程"对话框中，点"工程驱动器"右边下拉框内的小三角，在弹出的下拉菜单上选择待打开工程所在的驱动器，如图 6-12 所示中的"［-e-］"驱动器。再在下面的窗口中逐级打开文件夹，直到出现要找的文件并选中，界面如图 6-13 所示。双击工程名或点击"打开"按钮，完成打开工程，此时界面如图 6-14 所示。

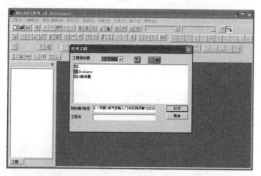

图 6-11　选择驱动器

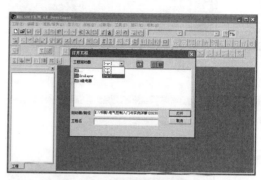

图 6-12　选中驱动器

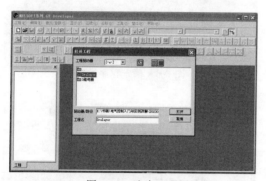

图 6-13　选中工程

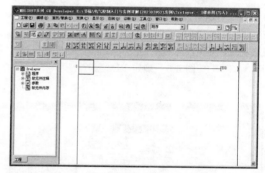

图 6-14　打开工程

图 6-14 界面上，最上面的是"标题栏"，显示软件的名称、已打开工程的存放位置、窗口最小化、最大化/还原、关闭。接着是下拉菜单栏，共有十个菜单。每个菜单的命令如图 6-15 所示。

下拉菜单下面是工具栏。除了 Windows 通用的工具外，是 GX 的专用工具。图 6-16 是编程软件常用的几个快捷按钮。绘图用的工具将在使用时做介绍。

（3）梯形图录入

下面以两台电动机 M1 和 M2 按 M1→M2 顺序启动，M2 和 M1 同时停止的 PLC 控制梯形图为例，介绍程序录入的步骤。该程序如图 6-17 所示，共有 5 行（3 个梯级）。先点击工具栏上的快捷按钮 ，必须使窗口成为"写入"模式，注意标题栏上的提示。图中蓝框是光标所处的当前位置。

① 录入程序第一行　点击工具栏上的快捷按钮 ，或直接按键盘上的功能键 F5；在弹出的对话框中输入触头"x2"，如图 6-18 所示，再点"确定"按钮。接着用同样方法录入 X001 和 X000。然后点击工具栏上的快捷按钮 ，或直接按键盘上的功能键 F7；在弹出的对话框中录入输出点"y1"，再点"确定"按钮。此时完成第一行录入，编程窗口的状态如图 6-19 所示。

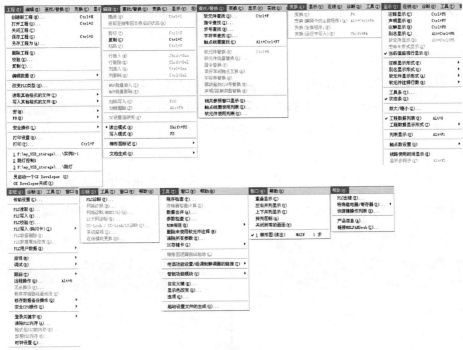

图 6-15　下拉菜单命令

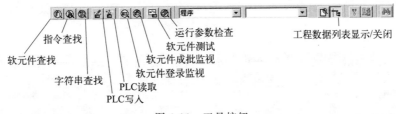

图 6-16　工具按钮

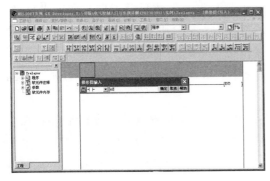

图 6-18　录入触头 X002

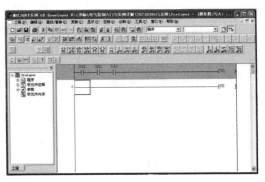

图 6-19　完成第一行录入

② 录入程序第二行　点击工具栏上的快捷按钮，或直接按键盘上的功能键 F5；在弹出的对话框中输入触头"y1"，再点"确定"按钮，将光标移至上一行的 X001 处，如图 6-20 所示。再点击快捷按钮，或直接按键盘上的功能键 Shift＋F9，再点"确定"按钮；将光标移至上一行的 X000 处，点击快捷按钮，或直接按键盘上的功能键 Shift＋F9，再点"确定"按钮。将光标移至下一行对应的 X000 处，如图 6-21 所示，点击工具栏上的快捷按钮，或直接按键盘上的功能键 F6；在弹出的对话框中录入输入点"y2"，再点"确定"按钮，如图 6-22 所示。点击工具栏上的快捷按钮，或直接按键盘上的功能键 F7；在弹出的对话框中录入输出点"t1 k70"，再点"确定"按钮，此时编程窗口的状态如图 6-23 所示。

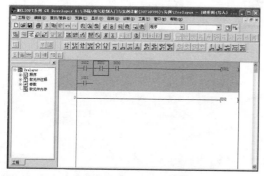

图 6-20　准备录入竖线

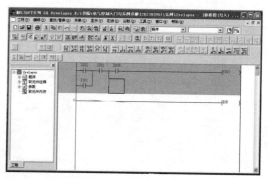

图 6-21　准备录入"y2"

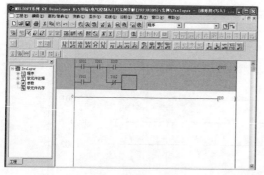

图 6-22　完成录入"y2"

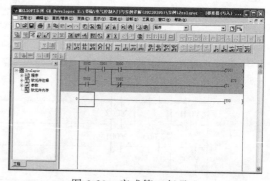

图 6-23　完成第二行录入

③ 录入程序第三行　点击工具栏上的快捷按钮，或直接按键盘上的功能键 F5；在弹出的对话框中输入触头"t1"，再点"确定"按钮。接着用同样方法录入"x3"和"y1"。然后点击工具栏上的快捷按钮，或直接按键盘上的功能键 F7；在弹出的对话框中录入输出点"y2"，再点"确定"按钮。此时完成第三行录入，编程窗口的状态如图 6-24 所示。

④ 录入程序第四行　点击工具栏上的快捷按钮，或直接按键盘上的功能键 F5；在弹出的对话框中输入触头"y2"，再点"确定"按钮。将光标移至上一行的 X003 处，再点击快捷按钮，或直接按键盘上的功能键 Shift＋F9，再点"确定"按钮；至此梯形图全部录入，如图 6-25 所示。

图 6-24 完成第三行录入

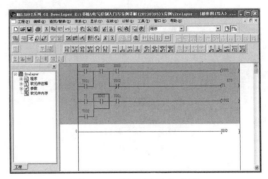
图 6-25 梯形图录入完毕

(4) 转换操作

点击工具栏上的快捷按钮 ，编程窗口中的背景颜色就会发生变化。转换后的窗口如图 6-26 所示。

(5) 保存工程

工程的保存有两种操作。其一是点击下拉菜单，选"保存工程"命令。其二是直接点击快捷键 即可。

(6) 注释编辑和显示

在编制比较复杂的梯形图时需要给相应的虚拟元件注释，以方便梯形图程序的阅读和理解。其操作方法如下。

点下拉菜单"编辑"，选"文档生成"中的"注释编辑"，使其前面出现"√"，如图 6-27 所示。接着就可以在梯形图编辑窗口内用鼠标左键双击要添加注释的软元件，在弹出对话框内的文本框中输入注释内容，如图 6-28 所示，再点"确定"按钮完成一个元件的注释编辑。若要退出"注释编辑"状态，按照图 6-27 的方法，把"注释编辑"前的"√"去掉即可。

程序中添加了注释后，界面上不一定就能显示出来。如果在梯形图编辑窗口中同时要显示梯形图的注释，只要点下拉菜单"显示"，选"注释显示"，使其前面出现"√"即可，如图 6-29 所示。若要退出"注释显示"，点"注释显示"，把其前面的"√"去掉即可。

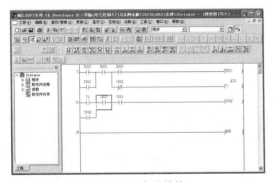
图 6-26 完成转换

图 6-27 进入注释编辑操作

图 6-28　注释编辑

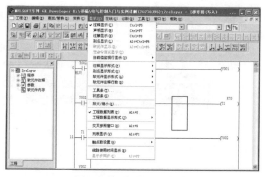

图 6-29　注释显示操作

(7) 写入 PLC

按照电气原理图将 PLC 与外部电器、电源连接，且 PLC 通过通信电缆与电脑也已连接完成，并给 PLC 通电。

① 传输设置　在 Windows 操作系统的设备管理器中查看通信电缆的串口端口号，如图 6-30 所示的 COM9。点下拉菜单"在线"，选"传输设置（C）…"命令，如图 6-31 所示。在弹出的设置对话框内，双击"串行/USB"图标，弹出"PC I/F 串口详细设置"对话框，如图 6-32 所示。点击 RS-232C 前的圆框，使其出现圆点，再点击 COM 端口右侧倒三角，在弹出的下拉列表中选中 COM9，确定通信端口，如图 6-33 所示，需要的话可调整传送速度，然后点"确认"按钮返回。在传输设置对话框内点"通信测试"按钮，若弹出如图 6-34 所示提示表明 PLC 与电脑连接正常，点"确定"按钮关闭。若连接未成功，须检查连接的电缆等，必要时更改传送速度再进行测试，直到连接成功。最后点"确认"按钮，关闭传输设置对话框。

图 6-30　查看端口号

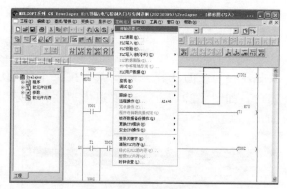

图 6-31　传输设置命令

② 程序写入　点下拉菜单"在线"，选"PLC 写入（W）…"命令，如图 6-35 所示。在弹出对话框内的"文件选择"标签页，根据需要选中下载的内容，如图 6-36 所示。然后点"执行"按钮，在弹出的"是否执行 PLC 写入?"对话框内，点"是"按钮；在弹出的"是否在远程 STOP 操作后，执行 CPU 写入?"对话框内，点"是"按钮，接着显示进行写入的进度，如图 6-37 所示。写入完成后弹出是否远程运行 PLC 对话框，如图 6-38 所示，点"是"按钮。最后显示"已完成"对话框，点击"确定"按钮，在"PLC 写入"对话框内点

"关闭"按钮，结束写入操作。

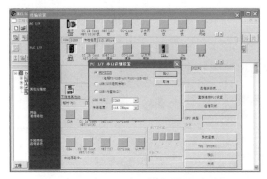

图 6-32　PC I/F 串口详细设置对话框

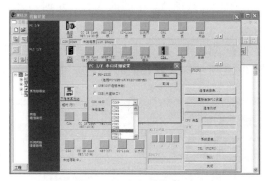

图 6-33　确定通信端口

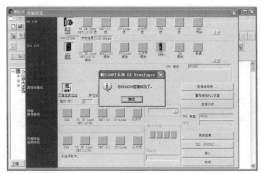

图 6-34　通信测试成功

图 6-35　选中写入命令

图 6-36　选中下载内容

图 6-37　写入进度

(8) 梯形图监视

在 PLC 与电脑连接成功状态下，点击下拉菜单"在线"，选"监视"，再选"监视模式"命令，如图 6-39 所示；或直接按功能键 F3，即可进入监视状态，如图 6-40 所示。

若 PLC 未运行，则点击下拉菜单"在线"，选"远程操作（O）…"命令，在弹出如图 6-41 所示"远程操作"对话框中操作栏内 PLC 右侧下拉列表中显示"RUN"，可点击倒三角进行选择；再点"执行"按钮，在弹出的"是否要执行"对话框内点"是"按钮；在"已完成"对话框内点"确定"按钮；最后在"远程操作"对话框内点"关闭"按钮结束操作。

　　如图 6-40 所示监视界面内蓝色方框表示该触头或线圈有效。此时按下按钮使触头 X002 动作闭合，线圈 Y001 随即吸合，定时器开始计时，时间到线圈 Y002 吸合，状态如图 6-42 所示。

　　若要退出"监视状态"，则点下拉菜单"在线"，选"监视"再选"监视停止"即可，如图 6-43 所示。或直接同时按 Alt 和 F3 键，也能退出监视状态。

图 6-38　远程运行

图 6-39　选中监视命令

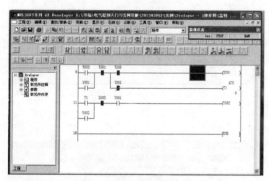

图 6-40　监视状态界面

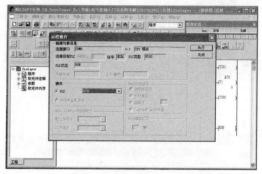

图 6-41　远程运行 PLC

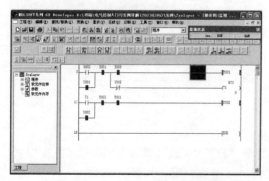

图 6-42　Y001 和 Y002 动作状态

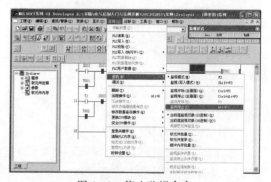

图 6-43　停止监视命令

　　退出监视状态后，若要修改梯形图，则此时还不能在编辑窗口内进行梯形图编辑操作。要点下拉菜单"编辑"选"写入模式"，如图 6-44 所示。或直接按功能键 F2，使界面进入写入状态，如图 6-45 所示，便可修改梯形图。

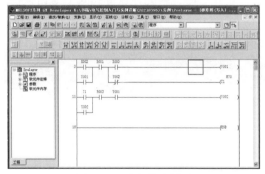

图 6-44 选中写入模式命令　　　　　　图 6-45 写入模式界面

(9) 关闭工程

点"工程"菜单，选"关闭工程"命令，在弹出的"是否退出工程"对话框中选"是"即可完成关闭工程操作。

(10) 退出编程软件

点"工程"菜单，选"GX Developer 关闭"命令，或点击标题栏右上角的"关闭"按钮。

6.1.4 读写 FXGPWIN 格式文件

用编程软件 FXGPWIN 或 GX Developer 生成的应用程序或工程分别是 4 个文件、1 个子目录和 4 个文件。考虑到专用转换软件使用的是 FXGPWIN 软件编制的格式文件，本节介绍 GX Developer 对 FXGPWIN 格式文件的写入或读取操作，供初学者参考。

(1) GX Developer 写入 FXGPWIN 程序

用 GX Developer 编程软件写入 FXGPWIN 编程软件的程序前，已经存在了一个用 GX Developer 编写的工程，名称为"2relayor"，存放在"2relayor"目录中，内有"ProjectDB.mdb""Gppw.gpj""Gppw.gps"和"Project.inf"4 个文件，以及子目录"Resource"。写入操作步骤如下。

步骤 1，打开 GX Developer 编程软件。点击"开始"菜单下的"GX Developer"软件图标使其运行，并进入初始界面，如图 6-1 所示。

步骤 2，读入工程文件。

点击"工程"菜单，在弹出的菜单上选中"打开工程文件（O）…"，并点击。或直接点击快捷按钮 📂，弹出"打开工程"对话框，查找存放在驱动器/路径和目录下的工程，并点击选中，如"2relayor"，随后点击"打开"按钮，程序被读入后的界面如图 6-45 所示。

步骤 3，改变 PLC 类型。由于 FXGPWIN 软件不支持 FX_{3G} 型 PLC，且专用转换软件针对 FX_{1N} 类 PLC，因此需要将 PLC 类型改变为 FX1N 型。点击"工程"菜单，在弹出的菜单上选中"改变 PLC 类型（H）…"命令。在弹出的对话框内，点击"PLC 类型"下方文本框中的倒三角，选择 FX1N(C)，如图 6-46 所示，然后点"确定"按钮；在弹出的"改变数据类型和 PLC 匹配"对话框内点击"确认"按钮；在弹出的"更改数据"对话框内点击"是"按钮；在弹出如图 6-47 所示对话框内（必要时更改目标步长），点击"确定"按钮；在弹出的"软元件注释删除"对话框内点击"是"按钮；完成更改 PLC 类型。

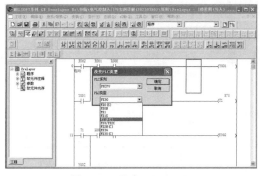

图 6-46 选中 FX1N(C)

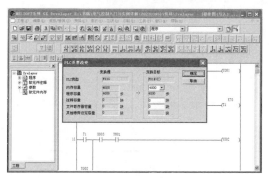

图 6-47 容量变化对比

步骤 4，进入写入方式。在软件工作界面上，点击"工程"菜单，在弹出的菜单上选择"写入其他格式的文件（E）"，再点击"写入 FXGP(WIN) 格式文件（F）…"命令，如图 6-48 所示。点击后弹出如图 6-49 所示的"写入 FXGP（WIN）格式文件"对话框。

图 6-48 选中写入 FXGP(WIN) 格式命令

图 6-49 选择保存路径和内容

步骤 5，确定保存路径和内容。在图 6-49 所示"写入 FXGP(WIN) 格式文件"界面上的"文件选择"标签页内，点击"选择所有"按钮，使下面对话框内 2 个小方框内出现红色的"√"，表示选中了这 2 项。接着确定存放驱动器和路径，点击"驱动器/路径"文本框右面的"浏览"按钮，弹出"打开系统名，机器名"对话框，如图 6-50 所示。

在图 6-50 所示"打开系统名，机器名"界面上，点击选择驱动器下拉列表框中的倒三角，选中存放的驱动器，如"［-e-］"。再在下面框内选择存放的目录，如"\ 书稿 \ 电气控制入门与实例详解（20230395）"，如图 6-51 所示。点击"确认"按钮，返回到"写入 FXGP(WIN) 格式文件"对话框。

步骤 6，保存文件。在上一步返回的"写入 FXGP（WIN）格式文件"对话框内，填写"系统名"和"机械名"，如图 6-52 所示，再点击"执行"按钮。保存完成后，弹出"已完成"对话框，点击"确定"。再点击"写入 FXGP（WIN）格式文件"对话框内的"关闭"按钮结束操作。

完成保存操作后可以在保存文件夹"relayor"下存在"2RELAYOR.COW"和"2RELAYOR.PMW"2 个文件，如图 6-53 所示。

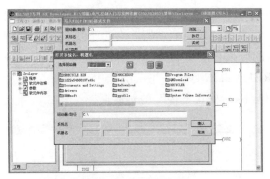

图 6-50　保存路径选择

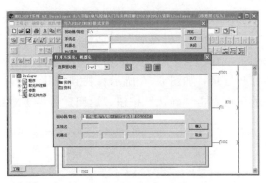

图 6-51　确定保存路径

图 6-52　命名系统名和机械名

图 6-53　保存的 FXGPWIN 格式文件

（2）GX Developer 读取 FXGPWIN 程序

用 GX Developer 编程软件读取 FXGPWIN 的程序前，已经存在一个用 FXGPWIN3.3 编写的应用程序，名称为"2RELAY.PMW"，存放在目录"E:\书稿\电气控制入门与实例详解（20230395）\实例"中，内有"2RELAY.COW""2RELAY.DMW""2RELAY.PMW"和"2RELAY.PTW"4 个文件。读取操作步骤如下。

步骤 1，打开 GX Developer 编程软件。点击"开始"菜单下的"GX Developer"软件图标使其运行，并进入初始界面，如图 6-1 所示。

步骤 2，进入读取方式。点击"工程"菜单，在弹出的菜单上选择"读取其他格式的文件（I）"，再点击"读取 FXGP（WIN）格式文件（F）…"命令，如图 6-54 所示。点击后弹出如图 6-55 所示的"读取 FXGP（WIN）格式文件"对话框。

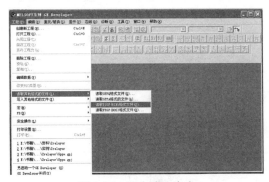

图 6-54　选中读取命令

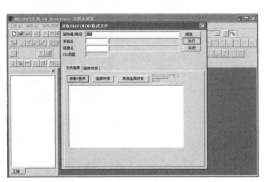

图 6-55　选择存放路径

步骤 3，确定存放路径。在弹出的如图 6-55 所示的对话框中，点击"浏览"按钮，弹出 "打开系统名，机器名"对话框，如图 6-56 所示。点击"选择驱动器"右边下拉列表内的倒 三角，在列表中选中存放由 FXGPWIN3.3 编写的应用程序驱动器名，如"[-e-]"，再逐级 打开目录，如图 6-56 所示；找到应用程序"2RELAY.PMW"，并点击选中，如图 6-57 所 示。再点击"确认"按钮，返回"读取 FXGP（WIN）格式文件"的对话框。

图 6-56   确定存放路径

图 6-57   选中读取文件

步骤 4，读取数据。在返回的"读取 FXGP（WIN）格式文件"对话框中的"文件选 择"标签页内，点击"PLC 参数""程序（MAIN）"和"软元件内存数据"前的小方框， 使其内出现红色的"√"，表示选中这 3 项，如图 6-58 所示。再点击"执行"按钮，软件进 行读取操作，读取完成后弹出"已完成"对话框，在图 6-59 所示的对话框内点击"确定" 按钮，再在"读取 FXGP（WIN）格式文件"的对话框内点击"关闭"按钮，完成读取。此 时 GX Developer 编程软件的界面如图 6-60 所示。

图 6-58   确定读取内容

图 6-59   读取完成

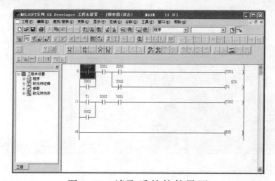

图 6-60   读取后的软件界面

步骤5，保存程序。在图 6-60 所示软件界面上，点击打开"工程"下拉菜单，并选中"另存工程为（A）…"点击，弹出"另存工程为"对话框。与前面类似，选择存放工程的驱动器/路径，命名工程名，再点"保存"按钮，点"是"按钮，完成保存操作。

读取 FXGP（WIN）格式文件后可能需要更改 PLC 类型，具体操作见前面介绍。

6.2　专用转换软件

本节介绍共享版梯形图转单片机 HEX 软件 PMW-HEX-V3.0。该软件只有两个文件，在安装时还需要两个压缩文件"DotNetFX40.rar"和"DotNetFX40Client.rar"，如图 6-61 所示。安装完成后在桌面上会生成一个图标，点击该图标便可进入软件界面，如图 6-62 所示。

图 6-61　PMW-HEX-V3.0 文件

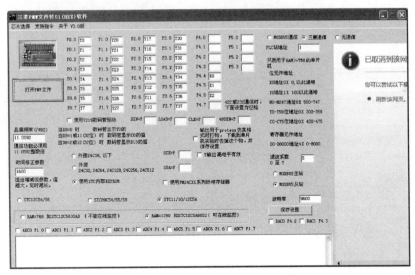

图 6-62　PMW-HEX-V3.0 界面❶

6.2.1　支持指令

三菱 FX 系列 PLC 的指令分为基本指令、步进指令和应用指令。PMW-HEX-V3.0 软件支持的基本指令有：LD、LDI、LDP、LDF、AND、ADI、ANDP、ANDF、OR、ORI、ORP、ORF、ANB、ORB、SET、RST、MC、MCR、MPS、MRD、MPP、INV、STL、

---

❶　图 6-62 中"晶震频率（/MHz）"应为"晶振频率（/MHz）"，下同。

RET、OUT、PLS、PLF、NOP、END。

　　该转换软件支持的应用指令有：ZRN、DPLSY、PLSY、DPLSR、PLSR、ALT、MOV、ZRST、INC、DEC、ADD、SUB、MUL、DIV、DADD、DSUB、DMUL、DDIV、LD＝、LD＞、AND＝、AND＞、OR＝、OR＞。三菱 PLC 的应用指令可以处理 16 位或 32 位数据，在指令助记符前加字母 D，表示该指令处理的是 32 位数据，助记符前没有字母 D 的为一般的 16 位数据处理指令。

6.2.2　支持资源

　　PLC 内部资源有继电器、定时器、计数器、状态器、数据寄存器等元件，其中继电器还分为输入继电器、输出继电器和辅助继电器。由于其内部根本不存在通常见到的那些继电器、定时器，计数器等，实质上这些元件是 PLC 内部存储器中的某一位或一个字（16 位），是虚拟元件。PMW-HEX-V3.0 软件支持资源如表 6-1 所示。

表 6-1　PMW-HEX-V3.0 软件支持资源

元件名称	数量	范围
输入继电器	44	X00～X43（八进制）
输出继电器	44	Y00～Y43（八进制）
辅助继电器	248	M0～M247
特殊功能继电器	6	M8000、M8002、M8011～M8014
定时器	60	T0～T59（时基：0.1s）
计数器	16	C0～C15
状态器	80	S0～S79
数据寄存器	80	D0～D79

　　需要提醒的是，在用 FXGPWIN 软件编制应用程序中，只能使用转换软件所支持的指令和资源。否则会出错。

6.2.3　界面说明

　　转换软件 PMW-HEX-V3.0 的主界面各区域如图 6-63 所示，下面简要介绍各区域的功能。

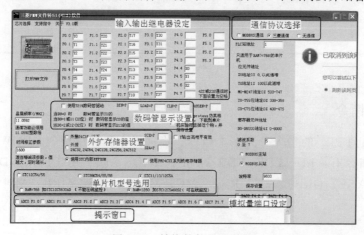

图 6-63　转换软件界面说明

(1) 输入输出继电器设定

该区域用于设定单片机应用系统每一个输入或输出通道的端口号，即输入继电器 X00～X43 或输出继电器 Y00～Y43。将一个通道的端口号与单片机的一个引脚建立对应关系，可以任意设定，但不能出现重复。例如把单片机的 P0.0 引脚设定为输出继电器 X0，只要用鼠标点击 "P0.0" 右边的框内，并输入 "X0" 即可；把单片机的 P0.1 引脚设定为输出继电器 Y0，只要用鼠标点击 "P0.1" 右边的框，并输入 "Y0" 即可。

(2) 通信协议选择

该转换软件有 "MODBUS" 和 "三菱通信" 2 种通信协议可选，选用某种协议，只需用鼠标点击该协议前的圆框，使出现黑点即可。选中 "三菱通信" 可使用编程软件进行监控。选中 "无通信"，转换后生成的单片机可执行代码的存储容量会节省一些。

(3) 晶振频率选择

晶振频率可根据应用系统的需要来设定，若需要通信功能，则必须用 "11.0592" 的整数倍。建议一般使用 11.0592MHz 的晶振。

(4) 数码管显示设置

用数码管显示器作应用系统的一个输出通道时，就要对该区域的驱动引脚进行设定。数码管作显示输出时，转换软件只支持 8 位 7 段串行输入的 "7219" 芯片，故对驱动串行输入的数据输入端、加载数据输入端、时钟端进行设定。具体操作为：用鼠标点击 "使用 72129 数码管驱动" 前的小方框，使出现黑点即可。再分别点击 "DIN＝P" "LOAD＝P" "CLK＝P" 后边的方框，逐个输入单片机驱动 "7219" 芯片使用的引脚，如 "4.4" "4.5" "4.6"。

(5) 外扩存储器设置

当需要在单片机基本系统上扩展存储器时，就要对该区域进行设定。分别用鼠标点击 "SCK＝P" "SDA＝P" 后边的方框，逐个输入单片机驱动外接存储器芯片的使用引脚，如 "3.6" "3.7"。需要注意的是，转换软件支持的存储器芯片有限，只能是 24C14、24C32、24C64、24C128、24C256、24C512。

(6) 单片机型号选用

转换软件支持的单片机分三类系列，分别是 "STC12C54/56" "STC89C54/55/58" "STC11/10/12C5A"。应选择 RAM 为 768B 以上、FLASH 30KB 以上的 STC51 单片机。需要有模拟量采集和输出时，应选择 STC12C5A/56 系列单片机。设置时根据选用单片机的型号，用鼠标点击三类中对应类前的圆框，使出现黑点即可。

(7) 模拟量端口设定

需要采集和输出模拟量应先设定采集和输出通道的引脚，即在模拟量设定区域用鼠标点击对应引脚前的圆框，使出现黑点即可。STC12C5A60 系列单片机只有 P1 端口可作为模拟量输入、输出通道使用。

(8) 按钮

转换软件界面上有两个按钮，即 "打开 PMW 文件" 和 "保存设置"。后者在界面设置区域全部设定完毕后用鼠标点击，此操作即将当前界面上的设定值予以保存，供转换过程中使用。前者则是在保存设置后选中被转换的 ".pmw" 文件，将该文件转换为单片机可执行的 "fx1n.hex" 文件。

6.2.4 注意事项

使用该转换软件时，还需要注意以下几点：

① 上升沿，下降沿以及 ALTP、INCP、DECP 等脉冲边沿指令的总数不要超过 40。

② 所有支持的功能指令都可以支持 D 开头的 32 位指令，如 DMOV、DINC、DDEC。

③ MAX7219 支持 16 位/32 位寄存器的显示，最多 8 位数码管，可以选择。

④ 支持 STC12C5A/56 系列芯片的 AD 采样，支持 10 位采样结果，带有 20 次采样平均值滤波。

⑤ 对于 STC12C56 系列单片机，支持两路 PWM 输出。

⑥ 有模拟量输入和输出时，需要接通对应的辅助继电器，它们分别是：M68 ON 采集 ADC0 数据到 D0，M69 ON 采集 ADC1 数据到 D1，M70 ON 采集 ADC2 数据到 D2，M71 ON 采集 ADC3 数据到 D3，M72 ON 采集 ADC4 数据到 D4，M73 ON 采集 ADC5 数据到 D5，M74 ON 采集 ADC6 数据到 D6，M75 ON 采集 ADC7 数据到 D7；D11（0～255）对应 DAC0 0～5V 输出，D12（0～255）对应 DAC1 0～5V 输出，D15（0～255）对应 DAC2 0～5V 输出，D16（0～255）对应 DAC3 0～5V 输出。

⑦ PLSY 只能对 Y0 或 Y1 发脉冲。Y0 发脉冲时，M66 ON 为结束标志；Y1 发脉冲时，M67 ON 为结束标志。

⑧ 两路脉冲可以同步发送，脉冲最高频率是 10kHz，建议使用 2kHz 以下的发送频率，可以保证频率精度。

6.3 编译软件

Keil C 软件的文件默认安装在 C 盘根目录下的"Keil"目录中，即 C：\ Keil 下。该目录下又有 3 个子目录"C51""UV2""UV3"。已经安装 Keil C 软件的电脑桌面上会存在一个快捷按钮 ，用鼠标左键双击该快捷按钮或单击（以下所述"单/双击"都指用鼠标左键，除非说明用右键）"开始"／"程序"下的 Keil μVision3 命令，就会启动 Keil C 软件运行，进入 Keil C51 μVision3 集成开发环境，初始界面如图 6-64 所示。

假如进入 Keil C51 μVision3 操作前，已经将 5.3.4 节中的 3 继电器顺序吸合、顺序释放程序在 Window XP 中用记事本录入（注意：除注释外语句和标点等必须用英文输入法输入），并保存名为"3relay_seq-ON-OFF"的文件；并且已将 STC 单片机型号和头文件添加到 Keil 中，具体操作见后面介绍。

6.3.1 创建或打开项目

（1）创建项目

在初始界面上用鼠标左键点击下拉菜单"Project"，在弹出的菜单上选"New Project…"命令，在弹出的创建新项目（Create New Project）对话框内，用鼠标左键点击"保存在（I）："右边下拉框中的倒三角 ，选择好新项目存放的目录；在"文件名（N）："右边的文本框中输入新建项目的名称，如"3relay_seq-ON-OFF"，如图 6-65 所示，然后点"保存"按钮保存。

接着进入目标 CPU 器件的选择对话框"Select a CPU Data Base File"。"Generic CPU

Data Base”项下 Keil C 支持的以 80C51 为核心的 CPU 有 400 多种，用户可以根据需要选择所用的相应型号的单片机 CPU。这里应点击下拉框中右侧的倒三角 ，选中“STC MCU Database”项，如图 6-66 所示，再点 OK 键。然后在弹出的对话框“Select Dvice for Target‘Target 1’”中左侧“Data base”下面框内，用鼠标左键点击＋号打开 STC 单片机型号列表，选取所用的单片机型号，如 STC11F60XE，如图 6-67 所示。选中后点“确定”按钮，再在弹出的对话框内点“是”按钮，完成项目创建操作。

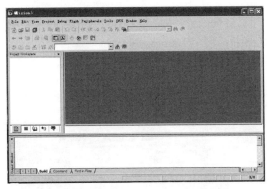

图 6-64　Keil C51 μVision3 初始界面

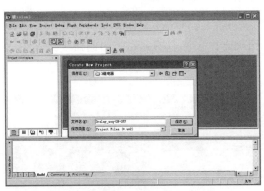

图 6-65　命名项目名称和保存路径

（2）打开项目

　　在 Keil μVision3 界面上用鼠标左键点击快捷按钮 ，或点击下拉菜单并选中“Open…”命令。在弹出的对话框内找到已保存的项目，如 3relay＿delay＿on.Uv2。用鼠标左键双击或点击选中后再点击“打开”按钮，项目随即被打开。

图 6-66　选择 MCU 类型

图 6-67　确定单片机型号

6.3.2　添加文件

　　项目创建完成后就需要为项目添加文件。在 Keil μVision3 界面上的“Project Workspace”区域内用鼠标左键点击“Target 1”前的＋号，将光标移至“Source Group 1”前的文件夹图标点击鼠标右键，在弹出的命令列表中选中“Add Files to Group‘Source Group 1’”命令，如图 6-68 所示。在弹出的对话框内找到用记事本录入并保存名为“3relay＿seq-ON-OFF”的文件，并点击选中，如图 6-69 所示。需要注意的是，Keil 默认添加的是 C 语言程序文件，若要加入的是其他类型文件，则需要在文件类型的下拉列表中选择相应的文件类型选项。这里添加的是汇编语言文件，文件类型是"Asm Source file"。点击"Add"按钮，再点"Close"按钮，或双击该文件图标，完成文件添加。接着再点击"Source Group 1"前的＋号，双击"3relay_seq-ON-OFF"前的图标打开源程序文件，并在中间右侧窗口中显示，如图 6-70 所示。按这样操作将项目需要的文件逐一加入，此例只有一个文件。

6.3.3 选项配置

建立项目添加文件后就需要对项目选项进行配置。将光标移至"Target 1"前的文件夹图标点击鼠标右键，在弹出的命令列表中选中"Options for Target 'Target 1'"命令，如图 6-71 所示。这里仅介绍必须设置的频率数值和目标代码文件建立两项。

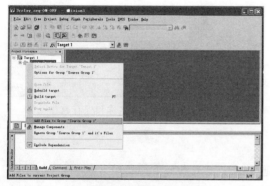

图 6-68 选中添加文件命令

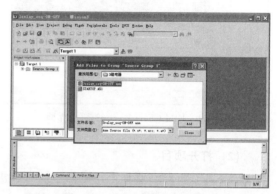

图 6-69 选中所需添加的文件

图 6-70 完成文件添加

图 6-71 选中选项配置命令

在弹出的"Options for Target 'Target 1'"对话框内，选择"Target"标签页。在"Xtal (MHz):"右侧文本框内将默认的频率 45.0 改成控制板上所用的单片机晶振频率，如 11.0592，如图 6-72 所示。

在"Options for Target 'Target 1'"对话框内，选择"Output"标签页。用鼠标左键点击"Create HEX Fi:"前的单选方框，使其内出现"√"，如图 6-73 所示。设置该行使编译链接后生成目标代码文件。

两个选项设置完成后点击"确定"按钮，完成配置。

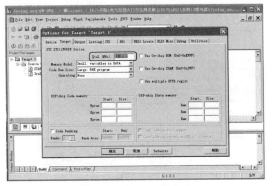

图 6-72　配置工作频率

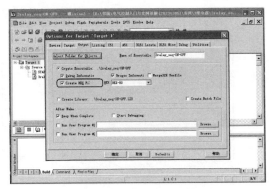

图 6-73　输出文件配置

6.3.4　编译链接

源程序文件添加、选项配置完成后就可进入下一步的编译链接。用鼠标左键单击界面上的图标 ![image]，或点击下拉菜单"Project"，在弹出的菜单上选"Rebuild all target files"命令，软件随即开始进行编译链接。若程序存在语法错误，则会生成错误报告，并提示错误位置。用鼠标左键双击错误报告行，可以定位到源程序中该错误所在的行。若编译链接通过，则给出相应信息。项目"3relay_seq-ON-OFF"编译链接的结果如图 6-74 所示，输出窗口中倒数第 3 行提示程序使用内部 RAM(data) 为 9B，外部 RAM(x data) 为 0B，程序目标代码容量为 361 B。倒数第 2 行提示编译链接完成后已经建立目标代码 hex 文件，文件名为 3relay_seq-ON-OFF.hex；若没有此行，说明目标代码文件没有建立，应检查选项配置"Output"标签页中目标代码文件生成单选项。倒数第 1 行给出错误和警告的条数。

6.3.5　添加单片机型号和头文件

虽然 Keil C 支持的以 80C51 为核心的 CPU 有 400 多种，但其中没有 STC 系列的单片机，需要进行添加，步骤如下：首先打开 STC 单片机烧录软件 stc-isp-v6.90R.exe；其次在软件界面右侧用鼠标左键点击"Keil 仿真设置"标签页，选中；再次点击该标签页内的"![添加型号和头文件到Keil中 添加STC仿真器驱动到Keil中]"图标，在弹出的对话框内找到安装 Keil 的文件夹，点击选中，再点"确定"按钮。弹出"STC MCU 型号添加成功"对话框，点击"确定"按钮，完成添加操作。

6.4　烧录软件

STC 单片机的烧录软件有多种版本，本节使用的为"stc-isp-15xx-v6.69.exe"，若需要更新的版本可去 STC 单片机网站上下载。

双击"stc-isp-15xx-v6.69.exe"的图标即可运行软件，其界面如图 6-75 所示。虽然该界面看上去比较复杂，但这里用到的仅有几项，即单片机型号、串口号、打开程序文件、下载/编程。

图 6-74　编译链接结果

图 6-75　烧录软件界面

6.4.1　选择单片机型号

用鼠标点击"单片机型号"右边框内的箭头，便可出现下拉列表，如图 6-76 所示。根据单片机控制板上所用的单片机型号，找到相同系列，点击前面的"＋"展开，再点击选中与控制板一致的型号即可。必要时可拖动滚动条查找。此处单片机基本系统板使用的是"STC11F60XE"。

6.4.2　确定串口号

当使用 USB-RS232 电缆时，只要一插上电缆该转换软件就会自动搜索到所用的端口。若需要选择端口时，可用鼠标点击"串口号"右边框内的箭头，便可出现下拉列表，如图 6-77 所示，点击所用的串口号即可。具体串口号可从"设备管理器"中查看。

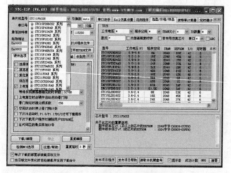

图 6-76　确定单片机型号

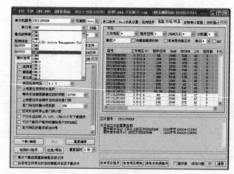

图 6-77　选择串口号

6.4.3　打开代码文件

可用鼠标点击"打开程序文件"按钮，在弹出的对话框中选择转换软件存放的目录，点击生成的后缀是 .hex 的代码文件，点击"打开"按钮；或直接双击代码文件。目标代码文件若是编译软件生成的，其名与项目名相同；若是专用转换软件生成的，应是 fx1n.hex。选中需要下载的程序后的界面如图 6-78 所示，双击该文件名或选中后点击"打开"按钮，此时界面内右侧"程序文件"标签页内显示的就是待下载文件的十六进制代码，如图 6-79 所示。

图 6-78　查找下载文件

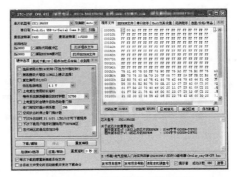
图 6-79　打开代码文件界面

6.4.4　烧录代码

　　将目标代码烧录到单片机内，在确定电缆已连接好时只要点击"下载/编程"按钮，随即给控制板上电即可。当界面中右下面提示窗口出现如图 6-80 所示"操作成功!"，表明烧录完成。

图 6-80　提示烧录完成

第 **7** 章

控制板及基本控制电路程序

采用单片机进行电气控制除了需要一些常用的低压电器外，还必须配置一台单片机控制器。单片机控制器由硬件和应用程序两部分组成。硬件由若干电子电路组成不同功能的控制板构成。应用程序则是按照控制要求采用汇编或梯形图编程语言编写，通过编译或转换，再烧录至单片机中。本章将对基本单元电路、主控制板和扩展控制板，以及基本控制电路的应用程序编制逐一介绍。

7.1　基本单元电路

单片机控制器的基本单元电路有输入电路、输出电路、通信电路、单片机电路和电源电路。其中输入和输出电路又有开关量电路和模拟量电路两类，本章不涉及模拟量电路。

7.1.1　输入电路

输入电路分为直流供电和交流供电开关量信号输入电路两种。开关量即为非开即关的信号，电路只有这两种状态，其值可定义为逻辑"1"和"0"。开关量输入电路按其供电电压又分为直流和交流两种。

（1）开关量直流输入电路

开关量直流输入电路一般与信号状态指示电路合在一起，按状态指示电路的位置分为前置指示和后置指示两种。电路由一个光电耦合器和 3 只电阻器组成，如图 7-1 所示，图 7-1（a）为前置指示，图 7-1（b）为后置指示。图 7-1 中输入信号侧以直流 24V 供电，光电耦合器的输入与输出分别用不同电压供电使之相互隔离。图 7-1（a）电路在信号输出与信号地断开时，信号指示灯熄灭，光电耦合器内部发光二极管没有电流通过，输出光电三极管截止，P$m.n$ 端处在高电平。当信号输入端 X0 与信号地接通后，电流经过电阻 RI1 和 RI2 与 OPTI1 输入端、LX0 构成回路，信号指示灯 LX0 点亮，光电耦合器 OPTI1 内部输入端光

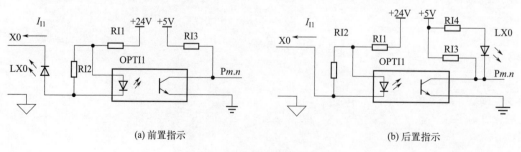

(a) 前置指示　　　　　　　　　　　　　(b) 后置指示

图 7-1　开关量直流输入电路

电二极管导通，内部输出光电三极管受到光照后饱和导通，使输出端 P$m.n$ 电位接近地电位，为低电平。

图 7-1(a) 中光电耦合器 OPTI1 若选用 "PC817"，从图 7-2 所示该器件的电流传输特性和输出特性曲线上可以看出，当正向电流 $I_F = 5\text{mA}$ 时对应的 $CTR = 120\%$，其电光性能表中得到当正向电流 $I_F = 20\text{mA}$ 时 PC817 的正向电压 V_F 为 $1.2 \sim 1.4\text{V}$，这里取 $V_F = 1.2\text{V}$。若光电耦合器的工作电流设定为 5mA，假定图 7-1(a) 中取 RI2 $= 560\Omega$，则 $I_{I1} = 5 + \dfrac{1.2}{0.56} = 7.14\text{mA}$，取发光二极管的压降为 2.0V，下面确定图 7-1(a) 电路中输入电阻器 RI1、负载电阻器 RI3 电阻的阻值。

$$\text{RI1} = \frac{V_{cc} - 1.2 - 2.0}{5 + \dfrac{1.2}{0.56}} = \frac{24 - 3.2}{5 + 2.14} = 2.91 (\text{k}\Omega)$$

取 RI1 $= 3.0\text{k}\Omega$。

考虑到 CTR 的温度变化以及长期稳定性，取 $CTR_{(\min)} = 50\%$，则有光电耦合器输出电流如下：

$$I_{C(\min)} = I_F CTR_{(\min)} = 5 \times 0.5 = 2.5 (\text{mA})$$

考虑 TTL 电路低电平输入电流 I_{IL} 和高电平漏电流 I_{IH}，负载电阻值如下：

$$\text{RI3} > \frac{V_{cc} - V_{IL}}{I_{C(\min)} + I_{IL}} = \frac{5 - 0.8}{2.5 - 1.6} = 4.67 (\text{k}\Omega)$$

$$\text{RI3} < \frac{V_{cc} - V_{oH}}{I_{CE0} + I_{IH}} = \frac{5 - 2.4}{0.041} = 63.41 (\text{k}\Omega)$$

取 RI3 $= 10\text{k}\Omega$。若输入是脉冲信号时，可取 $5.1\text{k}\Omega$。

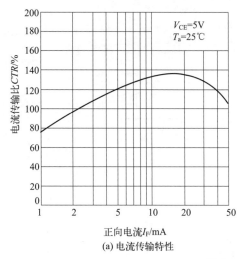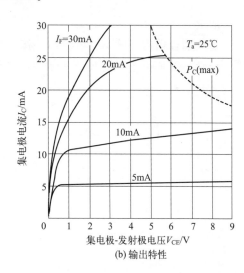

图 7-2 PC817 特性曲线

(2) 开关量交流输入电路

采用交流电源供电的开关量输入电路如图 7-3 所示。电路在图 7-1 的基础上增加了一只桥式整流器 BD1 和电容器 C1，其余与图 7-1 相同，图 7-1 中以交流 24V 供电为例。

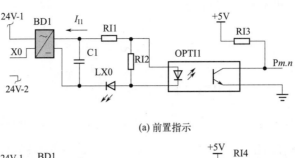

(a) 前置指示

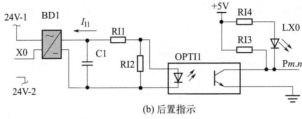

(b) 后置指示

图 7-3   开关量交流输入电路

7.1.2   输出电路

开关量输出电路分为晶体管输出、继电器输出和晶闸管输出 3 种。

(1) 晶体管输出电路

晶体管输出电路由一个光电耦合器、三极管和电阻组成，按信号状态指示分为前置指示和后置指示两种，其电路分别如图 7-4(a)(b) 所示，若图 7-4(a) 中光电耦合器 OPTo 也选用 "PC817"。假定图中取 $I_i = 8\text{mA}$，即 $I_F = 8\text{mA}$，确定电路中输入电阻器的阻值如下：

$$\text{Ro1} = \frac{V_{cc} - 1.2 - 2.0 - 0.4}{7} = \frac{5 - 1.2 - 2.0 - 0.4}{7} = 0.2(\text{k}\Omega)$$

取 $\text{Ro1} = 200\Omega$。

光电耦合器内部输出三极管与外接三极管 Tro 组成一个复合管，以提高驱动电流能力；与三极管 C-E 脚并接的稳压管用于限制其两端出现的浪涌电压，保护三极管 Tro。

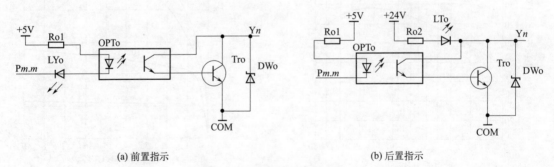

(a) 前置指示   (b) 后置指示

图 7-4   开关量晶体管输出电路

(2) 继电器输出电路

继电器输出电路由一个光电耦合器、继电器、二极管和电阻组成，前置指示和后置指示电路分别如图 7-5 所示。

同样光电耦合器内部输出三极管与外接三极管 Tro 组成一个复合管，以提高驱动继电器的能力；二极管 VDo 用于驱动三极管 Tro 截止时继电器线圈电流的续流。

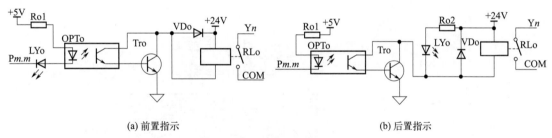

(a) 前置指示　　　　　　　　　　　　　(b) 后置指示

图 7-5　开关量继电器输出电路

(3) 晶闸管输出电路

采用双向晶闸管输出的电路如图 7-6 所示。图 7-6 中 OPTo 是过零触发光电耦合器，起到隔离单片机系统和触发外部双向晶闸管的作用。电阻 Ro2 是光电耦合器 OPTo 的限流电阻，用于限制流经 OPTo 输出端的电流最大值不超过其最大重复浪涌电流 I_P（计算公式为 $Ro2 = \dfrac{V_P}{I_P}$，即过零检测电压值与最大重复浪涌电流的比值），取值范围为 $27 \sim 330\Omega$，取值较大时对最小触发电压会有影响。若 OPTo 所接负载是电感性负载时，Ro2 的值需要增大。电阻 Ro3 是用于消除 OPTo 关断电流对外部双向晶闸管的影响。电阻 Ro4 用于降低双向晶闸管所受的冲击电压，保护 TAo 和 OPTo。

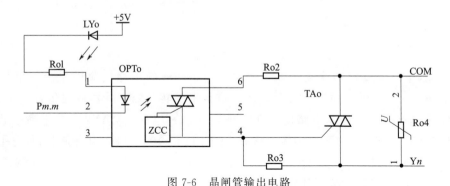

图 7-6　晶闸管输出电路

7.1.3　单片机电路

单片机电路由单片机、时钟电路和复位电路组成。单片机电路原理如图 7-7 所示，LQFP-44 封装的 STC11F60XE 单片机共有引脚 44 条，除去供电电源端、通信连接端、外接晶体振荡源，最多有 38 条 I/O 引脚，分别是 P0.0～P0.7、P1.0～P1.7、P2.0～P2.7、P3.2～P3.7 和 P4.0～P4.7（复位端）。若留用外部复位电路，则 I/O 引脚剩余为 37 条。电解电容器 C53 和电阻 R51 组成外部上电复位电路，电阻 R52 和按键 SB 组成手动复位电路。电容 C51 和 C52、晶振 Y01 组成外部时钟振荡电路。

7.1.4　通信电路

通信电路用来下载程序和进行运行监控。STC 单片机的通信电路为 RS-232，如图 7-8 所示。图 7-8 中 MAX232 芯片采用由德州仪器公司（TI）推出的一款兼容 RS232 标准的芯

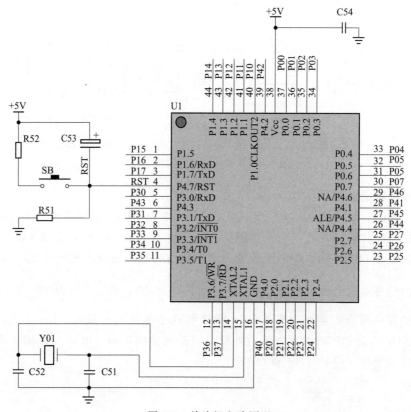

图 7-7   单片机电路原理

片。由于电脑串口 RS232 电平是 −10～+10V，而一般的单片机应用系统的信号电压是 TTL 电平 0～+5V，所以 MAX232 就是用来进行电平转换的，故器件内包含 2 个驱动器、2 个接收器和 1 个电压发生器电路提供 TIA/EIA-232-F 电平。MAX232 是电荷泵芯片，可以完成两路 TTL/RS-232 电平的转换，它的［9］［12］［10］［11］引脚是 TTL 电平端，用来连接单片机的；［8］［13］［7］［14］引脚是 TIA/EIA-232-F 电平。MAX232 芯片有 PDIP-16 和 SOP-16 两种封装，其引脚功能如图 7-9 所示。

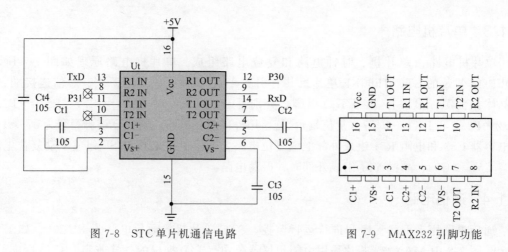

图 7-8   STC 单片机通信电路   图 7-9   MAX232 引脚功能

MAX232 芯片是专门为电脑的 RS-232C 标准串口设计的接口电路，使用＋5V 单电源供电。内部结构基本可分三个部分。

① 电荷泵电路。由 ［1］［2］［3］［4］［5］［6］脚和外接 4 只电容构成。功能是产生＋12V 和－12V 两个电源，供给 RS-232 串口电平。

② 数据转换通道。由 ［7］［8］［9］［10］［11］［12］［13］［14］脚构成两个数据通道。其中 ［13］脚（R1 IN）、［12］脚（R1 OUT）、［11］脚（T1 IN）、［14］脚（T1 OUT）为第一数据通道。［8］脚（R2 IN）、［9］脚（R2 OUT）、［10］脚（T2 IN）、［7］脚（T2 OUT）为第二数据通道。

TTL/CMOS 数据从 T1 IN、T2 IN 输入转换成 RS-232 数据从 T1 OUT、T2 OUT 送到电脑 DP9 插头；DP9 插头的 RS-232 数据从 R1 IN、R2 IN 输入转换成 TTL/CMOS 数据后从 R1 OUT、R2 OUT 输出。

③ 供电。［15］脚接 GND、［16］脚接 VCC（＋5V）。

7.1.5 电源电路

单片机的工作电压通常为直流 5V 或 3.3V，考虑到单片机的输入和输出信号通道电路等也需要电源供电才能工作，故选用 24V AC 作为供电电压。24V AC 通过整流、滤波后得到的直流电压，经 DC/DC 变换后，提供直流 24V，再进行 DC/DC 变换或集成稳压器降至 5V DC 或 3.3V 给单片机供电。降压电路可用开关电源和线性电源之一来实现。

开关电源就是进行 DC/DC 变换，即通过晶体管饱和或截止时间宽度不同进行脉冲宽度调制，将具有占空比的脉冲整流得到 24V 电压，采用输出电压可调的 LM2576T-ADJ 芯片进行 DC/DC 变换，如图 7-10 所示，LM2576T-ADJ 芯片的引脚功能如表 7-1 所示。图 7-10 中交流 24V 电压经插座 CNJ24 通过熔断器 FU1、DB1（整流）、CD1（滤波）、共模电感 LD1、滤波 CD4 后送至 DC/DC 变换芯片 UD1 的 ［1］脚，DC/DC 变换芯片 ［2］脚输出的脉冲经感 LD2 镇流及电容 CD5 滤波后，输出直流 24V。二极管 DD1 为续流二极管，RW1 用于整定输出 24V 电压。发光二极管 LED1 和电阻 RD3 为 24V 电源指示。直流 24V 经 UD2（LM2576S-5）芯片进行 DC/DC 变换或线性稳压器 UD2b（LM7805）降压至 5V 给单片机供电，LM2576S-5 的引脚功能和外围电路与 LM2576T-ADJ 类似，发光二极管 LED2 和电阻 RD4 为 5V 电源指示。

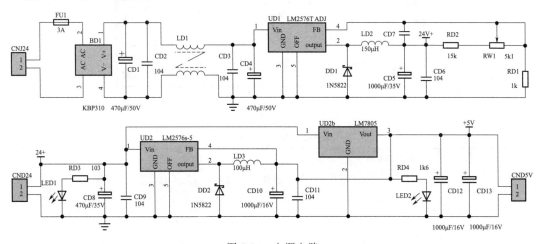

图 7-10 电源电路

表 7-1　LM2576T-ADJ 引脚功能

引脚号	1	2	3	4	5
功能	电源输入端	电压输出端	接地端	反馈端	ON/OFF 端

7.2　固定点数控制板

固定点数控制板分为主控板和扩展板 2 种。除此之外，还有为控制板工作提供电源的电源板。

7.2.1　电源板

电源电路板采用双层设计，尺寸为 93mm×54mm（3675mil×2125mil），元器件布置如图 7-11 所示，线路布置如图 7-12 所示。材料清单见表 7-2，电源板实物如图 7-13 所示。

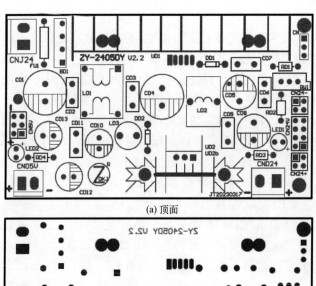

(a) 顶面

(b) 底面

图 7-11　电源板元器件排列

表 7-2　电源板材料清单

直流 24V				直流 5V			
代号	名称	型号规格	数量	代号	名称	型号规格	数量
CNJ24	接线端子	KF128-2P,5.08	1	CD8	电解电容	470μF/35V	1
FU1	熔丝	3A,3×10 带引脚	1	CD9	独石电容	104	1
BD1	桥式整流器	KBP310	1	UD2	稳压器*	LM2576S-5	1

续表

直流 24V				直流 5V			
代号	名称	型号规格	数量	代号	名称	型号规格	数量
CD1	电解电容	470μF/50V	1	DD2	二极管*	1N5822	1
CD2	独石电容	104	1	LD3	工字电感*	100μH,直插	1
CND24	直流24V端子	2EDG 5.08-2P	1	CD10	电解电容	1000μF/16V	1
LD1	共模电感	1mH,10×6×5,0.6线	1	CD11	独石电容	104	1
CD3	独石电容	104	1	CD12	电解电容	1000μF/16V	1
CD4	电解电容	470μF/50V	1	CD13	电解电容	1000μF/16V	1
UD1	稳压器	LM2576T-ADJ	1	UD2b*	稳压器	78L05CV	1
DD1	二极管	1N5822	1	LED2	发光二极管	φ3,红色直插	1
LD2	电感线圈	150μH,0.6线	1	RD4	电阻	1/6W,RJ,1.6kΩ	1
CD5	电解电容	1000μF/35V	1	CND5V	接线端子	2EDG381-2P	1
CD6	独石电容	104	1				
CD7	独石电容	104	1				
RD1	电阻	1/4W,RJ,1kΩ	1				
RD2	电阻	1/4W,RJ,15kΩ	1				
RW1	电位	32965.1kΩ	1				
LED1	发光二极管	φ3,红色直插	1				
RD3	电阻	1/6W,RJ,10kΩ	1				
	散热器		1		散热器*		1

注：表中带*者为备选。

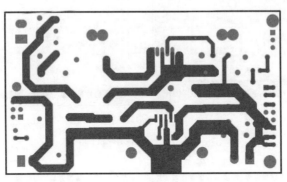

(a) 顶面

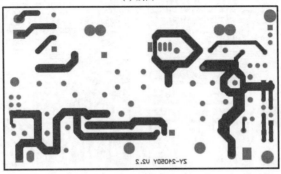

(b) 底面

图 7-12　电源板线路布置

图 7-13　电源板实物

电源板上所有元器件焊接安装完成后，检查无差焊、漏焊、搭锡等情况，确定正常，就在端子 CNJ24 上接通交流 24V 电源，调整 RW1 使端子 CND24 上的电压为稳定 24V。

7.2.2　主控制板

主控制板有 8 路直流电源开关量输入、6 路交流电源开关量输入、4 路晶体管输出、4 路继电器动断和动合输出。该板可单独承担控制任务，命名为 ZY-8644MBR。控制板的尺寸是 93mm × 89mm（3675mil × 3500mil），板上元器件布置如图 7-14 所示，线路布置如图 7-15 所示。端子 CNI1 为直流电源 8 路信号输入端，分 2 组，其中端子引脚 [1] 和 [6] 为组公共端；端子 CNI2 为交流电源 6 路信号输入端，也分 2 组，其中端子引脚 [1] 和 [4] 为组公共端。端子 CNQ1 为晶

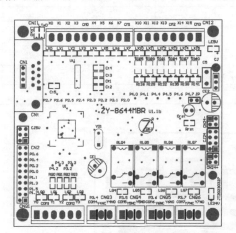
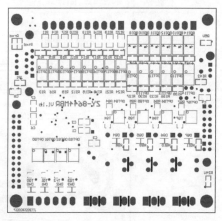

(a) 顶面　　　　　　　　　　　　　　　(b) 底面

图 7-14　主控制板元器件布置

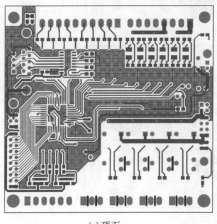
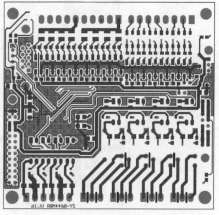

(a) 顶面　　　　　　　　　　　　　　　(b) 底面

图 7-15　主控制板线路布置

体管输出，端子的［2］脚为输出 Y0 和 Y1 公共端，端子的［5］脚为输出 Y2 和 Y3 公共端；晶体管输出触头容量为 0.2A/30V DC。端子 CNQ3、CNQ4、CNQ5、CNQ6 为继电器开关量输出，端子的［1］脚为公共端，［1］脚和［2］脚为动断输出，［1］脚和［3］脚为动合输出，触头容量为 3A/250V AC。

　　板载 CNt 或 CN1 口为下载程序或监控的通信口。CJ5V 为直流 5V 电源插头，CJ24 为直流 24V 电源插头，用于与电源板连接。CN2 为 16 路扩展端口，CN24－和 CN24＋分别为直流 24V 接触插件，用于与扩张板连接。输入端子引脚及对应的 MCU 引脚见表 7-3，输出端子引脚及对应的 MCU 引脚见表 7-4，扩展口引脚及对应的 MCU 引脚见表 7-5。主控制板上元器件清单如表 7-6 所示，主控制板实物如图 7-16 所示。

表 7-3　输入端子引脚及对应的 MCU 引脚

端子	1	2	3	4	5	6	7	8	9	10
CNI1	CM0	P2.0	P2.1	P2.2	P2.3	CM1	P2.4	P2.5	P2.6	P2.7
CNI2	CM3	P4.7	P4.6	CM2	P4.5	P4.4	P4.1	P4.0		

表 7-4　输出端子引脚及对应的 MCU 引脚

端子	1	2	3	4	5	6		
CNQ1	P4.2	COM1	P4.3	P3.2	COM2	P3.3		

端子	1	2	3	MCU 引脚	端子	1	2	3	MCU 引脚
CNQ3	COM4	动断	动合	P3.4	CNQ4	COM5	动断	动合	P3.5
CNQ5	COM6	动断	动合	P3.6	CNQ6	COM7	动断	动合	P3.7

表 7-5　扩展口引脚及对应的 MCU 引脚

1	2	3	4	5	6	7	8	9	10
地	地	P1.7	P1.6	P1.5	P1.4	P1.3	P1.2	P1.1	P1.0
11	12	13	14	15	16	17	18	19	20
P0.0	P0.1	P0.2	P0.3	P0.4	P0.5	P0.6	P0.7	＋5V	＋5V

表 7-6　主控制板元器件清单

电路	代号	名称	型号规格	数量
直流输入	CNI1	端子	2EDG3.81-10P	1
	LX0～LX7	发光二极管	红色,0805	8
	RI1、RI4、RI7、RI10、RI13、RI16、RI19、RI22	电阻	302,1210	8
	RI2、RI5、RI8、RI11、RI14、RI17、RI20、RI23	电阻	561,0805	8
	OPTI1、OPTI2、OPTI3、OPTI4、OPTI5、OPTI6、OPTI7、OPTI8	光电耦合	EL357,SOP4	8
	RI3、RI6、RI9、RI12、RI15、RI18、RI21、RI24	电阻	103,0805	8

续表

电路	代号	名称	型号规格	数量
交流输入	CNI2	端子	2EDG3.81-8P	1
	BDI9～BDI14	桥式整流器	MB6S	6
	CI9～CI14	电容	475,0805	6
	LX10～LX15	发光二极管	红色,1206	6
	RI25、RI28、RI31、RI34、RI37、RI40	电阻	302,1210	6
	RI26、RI29、RI32、RI35、RI38、RI41	电阻	561,0805	6
	RI27、RI30、RI33、RI36、RI39、RI42	电阻	103,0805	6
	OPTI9、OPTI10、OPTI11、OPTI12、OPTI13、OPTI14	光电耦合器	EL357,SOP4	6
单片机电路	U1	单片机	STC11F60XE,LQFP44	1
	Y01	晶体	11.0592MHz,直插	1
	C1、C2	电容	30,1206	2
	C3、C4、C6、C7、C8	电容	104,1206	5
	CE1、CE2	电解电容	1000μF/10V	2
	LE5V	发光二极管	红色,0805	1
	LE24V	发光二极管	红色,1206	1
	R5V	电阻	162,0805	1
	R24V	电阻	103,1206	1
	CN2	排座	2.54mm 间距,2×10P	1
	CN24-、CN24+	排座	2.54mm 间距,2×2P	2
	CJ	排针	2.54mm 间距,1×3P,L20mm	1
	CJ5V、CJ24	排针	2.54mm 间距,2×4P,L20mm	2
通信电路	CN1	排座	2.54mm 间距,1×4P	1
	CNt	插座	DB9	1
	LTxD、LRxD	发光二极管	红色,0805	2
	Rtxd、Rrxd	电阻	103,0805	2
	Ut1	集成电路	MAX232	1
	Ct1、Ct2、Ct3、Ct4	电容	105,0805	4
	Ct5	电容	104,0805	1
晶体管输出	RQ0、RQ1、RQ2、RQ3	电阻	821,0805	4
	LQ0、LQ1、LQ2、LQ3	发光二极管	红色,0805	4
	OPTQ0、OPTQ1、OPTQ2、OPTQ3	光电耦合器	PC817,SOP4	4
	TQ0、TQ1、TQ2、TQ3	晶体三极管	2N5551,SOT-23	4

续表

电路	代号	名称	型号规格	数量
晶体管输出	DW0、DW1、DW2、DW3	稳压管	ZMM33V,1206	4
	CNQ1	端子	2EDG3.81-6P	1
继电器输出	RQ4、RQ5、RQ6、RQ7	电阻	162,1206	4
	RQ8、RQ9、RQ10、RQ11	电阻	103,0805	4
	LQ4、LQ5、LQ6、LQ7	发光二极管	红色,0805	4
	OPTQ4、OPTQ5、OPTQ6、OPTQ7	光电耦合器	PC817,SOP4	4
	TQ4、TQ5、TQ6、TQ7	晶体三极管	2N5551,SOT-23	4
	DQ4、DQ5、DQ6、DQ7	晶体二极管	1N4148(LL4148),1206(LL-34)	4
	RLQ4、RLQ5、RLQ6、RLQ7	继电器	JZC-32F,024-ZS3,5A 250V AC	4
	CNQ3、CNQ4、CNQ5、CNQ6	端子	2EDG3.81-3P	4

图7-16 主控制板实物

7.2.3 扩展板

开关量扩展板有8路直流电源开关量输入、8路继电器动合输出。该板命名为ZY-88ER，通过CJ3与主控制板连接后将扩展8路输入和8路继电器输出。扩展板的尺寸是93mm×89mm（3675mil×3500mil），板上元器件排列如图7-17所示，线路布置如图7-18所示。端子CNI3为直流电源8路信号输入端，分2组，其中端子引脚［1］和［6］为组公共端。端子CNQ8、CNQ9、CNQ10、CNQ11为继电器开关量输出，端子的［2］脚为公共端，触头容量为3A/250V AC。扩展板上元器件清单如表7-7所示，实物如图7-19所示。

表 7-7　扩展板元器件清单

电路	代号	名称	型号规格	数量
直流输入	CNI3	端子	2EDG3.81-10P,弯针	1
	LX20～LX27	发光二极管	红色,1206	8
	RI43、RI46、RI49、RI52、RI55、RI58、RI61、RI64	电阻	302,1210	8
	RI44、RI47、RI50、RI53、RI56、RI59、RI62、RI65	电阻	561,0805	8
	RI45、RI48、RI51、RI54、RI57、RI60、RI63、RI66	电阻	103,0805	8
	OPTI20～OPTI27	光电耦合器	EL357,SOP4	8
继电器输出	RQ8、RQ10、RQ12、RQ14、RQ16、RQ18、RQ20、RQ22	电阻	162,1206	8
	RQ9、RQ11、RQ13、RQ15、RQ17、RQ19、RQ21、RQ23	电阻	103,0805	8
	LY8～LY15	发光二极管	红色,0805	8
	OPTQ8～OPTQ15	光电耦合器	PC817,SOP4	8
	TQ8～TQ15	晶体三极管	2N5551,SOT-23	8
	DQ8～DQ15	晶体二极管	1N4148(LL4148),1206(LL-34)	8
	RLQ8～RLQ15	继电器	JZC-32F,024-ZS3,5A 250V AC	8
	CNQ8～CNQ11	端子	2EDG3.81-3P,弯针	4
公用	CE3、CE4	电解电容	1000μF/10V,直插	2
	CE5	电解电容	470μF/35V,直插	1
	CJ3	排针	2.54mm,2×10P,L20mm	1
	CJ24＋、CJ24－	排针	2.54mm,2×2P,L20mm	2
	CND24V、CND5V	端子	2EDG3.81-2P,备用	2

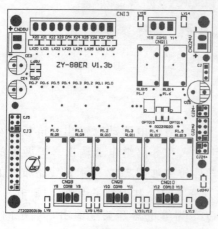

(a)顶面

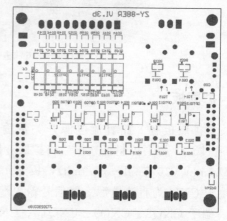

(b)底面

图 7-17　扩展板元器件排列

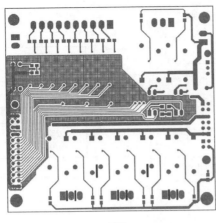 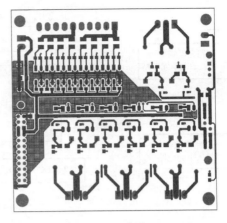

(a) 顶面   (b) 底面

图 7-18   扩展板线路布置

图 7-19   扩展板实物

7.3   选配型控制板

选配型控制板以一款封装为 PDIP-40 的 STC 单片机 STC11F60XE 芯片为例，其中有单片机基本系统电路板、开关量输入单元电路板、开关量输出单元电路板、模拟量输入单元电路板和模拟量输出单元电路，其组成框图如图 7-20 所示。本节介绍单片机基本系统板、开关量输入输出单元板。可以根据实际需要配置若干个输入点和输出点，灵活地组成各种不同输入输出点数的单片机控制器，开关量点数和模拟量输入点数以 4 为基本单位，总点数为 34 个。其中最多可有 34 个开关量点，或 8 个模拟量输入点，或 2 个模拟量输出点。

7.3.1   MCU 板和电源板

本节将介绍单片机基本系统板即 MCU 板的电路原理和制作。该板包括单片机、时钟电

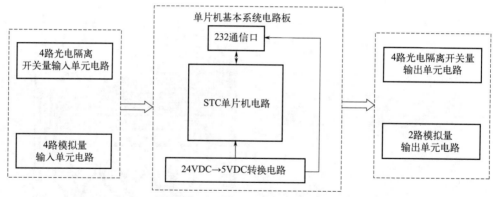

图 7-20   单片机控制器组成结构框图

路、复位电路、供电电源电路、通信电路和端口状态指示电路，其电路原理如图 7-21 所示。
图 7-21 中，单片机选用型号为 STC11F60XE、PDIP-40 封装；Y01 选用频率为 11.0592MHz 的
无源晶振；STC11F60XE 单片机内部集成高可靠复位电路，可省掉外部复位电路，增加一
个输入输出引脚；供电电源选用 24V DC 作为供电电压，再将 24V DC 进行 DC/DC 变换降
至 5V DC 给单片机供电；U4 为 LM2596S-5，LE71 和 R71 为 5V 电源指示电路；
STC11F60XE 单片机的通信电路为 RS-232，选用 MAX232 芯片；CNIO1～CNIO8 为输入
输出接口。

　　单片机引脚状态指示电路由一个 LED 发光二极管和电阻串联而成，用于指示该输入/输
出（I/O）口处在高电平还是低电平。当单片机某 I/O 引脚为高电平时，该发光二极管熄
灭；引脚为低电平时发光二极管点亮。PDIP-40 封装的单片机最多提供 36 个 I/O 口，故有
36 个指示电路。基本系统板把单片机的第 [9] 脚作为输入输出端，放置一个指示电路。若
仍需作为复位端，则在安装元器件时应将 LED47 和 R47 去除。

　　图 7-21 所示电路原理的 MCU 电路板采用双层布置，命名为 ZY-CPU-STC，其元器件
排列如图 7-22 所示，板上线路布置如图 7-23 所示，板上 CNI09 为预留口。在选用单片机
时，除应考虑转换软件是否支持外，还要考虑输入/输出（I/O）口的多少、封装形式（该
板用 PDIP-40，若选其他封装则需要转接板）、是否需要通信、在线监控等因素。选用电阻、
电容时，除应考虑容量、封装外，还须注意其耐压和制造材料等。此 MCU 板选用的元器件
清单如表 7-8 所示。

表 7-8   MCU 板材料清单

电路	代号	名称	型号规格	数量
单片机电路	U1	单片机	STC11F60XE，PDIP-40	1
		集成电路插座	PDIP-40，圆针	1
	C54	电容器	104，1206	1
时钟电路	Y01	无源晶体	11.0592MHz	1
	C51，C52	电容	27，1206	2
复位电路	R51，R52	电阻	103、101，1206	各 1
	C53	电解电容	10μF/10V，6mm×7mm，铝	1
	SB	轻触按键开关	6mm×6mm	1

续表

电路	代号	名称	型号规格	数量
电源电路	U4	集成稳压电路	LM2596S-5	1
	C74	电解电容	1000μF/35V,铝	1
	C70、C72	电解电容	1000μF/16V,铝	2
	C71、C73	电容	104,1206	2
	LE71	发光二极管	φ3,红色	1
	R71	电阻	122,1206	1
	TCM	共模电感	1mH,10×6×5,0.5线	1
	CND	接线端子	EX-2EDG-3.81 2P	1
通信电路	Ut	通信集成电路	MAX232,SOP-16	1
	C61、C62、C63、C64	电容	1μF/50V,1206	4
	CNt	接插件	DB9 或 DR9 母头	1
端口接插件	CNIO1～CNIO9	接插件	2.54mm,2×6P,弯母座	9
	CNIO5A		2.54mm,2×2P,弯母座	1
	CJ1		2.54mm,1×4P,直母座	1
状态指示电路	LED00～07、LED 10～17、LED 20～27、LED 30～37 LED 44～47	发光二极管	红色,0805	36
	R00～R07、R10～R17、R20～R27、R30～R37 R44～R47	电阻	202,0805	36
电路板	ZY-CPU-STC	MCU 板	127mm×76mm	1

将每个元器件按照其代号所在位置进行焊接，建议先焊接低矮的元器件，如贴片电阻、电容和发光二极管等，再焊接 IC 插座和电解电容之类比较高的元件，最后焊接接插件。焊接完成后的 MCU 板实物如图 7-24 所示，板上各接口对应单片机引脚如表 7-9 所示。

表 7-9　板载接口的单片机引脚

接口	单片机引脚											
	1	2	3	4	5	6	7	8	9	10	11	12
CNIO1	24V+	24V−	P0.0	地	P0.1	地	P0.2	地	P0.3	地	5V+	地
CNIO2	24V+	24V−	P0.4	地	P0.5	地	P0.6	地	P0.7	地	5V+	地
CNIO3	24V+	24V−	P2.7	地	P2.6	地	P2.5	地	P2.4	地	5V+	地
CNIO4	24V+	24V−	P2.3	地	P2.2	地	P2.1	地	P2.0	地	5V+	地
CNIO5	24V+	24V−	P4.5	地	P4.6	地	P3.7	地	P3.6	地	5V+	地
CNIO6	24V+	24V−	P3.5	地	P3.4	地	P3.3	地	P3.2	地	5V+	地
CNIO7	24V+	24V−	P1.7	地	P1.6	地	P1.5	地	P1.4	地	5V+	地
CNIO8	24V+	24V−	P1.3	地	P1.2	地	P1.1	地	P1.0	地	5V+	地
CNIO9	24V+	24V−	P4.0	地	P4.1	地	P4.2	地	P4.3	地	5V+	地
CNIO5A	P4.4	地	RST	地	—	—	—	—	—	—	—	—

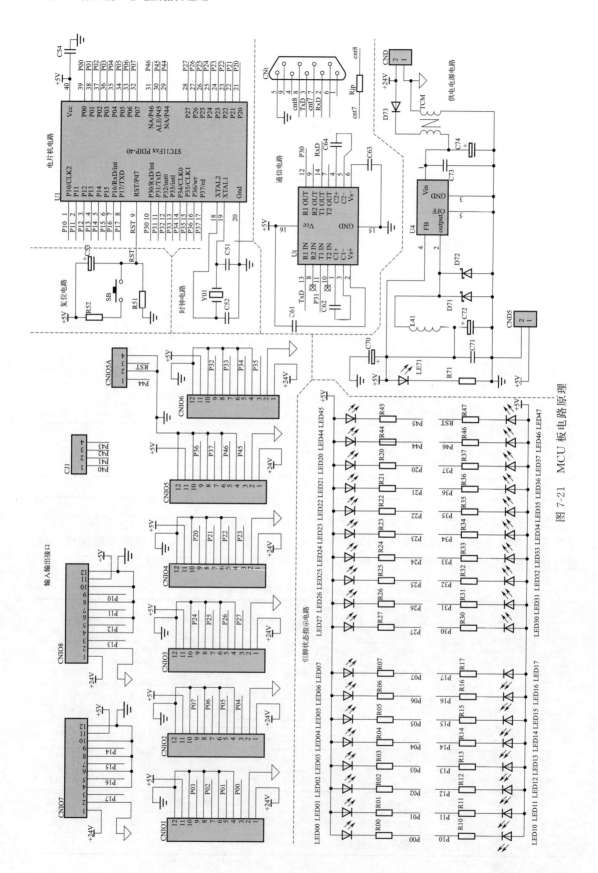

图 7-21　MCU 板电路原理

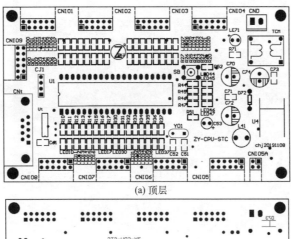

(a) 顶层

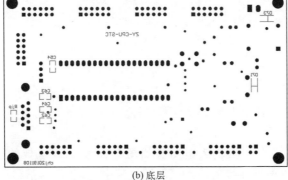

(b) 底层

图 7-22　MCU 板元器件排列

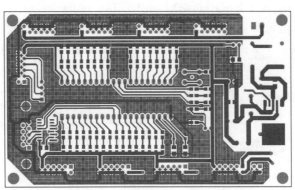

(a) 顶层

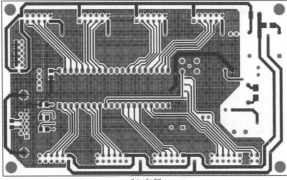

(b) 底层

图 7-23　MCU 板线路布置

图 7-24   MCU 板实物图

7.3.2   开关量输入板

开关量输入板分为直流电源和交流电源 2 种。

(1) 直流电源输入板

4 路直流电源输入的开关量输入电路板如图 7-25 所示。该板的输入回路电源是直流，图 7-25 中 CNI1 是与外电路连接的输入侧端子，其中 [5] 端为信号公共端，这里接直流电源 24V 负极；[4] ～ [1] 端分别为通道 1～4 的信号输入端，这里将它们分别定义为 X0～X3。图 7-24 中输出端连接件为 CJO1，是与 MCU 板连接的一个通用接口。该连接器中 [1] 和 [2] 脚为直流 5V 电源的正极和负极，[4] [6] [8] 和 [10] 脚为信号输出 "地"，[3]

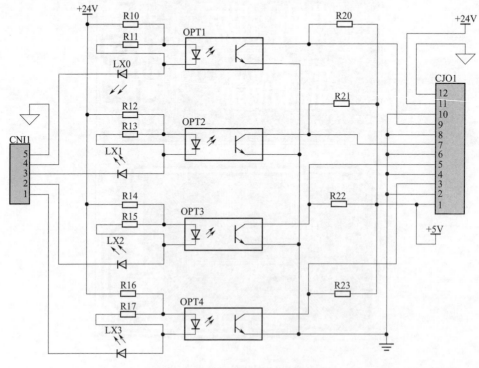

图 7-25   4 路直流电源输入板电路

[5] [7] 和 [9] 脚为信号输出端，[11] 和 [12] 脚为直流 24V 的正极和负极。连接器上的 [9] [7] [5] 和 [3] 脚分别对应于信号输入的 1～4 个通道，这些引脚应分别与 MCU 系统板上的 I/O 端口相连，将信号送入单片机。

采用双层布线设计的开关量输入板的印刷电路板如图 7-26 所示，其中图 7-26 和图 7-27 分别为元器件排列和线路布置，板子尺寸为 25.4mm×57.2mm（1000mil×2250mil）。板上所用元器件如表 7-10 所示。焊接完成后的 4 路输入板实物如图 7-28 所示，板上各接口引脚定义如表 7-11 所示。

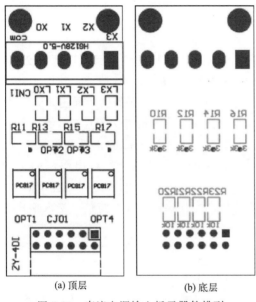

(a) 顶层   (b) 底层

图 7-26 直流电源输入板元器件排列

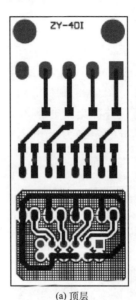 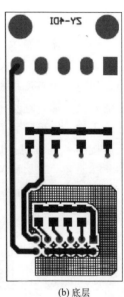

(a) 顶层   (b) 底层

图 7-27 直流电源输入板线路布置

表 7-10 直流电源输入板材料清单

电路	代号	名称	型号规格	数量
开关量 输入板 ZY-4DI	CNI1	输入端子	HG128V-5.0,5P	1
	CJO1	输出接插件	2.54mm,2×6P,弯针	1
	R10、R12、R14、R16	电阻	332,1210	4
	R11、R13、R15、R17	电阻	561,1206	4
	R20、R21、R22、R23	电阻	103,1206	4
	LX0、LX1、LX2、LX3	发光二极管	红色,1206	4
	OPT1、OPT2、OPT3、OPT4	光电耦合器	PC817,SOP4	4

表 7-11 直流电源输入板接口引脚定义

接口	1	2	3	4	5	6	7	8	9	10	11	12
CNI1	信号 输入	信号 输入	信号 输入	信号 输入	24V−	无						
CJO1	5V+	地 (5V−)	信号 输出	地	信号 输出	地	信号 输出	地	信号 输出	地	24V+	24V−

图 7-28　直流电源输入板实物图

（2）交流电源输入板

4 路交流电源输入的开关量输入电路板如图 7-29 所示，该板的输入回路电源为交流电源，但也可用直流电源。图 7-29 中 CNI1 同样是与外电路连接的输入侧端子，其中 [5] 端为信号公共端，这里可接外部交流电源 24V 的一端；[4] ～ [1] 端分别为通道 1～4 的信号输入端，这里将它们分别定义为 X0～X3。图 7-29 中输出端连接件为 CJO1，是与 MCU 板连接的一个通用接口。该连接器中 [1] 和 [2] 脚为直流 5V 电源的正极和负极，[4] [6] [8] 和 [10] 脚为信号输出"地"，[3] [5] [7] 和 [9] 脚为信号输出端，[11] 和 [12] 脚悬空留作直流电源时使用。连接器上的 [9] [7] [5] 和 [3] 脚分别对应于信号输入的 1～4 个通道，这些引脚应分别与 MCU 系统板上的 I/O 端口相连，将信号送入单片机。

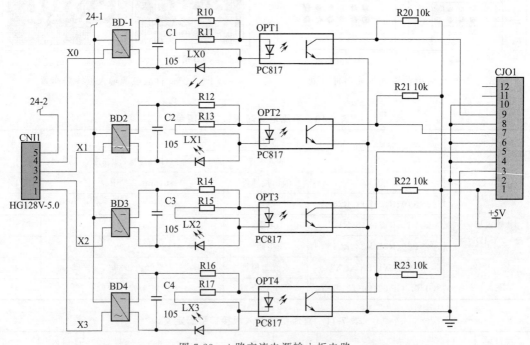

图 7-29　4 路交流电源输入板电路

采用双层布线设计的开关量输入板的印刷电路板如图 7-30 和图 7-31 所示，其中图 7-30 和图 7-31 分别为元器件排列和线路布置，板子尺寸为 25.4mm × 57.2mm （1000mil × 2250mil），板上所用元器件如表 7-12 所示。输入信号电源为交流电源时，板子上需将 CJO1 焊接处的 24-1 和 24-2 短接。焊接完成后的 4 路输入板实物如图 7-32 所示，板上各接口引脚定义如表 7-13 所示。

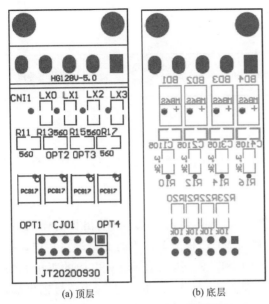

图 7-30 交流电源输入板元器件排列

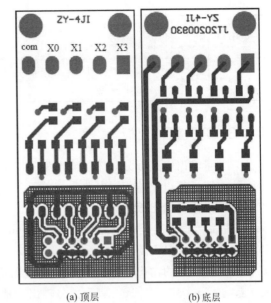

图 7-31 交流电源输入板线路布置

表 7-12 交流输入板材料清单

电路	代号	名称	型号规格	数量
	CNI1	输入端子	HG128V-5.0,5P	1
	CJO1	输出接插件	2.54mm,2×5P,弯针	1
	BD1、BD2、BD3、BD4	桥式整流器	MB6S,0.5A 1000V	4
开关量	C1、C2、C3、C4	电容	105,0805	4
输入板	R10、R12、R14、R16	电阻	332,1210	4
ZY-4JI	R11、R13、R15、R17	电阻	561,1206	4
	R20、R21、R22、R23	电阻	103,1206	4
	LX0、LX1、LX2、LX3	发光二极管	红色,1206	4
	OPT1、OPT2、OPT3、OPT4	光电耦合器	PC817,SOP4	4

图 7-32 交流电源输入板实物图

表 7-13 交流输入板接口引脚定义

接口号	1	2	3	4	5	6	7	8	9	10	11	12
CNI1	信号输入	信号输入	信号输入	信号输入	24V−	无						
CJO1	5V+	地	信号输出	地	信号输出	地	信号输出	地	信号输出	地	直流电源用	

7.3.3 开关量输出板

开关量输出电路板分晶体管输出型、继电器输出型和晶闸管输出型 3 种，与输入板一样每一块电路板都以 4 路相同电路为一单元。

（1）晶体管输出板

4 路晶体管输出板的电路如图 7-33 所示。图 7-33 中连接器 CJO1 为输出板的输入端，该连接器是与 MCU 板连接的一个通用接口，应将与 MCU 板上单片机的 I/O 端口相连，把来自单片机引脚的输出信号送出。该连接器中 [1] 和 [2] 脚为直流 5V 电源的正极和负极，[4] [6] [8] 和 [10] 脚为信号输出"地"，[3]、[5]、[7] 和 [9] 脚为信号输出端，[11] 和 [12] 脚为直流 24V 的正极和负极。连接器上的 [9] [7] [5] 和 [3] 脚分别对应

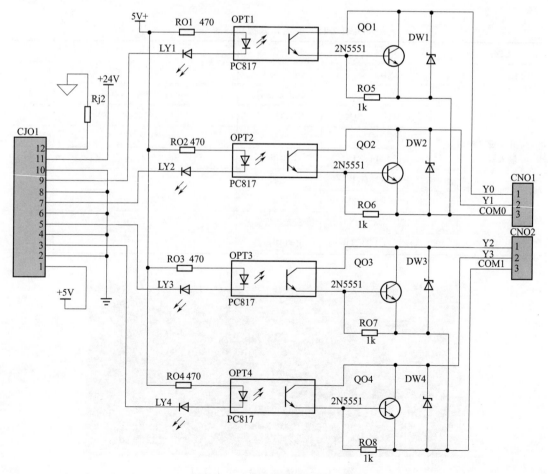

图 7-33 4 路晶体管输出板电路

于信号输出的 1~4 个通道,这些引脚应分别与 MCU 系统板上的 I/O 端口相连,受单片机输出信号的驱动。连接器 CNO1 和 CNO2 是输出板的输出端子,用于驱动外接电器。一个端子有两路输出驱动通道,其中引脚 [1] 和 [2] 为信号端,引脚 [3] 为公共端。

4 路输出的晶体管输出板的印刷电路板也采用双层布线设计,图 7-34 和图 7-35 分别为元器件排列和线路布置,板子尺寸为 25.4mm×57.2mm(1000mil×2250mil),板上所用元器件如表 7-14 所示。焊接完成后的 4 路输出板实物如图 7-36 所示,板上各接口引脚定义如表 7-15 所示。

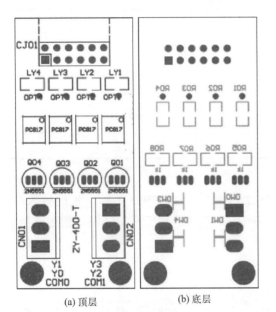

(a) 顶层　　　　　　(b) 底层

图 7-34　晶体管输出板元器件排列

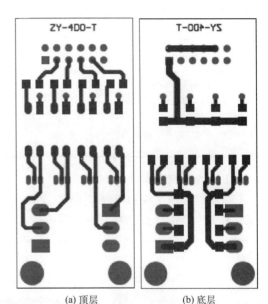

(a) 顶层　　　　　　(b) 底层

图 7-35　晶体管输出板布线

图 7-36　晶体管输出板实物图

表 7-14　晶体管输出板材料清单

电路	代号	名称	型号规格	数量
晶体管输出板 ZY-4DO-T	CNO1、CNO2	输出端子	2EDG3.18-3P	2
	CJO1	输出接插件	2.54mm,2×6P,弯针	1
	RO1、RO2、RO3、RO4	电阻	471,1206	4
	RO5、RO6、RO7、RO8	电阻	102,1206	4

续表

电路	代号	名称	型号规格	数量
晶体管 输出板 ZY-4DO-T	QO1、QO2、QO3、QO4	晶体三极管	2N5551,直插	4
	LY1、LY2、LY3、LY4	发光二极管	红色,1206	4
	DW1、DW2、DW3、DW4	稳压管	33V,1206	4
	OPT1、OPT2、OPT3、OPT4	光电耦合器	PC817,SOP4	4

表 7-15　晶体管输出板接口引脚定义

接口	1	2	3	4	5	6	7	8	9	10	11	12
CNO1	信号 输出	信号 输出	公共端	无								
CNO2	信号 输出	信号 输出	公共端	无								
CJO1	5V+	地	信号 输出	地	信号 输出	地	信号 输出	地	信号 输出	地	24V+	24V−

(2) 晶闸管输出板

4 路晶闸管输出板的电路如图 7-37 所示。图 7-37 中连接器 CJO1 为输出板的输入端,该连接器是与 MCU 板连接的一个通用接口,应与 MCU 板上单片机的 I/O 端口相连,把来

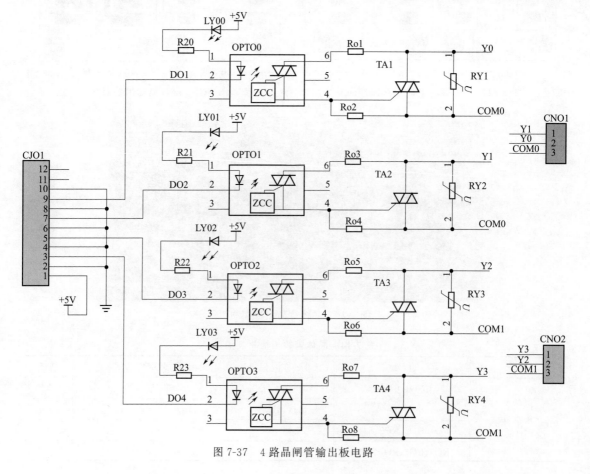

图 7-37　4 路晶闸管输出板电路

自单片机引脚的输出信号送出。该连接器中［1］和［2］脚为直流 5V 电源的正极和负极，［4］［6］［8］和［10］脚为信号输出"地"，［3］［5］［7］和［9］脚为信号输出端，［11］和［12］脚为直流 24V 的正极和负极。连接器上的［9］［7］［5］和［3］脚分别对应于信号输出的 1～4 个通道，这些引脚应分别与 MCU 系统板上的 I/O 端口相连，受单片机输出信号的驱动。连接器 CNO1 和 CNO2 是输出板的输出端子，用于驱动外接电器。一个端子有两路输出驱动通道，其中引脚［1］和［2］为信号端，引脚［3］为公共端。

　　4 路输出的晶闸管输出板采用双层布线设计，图 7-38 和图 7-39 分别为元器件排列和线路布置，板子尺寸为 25.4mm×72.4mm（1000mil×2850mil），板上所用元器件如表 7-16 所示。焊接完成后的 4 路输出板实物如图 7-40 所示，板上各接口引脚定义如表 7-17 所示。

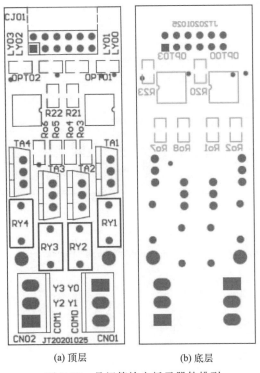

(a) 顶层　　　　　　　(b) 底层

图 7-38　晶闸管输出板元器件排列

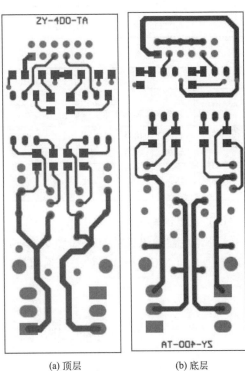

(a) 顶层　　　　　　　(b) 底层

图 7-39　晶闸管输出板线路布置

图 7-40　晶闸管输出板实物图

表 7-16   晶闸管输出板材料清单

电路	代号	名称	型号规格	数量
晶闸管 输出板 ZY-4DO-TA	CNO1、CNO2	输出端子	2EDG3.18-3P	2
	CJO1	输出接插件	2.54mm,2×6P,弯针	1
	R20、R21、R22、R23	电阻	301,1206	4
	Ro1、Ro2、Ro3、Ro4	电阻	331,1206	4
	Ro5、Ro6、Ro7、Ro8	电阻	331,1206	4
	TA1、TA2、TA3、TA4	晶闸管	BT137,TO-220	4
	LY00、LY01、LY02、LY03	发光二极管	红色,1206	4
	RY1、RY2、RY3、RY4	压敏电阻	10D 471kΩ	4
	OPTO0、OPTO1、OPTO2、OPTO3	光电耦合器	MOC3041,SOP4	4

表 7-17   板载接口引脚定义

接口	1	2	3	4	5	6	7	8	9	10	11	12
CNO1	信号输出	信号输出	公共端	无								
CNO2	信号输出	信号输出	公共端	无								
CJO1	5V+	地	信号输出	地	信号输出	地	信号输出	地	信号输出	地	24V+	24V-

(3) 继电器输出板

4 路继电器输出板的电路如图 7-41 所示。图 7-41 中连接器 CJO1 为输出板的输入端，该连接器是与 MCU 板连接的一个通用接口，应与 MCU 板上单片机的 I/O 端口相连，把来

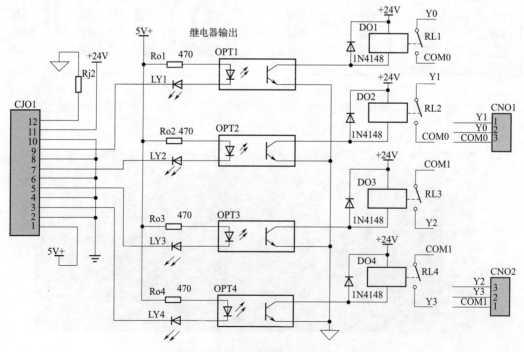

图 7-41   4 路继电器输出板电路

自单片机引脚的输出信号送出。该连接器中 [1] 和 [2] 脚为直流 5V 电源的正极和负极，[4] [6] [8] 和 [10] 脚为信号输出"地"，[3] [5] [7] 和 [9] 脚为信号输出端，[11] 和 [12] 脚为直流 24V 的正极和负极。连接器上的 [9] [7] [5] 和 [3] 脚分别对应于信号输出的 1～4 个通道，这些引脚应分别与 MCU 系统板上的 I/O 端口相连，受单片机输出信号的驱动。连接器 CNO1 和 CNO2 是输出板的输出端子，用于驱动外接电器。一个端子有两路输出驱动通道。其中 CON1 引脚 [1] 和 [2] 为信号端，引脚 [3] 为公共端；CON2 引脚 [3] 和 [2] 为信号端，引脚 [1] 为公共端。

4 路输出的继电器输出板采用双层布线设计，图 7-42 和图 7-43 分别为元器件排列和线路布置，板子尺寸为 25.4mm×72.4mm（1000mil×2850mil），板上所用元器件如表 7-18 所示。焊接完成后的 4 路输出板实物如图 7-44 所示，板上各接口引脚定义如表 7-19 所示。

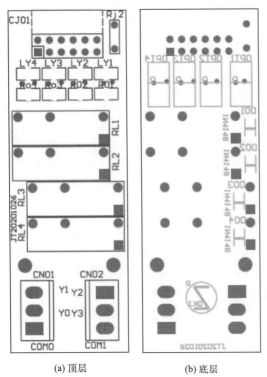

(a) 顶层 (b) 底层

图 7-42 继电器输出板元器件排列

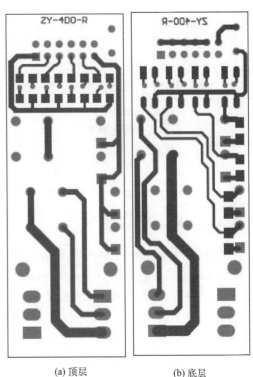

(a) 顶层 (b) 底层

图 7-43 继电器输出板线路布置

图 7-44 继电器输出板实物图

表 7-18　继电器输出板材料清单

电路	代号	名称	型号规格	数量
继电器 输出板 ZY-4DO-R	CNO1、CNO2	输出端子	2EDG3.18-3P	2
	CJO1	输出接插件	2.54mm,2×6P,弯针	1
	Ro1、Ro2、Ro3、Ro4	电阻	471,1206	4
	DO1、DO2、DO3、DO4	二极管	1N4148,1206	4
	RL1、RL2、RL3、RL4	继电器	HF46F,24-HS1	4
	LY1、LY2、LY3、LY4	发光二极管	红色,1206	4
	OPT1、OPT2、OPT3、OPT4	光电耦合器	EL357N,SMD	4

表 7-19　板载接口引脚定义

接口	1	2	3	4	5	6	7	8	9	10	11	12
CNO1	信号输出	信号输出	公共端	无								
CNO2	公共端	信号输出	信号输出	无								
CNJO1	5V+	地	信号输出	地	信号输出	地	信号输出	地	信号输出	地	24V+	24V−

7.3.4　输入输出点配置

PDIP-40 封装的 STC11F60XE 单片机共有引脚 40 条，除去供电电源端、通信连接端、外接晶体振荡源，最多有 34 条 I/O 引脚，分别是 P0.0～P0.7、P1.0～P1.7、P2.0～P2.7、P3.2～P3.7 和 P4.4～P4.7（复位端）。若留用外部复位电路，则 I/O 引脚剩余为 33 条。MCU 板以 4 条引脚为一个单元的有 8 个接口，即 CNIO1～CNIO8；把剩余的一条引脚 P4.4 和复位引脚作为接口 CNIO5 的备用接口，即 CNIO5A；板载共计 34 条输入输出引脚，灵活配置的是 8 个 4 位输入输出单元口。按前面介绍的输入输出板就可以拼装组成 0～8 个输入单元（4～32 个输入端）或 8～0 个输出单元（32～4 个输出单元）。

为了方便配置不同数量的输入输出单元板组成板式 PLC 控制器，需要制作两种安装底板。其一是卧式安装方式，底板尺寸和安装孔位如图 7-45 所示，卧式安装底板实物如图 7-46 所示。图 7-46 中板上直径为 3.2mm 的孔除 MCU 板采用铜柱外，其余装设 M3×10 的尼龙柱以固定单元板。其二是立式安装方式，底板尺寸和安装孔位如图 7-47 所示，孔径与卧式相同。立式安装板实物如图 7-48 所示。需要注意的是，采用立式安装时 MCU 板上的 CNIO1～CNIO8 接口须用直脚母座。

卧式安装底板拼装成 16 点开关量直流输入和 16 点晶闸管输出的板式 PLC 实物如图 7-49 所示，这种安装方式占地面积较大，但板面指示灯都清晰可见。立式安装底板拼装成 16 点开关量交流输入和 16 点晶体管输出的板式 PLC 实物如图 7-50 所示，这种安装方式占地面积较小，但板面指示灯被外接信号的端子遮挡，观察各路信号状态不方便。

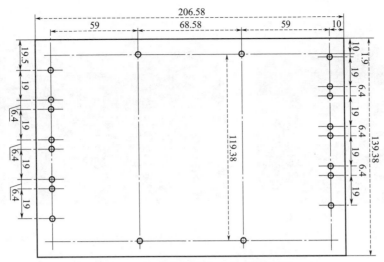

图 7-45　卧式安装底板尺寸和安装孔位

图 7-46　卧式安装底板实物

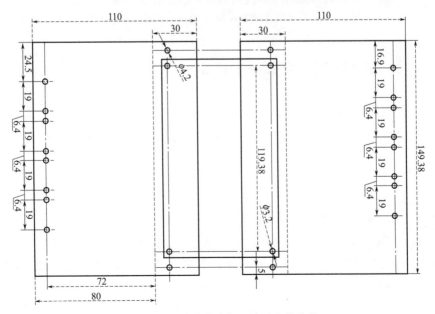

图 7-47　立式安装底板尺寸及安装孔位

图 7-48　立式安装底板实物

图 7-49　装有 16 点开关量直流输入和
16 点晶闸管输出的控制器（卧式安装）

图 7-50　装有 16 点开关量交流输入和 16 点晶体管输出的控制器（立式安装）

7.4　基本电路单片机控制程序

本节介绍第 2 章中点动、自锁、互锁和往返来回单片机控制的程序。程序编制采用梯形图和位处理 2 种方法，分别在 FXGPWIN（PLC 选用 FX$_{1N}$ 型）和记事本中录入。

7.4.1　点动和自锁控制

（1）点动控制

把图 2-1 所示继电器控制电路中的输入电器按钮 SB 的一对动合触头一端接到 ZY-8644MBR 板端子 CNI1 的 [2] 脚（X7）上，另一端接到电源板的 24－引脚上，即将 SB 分配到单片机的 P2.0 引脚。把输出电器接触器 KM 线圈的一端接到 ZY-8644MBR 板端子 CNQ3 的 [1] 脚 COM4（Y4）上，另一端接到控制电源变压器 TC 的 [3] 脚上，即将 KM 分配到单片机的 P3.4 引脚。单片机进行点动控制的电路如图 7-51 所示。单片机控制程序有梯形图和位处理 2 种编制方法。

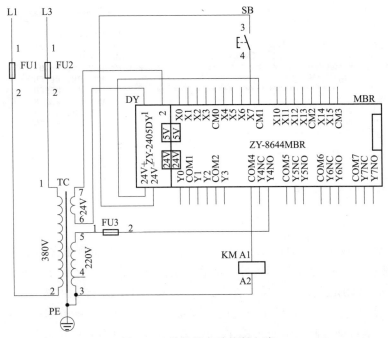

图 7-51　单片机点动控制电路

① 梯形图程序　根据 4.3.2 节的继电器电路转换法，把图 2-1 所示继电器控制电路转换成梯形图程序，如图 7-52 所示。

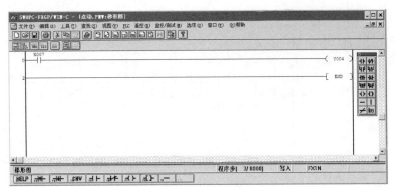

图 7-52　点动控制梯形图

② 位处理程序　根据 5.3.3 节按照负逻辑设计对图 2-1 进行位处理程序的编制，如图 7-53 所示。图 2-1 中只有一个输出电器、一行控制线路。程序编制是对输出电器逐个进行，从每个输出电器前面第一行开始，每行从左到右进行位逻辑运算，完成该输出电器前全部行的运算后进行输出。直到每个输出电器的运算编制完成，结束编程。图 7-53 中先给出程序设计的有关信息，再进行单片机引脚定义，接着是起始跳转、初始化和主程序。初始化和主程序共有 9 条语句、4 条指令。主程序说明如下：取按钮信号 P2.0 到累加器 C，送累加器 C 内容到引脚 P3.4，重复上面 2 个操作。

（2）自锁控制

把图 2-3 所示继电器控制电路中的输入电器按钮 SB2（此部分为 SB1）的一对动断触头

```
;***********************************         ;======起始跳转=================
;*      文件名: diandong.asm      *             ORG   0000H
;*      功能: 点动控制             *             LJMP  BEGIN
;*      频率: 11.0592MHz 编制: 键谈 *          ;------初始化-----------------
;*      版本: V1.0  日期: 2022年11月19日 *        ORG   00A0H
;*      说明: ZY-8644MBR控制板, STC11F60XE * BEGIN: MOV SP, #60H
;*            采用负逻辑设计        *                MOV P0, #0FFH
;***********************************                MOV P1, #0FFH
;------内部资源定义---------------                  MOV P2, #0FFH
   P4SW  DATA 0BBH  ;设置P4口状态字地址             MOV P3, #0FFH
   P4    DATA 0C0H  ;设置P4口地址                   MOV P3, #0FFH
;------电器元件定义------------------
;输入:                              MAIN:
   SB    bit  P2.0  ;按钮           ;------主程序-----------------
                                           MOV C, SB
;输出:                                     MOV KM, C
   KM    bit  P3.4  ;接触器                LJMP MAIN
;中间:                                     END
```

图 7-53　点动位处理程序

接到 ZY-8644MBR 板端子 CNI1 的 [9] 脚 (X0) 上, 另一端接到电源板的 24-引脚上, 即将 SB1 分配到单片机的 P2.7 引脚。另一个输入电器按钮 SB1 (此部分为 SB2) 的一对动合触头接到 ZY-8644MBR 板端子 CNI1 的 [2] 脚 (X7) 上, 即将 SB2 分配到单片机的 P2.7 引脚。同样把输出电器接触器 KM 线圈的一端接到 ZY-8644MBR 板端子 CNQ3 的 [1] 脚 (Y4) 上, 另一端接到控制电源变压器 TC 的 [3] 脚上, 即将 KM 分配到单片机的 P3.4 引脚。单片机进行自锁控制的电路如图 7-54 所示。

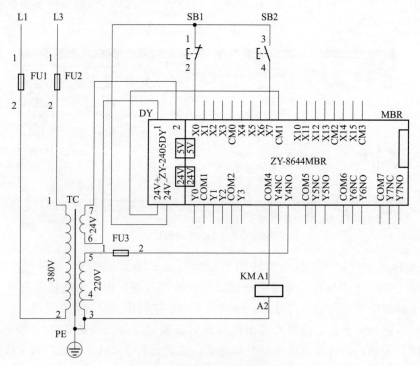

图 7-54　单片机自锁控制电路

① 梯形图程序　根据 4.3.2 节的继电器电路转换法, 把图 2-3 所示继电器控制电路转换成梯形图程序, 如图 7-55 所示。

② 位处理程序　按照负逻辑设计对图 2-3 进行位处理程序编制, 如图 7-56 所示。图 2-3

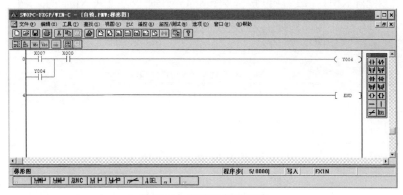

图 7-55 自锁控制梯形图

中也只有一个输出电器、有一行控制线路。主程序说明如下：取按钮 SB2 动合信号 P2.0 到累加器 C，与输出电器接触器的触头信号进行逻辑与运算，运算结果与按钮 SB1 动断信号 P2.7 进行逻辑或运算，运算结果送到引脚 P3.4 输出，驱动外接继电器，重复上面 4 个操作。

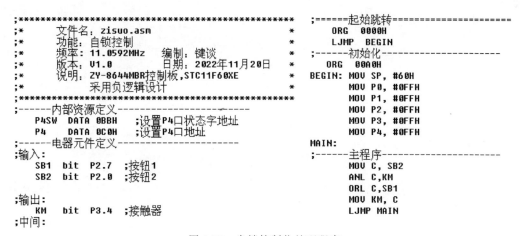

图 7-56 自锁控制位处理程序

7.4.2 互锁和往返来回控制

(1) 互锁控制

把图 2-4 所示继电器控制电路中的输入电器按钮 SB1 的一对动断触头接到 ZY-8644MBR 板端子 CNI1 的 [9] 脚（X0）上，即将 SB1 分配到单片机的 P2.7 引脚，另一端接到电源板的 24-引脚上；输入电器按钮 SB2 的一对动合触头接到 ZY-8644MBR 板端子 CNI1 的 [3] 脚（X6）上，即将 SB2 分配到单片机的 P2.1 引脚，另一端接到电源板的 24-引脚上；输入电器按钮 SB3 的一对动合触头接到 ZY-8644MBR 板端子 CNI1 的 [7] 脚（X7）上，即将 SB3 分配到单片机的 P2.0 引脚，另一端接到电源板的 24-引脚上。把输出电器接触器 KM1 线圈的一端通过 KM2 的辅助动断触头 KM2:[21] 与 KM2:[22]，再接到 ZY-8644MBR 板端子 CNQ3 的 [1] 脚（Y4）上，另一端接到控制电源变压器 TC 的 [3] 脚上，即将 KM1 分配到单片机的 P3.4 引脚；把输出电器接触器 KM2 线圈的一端通过 KM1 的辅助动断触头 KM1:[22]与 KM1:[21]，再接到 ZY-8644MBR 板端子 CNQ4 的［1］脚（Y5）上，另一端接到控制电源变压器 TC 的［3］脚上，即将 KM2 分配到单片机的 P3.5 引脚。单片机进行互锁控制的电路如图 7-57 所示。

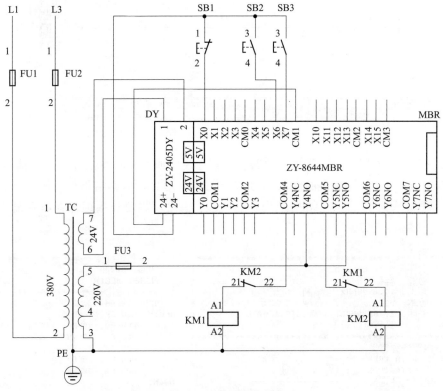

图 7-57   互锁单片机控制电路

① 梯形图程序   根据 4.3.2 节的继电器电路转换法，把图 2-4 所示继电器控制电路转换成梯形图程序，如图 7-58 所示。

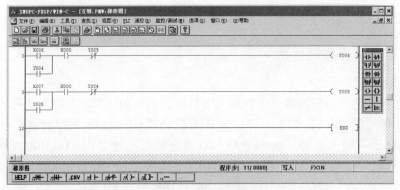

图 7-58   互锁控制梯形图

② 位处理程序   按照负逻辑设计对图 2-4 进行位处理程序编制，如图 7-59 所示。图 2-4 中有两个输出电器，每个电器有一行控制线路，其中存在一段共用线路。主程序说明如下：取按钮 SB2 信号 P2.1 到累加器 C，与接触器 KM1 辅助动合触头信号进行逻辑与运算，运

算结果与按钮 SB1 信号 P2.7 进行逻辑或运算，再与接触器 KM2 辅助动断触头信号的反进行逻辑或运算，运行结果送到引脚 P3.4 输出，完成第一个输出电器 KM1 的运算；取按钮 SB3 信号 P2.0 到累加器 C，与接触器 KM2 辅助动合触头信号进行逻辑与运算，运算结果与接触器 KM1 辅助动断触头信号的反进行逻辑或运算，再与按钮 SB1 信号 P2.7 进行逻辑或运算，运行结果送到引脚 P3.5 输出，完成第二个输出电器 KM2 的运算；重复上面的运算。

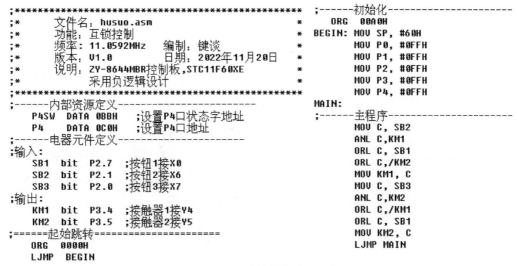

图 7-59　互锁控制位处理程序

（2）往返来回控制

把图 2-6 所示继电器控制电路改用单片机控制需要把热保护继电器 KR，停止按钮 SB1，前进移动启动按钮 SB2，后退移动启动按钮 SB3，点动/连续运转方式选择开关 SA，前进限位、后退限位行程开关 SL1 和 SL2 作为输入电器；KM1 和 KM2 作为输出电器。把 KR 的一对动断触头 KR:[95]与 KR:[96]分别接到电源板的 24－引脚和 ZY-8644MBR 控制板端子 CNI1 的［9］脚（X0）上，按钮 SB1 的一对动断触头 SB1:[2]与 SB1:[1]分别接到 ZY-8644MBR 控制板端子 CNI1 的［8］脚（X1）和电源板的 24－引脚上，开关 SA 的一对动合触头 SA:[4]与 SA:[3]分别接到 ZY-8644MBR 控制板端子 CNI1 的［7］脚（X2）和电源板的 24－引脚上，按钮 SB2 的一对动合触头 SB2:[4]与 SB2:[3]分别接到 ZY-8644MBR 控制板端子 CNI1 的［6］脚（X3）和电源板的 24－引脚上，按钮 SB3 的一对动合触头 SB3:[4]与 SB3:[3]分别接到 ZY-8644MBR 控制板端子 CNI1 的［5］脚（X4）和电源板的 24－引脚上，SL1 的一对动断触头 SL1:[2]与 SL1:[1]分别接到 ZY-8644MBR 控制板端子 CNI1 的［4］脚（X5）和电源板的 24－引脚上，SL2 的一对动断触头 SL2:[2]与 SL2:[1]分别接到 ZY-8644MBR 控制板端子 CNI1 的［3］脚（X6）和电源板的 24－引脚上。把 KM1 线圈的一端通过 KM2 辅助触头 KM2:[22]与 KM2:[21]接到 ZY-8644MBR 控制板端子 CNQ3 的［1］脚（Y4），另一端接到控制变压器 TC 的［3］端上；把 KM2 线圈的一端通过 KM1 辅助触头 KM1:[22]与 KM1:[21]接到 ZY-8644MBR 控制板端子 CNQ5 的［5］脚（Y5），另一端接到控制变压器 TC 的［3］端上。每个输入电器和输出电器分配到控制板上的端子引脚号与单片机引脚号见表 7-20，控制电路如图 7-60 所示。

表 7-20 电器所接端子引脚号与单片机引脚关系

输入电器			输出电器		
电器引脚号	端子引脚号	单片机引脚	电器代号	端子引脚号	单片机引脚
KR	X0	P2.7	KM1	Y4	P3.4
SB1	X1	P2.6	KM2	Y5	P3.5
SA	X2	P2.5			
SB2	X3	P2.4			
SB3	X4	P2.3			
SL1	X5	P2.2			
SL2	X6	P2.1			

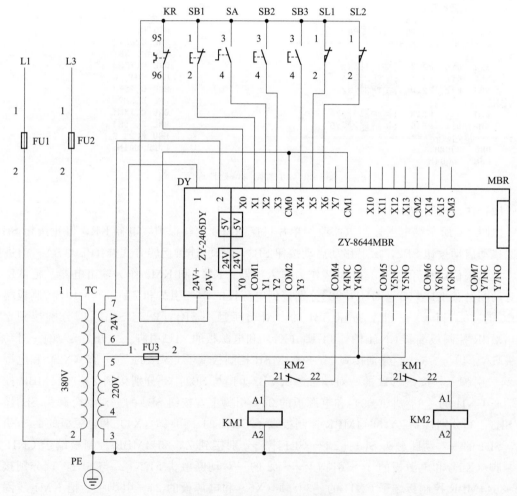

图 7-60 往返单片机控制电路

① 梯形图程序 根据 4.3.2 节的继电器电路转换法，把图 2-6 所示继电器控制电路转换成梯形图程序，如图 7-61 所示。

② 位处理程序 图 2-6 中有 2 个输出电器，每个输出电器线圈前存在有 3 行。2 个输出电器线圈有一段共用线路。程序设计中除了定义输入、输出电器变量外，需要定义 1 个中间

变量 TEMP 存放共用线路逻辑运算结果。从共用线路的第 1 个电器元件开始运算，即输入电器 KR、SB1 进行逻辑或运算，运算结果取反后存入中间变量 TEMP。然后从输出电器线圈 KM1 段第 1 行线路开始，取输出电器 KM1 与输入电器 SA 进行逻辑或运算，运算结果与第 2 行输入电器 SB2 进行逻辑与运算，再与行程开关 SL2 的反进行逻辑与运算，运算结果与中间变量 TEMP 的反进行逻辑或运算，接着与行程开关 SL1 进行逻辑或运算，再与输出电器 KM2 的反进行逻辑或运算，运算结果送输出电器 KM1，完成前进输出电器的逻辑运算。

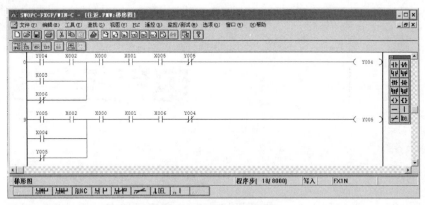

图 7-61　往返控制梯形图

后退输出电器线圈的程序编制与前进电器类似，只是操作对象不同。按照负逻辑设计对图 2-6 进行位处理运算编制的程序如图 7-62 所示。

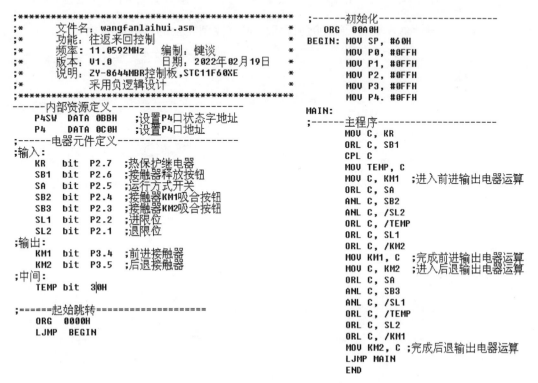

```
;************************************************
;*          文件名：wangfanlaihui.asm          *
;*          功能：往返来回控制                  *
;*          频率：11.0592MHz    编制：键谈      *
;*          版本：V1.0          日期：2022年02月19日 *
;*          说明：ZY-8644MBR控制板,STC11F60XE   *
;*                采用负逻辑设计                 *
;************************************************
;------内部资源定义----------------------
      P4SW  DATA 0BBH    ;设置P4口状态字地址
      P4    DATA 0C0H    ;设置P4口地址
;------电器元件定义----------------------
;输入:
      KR    bit P2.7    ;热保护继电器
      SB1   bit P2.6    ;接触器释放按钮
      SA    bit P2.5    ;运行方式开关
      SB2   bit P2.4    ;接触器KM1吸合按钮
      SB3   bit P2.3    ;接触器KM2吸合按钮
      SL1   bit P2.2    ;进限位
      SL2   bit P2.1    ;退限位
;输出:
      KM1   bit P3.4    ;前进接触器
      KM2   bit P3.5    ;后退接触器
;中间:
      TEMP  bit 30H

;======起始跳转===================
      ORG   0000H
      LJMP  BEGIN
```

```
;------初始化----------------------
      ORG   00A0H
BEGIN: MOV  SP, #60H
       MOV  P0, #0FFH
       MOV  P1, #0FFH
       MOV  P2, #0FFH
       MOV  P3, #0FFH
       MOV  P4. #0FFH

MAIN:
;------主程序----------------------
       MOV  C, KR
       ORL  C, SB1
       CPL  C
       MOV  TEMP, C
       MOV  C, KM1    ;进入前进输出电器运算
       ORL  C, SA
       ANL  C, SB2
       ANL  C, /SL2
       ORL  C, /TEMP
       ORL  C, SL1
       ORL  C, /KM2
       MOV  KM1, C    ;完成前进输出电器运算
       MOV  C, KM2    ;进入后退输出电器运算
       ORL  C, SA
       ANL  C, SB3
       ANL  C, /SL1
       ORL  C, /TEMP
       ORL  C, SL2
       ORL  C, /KM1
       MOV  KM2, C    ;完成后退输出电器运算
       LJMP MAIN
       END
```

图 7-62　往返控制位处理程序

第2篇

电气控制实例

　　本篇列举PLC和单片机应用于三相异步电动机控制、机床控制，以及风机和水泵控制的多个实例；每一个实例都是在解读继电器控制电路的基础上，给出PLC和单片机控制方案，并详细地介绍控制程序的设计。本篇主要是加强读者对电气控制类型的理解与变换。

第8章

三相异步电动机控制

三相交流异步电动机采用全压直接启动时,启动电流一般可达额定电流的 $4\sim7$ 倍。过大的启动电流会降低电动机的寿命,使供电变压器二次电压大幅度下降,减小电动机本身的启动转矩,甚至使电动机无法启动。因此当交流电动机不符合直接启动条件时,应采用降压启动。

8.1 降压启动

交流电动机降压启动有星-三角形降压启动、延边三角形降压启动、电阻降压启动、电抗器降压启动、自耦变压器降压启动和晶闸管降压启动 6 种。

8.1.1 星-三角形降压启动控制

星-三角形降压启动是一个比较常用的降压启动方法,在启动时先将电动机的 3 个绕组连接成星形接法,将电源的线电压加到电动机两个绕组串联的回路,使每个绕组获得的电压降低,从而使电动机的启动电流降低。待电动机启动完成,即启动电流降至接近稳定值时,再将电动机的 3 个绕组连接成三角形接法,使每个绕组获得额定要求的线电压,以使电动机正常运转。

（1）继电器控制电路解读

笼形电动机星-三角形降压单向启动的主电路如图 8-1 所示。图 8-1 中 QF 为电源总空气开关,用于电动机的短路保护。KR 为热继电器,用于电动机的过载保护。接触器 KM1 用于运转控制,接触器 KMD 和 KMY 用于改变电动机定子线圈的接线形式,KMD 吸合、KMY 释放时电动机 M 的定子线圈为三角形接法,KMD 释放、KMY 吸合时电动机 M 的定子线圈为星形接法。因此该电路中接触器分为两组:一组负责供电控制,即接触器 KM1;

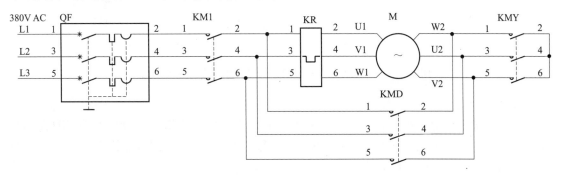

图 8-1 笼形电动机星-三角形降压单向启动主电路

另一组负责电动机绕组的接线形式，即接触器 KMD 和 KMY。必须注意的是：负责接线形式的接触器 KMD 与 KMY 不能同时吸合。

按照两组接触器在电动机启动过程中动作的先后次序，继电器-接触器控制电路的形式就有两种。一种是供电接触器先动作，绕组接线形式接触器后动作，如图 8-2 所示。另一种则反之，绕组接线形式接触器先动作，供电接触器后动作，如图 8-3 所示。

图 8-2 和图 8-3 控制电路中，指示灯 HL1、HLY 和 HLD 用于指示电动机所处的状态。变压器 TC 为指示灯提供隔离电源。KR 为热继电器动断触头，当电动机出现过载时，该动断触头 KR:[95]与 KR:[96]断开。SB1 为停止电动机运转操作按钮。SB2 为启动电动机运转操作按钮。时间继电器 KT 是从电动机星形启动到开始进行切换成三角形所需启动时间，KT 为通电延时型时间继电器。需要注意的是星形、三角形连接的接触器不能同时吸合，通常采用带机械联锁的接触器对，也可以采用接触器的辅助动断触头进行联锁，避免两接触器同时吸合。如图 8-2 和图 8-3 中的 KMD:[21]和 KMD:[22]与 KMY:[21]和 KMY:[22]。

① 供电接触器先动作控制   电动机供电接触器先动作、绕组接线形式接触器后动作的控制电路见图 8-2。

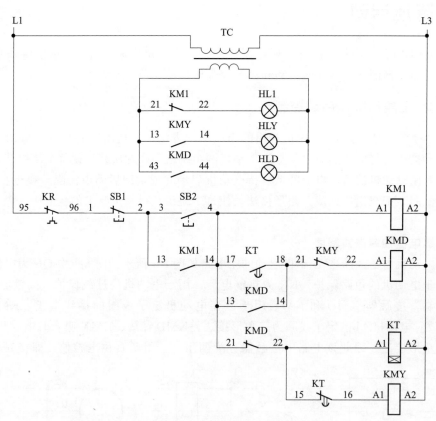

图 8-2   星-三角形降压单向启动供电接触器先动作控制电路

a. 停止状态。

热继电器 KR 动断触头 KR:[95]与 KR:[96]闭合，停止按钮 SB1 动断触头 SB1:[1]与 SB1:[2]闭合，启动按钮 SB2 动合触头 SB2:[3]与 SB2:[4]断开。接触器线圈 KM1:[A1]与 KM1:[A2]未通电，处在释放状态。

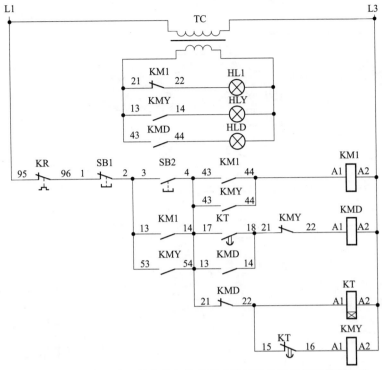

图 8-3 星-三角形降压单向绕组接线形式接触器先动作启动控制电路

时间继电器 KT 的辅助动合触头 KT:[17]与 KT:[18]、接触器 KMD 辅助动合触头 KMD:[13]与 KMD:[14]处于断开状态，因启动按钮 SB2 动合触头 SB2:[3]与 SB2:[4]断开，接触器 KMD 线圈 KMD:[A1]与 KMD:[A2]未通电，处在释放状态。

启动按钮 SB2 动合触头 SB2:[3]与 SB2:[4]断开，接触器 KMD 辅助动断触头 KMD:[21]与 KMD:[22]闭合，时间继电器 KT 线圈 KT:[A1]与 KT:[A2]未通电，处于释放状态；时间继电器动断触头 KT:[15]与 KT:[16]闭合，接触器 KMY 线圈 KMY:[A1]与 KMY:[A2]未通电，处于释放状态。

接触器 KM1 辅助动断触头 KM1:[21]与 KM1:[22]闭合，指示灯 HL1 点亮，标示电动机处在停止状态。

b. 启动过程。

当操作人员按下启动按钮 SB2 时，其动合触头 SB2:[3]与 SB2:[4]闭合，回路 L1→KR:[95]→KR:[96]→SB1:[1]→SB1:[2]→SB2:[3]→SB2:[4]→KM1:[A1]→KM1:[A2]→L3 接通，接触器 KM1 线圈得电吸合。KM1 吸合后其辅助动合触头 KM1:[13]与 KM1:[14]闭合进行自保。

回路 L1→KR:[95]→KR:[96]→SB1:[1]→SB1:[2]→SB2:[3]（KM1:[13]）→SB2:[4]（KM1:[14]）→KMD:[21]→KMD:[22]→KT:[A1]→KT:[A2]→L3 接通，时间继电器 KT 线圈得电吸合、开始计时。

回路 L1→KR:[95]→KR:[96]→SB1:[1]→SB1:[2]→SB2:[3]（KM1:[13]）→SB2:[4]（KM1:[14]）→KMD:[21]→KMD:[22]→KT:[15]→KT:[16]→KMY:[A1]→KMY:[A2]→L3 接通，接触器 KMY 线圈得电吸合。此时电动机 M 定子线圈接成星形，此时电路状态如图 8-4 所示。

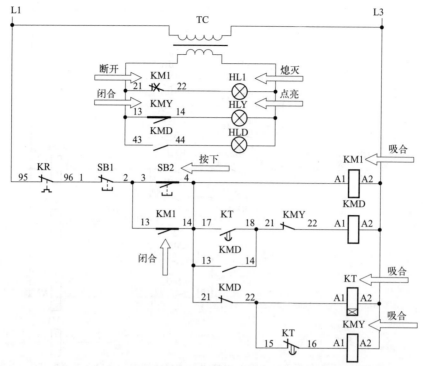

图 8-4　供电接触器先动作电路星形启动状态

c. 切换过程。

随着电动机 M 运转的进行，电动机启动电流逐渐下降。达到定时设定值时，时间继电器 KT 动作，其动断触头 KT：[15]与 KT：[16]断开，回路 L1→KR：[95]→KR：[96]→SB1：[1]→SB1：[2]→KM1：[13]→KM1：[14]→KMD：[21]→KMD：[22]→KT：[15]∥KT：[16]→KMY：[A1]→KMY：[A2]→L3 断路，接触器 KMY 线圈断电释放。KMY 的动断触头 KMY：[21]与 KMY：[22]闭合，为切换到三角形运行做好准备。

时间继电器 KT 动作，其动合触头 KT：[17]与 KT：[18]闭合，回路 L1→KR：[95]→KR：[96]→SB1：[1]→SB1：[2]→KM1：[13]→KM1：[14]→KT：[17]→KT：[18]→KMY：[21]→KMY：[22]→KMD：[A1]→KMD：[A2]→L3 接通，接触器 KMD 线圈通电、吸合，其辅助动合触头 KMD：[13]与 KMD：[14]闭合，进行自保。

接触器 KMD 线圈通电吸合，其动断触头 KMD：[21]与 KMD：[22]断开，回路 L1→KR：[95]→KR：[96]→SB1：[1]→SB1：[2]→KM1：[13]→KM1：[14]→KMD：[21]∥KMD：[22]→KT：[A1]→KT：[A2]→L3 断路，时间继电器和接触器 KMY 线圈断电释放，完成切换过程。

d. 三角形运行。

接触器 KM1 线圈通电、吸合后，回路 L1→KR：[95]→KR：[96]→SB1：[1]→SB1：[2]→KM1：[13]→KM1：[14]→KM1：[A1]→KM1：[A2]→L3 构成，接触器 KM1 自保。

接触器 KMD 线圈通电、吸合后，回路 L1→KR：[95]→KR：[96]→SB1：[1]→SB1：[2]→KM1：[13]→KM1：[14]→KMD：[13]→KMD：[14]→KMY：[21]→KMY：[22]→KMD：[A1]→KMD：[A2]→L3 接通，接触器 KMD 自保。

接触器 KMY 释放，其辅助动合触头 KMY：[13]与 KMY：[14]]断开，指示灯 HLY 熄灭。接触器 KMD 吸合，其辅助动合触头 KMD:[43]与 KMD:[44]]闭合，指示灯 HLD 点亮，标示电动机处在三角形接线的运行状态。

完成切换后，电动机 M 进入三角形接线的运行状态，此时控制电路状态如图 8-5 所示。

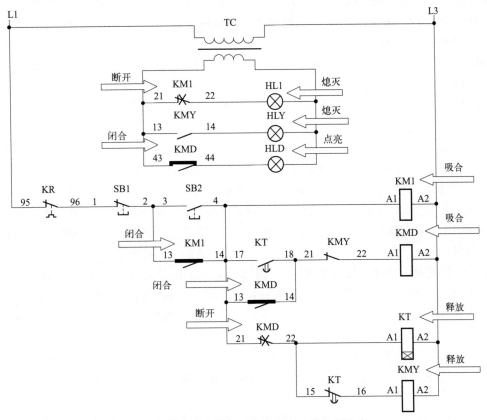

图 8-5　供电接触器先动作电路三角形运行状态

e. 过载保护。

在运行过程中若电动机出现过载，则热继电器 KR 动作。其辅助动断触头 KR:[95]与 KR:[96]断开，回路 L1→KR:[95]‖KR:[96]→SB1:[1]→SB1:[2]→KM1:[13]→KM1:[14]→KM1:[A1]→KM1:[A2]→L3 断路，接触器 KM1 线圈断电、释放。

回路 L1→KR:[95]‖KR:[96]→SB1:[1]→SB1:[2]→KM1:[13]→KM1:[14]→KMD:[13]→KMD:[14]→KMY:[21]→KMY:[22]→KMD:[A1]→KMD:[A2]→L3 断路，接触器 KMD 线圈断电、释放。

电动机定子绕组断电、停转。

f. 停止操作。

若按下停止按钮 SB1，其动断触头 SB1:[1]与 SB1:[2]断开，回路 L1→KR:[95]→KR:[96]→SB1:[1]‖SB1:[2]→KM1:[13]→KM1:[14]→KM1:[A1]→KM1:[A2]→L3 和回路 L1→KR:[95]→KR:[96]→SB1:[1]‖SB1:[2]→KM1:[13]→KM1:[14]→KMD:[13]→KMD:[14]→KMY:[21]→KMY:[22]→KMD:[A1]→KMD:[A2]→L3 断路，接触器 KM1 和 KMD 线圈断电、释放，电动机定子绕组断电停转。

② 绕组接线形式接触器先动作控制　电动机绕组接线形式接触器先动作、供电接触器

后动作的控制电路见图 8-3 所示。

a. 停止状态。

热继电器 KR 动断触头 KR:[95]与 KR:[96]闭合，停止按钮 SB1 动断触头 SB1:[1]与 SB1:[2]闭合，启动按钮 SB2 动合触头 SB2:[3]与 SB2:[4]断开。接触器 KMD 辅助动断触头 KMD:[21]与 KMD:[22]闭合，时间继电器动断触头 KT:[15]与 KT:[16]闭合。时间继电器 KT 和接触器 KMY 线圈未通电，都处于释放状态。

接触器 KMY 和时间继电器 KT 的辅助动合触头处于断开状态。接触器 KM1 和 KMD 处于释放状态。

接触器 KM1 辅助动断触头 KM1:[21]与 KM1:[22]闭合，指示灯 HL1 点亮，标示电动机处在停止状态。

b. 启动过程。

当操作人员按下启动按钮 SB2 时，其动合触头 SB2:[3]与 SB2:[4]闭合，回路 L1→KR:[95]→KR:[96]→SB1:[1]→SB1:[2]→SB2:[3]→SB2:[4]→KMD:[21]→KMD:[22]→KT:[A1]→KT:[A2]→L3 接通，时间继电器 KT 线圈得电吸合，进入计时状态。

回路 L1→KR:[95]→KR:[96]→SB1:[1]→SB1:[2]→SB2:[3]→SB2:[4]→KMD:[21]→KMD:[22]→KT:[15]→KT:[16]→KMY:[A1]→KMY:[A2]→L3 接通，接触器 KMY 的线圈通电、吸合。接触器 KMY 动作吸合，此时电动机 M 定子线圈接成星形。

因接触器 KMY 吸合，其辅助动合触头 KMY:[53]与 KMY:[54]]闭合，回路 L1→KR:[95]→KR:[96]→SB1:[1]→SB1:[2]→KMY:[53]→KMY:[54]→KMD:[21]→KMD:[22]→KT:[A1]→KT:[A2]→L3 接通，及回路 L1→KR:[95]→KR:[96]→SB1:[1]→SB1:[2]→KMY:[53]→KMY:[54]→KMD:[21]→KMD:[22]→KT:[15]→KT:[16]→KMY:[A1]→KMY:[A2]→L3 构成，时间继电器 KT 和接触器 KMY 在松开按钮 SB2 下也保持吸合。

因接触器 KMY 吸合，其辅助动合触头 KMY:[43]与 KMY:[44]闭合，回路 L1→KR:[95]→KR:[96]→SB1:[1]→SB1:[2]→KMY:[53]→KMY:[54]→KMY:[43]→KMY:[44]→KM1:[A1]→KM1:[A2]→L3 接通，接触器 KM1 线圈通电、吸合。电动机定子绕组通电，进入星形启动状态。

接触器 KM1 吸合，其辅助动合触头 KM1:[13]与 KM1:[14]、KM1:[43]与 KM1:[44]闭合，回路 L1→KR:[95]→KR:[96]→SB1:[1]→SB1:[2]→KM1:[13]→KM1:[14]→KM1:[43]→KM1:[44]→KM1:[A1]→KM1:[A2]→L3 接通，接触器 KM1 吸合自保。

接触器 KMY 吸合，其辅助动合触头 KMY:[13]与 KMY:[14]闭合，指示灯 HLY 点亮，标示电动机处在启动状态。接触器 KM1 吸合，其辅助动断触头 KM1:[21]与 KM1:[22]]断开，指示灯 HL1 熄灭。

电动机星形启动过程中控制电路的状态如图 8-6 所示。

c. 切换过程。

随着时间继电器 KT 计时的进行，电动机启动电流逐渐下降。达到定时设定值时，时间继电器 KT 动作，其动断触头 KT:[15]与 KT:[16]断开，回路 L1→KR:[95]→KR:[96]→SB1:[1]→SB1:[2]→KM1:[13]→KM1:[14]→KMD:[21]→KMD:[22]→KT:[15]∥KT:[16]→KMY:[A1]→KMY:[A2]→L3 断路，接触器 KMY 线圈断电、释放。KMY 的动断触头 KMY:[21]与 KMY:[22]闭合，为切换到三角形运行做好准备。

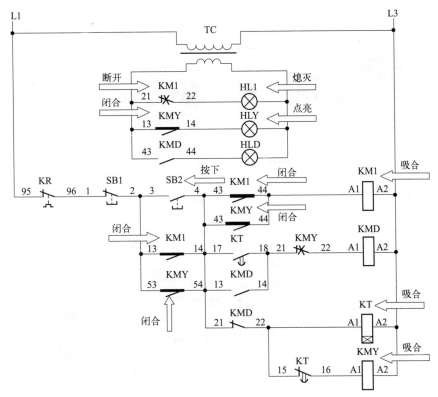

图 8-6　绕组接线形式接触器先动作电路星形启动状态

时间继电器动合触头 KT:[17]与 KT:[18]闭合，回路 L1→KR:[95]→KR:[96]→SB1:[1]→SB1:[2]→KM1:[13]→KM1:[14]→KT:[17]→KT:[18]→KMY:[21]→KMY:[22]→KMD:[A1]→KMD:[A2]→L3 接通，接触器 KMD 线圈通电、吸合。

接触器 KMD 线圈得电吸合，其动断触头 KMD:[21]与 KMD:[22]断开，回路 L1→KR:[95]→KR:[96]→SB1:[1]→SB1:[2]→KM1:[13]→KM1:[14]→KMD:[21]‖KMD:[22]→KT:[A1]→KT:[A2]→L3 断路，时间继电器线圈断电、释放。

d. 三角形运行。

接触器 KM1 线圈得电吸合后，回路 L1→KR:[95]→KR:[96]→SB1:[1]→SB1:[2]→KM1:[13]→KM1:[14]→KM1:[43]→KM1:[44]→KM1:[A1]→KM1:[A2]→L3 接通，接触器 KM1 吸合自保。

接触器 KMD 线圈得电吸合后，回路 L1→KR:[95]→KR:[96]→SB1:[1]→SB1:[2]→KM1:[13]→KM1:[14]→KMD:[13]→KMD:[14]→KMY:[21]→KMY:[22]→KMD:[A1]→KMD:[A2]→L3 接通，接触器 KMD 吸合自保。

接触器 KMY 释放，其辅助动合触头 KMY:[13]与 KMY:[14]断开，指示灯 HLY 熄灭。接触器 KMD 吸合，其辅助动合触头 KMD:[43]与 KMD:[44]闭合，指示灯 HLD 点亮，标示电动机处在三角形接线的运行状态。

完成切换后，电动机 M 进入三角形接线的运行状态，此时控制电路状态如图 8-7 所示。

e. 过载保护。

在运行过程中若电动机出现过载，则热继电器 KR 动作，其辅助动断触头 KR:[95]与

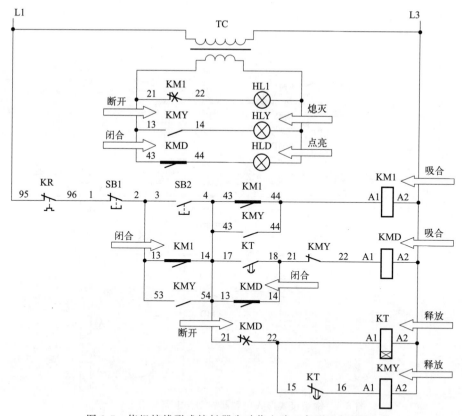

图 8-7　绕组接线形式接触器先动作电路三角形运行状态

KR：[96] 断开，回路 L1→KR：[95] ‖ KR：[96]→SB1：[1]→SB1：[2]→KM1：[13]→KM1：[14]→KM1：[43]→KM1：[44]→KM1：[A1]→KM1：[A2]→L3 断路，接触器 KM1 线圈断电、释放。

回路 L1→KR：[95] ‖ KR：[96]→SB1：[1]→SB1：[2]→KM1：[13]→KM1：[14]→KMD：[13]→KMD：[14]→KMY：[21]→KMY：[22]→KMD：[A1]→KMD：[A2]→L3 断路，接触器 KMD 线圈断电、释放。

电动机定子绕组断电停转。

f. 停止操作。

按下停止按钮 SB1，其动断触头 SB1：[1] 与 SB1：[2] 断开。回路 L1→KR：[95]→KR：[96]→SB1：[1] ‖ SB1：[2]→KM1：[13]→KM1：[14]→KM1：[43]→KM1：[44]→KM1：[A1]→KM1：[A2]→L3 断路，接触器 KM1 线圈断电、释放。回路 L1→KR：[95]→KR：[96]→SB1：[1] ‖ SB1：[2]→KM1：[13]→KM1：[14]→KMD：[13]→KMD：[14]→KMY：[21]→KMY：[22]→KMD：[A1]→KMD：[A2]→L3 断路，接触器 KMD 线圈断电、释放。电动机 M 定子绕组断电停止运转。

接触器 KM1 释放，其辅助动断触头 KM1：[21] 与 KM1：[22] 闭合，指示灯 HL1 点亮，标示电动机处在停止状态。

接触器 KMD 释放，其辅助动合触头 KMD：[43] 与 KMD：[44] 断开，指示灯 HLD 熄灭。

通过上面的解读可以知道，完成笼形电动机星-三角形降压启动电路因接触器动作的次序要求不同就有不同的电路来实现，所以电路中承担启动电流的接触器就不同。图 8-2 中承担启动电流的是接触器 KMY，图 8-3 中承担启动电流的是接触器 KM1。

虽然降压启动使电动机的启动电流降低到全压启动的 1/3，相应地，启动转矩也降压到全压启动的 1/3。假如全压启动的电流是额定电流的 6～7 倍，那么星形降压启动的电流还是有额定电流的 2～4 倍，故通常在选用接触器时把承载启动电流的那台接触器要比其他的大一个级。图 8-1 中流过过载保护热继电器 KR 的正常运行电流是电动机额定电流的 0.58，过载保护热继电器的整定电流应接近但不小于电动机的额定电流，过载保护热继电器的额定电流不宜小于整定电流的 1.1 倍。

（2）PLC 控制

把三相笼形异步电动机的继电器控制改用 PLC 控制，需要把热继电器辅助触头 KR、停止按钮 SB1、启动按钮 SB2 作为输入点，共 3 点。若有些场所需要点动运转的，还应增加点动/连续选择开关 SA 为输入点。作为输出点的有运转接触器 KM1、星形启动接触器 KMY、三角形运行接触器 KMD 及状态指示灯 HL2（将原来 3 只指示灯合用 1 只作为状态指示，运行时常亮、启动过程中亮灭闪亮），共 4 点。

① 电气原理图　把点动/连续运转作为备用，根据上面确定的输入点和输出点数量，选用三菱 FX$_{3SA}$-30MR-CM 可编程控制器。输入、输出和辅助各点的分配及功能如表 8-1 所示，时间继电器选用 PLC 内部时基为 100ms（0.1s）的定时器 T1，假如设定时间取 5s，则设定值为 5/0.1＝50。PLC 控制原理图如图 8-8 所示，指示灯 HL1 为电源指示，HL2 为电动机状态指示。

表 8-1　输入、输出和辅助点功能及分配

信号	电器代号	点分配	功能	信号	电器代号	点分配	功能
输入	KR	X00	电动机过载保护	输出	KM1	Y04	电动机运转接触器
	SB1	X01	停止操作按钮		KMD	Y05	电动机三角形运行接触器
	SB2	X02	启动操作按钮		KMY	Y06	电动机星形启动接触器
	SA	X03	点动/连续选择（预留）		HL2	Y07	指示信号
				内部	KT	T1	启动时间设定

② 程序编制　笼形电动机星-三角形降压启动继电器控制线路典型、成熟，故从中得到的梯形图程序是安全、可靠的。按照 4.3.2 节中介绍的，依据继电器控制电路，通过电器代号替换、符号替换、触头修改、按规则整理四个步骤，将原继电器控制电路转换为 PLC 控制的梯形图。

绕组接线形式接触器先动作，电源供电接触器后动作的继电器控制电路如图 8-9 所示，指示灯部分后面单独编制。下面进行梯形图转换。

步骤 1，代号替换。把图 8-9 中电器的代号用 PLC 控制电路中分配的点来取代，即 KR 用 X00、SB1 用 X01、SB2 用 X02、KM1 用 Y04、KMD 用 Y05、KMY 用 Y06 和 KT 用 T1（K50）取代。指示灯 HL 另外处理，替换后的电路如图 8-10 所示。

步骤 2，符号替换。把继电器-接触器电路中的电器符号用梯形图来替换。如动合触头以 ┤├ 替换 ——，动断触头以 ┤/├ 替换 —，单个并联动合触头是 ┤↑├，单个并联动断触头是 ┤↓├，输出线圈以 ( ) 替换 ┤├。用 PLC 编程软件中的软电器替换电器符号后的梯形图如

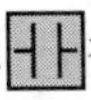

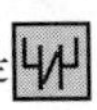

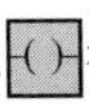

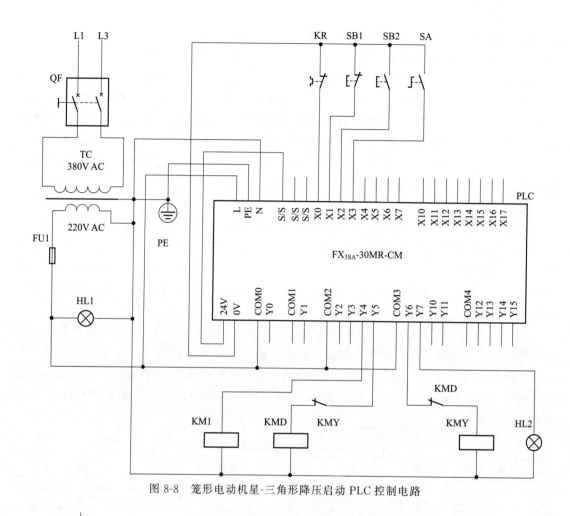

图 8-8   笼形电动机星-三角形降压启动 PLC 控制电路

图 8-9   绕组接线形式接触器先动作继电器控制电路

图 8-11 所示。

步骤 3，触头修改。PLC 控制电路中外接电器沿用继电器电路的动断触头必须用梯形图的动合软电器代换，同一电器的动合触头用梯形图的动断软电器代换。

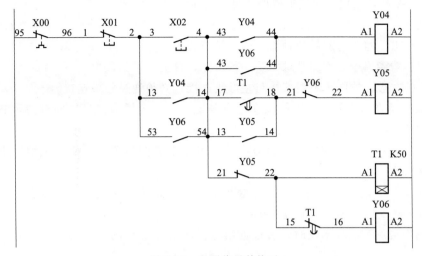

图 8-10　电器代号替换后

因图 8-8 中 X00 和 X01 两点外接动断触头，对其触头进行修改后的梯形图如图 8-12 所示。

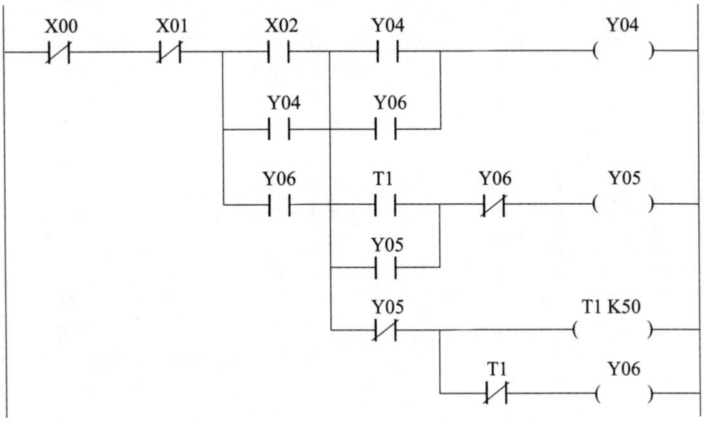

图 8-11　电器符号替换后

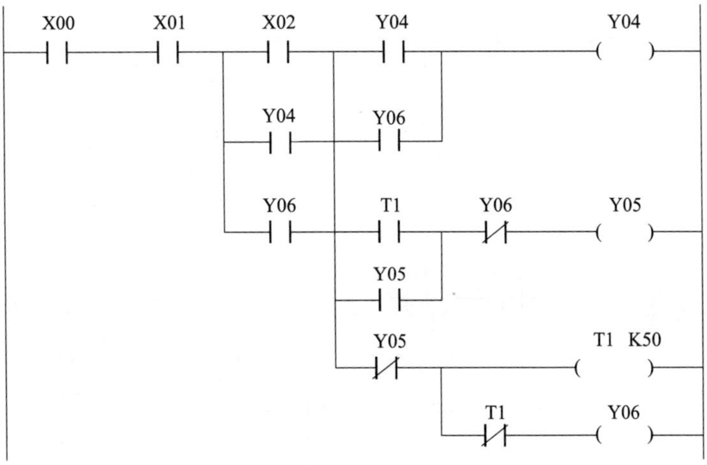

图 8-12　触头修改后

步骤 4，按规则整理。在编辑梯形图时，要注意以下几点。

a. 梯形图的各种符号，要以左母线为起点，以右母线为终点（可允许省略右母线），从左向右分行绘出。每一行起始的触头群构成该行梯形图的"执行条件"，与右母线连接的应是输出线圈、功能指令，不能是触头。一行写完，自上而下依次再写下一行。注意，触头不能接在线圈的右边；线圈也不能直接与左母线连接，必须通过触头连接。

b. 触头应画在水平线上，不能画在垂直分支线上。应根据信号单向自左至右、自上而下流动的原则，线圈应在最右侧。

c. 不包含触头的分支应放在垂直方向，不可水平方向设置，以便于识别触头的组合和对输出线圈的控制路径。

d. 如果有几个电路块并联时，应将触头最多的支路块放在最上面。若有几个支路块串联时，应将并联支路多的尽量靠近左母线。

e. 遇到不可编程的梯形图时，可根据信号流向对原梯形图重新编排，以便于正确进行编程。

将图 8-12 按编程规则整理后的梯形图如图 8-13 所示。

按照上面的转换操作步骤，同样可以把电源供电接触器先动作，绕组接线形式接触器后动作的继电器控制电路转换成梯形图，如图 8-14 所示。

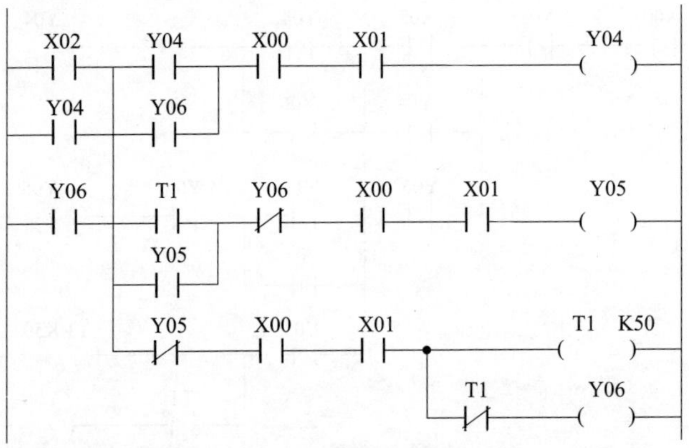

图 8-13　按规则整理后的梯形图

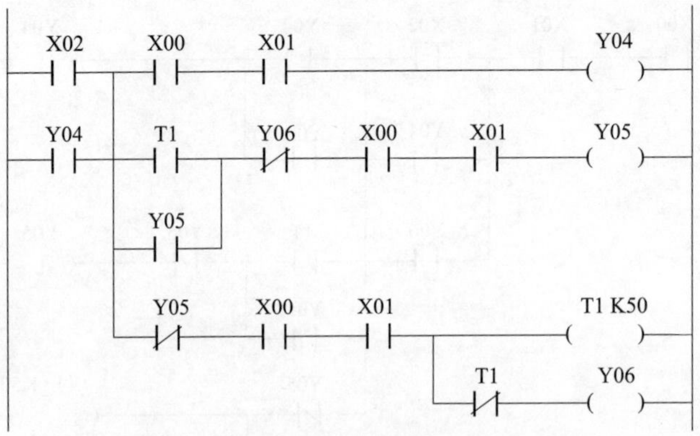

图 8-14　绕组接线形式接触器后动作梯形图

③ 梯形图录入　运行三菱编程软件 GX Developer。在初始界面上创建新工程，PLC 类

型为"FX3G",工程名为"星角降压",如图 8-15 所示。逐行把图 8-13 所示的梯形图录入，录入完毕后点"转换"按钮进行转换，完成后的界面如图 8-16 所示。最后点击保存按钮保存文件。

图 8-15　设置工程名

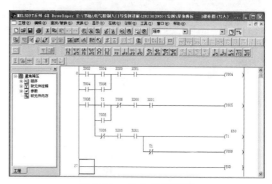

图 8-16　录入的梯形图

④ 功能验证　将三菱 PLC 用编程电缆与电脑连接好，接通 PLC 电源。在编程软件界面点击"在线（O）"弹出下拉菜单，选中"传输设置（C）…"，按编程电缆的端口设定好；点击"通信测试"确定与 FX3GPLC 连接成功，点"确定"后再点"确认"按钮返回编程界面。

点击"在线（O）"弹出下拉菜单，选中"PLC 写入（W）…"，在"文件选择"标签页内选中程序等写入内容，再点"执行"按钮，完成后点"关闭"按钮。若出现参数错误，对 FX_{3SA} 系列可编程控制器，需在左侧导航栏内点击"PLC 参数"，在弹出的对话框"FX 参数设置"中将"内存容量设置"标签页内的内存容量调整为 4000 即可，如图 8-17 所示。

点"在线（O）"选"监视（M）"→"监视模式（M）"，或直接按功能键 F3，进入监视状态。

a. 停止状态。

在无过载停止状态，PLC 输入点 X00 和 X01 的指示灯应点亮，否则应检查接线及热继电器和停止按钮 SB1。输出接触器应释放。停止状态的监控界面如图 8-18 所示，有方框背景的电器为有效状态。

图 8-17　修改内存容量

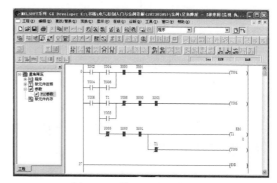

图 8-18　停止状态监控界面

b. 启动过程。

当按下启动按钮 SB2 时，接触器 KMY 和 KM1 应吸合，电动机开始转动，此时监控界面如图 8-19 所示。约 5s 后，KMY 释放，KMD 吸合，进入正常运行的界面，如图 8-20 所示。

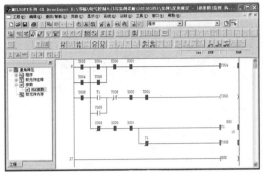
图 8-19 启动监控界面

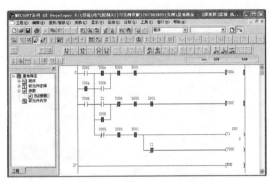
图 8-20 正常运行监控界面

　　c. 过载保护及停机。

　　若在运行过程中出现过载保护动作，则 PLC 输入点 X00 的指示灯会熄灭，接触器 KM1 和 KMD 释放，电动机停转。

　　按下停机按钮 SB1，接触器 KM1 和 KMD 应立即释放，电动机停转。

　　d. 指示灯的处理。

　　原继电器-接触器控制电路中采用 3 只指示灯分别指示停机、启动和运行 3 种状态。在 PLC 控制电路中虽然也可以用 3 只指示灯，但在图 8-8 中用了 2 只，其中一只为电源指示，另一只用来指示电动机的 3 种状态。电动机停止状态时指示灯 HL2 熄灭，启动过程中 HL2 闪烁，运行过程中 HL2 常亮。启动过程中是接触器 KMY 和 KM1 吸合，KMD 释放；运行过程中是接触器 KM1 和 KMD 吸合，接触器 KMY 释放。闪烁功能选用 PLC 的特殊辅助继电器 M8013，指示灯的梯形图如图 8-21 所示。

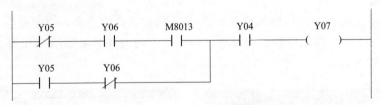
图 8-21 状态指示灯梯形图

　　e. 点动/连续方式。

　　点动方式运转就是在按下启动按钮时电动机转动，松开按钮电动机便停转。而连续方式是按下启动按钮后，即使松开启动按钮，电动机也照样转动。从继电器-接触器控制电路中可以得知，只要断开接触器的自保电路就能做到点动功能。图 8-14 增加输入点 X03 点动和指示灯的梯形图如图 8-22 所示。

　　f. 星形接触器动作监测。

　　星形接触器动作监测就是只有在星形接触器动作吸合后才能切换到三角形的运行状态，否则不进行切换。在 PLC 控制原理图上增加一个输入点 X04，梯形图如图 8-23 所示。

　　g. 新增功能验证。

　　将增加部分线路接好，即点动/连续选择开关、接触器 KMY 辅助动合触头、指示灯。

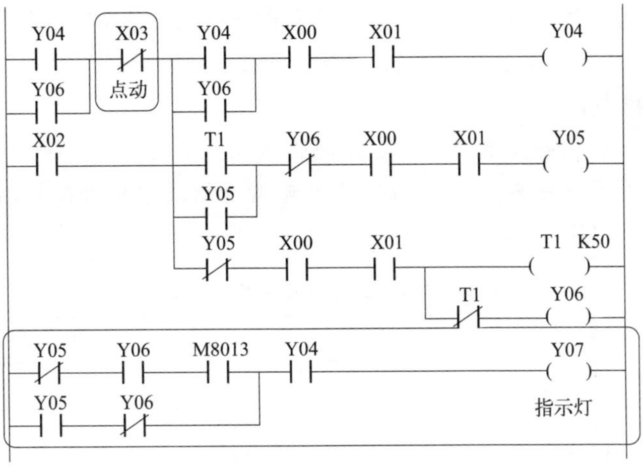

图 8-22 增加点动和指示灯

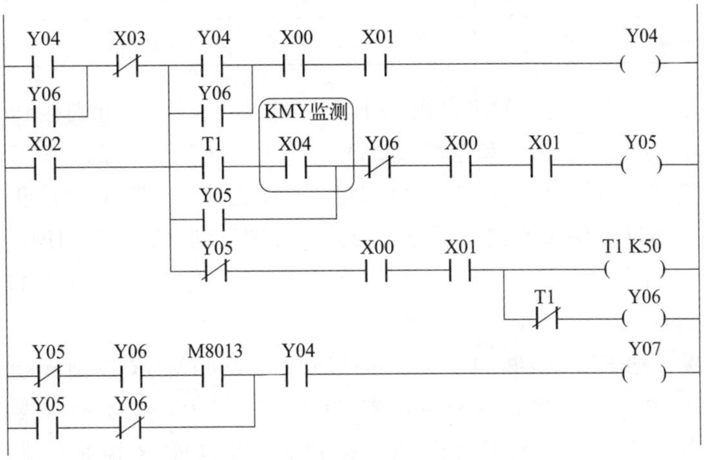

图 8-23 星形接触器动作监测

再将增加功能的梯形图录入后并写入到 FX$_{3SA}$-30MR-CM 中。

选择开关 SA 触头断开时是连续运转方式。按下启动按钮 SB2→接触器 KMY 和 KM1 吸合，电动机星形启动运转，指示灯 HL2 闪烁；5s 后接触器 KMY 释放→KMD 吸合，指示灯 HL2 常亮，电动机进入三角形运行状态。不管按下后是否松开按钮 SB2，输出动作的接触器仍保持状态。若接触器 KMY 辅助动合触头不闭合，即 PLC 输入点 X04 点指示灯不点亮，则电动机不能转入三角形接线的运行状态，若有必要可再增加报警功能。

选择开关 SA 触头闭合时是点动运转方式。按下启动按钮 SB2→接触器 KMY 和 KM1 吸合，电动机星形启动运转，指示灯 HL2 闪烁；5s 后接触器 KMY 释放→KMD 吸合，指示灯 HL2 常亮，电动机进入三角形运行状态。不管在星形启动或三角形运行状态，只要松开启动按钮 SB2，输出接触器便释放。

为防止可能出现的三角形直接启动，梯形图可增加一个时间继电器 T2，及时释放接触器 KM1，避免因 KMY 不动作而可能出现的直接启动情况。

(3) 单片机控制

把三相笼形异步电动机的继电器控制改用单片机控制，需要把热继电器辅助触头 KR、停止按钮 SB1、启动按钮 SB2 作为输入点，共 3 点。有些场所需要点动运转的，还应增加点动/连续选择开关 SA 为输入点。作为输出点的有运转接触器 KM1、星形启动接触器 KMY、三角形运行接触器 KMD、状态指示灯 HL2（将原来 3 只指示灯合用 1 只作为状态指示，运行时常亮，启动过程中亮灭闪亮），共 4 点。

① 电气原理图   把接触器 KMY 状态监测作为备用，根据上面确定的输入点和输出点数量，选用 ZY-8644MBR 主控板＋ZY-2405DY 电源板组成单片机控制器。每个输入电器和输出电器分配的单片机引脚见表 8-2。

表 8-2   电器与端子（单片机）引脚关系

输入电器				输出电器			
电器代号	功能	单片机引脚	端子引脚	电器代号	功能	单片机引脚	端子引脚
KR	热保护	P2.5	X2	HL2	状态指示灯	P3.3	Y3
SB1	停止	P2.4	X3	KM1	供电	P3.4	Y4
SB2	启动	P2.3	X4	KMD	三角形接线	P3.5	Y5
SA	点动/连续	P2.2	X5	KMY	星形接线	P3.6	Y6

输入电器连接：把 KR 的一对动断触头 KR:[96]与 KR:[95]分别接到 ZY-8644MBR 控制板端子 CNI1 的 [8] 脚（X2）和电源板 24V－脚上，按钮 SB1 的一对动断触头 SB1:[2]与 SB1:[1]分别接到 ZY-8644MBR 控制板端子 CNI1 的 [7] 脚（X3）和电源板 24V－脚上，按钮 SB2 的一对动合触头 SB2:[4]与 SB2:[3]分别接到 ZY-8644MBR 控制板端子 CNI1 的 [5] 脚（X4）和电源板 24V－脚上，选择开关 SA:[4]与 SA:[3]分别接到 ZY-8644MBR 控制板端子 CNI1 的 [4] 脚（X5）和电源板 24V－脚上。

输出电器连接：把 KM1 线圈的 [A1] 端接到 ZY-8644MBR 控制板端子 CNQ3 的 [1] 脚（COM4），另一端 [A2] 接到控制变压器 TC 的 [3] 上；把 KMD 线圈的 [A1] 端通过 KMY 辅助触头 KMY:[22]与 KMY:[21]接到 ZY-8644MBR 控制板端子 CNQ4 的 [1] 脚（COM5），另一端接到控制变压器 TC 的 [3] 上；把 KMY 线圈的 [A1] 端通过 KMD 辅助触头 KMD:[22]与 KMD:[21]接到 ZY-8644MBR 控制板端子 CNQ5 的 [1] 脚（COM6），另一端接到控制变压器 TC 的 [3] 上；电源指示灯 HL1 的一端接到 FU1:[2]；另一端接到控制变压器 TC 的 [3] 上；电动机状态指示灯 HL2 的一端接到电源板 24V＋脚上，另一端接到 ZY-8644MBR 控制板端子 CNQ1 的 [6] 脚（Y3）上；CNQ1 的 [5] 脚（COM2）与电源 24V－相接。笼形电动机星-三角形降压启动单片机控制电路如图 8-24 所示。

② 控制程序编制   单片机控制程序采用梯形图和位处理编制。不同的程序设计语言得到单片机可执行代码的途径也不同，梯形图程序需要通过专用的转换软件才能得到单片机可执行代码，位处理程序只需要进行编译就能得到单片机可执行代码。

a. 梯形图程序。

依据继电器控制电路通过电器代号替换、符号替换、触头修改、按规则整理四个步骤，将原继电器控制电路转换为 PLC 控制的梯形图。用编程软件 FXGPWIN. EXE 录入，PLC 类型为 FX1N，保存为"星角 .PMW"文件，增加点动/连续功能的绕组接线形式接触器后动作的控制梯形图如图 8-25 所示。专用软件进行梯形图转单片机可执行代码的转换设置如图 8-26 所示，转换得到的可执行代码存放在目录 PMW-HEX-V3.0 下，名为 fx1n. hex，建议将其更名为"星角 .hex"保存。

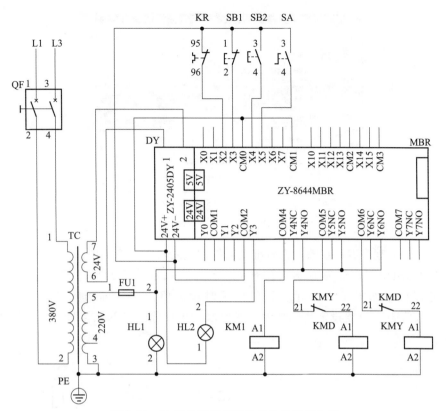

图 8-24 星-三角形降压启动单片机控制电路

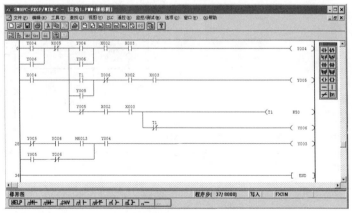

图 8-25 点动/连续绕组接线形式接触器后动作梯形图

b. 位处理程序。

星-三角形降压单向启动电路与前面介绍的几种基本继电器控制电路相比较,出现了一个新的电器,即时间继电器 KT。时间继电器有通电延时和断电延时两种,星-三角形降压启动中用到的是通电延时型。通电延时就是时间继电器线圈得电延续一段时间后其触头动作,即动合触头闭合,动断触头断开。进行汇编语言程序设计时需定义时间继电器的线圈和触头、定时值,当线圈状态变成有效状态后开始进入延时程序,完成延时时间随即改变其触头状态;当线圈状态变成无效状态时,随即恢复时间继电器的定时值和触头状态。

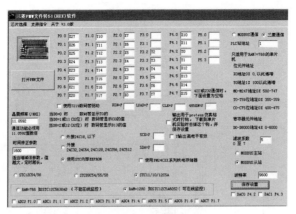

图 8-26　转换设置

　　按照 5.3.3 节程序编制步骤，先将继电器控制电路转换为位处理梯形图如图 8-27 所示，图 8-27 中 FLASH5 是周期为 1s 闪烁的触头。图 8-27 所示星-三角形降压启动控制梯形图的单片机位处理程序如图 8-28 所示。程序中延时设定值为 5s，即语句"MOV KT1_vlu，♯50"中的数值 50；若要设定其他数值，只要取设定值除 0.1 的结果即可。定时器的时基为 100ms。

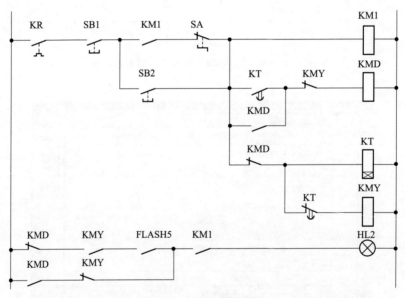

图 8-27　位处理梯形图

　　按照 6.3 节先用记事本将图 8-28 所示程序录入，再在 Keil μVision3 软件中创建名为"xingsanjiao1"的项目，完成设置后进行编译得到目标代码，如图 8-29 所示。

　　③ 实验验证　按照图 8-24 所示电路把每个电器与单片机控制板连接好，确定接线正确无误后接通电源，单片机控制板 ZY-8644MBR 上指示灯 LX2 和 LX3 点亮。若未亮，检查热继电器 KR 和按钮 SB1 回路的接线，可能是错接在动合触头上或导线的外皮未剥尽的原因。断电后待烧录程序。

　　按照 6.3 节步骤将转换或编译得到的可执行代码烧录到单片机中。在 LX2 和 LX3 点亮

```
;*********************************        ;------初始化------                              ORL C, /SA
;*      文件名：xingsanjiao1.asm   *          ORG 0080H                                    ANL C, SB2
;*      功能：星三角降压启动控制    *       BEGIN: mov SP, #60H                             ORL C, TEMP
;*      频率：11.0592MHz  编制：键谈 *         mov P0, #0FFH                                 MOV KM1, C      ;完成KM1线圈运算
;*      版本：V1.0  日期：2022年2月23日 *       mov P1, #0FFH                                MOV C, KT1_no
;* 说明：ZY-8644MBR控制板,STC11F60XE *          mov P2, #0FFH                                ANL C, KMD
;*      采用负逻辑设计,100时基       *          mov P3, #0FFH                                ORL C, /KMY
;*********************************            MOV P4SW, #70H                                ORL C, TEMP
;------内部资源定义------                      MOV Tm100, #10   ;100ms脉冲时间值              MOV KMD, C      ;完成KMD线圈运算
P4SW  DATA 0BBH  ;设置P4口状态字地址             MOV Tm500, #5    ;500ms脉冲时间值              MOV C, TEMP
P4    DATA 0C0H  ;设置P4口地址                   MOV R1, #20H                                 MOV KT1_coil, C
Tm100 data 30H   ;100ms定时单元设定               MOV R7, #8                                  MOV C, /KT1_no  ;完成KT1线圈运算
Tm500 data 31H   ;500ms定时单元设定        LP0:  MOV @R1, #0FFH                              MOV KMY, C      ;完成KMY线圈运算
FLASH1 bit 20H                                  INC R1                                       MOV C, KMD
FLASH5 bit 21H                                  DJNZ R7, LP0                                 CPL C
;------电器元件定义------                        SETB FLASH1                                  ORL C, KMY
;输入：                                          SETB FLASH5                                 MOV TEMP, C
KR   bit P2.5  ;热保护继电器                      MOV KT1_vlu, #50  ;定时设定值5s               MOV C, KMD
SB1  bit P2.4  ;停止按钮                        ;------主程序------                            ORL C, /KMY
SB2  bit P2.3  ;启动按钮                  MAIN: ACALL DEL10    ;调用延时10ms子程序             ANL C, KM1
SA   bit P2.2  ;点动/连续                        DJNZ Tm100, LP1  ;RAM单元的内容减1,不为零转移    ORL C, KM1
                                                CPL FLASH1       ;指示位取反                   MOV C, FLASH5
;输出：                                          MOV Tm100, #10   ;恢复循环计时值               MOV HL2, C      ;完成HL2线圈运算
RUN  bit P4.2                             ;------时间继电器1------                            MOV RUN, C
HL2  bit P3.3  ;状态指示灯                        JB KT1_coil, ODL_1  ;检测时间继电器1线圈,未通电转移  LP2: LJMP MAIN
KM1  bit P3.4  ;供电接触器                        DJNZ KT1_vlu, KT1_out ;线圈得电定时值1,值非零转移  ;------延时10ms子程序------
KMD  bit P3.5  ;三角形连接接触器                   CLR KT1_no        ;定时到,动合触头闭合        DEL10: MOV R5, #3    ;立即数3送寄存器R5
KMY  bit P3.6  ;星形连接接触器                     AJMP KT1_out                           del11: MOV R6, #97   ;立即数97送寄存器R6
                                          ODL_1: SETB KT1_no   ;动合触头断开              del12: MOV R7, #90   ;立即数90送寄存器R7
;中间：                                           MOV KT1_vlu, #50 ;恢复时间继电器定时值(<255)      DJNZ R7, $       ;寄存器R7中的内容减1,
TEMP  bit 22H                             KT1_out: NOP                                      ;不为零转移到当前指令
;定时器定义                                ;------500ms------
KT1_vlu  DATA 40H  ;时间继电器定值单元            DJNZ Tm500, LP1  ;RAM单元中的内容减1,不为零转移   DJNZ R6, del12   ;寄存器R6中的内容减1
KT1_coil bit 40H   ;时间继电器线圈                CPL FLASH5       ;指示位取反                   ;不为零转移到del12
KT1_no   bit 41H   ;时间继电器延时动合触头         MOV Tm500, #5    ;恢复循环计时值               DJNZ R5, del11   ;寄存器R5中的内容减1,
                                          LP1:  MOV C, KR                                     ;不为零转移到del11
;------起始跳转------                            ORL C, SB1                                   RET
ORG 0000H                                       MOV TEMP, C
LJMP BEGIN                                      MOV C, KM1                              END
```

图 8-28 星-三角形降压单向启动单片机位处理程序

图 8-29 完成编译

状态下，按下按钮 SB2 指示灯 LX4 点亮，随即指示灯 LQ4 点亮、继电器 RLQ4 吸合，即电动机供电电源接触器 KM1 吸合；接着指示灯 LQ6 点亮、继电器 RLQ6 吸合，即电动机绕组接线形式接触器 KMY 吸合、绕组接成星形，进入启动状态。延时 5s 后指示灯 LQ6 熄灭、继电器 RLQ6 释放，指示灯 LQ5 点亮、继电器 RLQ5 吸合，即电动机绕组接成三角形进入运行状态。运行时控制板上输出指示灯 LQ0 闪烁者为编译得到的目标代码，LQ0 不闪烁者为转换得到的目标代码。

在启动或运行过程中，断开 KR 或按下 SB1，指示灯 LX2 或 LX3 熄灭，指示灯 LQ4 和 LQ5 熄灭、继电器 RLQ4 和 RLQ5 释放，接触器 KM1 和 KMD 也释放。

在指示灯 LX2 或 LX3 熄灭的状态下，按下按钮 SB2，单片机的输出通道不应有变化，即指示灯 LQ4、LQ5、LQ6 不应点亮，继电器 RLQ4、RLQ5、RLQ6 不应吸合。

若烧录的是转换得到的可执行代码，则可在编程软件 FXGPWIN.EXE 中进行监控，启动过程的状态如图 8-30 所示。注意，需要用编程软件 FXGPWIN.EXE 进行监视的，主控制

板上 CNt 插座的［7］与［8］脚须短接。

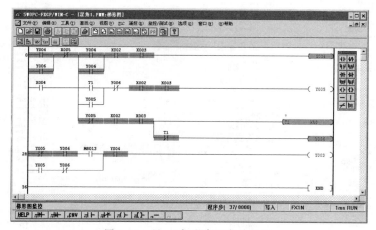

图 8-30 星-三角形降压启动状态

8.1.2 延边三角形降压启动控制

延边三角形降压启动是在星-三角形降压启动的基础上加以改进的一种启动方式，此种启动方式适用于具有 9 个出线端子的低压笼形异步电动机。

(1) 继电器控制电路解读

采用继电器控制的延边三角形降压启动电路如图 8-31 所示，图 8-31（a）是主电路，8-31（b）为控制电路。图 8-31 中 KM1 为运转接触器，KM2 为三角形接线，KM 为延边三角形接线，KR 为电动机过载保护热继电器。

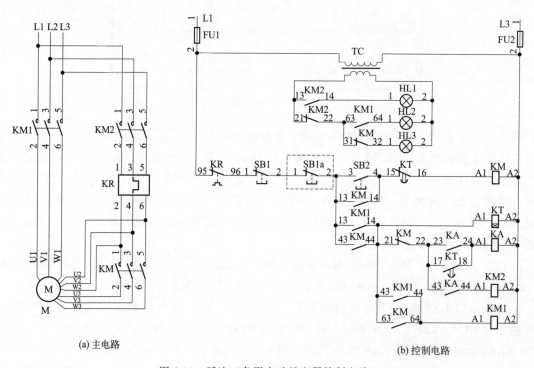

(a) 主电路　　　　　　　　　　　　　　(b) 控制电路

图 8-31 延边三角形启动继电器控制电路

① 停止状态　过载保护热继电器动断触头 KR:[95]与 KR:[96]闭合，停止按钮动断触头 SB1:[1]与 SB1:[2](SB1a:[1]与 SB1a:[2])闭合，启动按钮动合触头 SB2:[3]与 SB2:[4]断开，接触器 KM 线圈 KM:[A1]与 KM:[A2]未通电，处在释放状态；接触器 KM 动合触头 KM:[43]与 KM:[44]断开，时间继电器 KT、中间继电器 KA、接触器 KM1 和 KM2 线圈都未通电，处在释放状态。接触器辅助动断触头 KM2:[21]与 KM2:[22]、KM:[31]与 KM:[32]闭合，指示灯 HL3 点亮，标示停机状态。

② 启动过程　按下启动按钮 SB2，触头 SB2:[3]与 SB2:[4]闭合，回路 FU1:[2]→KR:[95]→KR:[96]→SB1:[1]→SB1:[2]→SB1a:[1]→SB1a:[2]→SB2:[3]→SB2:[4]→KT:[15]→KT:[16]→KM:[A1]→KM:[A2]→FU2:[2]接通，接触器 KM 线圈通电、吸合。接触器 KM 辅助动合触头 KM:[13]与 KM:[14]、KM:[43]与 KM:[44]、KM:[63]与 KM:[64]闭合，辅助动断触头 KM:[21]与 KM:[22]、KM:[31]与 KM:[32]断开。

回路 FU1:[2]→KR:[95]→KR:[96]→SB1:[1]→SB1:[2]→SB1a:[1]→SB1a:[2]→KM:[13]→KM:[14]→KT:[15]→KT:[16]→KM:[A1]→KM:[A2]→FU2:[2]接通，接触器 KM 保持吸合。

回路 FU1:[2]→KR:[95]→KR:[96]→SB1:[1]→SB1:[2]→SB1a:[1]→SB1a:[2]→KM:[43]→KM:[44]→KM:[63]→KM:[64]→KM1:[A1]→KM1:[A2]→FU2:[2]接通，接触器 KM1 线圈通电、吸合。接触器 KM1 辅助动合触头 KM1:[13]与 KM1:[14]、KM1:[43]与 KM1:[44]、KM1:[63]与 KM1:[64]闭合。

回路 FU1:[2]→KR:[95]→KR:[96]→SB1:[1]→SB1:[2]→SB1a:[1]→SB1a:[2]→KM1:[13]→KM1:[14]→KM1:[43]→KM1:[44]→KM1:[A1]→KM1:[A2]→FU2:[2]接通，接触器 KM1 保持吸合。

接触器 KM 和 KM1 吸合，电动机定子绕组接成延边三角形启动。指示灯 HL3 熄灭、HL2 点亮，标示启动过程。

回路 FU1:[2]→KR:[95]→KR:[96]→SB1:[1]→SB1:[2]→SB1a:[1]→SB1a:[2]→KM1:[13]→KM1:[14]→KT:[A1]→KT:[A2]→FU2:[2]接通，时间继电器 KT 保持吸合，开始计时。

③ 运转状态　时间继电器计时到，其延时动断触头 KT:[15]与 KT:[16]断开、动合触头 KT:[17]与 KT:[18]闭合。回路 FU1:[2]→KR:[95]→KR:[96]→SB1:[1]→SB1:[2]→SB1a:[1]→SB1a:[2]→KM:[13]→KM:[14]→KT:[15]‖KT:[16]→KM:[A1]→KM:[A2]→FU2:[2]断路，接触器 KM 线圈断电、释放，其动合触头 KM:[13]与 KM:[14]、KM:[43]与 KM:[44]、KM:[63]与 KM:[64]断开，辅助动断触头 KM:[21]与 KM:[22]、KM:[31]与 KM:[32]闭合。

回路 FU1:[2]→KR:[95]→KR:[96]→SB1:[1]→SB1:[2]→SB1a:[1]→SB1a:[2]→KM1:[13]→KM1:[14]→KM:[21]→KM:[22]→KT:[17]→KT:[18]→KA:[A1]→KA:[A2]→FU2:[2]接通，中间继电器 KA 线圈通电、吸合，其动合触头 KA:[23]与 KA:[24]、KA:[43]与 KA:[44]闭合。

回路 FU1:[2]→KR:[95]→KR:[96]→SB1:[1]→SB1:[2]→SB1a:[1]→SB1a:[2]→KM1:[13]→KM1:[14]→KM:[21]→KM:[22]→KA:[43]→KA:[44]→KM2:[A1]→KM2:[A2]→FU2:[2]接通，接触器 KM2 线圈通电、吸合，其辅助动断触头 KM2:[21]与

KM2:[22]断开，辅助动合触头 KM2:[13]与 KM2:[14]闭合。

接触器 KM2 吸合降压启动完毕，接触器 KM1、KM2 吸合，KM 断开，电动机绕组接成三角形，电动机进入正常运行状态。启动过程的时间长短由时间继电器 KT 设定。辅助动合触头 KM2:[13]与 KM2:[14]闭合，指示灯 HL1 点亮，标示运转状态。

④ 停机　按下停机按钮 SB1 或 SB1a，触头 SB1:[1]与 SB1:[2]或 SB1a:[1]与 SB1a:[2]断开，回路 FU1:[2]→KR:[95]→KR:[96]→SB1:[1]∥SB1:[2]→SB1a:[1]∥SB1a:[2]→KM1:[13]→……断路，接触器 KM1 和 KM2 线圈断电、释放，电动机停转。

⑤ 过载保护　当电动机出现过载时热继电器动作，其辅助动断触头 KR:[95]与 KR:[96]断开。回路 FU1:[2]→KR:[95]∥KR:[96]→SB1:[1]→……断路，接触器 KM1 和 KM2 线圈断电、释放，电动机停转。

（2）PLC 控制

从图 8-31（b）控制电路中可以看出，电路的输入信号有过载保护热继电器触头 KR、按钮触头 SB1、SB1a 和 SB2 共 4 点。输出信号有接触器线圈 KM1、KM2、KM 共 3 点。中间信号有 KT 和 KA。用一只指示灯信号作为电动机状态指示。

① 电气原理图　根据上面确定的输入点和输出点数量，选用三菱 FX_{3SA}-30MR-CM 可编程控制器。输入、输出和辅助各点的分配及功能如表 8-3 所示。时间继电器选用 PLC 内部时基为 100ms（0.1s）的定时器 T1，假如设定时间取 7s，则设定值为 7/0.1＝70。PLC 控制原理图如图 8-32 所示，指示灯 HL1 为电源指示，HL2 为电动机状态指示。

表 8-3　输入、输出和辅助点功能及分配

信号	电器代号	点分配	功能	信号	电器代号	点分配	功能
输入	KR	X00	电动机过载保护	输出	KM1	Y04	电动机运转接触器
	SB1	X01	停止操作按钮		KM2	Y05	电动机三角形运行接触器
	SB1a	X02			KM	Y06	延边三角形启动接触器
	SB2	X03	启动操作按钮		HL2	Y07	指示信号
内部	KA	M04	中间信号传递	内部	KT	T1	启动时间继电器

② 程序编制　笼形电动机延边三角形降压启动继电器控制线路典型、成熟，故从中得到的梯形图程序是安全、可靠的。按照 4.3.2 节中介绍的，依据继电器控制电路，通过电器代号替换、符号替换、触头修改、按规则整理四个步骤，将原继电器控制电路转换为 PLC 控制的梯形图。

图 8-31(b) 中指示灯部分参照星-三角形降压启动编制。下面进行梯形图转换。

步骤 1，代号替换。把图 8-31 中电器的代号用 PLC 控制电路中分配的点来取代，即 KR 用 X00，SB1 用 X01，SB1a 用 X02，SB2 用 X03，KM1 用 Y04，KM2 用 Y05，KM 用 Y06，KA 用 M04，KR 用 T1(K70)。指示灯 HL 另外处理，替换后的电路如图 8-33 所示。

步骤 2，符号替换。把继电器-接触器电路中的电器符号用梯形图来替换。如动合触头以 ⊣⊢ 替换—￣，动断触头以 ⊣/⊢ 替换—￤，单个并联动合触头是 ⊣↑⊢，单个并联动断触头是 ⊣↓⊢，输出线圈以 -( )- 替换-[ ]。用 PLC 编程软件中的软电器替换电器符号后的梯形图如图 8-34 所示。

步骤 3，触头修改。PLC 控制电路中外接电器沿用继电器电路的动断触头必须用梯形图

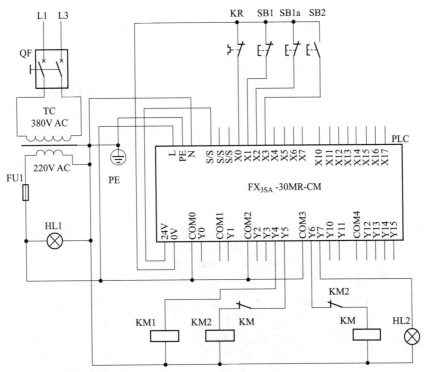

图 8-32 笼形电动机延边三角形降压启动 PLC 控制电路

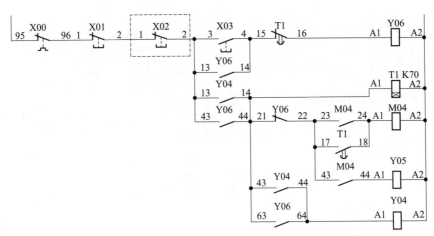

图 8-33 电器代号替换后

的动合软电器代换，同一电器的动合触头用梯形图的动断软电器代换。

因图 8-32 中 X00、X01 和 X03 点外接动断触头，对其触头进行修改后的梯形图如图 8-35 所示。

步骤 4，按规则整理。在编辑梯形图时，注意事项见星-三角形降压启动部分。

按编程规则整理后的梯形图如图 8-36 所示。

③ 梯形图录入 运行三菱编程软件 GX Developer。在初始界面上创建新工程，PLC 类型为"FX3G"，工程名为"延边三角"，如图 8-37 所示。逐行把图 8-36 所示梯形图录入，录入完毕后点"转换"按钮进行转换，完成后的界面如图 8-38 所示。最后点击保存按钮保

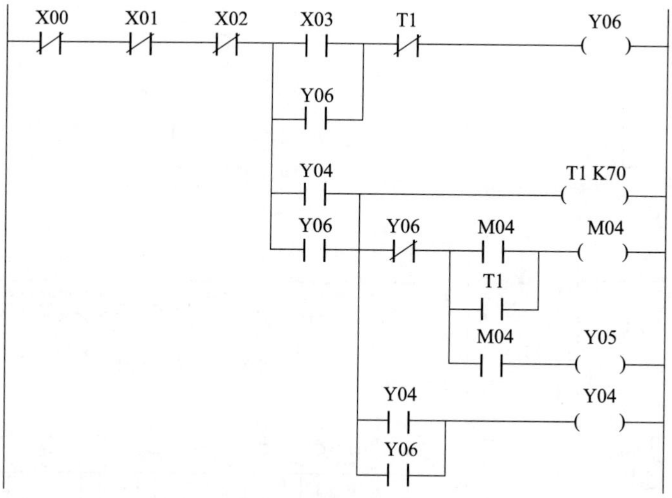

图 8-34 电器符号替换后

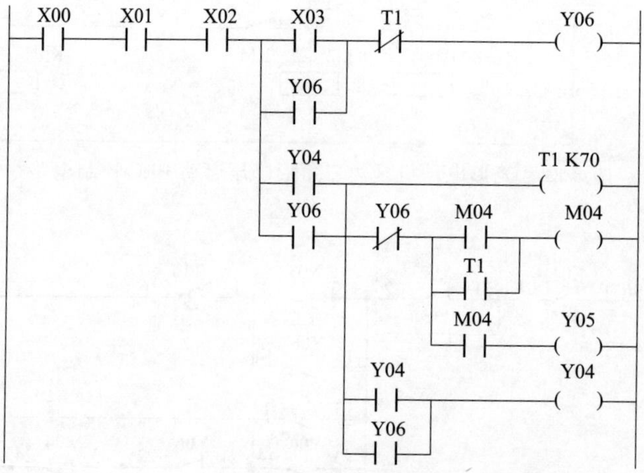

图 8-35 触头修改后

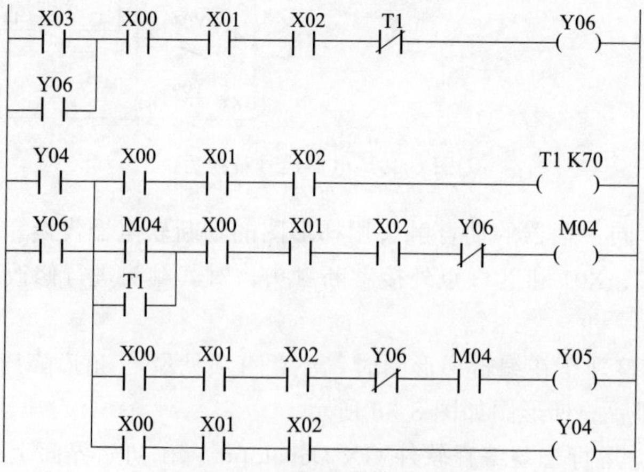

图 8-36 按规则整理后的梯形图

存文件。

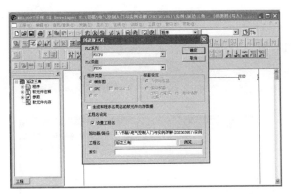

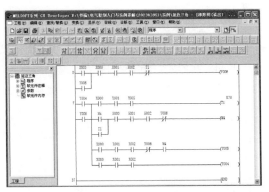

图 8-37　设置工程名　　　　　　　　图 8-38　录入的梯形图

④ 功能验证　将三菱 PLC 用编程电缆与电脑连接好，接通 PLC 电源。在编程软件界面点击"在线（O）"弹出下拉菜单，选中"传输设置（C）…"，按编程电缆的端口设定好；点击"通信测试"，确定与 FX3GPLC 连接成功，点"确定"后再点"确认"按钮返回编程界面。

点击"在线（O）"弹出下拉菜单，选中"PLC 写入（W）…"，在"文件选择"标签页内选中程序等写入内容，再点"执行"按钮，完成后点"关闭"按钮。若出现参数错误，对 FX$_{3SA}$ 系列可编程控制器，需在左侧导航栏内点击"PLC 参数"，在弹出的对话框"FX 参数设置"中将"内存容量设置"标签页内的内存容量调整为 4000 即可。

点"在线（O）"选"监视（M）"→"监视模式（M）"，或直接按功能键 F3，进入监视状态。

a. 停止状态。

在无过载停止状态，PLC 输入点 X00、X01 和 X02 的指示灯应点亮，否则应检查接线及热继电器和停止按钮 SB1；输出接触器应释放。停止状态的监控界面如图 8-39 所示，有方框背景的电器为有效状态。

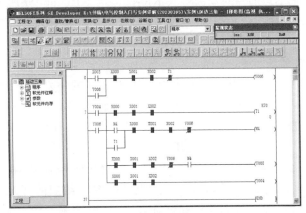

图 8-39　停止状态监控界面

b. 启动过程。

当按下启动按钮 SB2 时，接触器 KM 和 KM1 应吸合，电动机开始启动，此时监控界面如图 8-40 所示。约 7s 后，KM 释放，KM2 吸合，进入正常运行的监控界面，如图 8-41 所示。

c. 过载保护及停机。

若在运行过程中出现过载保护动作，则 PLC 输入点 X00 的指示灯会熄灭，接触器 KM1 和 KM2 就释放，电动机停转。

按下停机按钮 SB1 或 SB1a，接触器 KM1 和 KM2 应立即释放，电动机停转。

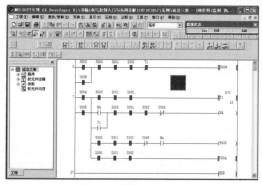

图 8-40　启动监控界面

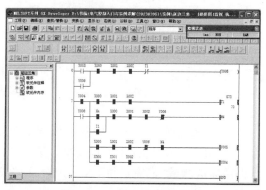

图 8-41　正常运行监控界面

(3) 单片机控制

把三相笼形异步电动机的延边三角继电器控制改用单片机控制，需要把热继电器辅助触头 KR、停止按钮 SB1 和 SB1a、启动按钮 SB2 作为输入点，共 4 点。作为输出点的有运转接触器 KM1、三角形运行接触器 KM2、延边三角形运行接触器 KM，并将原来 3 只指示灯合用 1 只作为状态指示，运行时常亮，启动过程中亮灭闪亮，计入状态指示灯 HL2，共 4 点。中间电器有时间继电器 KT 和电磁继电器 KA。

① 电气原理图　根据上面确定的输入点和输出点数量，选用 ZY-8644MBR 主控板 ＋ZY-2405DY 电源板组成单片机控制器。每个输入电器和输出电器分配的单片机引脚见表 8-4。

输入电器连接：把 KR 的一对动断触头 KR：[96] 与 KR：[95] 分别接到 ZY-8644MBR 控制板端子 CNI1 的 [8] 脚（X2）和电源板 24V－脚上，按钮 SB1 的一对动断触头 SB1：[2] 与 SB1：[1] 分别接到 ZY-8644MBR 控制板端子 CNI1 的 [7] 脚（X3）和电源板 24V－脚上，按钮 SB1a 的一对动断触头 SB1a：[2] 与 SB1a：[1] 分别接到 ZY-8644MBR 控制板端子 CNI1 的 [5] 脚（X4）和电源板 24V－脚上，按钮 SB2 的一对动合触头 SB2：[4] 与 SB2：[3] 分别接到 ZY-8644MBR 控制板端子 CNI1 的 [4] 脚（X5）和电源板 24V－脚上。

输出电器连接：把 KM1 线圈的 [A1] 端接到 ZY-8644MBR 控制板端子 CNQ3 的 [1] 脚（COM4），另一端 [A2] 接到控制变压器 TC 的 [3] 上；把 KM2 线圈的 [A1] 端通过 KM 辅助触头 KM：[22] 与 KM：[21] 接到 ZY-8644MBR 控制板端子 CNQ4 的 [1] 脚（COM5），另一端接到控制变压器 TC 的 [3] 上；把 KM 线圈的 [A1] 端通过 KM2 辅助触头 KM2：[22] 与 KM2：[21] 接到 ZY-8644MBR 控制板端子 CNQ5 的 [1] 脚（COM6），另一端接到控制变压器 TC 的 [3] 上；电源指示灯 HL1 的一端接到 FU1：[2]，另一端接到控制变压器 TC 的 [3] 上，电动机状态指示灯 HL2 的一端接到电源板 24V＋脚上、另一端接到 ZY-8644MBR 控制板端子 CNQ1 的 [6] 脚（Y3）上，CNQ1 的 [5] 脚与电源 24V－

相接。笼形电动机延边三角形降压启动单片机控制电路如图 8-42 所示。

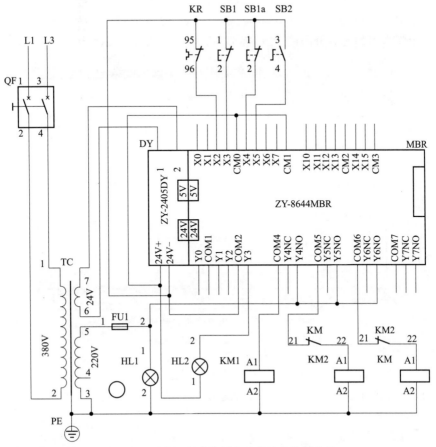

图 8-42　延边三角形降压启动单片机控制电路

表 8-4　电器与端子（单片机）引脚关系

输入电器				输出电器			
电器代号	功能	单片机引脚	端子引脚	电器代号	功能	单片机引脚	端子引脚
KR	热保护	P2.5	X2	HL2	状态指示灯	P3.3	Y3
SB1	停止	P2.4	X3	KM1	供电	P3.4	Y4
SB1a	停止	P2.3	X4	KM2	三角形接线	P3.5	Y5
SB2	启动	P2.2	X5	KM	延边三角形接线	P3.6	Y6

　　② 控制程序编制　与星-三角形降压启动一样，延边三角形降压启动控制的单片机程序采用梯形图和位处理编制。不同的程序设计语言得到单片机可执行代码的途径也不同，梯形图程序需要通过专用的转换软件才能得到单片机可执行代码，位处理程序只需要进行编译就能得到单片机可执行代码。

　　a. 梯形图程序。

　　依据继电器控制电路通过电器代号替换、符号替换、触头修改、按规则整理四个步骤，将原继电器控制电路转换为 PLC 控制的梯形图。用编程软件 FXGPWIN.EXE 录入，PLC

类型为 FX1N，保存为"延边三角.PMW"文件，含有指示灯的控制梯形图如图 8-43 所示。专用软件进行梯形图转单片机可执行代码的转换设置如图 8-26 所示，转换得到的可执行代码存放在目录 PMW-HEX-V3.0 下、名为 fx1n.hex，建议将其更名为"延边三角.hex"保存。程序中中间电器的资源分配同 PLC 梯形图，即 KT 为 T1，KA 为 M04。

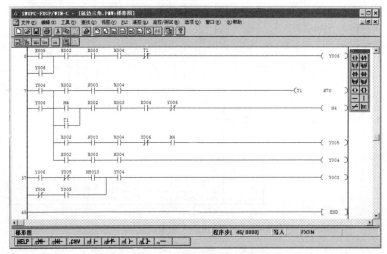

图 8-43　延边三角形降压启动梯形图

b. 位处理程序。

按照 5.3.3 节程序编制步骤，先将继电器控制电路转换为位处理梯形图，如图 8-44 所示，图 8-44 中 FLASH5 是周期为 1s 闪烁的触头。图 8-44 所示延边三角形降压启动控制位

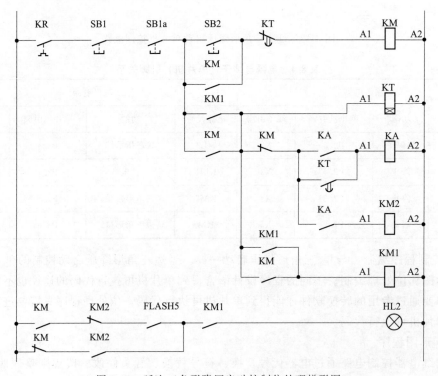

图 8-44　延边三角形降压启动控制位处理梯形图

处理梯形图的单片机位处理程序如图 8-45 所示。程序中延时设定值为 7s，即语句"MOV KT_vlu，♯70"中的数值 70；定时器的时基为 100ms，若要设定其他数值，只要取设定值除 0.1 的结果即可。

按照 6.3 节先用记事本将图 8-45 所示程序录入，再在 Keil μVision3 软件中创建名为"yanbiansanjiao"的项目，完成设置后进行编译得到目标代码，如图 8-46 所示。

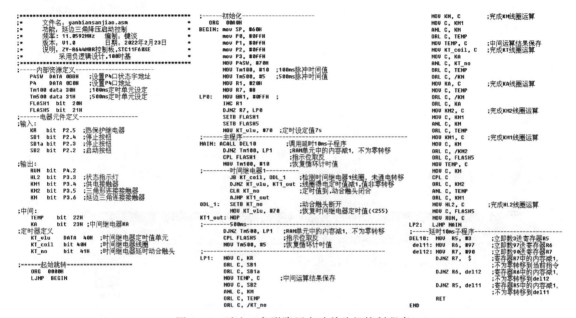

图 8-45 延边三角形降压启动单片机控制程序

图 8-46 完成编译

③ 实验验证 按照图 8-42 所示电路把每个电器与单片机控制板连接好，确定接线正确无误后接通电源，单片机控制板 ZY-8644MBR 上指示灯 LX2、LX3 和 LX4 点亮，若未亮检查热继电器 KR、按钮 SB1 和 SB1a 回路的接线，可能是错接在动合触头上或导线的外皮未剥尽的原因。断电后待烧录程序。

按照6.3节步骤将转换或编译得到可执行代码烧录到单片机中。在LX2、LX3和LX4点亮状态下，按下按钮SB2指示灯LX5点亮，随即指示灯LQ4点亮、继电器RLQ4吸合，即电动机供电电源接触器KM1吸合；接着指示灯LQ6点亮、继电器RLQ6吸合，即电动机延边三角接触器KM吸合，绕组接成延边三角，进入启动状态。延时7s后指示灯LQ6熄灭、继电器RLQ6释放，指示灯LQ5点亮、继电器RLQ5吸合，即电动机绕组接成三角形进入运行状态。运行时控制板上输出指示灯LQ0闪烁者为编译得到的目标代码，LQ0不闪烁者为转换得到的目标代码。

在启动或运行过程中，断开KR或按下SB1，指示灯LX2或LX3熄灭，指示灯LQ4和LQ5熄灭、继电器RLQ4和RLQ5释放，接触器KM1和KM2也释放。

在指示灯LX2或LX3熄灭的状态下，按下按钮SB2，单片机的输出通道不应有变化，即指示灯LQ4、LQ5、LQ6不应点亮，继电器RLQ4、RLQ5、RLQ6不应吸合。

若烧录的是梯形图转换得到的可执行代码，则可在编程软件FXGPWIN.EXE中进行监控，启动过程的状态如图8-47所示。注意，需要用编程软件FXGPWIN.EXE进行监视的，主控制板上CNt插座的［7］与［8］脚须短接。

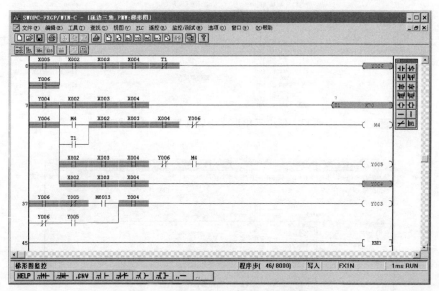

图8-47　延边三角形降压启动状态

8.1.3　启动时间设置方法

由于电动机降压启动的时间不尽相同，进行现场改动又不方便，所以可利用可编程控制器或单片机控制板多余的输入信号端子来设定时间。在端子上通过不同的接线或装设拨盘开关，就可以设定电动机的启动时间。根据可编程控制器或单片机控制器中时间继电器的时间单位通过运算来达到设置范围要求，如0.1～25.5s。若控制电路中使用X0～X7端子做时间设置，一种采用二进制码设置时间的PLC和单片机控制延边三角形降压启动电路分别如图8-48(a)(b)所示。获得时间设置的PLC梯形图如图8-49所示，在运行初始时将端子X7～X0的状态读入数据寄存器D1，时间继电器T1的定时设定值由寄存器的值确定。单片机汇编语言程序可直接使用端子X7～X0对应的P2口得到。

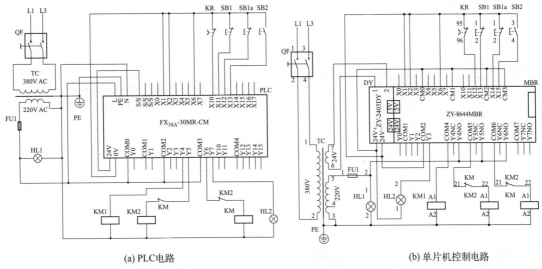

(a) PLC电路 (b) 单片机控制电路

图 8-48 时间设置端子接线

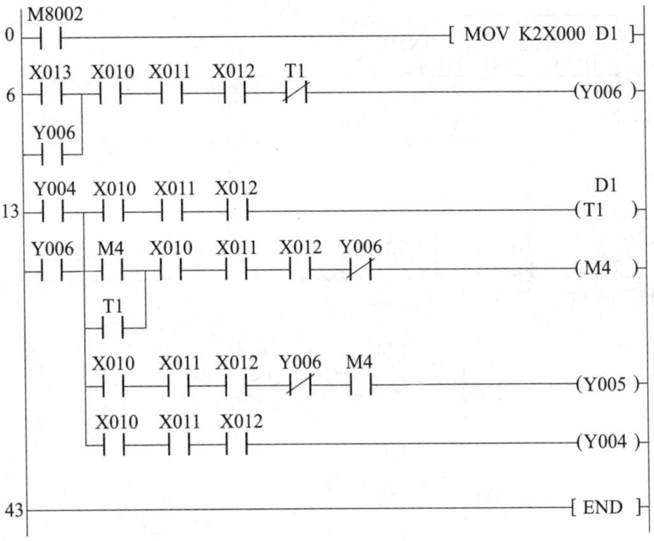

图 8-49 时间设置读取二进制码梯形图

8.2 绕线型电动机启动控制

频敏变阻器能用于平滑、无级、自动地启、制动各种功率的交流绕线型电动机。它的结构简单，坚固耐用、维修方便，启、制动性能良好，因此在有低速要求和启动时阻转矩很大的传动装置上采用。

8.2.1 继电器控制电路

采用继电器控制的频敏变阻器启动低压绕线型电动机的电路如图 8-50 所示，图 8-50（a）是主电路，图 8-50（b）为控制电路，LF 为频敏变阻器，KM1 为运转接触器，KM2 为短接频敏变阻器接触器，KR 为电动机过载保护热继电器。

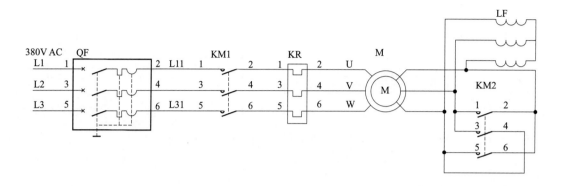

(a) 主电路

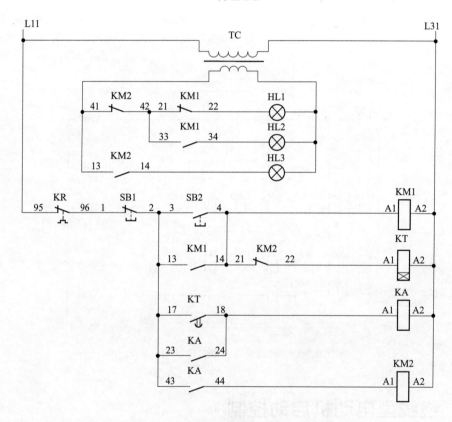

(b) 控制电路

图 8-50　频敏变阻器启动继电器控制电路

(1) 停止状态

图 8-50(b) 中，过载保护热继电器动断触头 KR:[95]与 KR:[96]闭合，停止按钮动断触头 SB1:[1]与 SB1:[2]闭合，启动按钮动合触头 SB2:[3]与 SB2:[4]断开，接触器 KM1 线圈 KM1:[A1]与 KM1:[A2]未通电，处在释放状态，时间继电器 KT 线圈未通电，处在释放状态；中间继电器 KA 线圈未通电，处在释放状态；接触器 KM2 线圈未通电，处在释放状态。

接触器辅助动断触头 KM2:[41]与 KM2:[42]和 KM1:[21]与 KM1:[22]闭合，指示灯 HL1 点亮；接触器辅助动断触头 KM1:[33]与 KM1:[34]断开，指示灯 HL2 熄灭；接触器辅助动断触头 KM2:[13]与 KM2:[14]断开，指示灯 HL3 熄灭，标示停机状态。

（2）启动过程

按下启动按钮 SB2，触头 SB2:[3]与 SB2:[4]闭合，回路 L11→KR:[95]→KR:[96]→SB1:[1]→SB1:[2]→SB2:[3]→SB2:[4]→KM1:[A1]→KM1:[A2]→L31 接通，接触器 KM1 线圈通电、吸合。接触器 KM1 辅助动合触头 KM1:[13]与 KM1:[14]、KM1:[33]与 KM1:[34]闭合，辅助动断触头 KM1:[21]与 KM1:[22]断开。绕线电动机 M 定子绕组通电，转子绕组串接频敏变阻器启动。回路 L11→KR:[95]→KR:[96]→SB1:[1]→SB1:[2]→KM1:[13]→KM1:[14]→KM1:[A1]→KM1:[A2]→L31 接通，接触器 KM1 保持吸合。

回路 L11→KR:[95]→KR:[96]→SB1:[1]→SB1:[2]→KM1:[13]→KM1:[14]→KM2:[21]→KM2:[22]→KT:[A1]→KT:[A2]→L31 接通，时间继电器 KT 线圈通电、开始计时。

接触器 KM1 吸合，其动断触头 KM1:[21]与 KM1:[22]断开、动合触头 KM1:[33]与 KM1:[34]闭合，指示灯 HL1 熄灭、HL2 点亮，标示启动状态。

（3）运转状态

时间继电器 KT 计时到，其延时动合触头 KT:[17]与 KT:[18]闭合。回路 L11→KR:[95]→KR:[96]→SB1:[1]→SB1:[2]→KT:[17]→KT:[18]→KA:[A1]→KA:[A2]→L31 接通，中间继电器 KA 线圈通电、吸合，其辅助动合触头 KA:[23]与 KA:[24]、KA:[43]与 KA:[44]闭合。回路 L11→KR:[95]→KR:[96]→SB1:[1]→SB1:[2]→KA:[23]→KA:[24]→KA:[A1]→KA:[A2]→L31 接通，中间继电器 KA 保持吸合。

KA:[43]与 KA:[44]闭合，回路 L11→KR:[95]→KR:[96]→SB1:[1]→SB1:[2]→KA:[43]→KA:[44]→KM2:[A1]→KM2:[A2]→L31 接通，接触器 KM2 线圈通电、吸合。频敏变阻器被接触器 KM2 短接，电动机进入运转状态。

接触器 KM2 吸合，其动断触头 KM2:[41]与 KM2:[42]断开、动合触头 KM2:[13]与 KM2:[14]闭合，指示灯 HL2 熄灭、HL3 点亮，标示进入运转状态。

（4）停机与过载

当按下按钮 SB1，其动断触头 SB1:[1]与 SB1:[2]断开，回路 L11→KR:[95]→KR:[96]→SB1:[1]‖SB1:[2]→……断路，接触器 KM1 和 KM2 线圈均断电、释放，电动机停机。

当电动机过载保护热继电器动作时，其动断触头 KR:[95]与 KR:[96]断开，回路 L11→KR:[95]‖KR:[96]→SB1:[1]→SB1:[2]→……断路，接触器 KM1 和 KM2 线圈均断电、释放，电动机停机。

8.2.2　PLC 控制

从图 8-50(b) 控制电路中可以看出，电路的输入信号有热保护继电器触头 KR、按钮触头 SB1 和 SB2，共 3 点；输出信号有接触器线圈 KM1、KM2，共 2 点；中间信号有 KT 和 KA。用一只指示灯的信号作为电动机状态指示。启动时间采用拨盘开关设置，为防止直接启动，拨盘开关为 0 时启动时间为 3s，拨盘开关为 1 时启动时间为 4s，以此类推。若需要更长时间可用二位拨盘开关，设置时间范围为 0～99。

（1）电气原理图

根据上面确定的输入点和输出点数量，选用三菱 FX_{3SA}-30MR-CM 可编程控制器。输入、输出和辅助各点的分配及功能如表 8-5 所示。时间继电器选用 PLC 内部时基为 100ms（0.1s）的定时器 T1，假如设定时间取 7s，则设定值为（7－3）/0.1＝40。PLC 控制原理图如图 8-51 所示，指示灯 HL1 为电源指示，HL2 为电动机状态指示。

表 8-5　输入、输出和辅助点功能及分配

信号	电器代号	点分配	功能	信号	电器代号	点分配	功能
输入	KSA	X00	1	输出	KM1	Y04	电动机运转接触器
		X01	2		KM2	Y05	短接变阻器接触器
		X02	4		HL2	Y07	指示信号
		X03	8	内部	KA	M04	中间信号传递
	KR	X10	电动机过载保护		KT	T1	启动时间继电器
	SB1	X11	停止操作按钮				
	SB2	X13	启动操作按钮			D10	启动时间设定值［(D10)＋3］

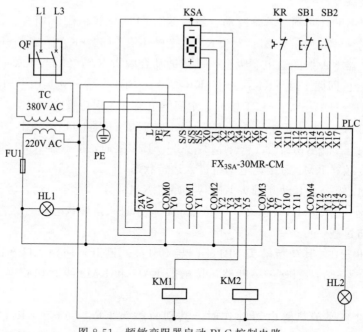

图 8-51　频敏变阻器启动 PLC 控制电路

（2）程序编制

按照 4.3.2 节中介绍的，依据继电器控制电路，通过电器代号替换、符号替换、触头修改、按规则整理四个步骤，将原继电器控制电路转换为 PLC 控制的梯形图，转换过程如图 8-52 所示。设定时间读取和指示灯梯形图如图 8-53 所示。

（3）梯形图录入

运行三菱编程软件 GX Developer。在初始界面上创建新工程，PLC 类型为"FX3G"，

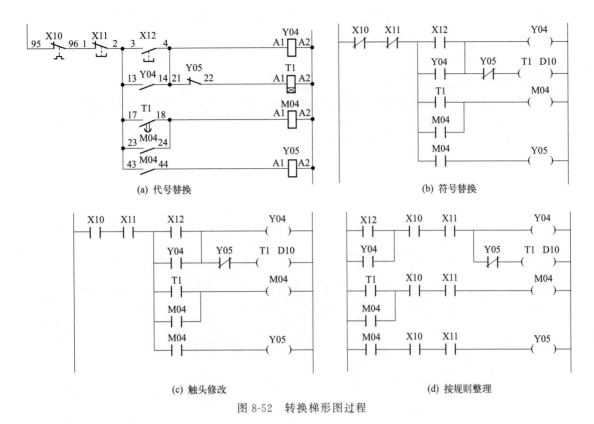

(a) 代号替换

(b) 符号替换

(c) 触头修改

(d) 按规则整理

图 8-52 转换梯形图过程

工程名为"频敏变阻"。逐行把图 8-52(d) 和图 8-53 所示梯形图录入，录入完毕后点"转换"按钮进行转换，完成后的界面如图 8-54 所示。最后点击保存按钮保存文件。

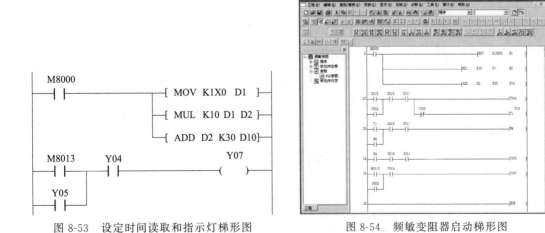

图 8-53 设定时间读取和指示灯梯形图

图 8-54 频敏变阻器启动梯形图

（4）功能验证

参照电动机降压启动的验证步骤进行，这里不再赘述。

8.2.3 单片机控制

这种线路控制柜内的频敏变阻器时常出现烧坏，究其原因是：在电动机启动过程结束时应短接频敏变阻器，使其退出工作；而用来短接的接触器却没有动作，使频敏变阻器仍处在投用状态。本小节将继电器控制改用单片机控制，并对切除频敏变阻器的接触器状态进行监控。

（1）电气原理图

根据上面 PLC 控制确定的输入点和输出点数量，用 ZY-8644MBR 主控板＋ZY-2405DY 电源板组成单片机控制器。每个输入电器和输出电器分配的单片机引脚见表 8-6。其电气原理如图 8-55 所示。图 8-55 中将短接用的接触器 KM2 的辅助动合触头和辅助动断触头各一组接入单片机控制器的输入端，用来监测其状态。当该接触器发生粘连（即未释放）、没有动作（即未吸合）的情况时，发出声光报警。

表 8-6　电器与端子（单片机）引脚关系

				输入电器			
电器代号	功能	单片机引脚	端子引脚	电器代号	功能	单片机引脚	端子引脚
KSA	1	P2.0	X0	KR	过载保护	P4.0	X10
	2	P2.1	X1	SB1	停止	P4.1	X11
	4	P2.2	X2	SB2	启动	P4.4	X12
	8	P2.3	X3	KM2_NC	KM2 触头监测	P4.5	X13
				输出电器			
电器代号	功能	单片机引脚	端子引脚	电器代号	功能	单片机引脚	端子引脚
HL2	状态指示	P3.3	Y3	KM2	短接频敏变阻器接触器	P3.5	Y5
KM1	供电	P3.4	Y4	BP	声报警	P3.6	Y6

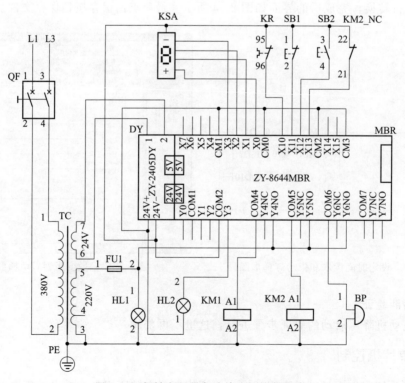

图 8-55　频敏变阻器启动单片机控制电路

(2) 控制程序编制

绕线时电动机启动控制的单片机程序采用梯形图和位处理两种方式编制。不同的程序设计语言得到单片机可执行代码的途径也不同，梯形图程序需要通过专用的转换软件才能得到单片机可执行代码，位处理程序只需要进行编译就能得到单片机可执行代码。

① 梯形图程序 依据继电器控制电路通过电器代号替换、符号替换、触头修改、按规则整理四个步骤，将原继电器控制电路转换为 PLC 控制的梯形图。用编程软件 FXGPWIN. EXE 录入，PLC 类型为 FX1N，保存为"频敏变阻.PMW"文件，含有指示灯和接触器状态监测的控制梯形图如图 8-56 所示。专用软件进行梯形图转单片机可执行代码的转换设置如图 8-57 所示，转换得到的可执行代码存放在目录 PMW-HEX-V3.0 下，名为 fx1n.hex，建议将其更名为"频敏变阻.hex"保存。程序中中间电器的资源分配同 PLC 梯形图，即 KT 为 T1，KA 为 M04。

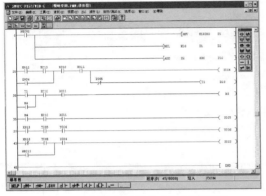

图 8-56 频敏变阻器启动控制梯形图

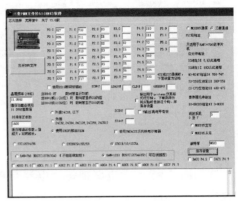

图 8-57 转换设置

② 位处理程序 频敏变阻器启动电路中用到的是通电延时型时间继电器。通电延时就是时间继电器线圈得电延续一段时间后其触头动作，即动合触头闭合、动断触头断开。进行位处理程序设计时需定义时间继电器的线圈和触头、定时值，当线圈状态变成有效状态后开始进入延时程序，完成延时时间随即改变其触头状态；当线圈状态变成无效状态时，随即恢复时间继电器的定时值和触头状态。

按照 5.3.3 节程序编制步骤，根据继电器控制电路，结合图 8-56 所示 PLC 控制梯形图转换的位处理梯形图如图 8-58 所示，图 8-58 中 FLASH5 是周期为 1s 闪烁的触头。图 8-58 所示频敏变阻器启动位处理梯形图的单片机位处理程序如图 8-59 所示，定时器的时基为 100ms。由于控制电路采用低电平有效，故延时时间的设定值需要进行修正，即将低电平有效修改为高电平有效，图 8-59 程序初始化中的语句 MOV A，♯0FFH；SUBB A，KSA（分号作为语句间隔，实际不需要）便是。当外置设定值为 0 时，为防止电动机直接启动设

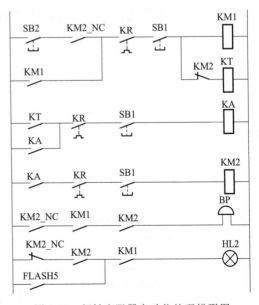

图 8-58 频敏变阻器启动位处理梯形图

置默认值 3s，若要设定其他数值，只要取设定值除 0.1 的结果即可。需要注意的是改变外置时间设定值后，必须断电后重新通电，新设定的时间值才生效。

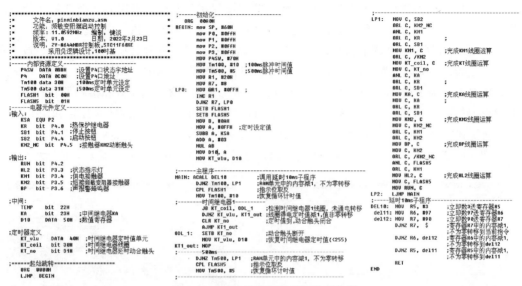

图 8-59 频敏变阻器启动位处理程序

(3) 功能验证

按照图 8-55 所示电路把每个电器与单片机控制板连接好，确定接线正确无误后烧录可执行代码接通电源。按下启动按钮 SB2，接触器 KM1 吸合，绕线式电动机在转子回路中串入频敏变阻器启动，指示灯 HL2 闪烁。当电动机电流回落到接近额定值时，时间继电器动作，接触器 KM2 吸合，短接频敏变阻器 LF，指示灯 HL2 常亮，进入运行状态。若端子外接接触器 KM2 未动作，则出现指示灯 HL2 继续闪烁、蜂鸣器鸣响报警。若烧录的是梯形图转换得到的可执行代码，此时用 FXGPWIN.EXE 监视的程序状态如图 8-60

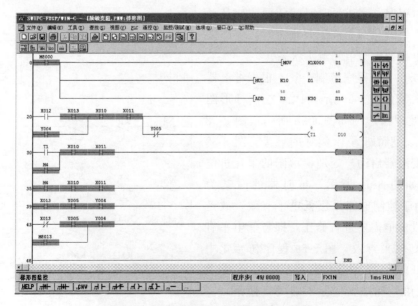

图 8-60 接触器 KM2 未动作而声光报警

所示。注意，需要用编程软件 FXGPWIN.EXE 进行监视的，主控制板上 CNt 插座的 [7]
与 [8] 脚须短接。

　　除了对短接频敏变阻器接触器的状态进行监控外，还可以进一步监测频敏变阻器的端电
压来判断其是否被切除，这样做就可以进一步提高可靠性。但需要增加几个电器，可参考有
关文献，这里不再说明。

8.3　电动机能耗制动控制

　　能耗制动是一种应用广泛的电气制动方法。当电动机脱离三相交流电源以后，立即将直
流电源接入定子的两绕组，绕组中流过直流电流，产生一个静止不动的直流磁场。此时电动
机的转子切割直流磁通，产生感生电流。在静止磁场和感生电流相互作用下，产生一个阻碍
转子转动的制动力矩，因此电动机转速迅速下降，从而达到制动的目的。当转速降至零时，
转子导体与磁场之间无相对运动，感生电流消失，电动机停转，再将直流电源切除，制动
结束。

8.3.1　继电器控制电路

　　能耗制动可以采用时间继电器或温度继电器两种控制形式。图 8-61 为按时间原则控制
的单向能耗制动控制线路，电动机全压直接启动。图 8-61 中，KM1 为电动机运转接触器，
KM2 为电动机制动接触器，KT 为制动时间继电器，KR 为电动机过载保护热继电器，R 为

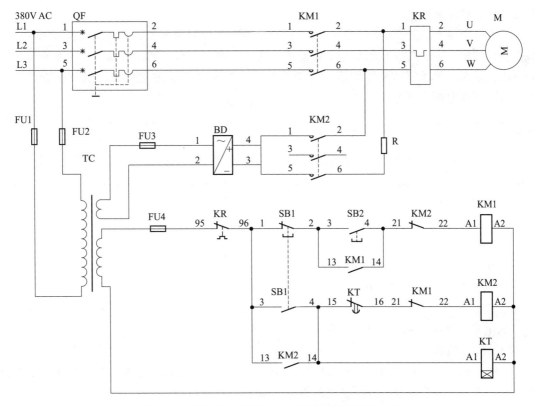

图 8-61　按时间原则控制的单向能耗制动控制电路

制动电流限流电阻，BD 为单相整流器。

电路工作原理如下：按启动按钮 SB2，其动合触头 SB2:[3]与 SB2:[4]闭合，回路 KR:[95]→KR:[96]→SB1:[1]→SB1:[2]→SB2:[3]→SB2:[4]→KM2:[21]→KM2:[22]→KM1:[A1]→KM1:[A2]接通，接触器 KM1 线圈通电、吸合，使电动机正常运行。接触器 KM1 吸合，动断触头 KM1:[21]与 KM1:[22]断开，动合触头 KM1:[13]与 KM1:[14]闭合。回路 KR:[95]→KR:[96]→SB1:[1]→SB1:[2]→KM1:[13]→KM1:[14]→KM2:[21]→KM2:[22]→KM1:[A1]→KM1:[A2]接通，接触器 KM1 保持吸合。KM1 与 KM2 互锁，接触器 KM2 线圈和时间继电器 KT 线圈不通电、释放。

按下停止按钮 SB1，其动断触头 SB1:[1]与 SB1:[2]断开，动合触头 SB1:[3]与 SB1:[4]闭合，回路 KR:[95]→KR:[96]→SB1:[1]‖SB1:[2]→KM1:[13]→KM1:[14]→KM2:[21]→KM2:[22]→KM1:[A1]→KM1:[A2]断路，KM1 线圈断电、释放。KM1 主触头断开，电动机 M 脱离三相交流电源。

KM1 辅助动断触头 KM1:[21]与 KM1:[22]闭合，回路 KR:[95]→KR:[96]→SB1:[3]→SB1:[4]→KT:[A1]→KT:[A2]接通，时间继电器 KT 线圈通电、吸合，开始计时。回路 FU:[1]→FU:[2]→SB1:[3]→SB1:[4]→KT:[15]→KT:[16]→KM1:[21]→KM1:[22]→KM2:[A1]→KM2:[A2]接通，接触器 KM2 线圈通电、吸合，KM2 主触头闭合，将经过整流后的直流电压接至电机两相定子绕组上开始能耗制动。当转子速度接近零时，时间继电器 KT 计时时间到，其延时动断触头 KT:[15]与 KT:[16]断开，回路 KR:[95]→KR:[96]→SB1:[3]→SB1:[4]→KT:[15]‖KT:[16]→KM1:[21]→KM1:[22]→KM2:[A1]→KM2:[A2]断路，使接触器 KM2 线圈和 KT 线圈相继失电，切断能耗制动的直流电流，切断电源，制动结束。

从能量角度看，能耗制动是把电动机转子运转所储存的动能转变为电能，且又消耗在电动机转子的制动上，与反接制动相比，能量损耗少，制动停车准确。所以，能耗制动适用于电动机容量大，要求制动平稳和启动频繁的场合。但能耗制动的制动速度较反接制动慢一些，需要整流电路。

8.3.2 PLC 控制

从上面单向能耗制动控制电路的工作原理可得，用于控制的输入信号有停止按钮 SB1、启动按钮 SB2、电机过载保护热继电器 KR 的动断触头，共 3 点。输出信号有运转接触器 KM1、制动接触器 KM2、电动机状态指示灯 HL2，共 3 点。制动时间可通过外接拨盘开关调整。

(1) 电气原理图

选用三菱 FX_{3SA}-30MR-CM 可编程控制器。输入、输出和辅助各点的分配及功能如表 8-7 所示。时间继电器选用 PLC 内部时基为 100ms（0.1s）的定时器 T1，假如设定时间取 7s，则设定值为（7−3）/0.1＝40。PLC 控制原理图如图 8-62 所示，指示灯 HL1 为电源指示，HL2 为电动机状态指示。

(2) 程序编制

按照 4.3.2 节中介绍的，依据继电器控制电路，通过电器代号替换、符号替换、触头修改、按规则整理四个步骤，将原继电器控制电路转换为 PLC 控制的梯形图，包含设定时间读取和指示灯的电动机能耗制动控制 PLC 梯形图如图 8-63 所示。图 8-63 中默认制动时间为

0.5s，外置时间单位为 0.5s。若更改时间，必须断电后重新通电才能生效。

表 8-7　输入、输出和辅助点功能及分配

电器代号	点分配	功能		电器代号	点分配	功能
输入						
KSA	X00	1	输出	KM1	Y04	电动机运转接触器
	X01	2				
	X02	4		KM2	Y05	电动机制动接触器
	X03	8		HL2	Y07	电动机状态指示灯
KR	X10	电动机过载 保护热继电器	内部	KT	T1	制动时间继电器
SB1	X11	停止操作按钮			D10	制动时间设定值 [(D10)+3]
SB2	X12	启动操作按钮				

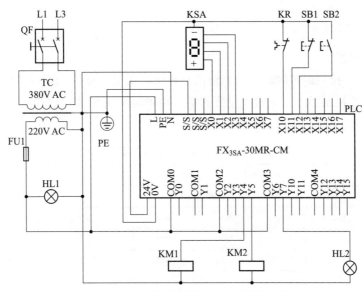

图 8-62　电动机能耗制动 PLC 控制电路

（3）梯形图录入

运行三菱编程软件 GX Developer。在初始界面上创建新工程，PLC 类型为"FX3G"，工程名为"能耗制动"。逐行把图 8-63 所示梯形图录入，录入完毕后点"转换"按钮进行转换，完成后的界面如图 8-64 所示。最后点击保存按钮保存文件。

（4）功能验证

参照电动机降压启动的验证步骤进行，这里不再赘述。电动机制动状态的监视界面如图 8-65 所示。

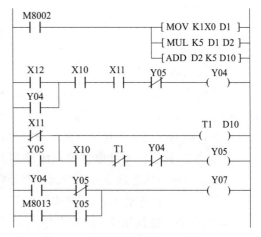

图 8-63　能耗制动控制 PLC 梯形图

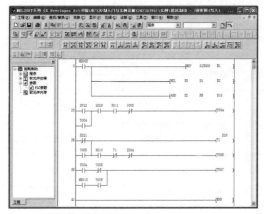

图 8-64　能耗制动控制 PLC 梯形图录入界面

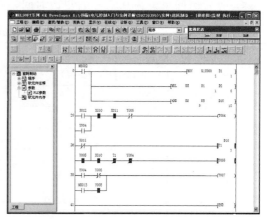

图 8-65　电动机制动状态监视界面

8.3.3　单片机控制

（1）电气原理图

根据上面 PLC 控制确定的输入点和输出点数量，用 ZY-8644MBR 主控板＋ZY-2405DY 电源板组成单片机控制器。每个输入电器和输出电器分配的单片机引脚见表 8-8。单片机控制电气原理如图 8-66 所示。

表 8-8　电器与端子（单片机）引脚关系

输入电器							
电器代号	功能	单片机引脚	端子引脚	电器代号	功能	单片机引脚	端子引脚
KSA	1	P2.0	X0	KR	过载保护	P4.0	X10
	2	P2.1	X1	SB1	停止	P4.1	X11
	4	P2.2	X2	SB2	启动	P4.4	X12
	8	P2.3	X3				
输出电器							
电器代号	功能	单片机引脚	端子引脚	电器代号	功能	单片机引脚	端子引脚
HL2	状态指示	P3.3	Y3	KM2	制动接触器	P3.5	Y5
KM1	供电	P3.4	Y4				

（2）控制程序编制

电动机能耗制动控制的单片机程序采用梯形图和位处理两种编制方法。不同的程序设计语言得到单片机可执行代码的途径也不同，梯形图程序需要通过专用的转换软件才能得到单片机可执行代码，位处理程序只需要进行编译就能得到单片机可执行代码。

① 梯形图程序　由继电器控制电路和其转换得到的 PLC 控制梯形图以及实际操作可知，在电动机停机状态按下停止按钮，制动接触器 KM2 也会吸合，将直流电压加到电动机的绕组上，这不是期望的，需要改正。用编程软件 FXGPWIN.EXE 录入，PLC 类型为 FX1N，保存为"能耗制动.PMW"文件，参照 PLC 梯形图并修正 KM2 动作的控制梯形图如图 8-67 所示，梯形图中间电器的资源分配同 PLC 梯形图，即 KT 为 T1；还增加了一个

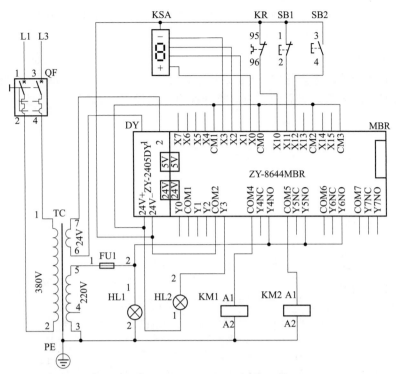

图 8-66　能耗制动单片机控制电路

中间辅助继电器 M4。专用软件进行梯形图转单片机可执行代码的转换设置如图 8-68 所示，转换得到的可执行代码存放在目录 PMW-HEX-V3.0 下，名为 fx1n.hex，建议将其更名为"能耗制动.hex"保存。

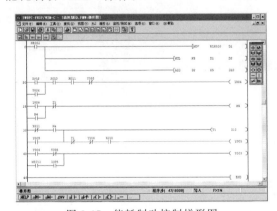

图 8-67　能耗制动控制梯形图

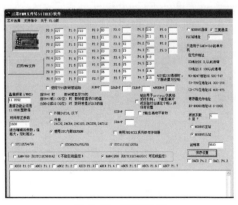

图 8-68　转换设置

② 位处理程序　能耗制动电路中用到的也是通电延时型时间继电器。进行汇编语言程序设计时需定义时间继电器的线圈和触头、定时值。当线圈状态变成有效状态后开始进入延时程序，完成延时时间随即改变其触头状态；当线圈状态变成无效状态时，随即恢复时间继电器的定时值和触头状态。

按照 5.3.3 节程序编制步骤，根据继电器控制电路，结合图 8-67 所示控制梯形图转换为位处理梯形图，如图 8-69 所示，图 8-69 中 FLASH5 是周期为 1s 闪烁的触头。图 8-69 所示能耗制动控制位处理梯形图的单片机位处理程序如图 8-70 所示，定时器的时基为 100ms。

由于控制电路采用低电平有效，故制动时间的设定值需要进行修正，即将低电平有效修改为高电平有效，图 8-70 程序初始化中的语句 MOV A，♯0FFH；SUBB A，KSA 便是。外置时间设定的单位是 0.5s，当外置时间设定值为 0 时，设置默认制动时间值 0.5s；若要设定其他默认值，只要修改图 8-70 程序初始化中的语句 ADD A，♯01 中的 01 便可。需要注意的是改变外置时间设定值后，必须断电后重新通电，新设定的时间值才生效。

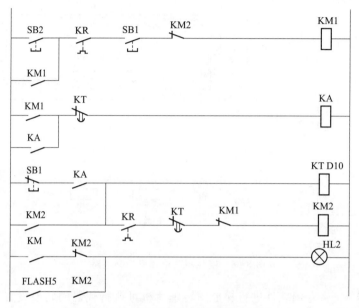

图 8-69　能耗制动控制位处理梯形图

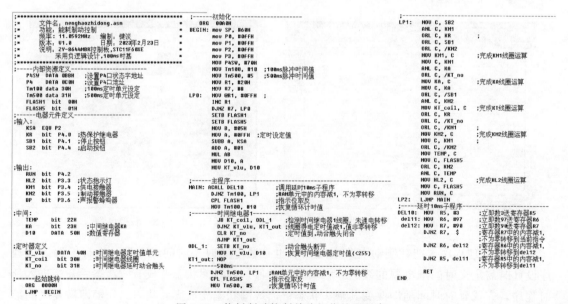

图 8-70　能耗制动控制单片机位处理程序

（3）功能验证

按照图 8-66 所示电路把每个电器与单片机控制板连接好，确定接线正确无误后烧录可执行代码接通电源。按下启动按钮 SB2，接触器 KM1 吸合，电动机全压直接启动。按下停止按钮 SB1，接触器 KM1 释放，电动机绕组脱离电源。同时通过制动接触器 KM2 给电动机绕组加制动电流。若烧录的是梯形图转换得到的可执行代码，此时用 FXGPWIN.EXE 监视的程序状态如图 8-71 所示。注意，需要用编程软件 FXGPWIN.EXE 进行监视的，主控制板上 CNt 插座的［7］与［8］脚须短接。

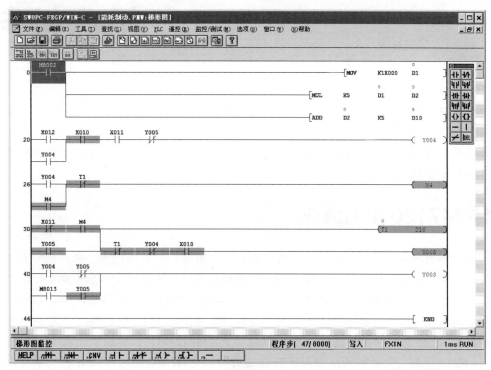

图 8-71　制动状态监视界面

第9章

机床控制

电气控制是机械设备的重要组成部分，是保证机械设备各种运动的准确与协调、生产工艺各项要求得以满足、工作安全可靠及操作自动化的主要技术手段。本章以几种典型机床的电气控制电路为例，在对继电器控制电路进行解读的基础上介绍采用 PLC 和单片机控制的电路及其程序编制。

9.1　M7120 平面磨床

平面磨床由床身、工作台、电磁吸盘、砂轮箱、滑座、立柱等组成。床身内装有液压传动装置，以使工作台在床身导轨上通过压力油推动活塞杆做往复运动。该平面磨床配置 4 台电动机。液压泵电动机 M1 由接触器 KM1 控制，承担工作台的往复运动，电动机规定单向旋转。带动砂轮旋转进行磨削加工的砂轮电动机 M2 由接触器 KM2 控制；冷却泵电动机也由接触器 KM2 控制；两台电动机按固定方向旋转。砂轮机上下移动电动机 M4 由接触器 KM3 和 KM4 控制，电动机正反方向旋转实现升降。工作台电磁吸盘没有通电不允许液压泵启动。本节介绍 M7120 平面磨床继电器控制电路的工作原理，以及采用 PLC 和单片机控制的电路和程序设计。

9.1.1　继电器控制电路

M7120 平面磨床的继电器控制电路如图 9-1(b) 所示。SB1 和 SB2 分别为液压泵停止和启动按钮，SB3 和 SB4 分别是砂轮机停止和启动按钮，SB5 和 SB6 分别是砂轮机上升和下降按钮，SB7、SB8 和 SB9 分别是充磁停止、充磁投入和去磁按钮，KR1、KR2 和 KR3 分别是液压泵、砂轮机和冷却泵电动机热保护继电器，KUD 是吸盘供电欠电压继电器（有电路采用欠电流继电器），变压器 T 将 380V 降压用于给吸盘供电。液压泵和砂轮机只能在吸盘通电使工作台上的工件受到充磁所产生的磁力固定后才能进行启动。

(1) 砂轮机上下移动

按住按钮 SB5，回路 L3→SB5：[3]→SB5：[4]→KM4：[21]→KM4：[22]→KM3：[A1]→KM3：[A2]→L1 接通，接触器 KM3 线圈通电、吸合，砂轮机上升；KM3 吸合，其辅助动断触头 KM3：[21] 与 KM3：[22] 断开，锁定 KM4 不能吸合。松开按钮 SB5，回路 L3→SB5：[3] ‖ SB5：[4]→KM4：[21]→KM4：[22]→KM3：[A1]→KM3：[A2]→L1 断路，接触器 KM3 线圈断电、释放，砂轮机停止；KM3 释放，其辅助动断触头 KM3：[21] 与 KM3：[22] 闭合。

按住按钮 SB6，回路 L3→SB6：[3]→SB6：[4]→KM3：[21]→KM3：[22]→KM4：[A1]→

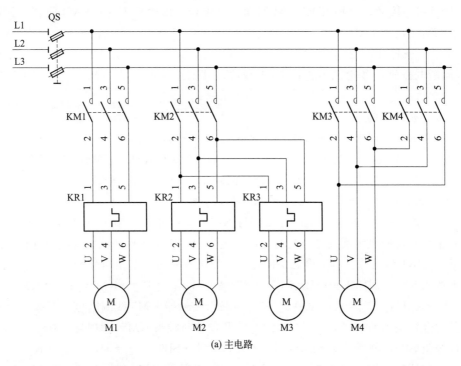

(a) 主电路

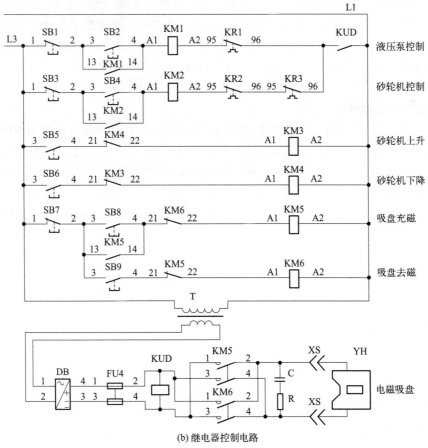

(b) 继电器控制电路

图 9-1 M7120 平面磨床主电路及继电器控制电路

KM4：[A2]→L1 接通，接触器 KM4 线圈通电、吸合，砂轮机下降；KM4 吸合，其辅助动断触头 KM4：[21]与 KM4：[22]断开，锁定 KM3 不能吸合。松开按钮 SB6，回路 L3→SB6：[3]‖SB6：[4]→KM3：[21]→KM3：[22]→KM4：[A1]→KM4：[A2]→L1 断开，接触器 KM4 线圈断电释放，砂轮机停止；KM4 释放，其辅助动断触头 KM4：[21]与 KM4：[22]闭合。

（2）吸盘充、去磁

按下按钮 SB8，回路 L3→SB7：[1]→SB7：[2]→SB8：[3]→SB8：[4]→KM6：[21]→KM6：[22]→KM5：[A1]→KM5：[A2]→L1 接通，接触器 KM5 线圈通电、吸合。KM5 辅助动合触头 KM5：[13]与 KM5：[14]闭合，回路 L3→SB7：[1]→SB7：[2]→KM5：[13]→KM5：[14]→KM6：[21]→KM6：[22]→KM5：[A1]→KM5：[A2]→L1 接通，使接触器 KM5 保持吸合。KM5 辅助动断触头 KM5：[21]与 KM5：[22]断开，锁定 KM6 不能吸合。KM5 吸合，其主触头使吸盘线圈通电，进行充磁产生磁力，固定工件，同时欠电压（有电路用欠电流）继电器 KUD 动作，其动合触头闭合，给出吸盘磁力，产生信号。

按下按钮 SB7，回路 L3→SB7：[1]‖SB7：[2]→KM5：[13]→KM5：[14]→KM6：[21]→KM6：[22]→KM5：[A1]→KM5：[A2]→L1 断路，接触器 KM5 线圈断电、释放，吸盘线圈失电，其动合触头 KM5：[13]与 KM5：[14]断开，动断触头 KM5：[21]与 KM5：[22]闭合。

按住按钮 SB9，回路 L3→SB7：[1]→SB7：[2]→SB9：[3]→SB9：[4]→KM5：[21]→KM5：[22]→KM6：[A1]→KM6：[A2]→L1 接通，接触器 KM6 线圈通电、吸合。其主触头使吸盘线圈正负极互换通电，产生反方向的磁力实现去磁。其辅助动断触头 KM6：[21]与 KM6：[22]断开，锁定 KM5 不能吸合。松开按钮 SB9，回路 L3→SB7：[1]→SB7：[2]→SB9：[3]‖SB9：[4]→KM5：[21]→KM5：[22]→KM6：[A1]→KM6：[A2]→L1 断开，接触器 KM6 线圈断电、释放，去磁完成。

（3）液压泵启动停止

在吸盘已经充磁状态下，欠电压继电器 KUD 线圈吸合，触头闭合。按下液压泵启动按钮 SB2，回路 L3→SB1：[1]→SB1：[2]→SB2：[3]→SB2：[4]→KM1：[A1]→KM1：[A2]→KR1：[95]→KR1：[96]→KUD→L1 接通，接触器 KM1 线圈通电、吸合，液压泵运转。

按下液压泵停止按钮 SB1，回路 L3→SB1：[1]‖SB1：[2]→SB2：[3]→SB2：[4]→KM1：[A1]→KM1：[A2]→KR1：[95]→KR1：[96]→KUD→L1 断路，接触器 KM1 线圈断电、释放，液压泵停止运转。

（4）砂轮机启动停止

在吸盘已经充磁状态下，欠电压继电器 KUD 线圈吸合，触头闭合。按下砂轮机启动按钮 SB4，回路 L3→SB3：[1]→SB3：[2]→SB4：[3]→SB4：[4]→KM2：[A1]→KM2：[A2]→KR2：[95]→KR2：[96]→KR3：[95]→KR3：[96]→KUD→L1 接通，接触器 KM2 线圈通电、吸合，砂轮机运转。

按下砂轮机停止按钮 SB3，回路 L3→SB3：[1]‖SB3：[2]→SB4：[3]→SB4：[4]→KM2：[A1]→KM2：[A2]→KR2：[95]→KR2：[96]→KR3：[95]→KR3：[96]→KUD→L1 断路，接触器 KM2 线圈断电、释放，砂轮机停止运转。

9.1.2 PLC 控制

图 9-1（b）所示的继电器控制电路改用 PLC 控制，需要用到的输入电器有热保护继电器

KR1、KR2 和 KR3，液压泵停止按钮 SB1，液压泵启动按钮 SB2，砂轮机停止按钮 SB3，砂轮机启动按钮 SB4，砂轮机上升按钮 SB5 和下降按钮 SB6，吸盘充磁停止和投入及去磁按钮 SB7、SB8 和 SB9，欠电压继电器触头 KUD，共 13 点。输出电器有 KM1、KM2、KM3、KM4、KM5 和 KM6，共 6 点。EL 为工作照明灯，由开关 SA 控制。

（1）电气原理图

选用三菱 FX_{3SA}-30MR-CM 可编程控制器。输入、输出和辅助各点的分配及功能如表 9-1 所示，PLC 控制原理图如图 9-2 所示。

表 9-1 M7120 磨床电器功能与 PLC 资源分配

输入电器					
电器代号	功能	点分配	电器代号	功能	点分配
KR1	液压泵电动机热保护	X00	SB4	砂轮机启动	X07
KUD	欠电压继电器	X01	SB5	砂轮机上升	X10
SB1	液压泵停止	X02	SB6	砂轮机下降	X11
SB2	液压泵启动	X03	SB7	充磁停止	X12
KR2	砂轮机电动机热保护	X04	SB8	充磁投入	X13
KR3	冷却泵电动机热保护	X05	SB9	去磁	X14
SB3	砂轮机停止	X06			
输出电器					
KM1	液压泵电动机接触器	Y0	KM4	砂轮机下降电动机接触器	Y3
KM2	砂轮机电动机接触器	Y1	KM5	磁盘充磁接触器	Y4
KM3	砂轮机上升电动机接触器	Y2	KM6	磁盘去磁接触器	Y5

（2）程序编制

平面磨床继电器控制线路典型、成熟，故从中得到的梯形图程序是安全、可靠的。按照 4.3.2 节中介绍的，依据继电器控制电路，通过电器代号替换、符号替换、触头修改、按规则整理四个步骤，将原继电器控制电路［图 9-1（b）］转换为 PLC 控制的梯形图，转换过程如图 9-3 所示。

（3）梯形图录入

运行三菱编程软件 GX Developer。在初始界面上创建新工程，PLC 类型为"FX3G"，工程名为"平面磨床"。逐行把图 9-3（d）所示梯形图录入，录入完毕后点"转换"按钮进行转换，完成后的界面如图 9-4 所示。最后点击保存按钮保存文件。

（4）功能验证

将三菱 PLC 用编程电缆与电脑连接好，接通 PLC 电源。在编程软件界面点击"在线（O）"弹出下拉菜单，选中"传输设置（C）…"，按编程电缆的端口设定好；点击"通信测试"，确定与 FX3GPLC 连接成功，点"确定"后再点"确认"按钮返回编程界面。

点击"在线（O）"弹出下拉菜单，选中"PLC 写入（W）…"，在"文件选择"标签页内选中程序等写入内容，再点"执行"按钮，完成后点"关闭"按钮。若出现参数错误，对 FX_{3SA} 系列可编程控制器，需在左侧导航栏内点击"PLC 参数"，在弹出的对话框"FX 参数设置"中将"内存容量设置"标签页内的内存容量调整为 4000 即可。

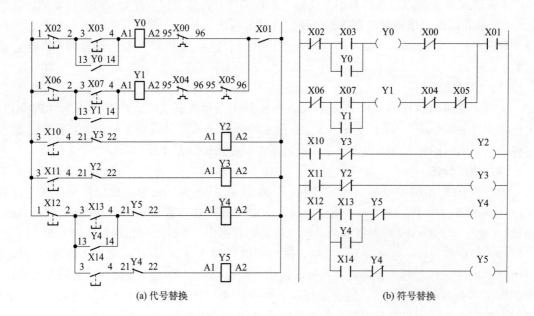

图 9-2   平面磨床 PLC 控制电路

(a) 代号替换

(b) 符号替换

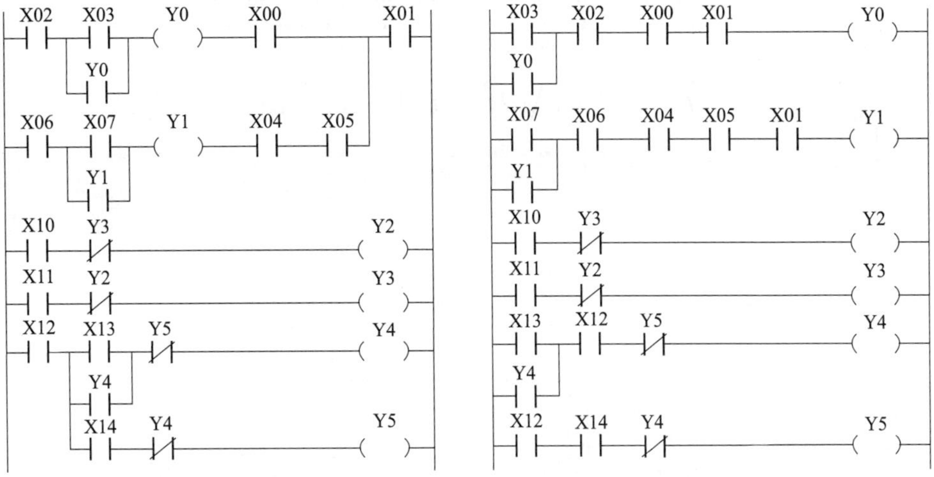

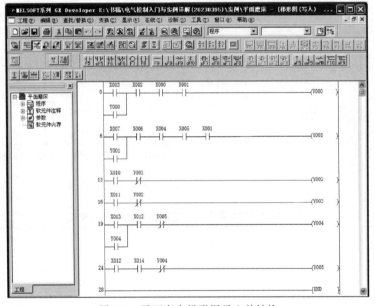

(c) 触头修改　　　　　　　　(d) 按规则整理

图 9-3　平面磨床梯形图转换

图 9-4　平面磨床梯形图录入并转换

点"在线（O）"后选"监视（M）"→"监视模式（M）"，或直接按功能键 F3，进入监视状态。分别验证砂轮机上下移动、吸盘充磁和去磁、液压泵启动停止、砂轮机启动停止等功能，过程请参见单片机控制的实验验证。

9.1.3　单片机控制

（1）电气原理图

将图 9-2 所示 PLC 控制的平面磨床电气原理图中的 PLC 用 ZY-8644MBR 主控板＋ZY-2405DY 单片机控制板替换，就可得到平面磨床采用单片机控制的电气原理图，如图 9-5 所示。图 9-5 中输入、输出和辅助各点的功能及资源分配如表 9-2 所示。

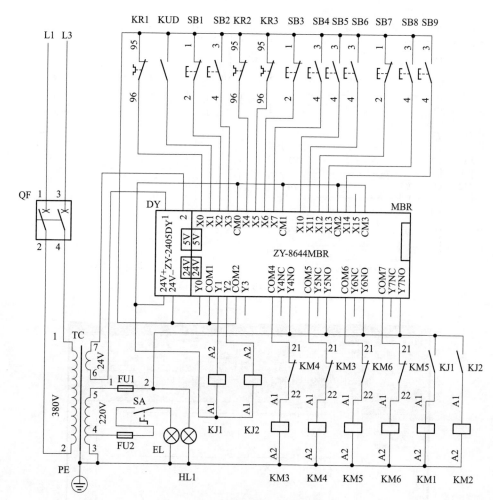

图 9-5 平面磨床单片机控制电路

表 9-2 M7120 磨床电器功能与单片机资源分配

	电器代号	功能	端子号	单片机引脚
输入	KR1	液压泵电动机热保护	X00	P2.7
	KUD	欠电压继电器	X01	P2.6
	SB1	液压泵停止	X02	P2.5
	SB2	液压泵启动	X03	P2.4
	KR2	砂轮机电动机热保护	X04	P2.3
	KR3	冷却泵电动机热保护	X05	P2.2
	SB3	砂轮机停止	X06	P2.1
	SB4	砂轮机启动	X07	P2.0
	SB5	砂轮机上升	X10	P4.0
	SB6	砂轮机下降	X11	P4.1
	SB7	充磁停止	X12	P4.4
	SB8	充磁投入	X13	P4.5
	SB9	去磁	X14	P4.6

续表

	KM1	液压泵电动机接触器	Y1	P4.3
输出	KM2	砂轮机电动机接触器	Y2	P3.2
	KM3	砂轮机上升电动机接触器	Y4	P3.4
	KM4	砂轮机下降电动机接触器	Y5	P3.5
	KM5	磁盘充磁接触器	Y6	P3.6
	KM6	磁盘去磁接触器	Y7	P3.7

（2）控制程序编制

平面磨床单片机控制程序采用梯形图和位处理方法编制。不同的程序设计语言得到单片机可执行代码的途径也不同。梯形图程序需要通过专用的转换软件才能得到单片机可执行代码，位处理程序只需要进行编译就能得到单片机可执行代码。

① 梯形图程序 单片机控制平面磨床的梯形图程序可参考 PLC 控制梯形图得到，即把图 9-3（d）所示梯形图用编程软件 FXGPWIN.EXE 录入，PLC 类型为 FX1N，保存为"平面磨床.PMW"文件。注意输出信号的端子号需要根据表 9-2 做调整。录入完毕的梯形图如图 9-6 所示。专用软件进行梯形图转单片机可执行代码的转换设置如图 9-7 所示。转换得到的可执行代码存放在目录 PMW-HEX-V3.0 下，名为 fx1n.hex，建议将其更名为"平面磨床.hex"保存。

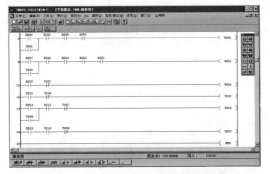

图 9-6 平面磨床单片机控制梯形图　　　　图 9-7 梯形图转换设置

② 位处理程序 观察图 9-1（b）所示继电器控制电路，可以看出该电路的输出电器或是自锁互锁控制，或是点动控制，或是自锁点动互锁控制。按照 5.3.3 节程序编制步骤，先将继电器控制电路转换为位处理梯形图，然后进行位处理程序编制。具体做法是除了需要把线圈后（右侧）的触头移至线圈前（左侧）外，必须对每个输出电器前的线路进行整理，要求输出电器线圈前面的线路元件各自独立，输出电器线圈前面的线路不存在共用段，输出电器线圈前面出现多行时应放在最前（左侧），存在多个电器元件的行放在最上方。除输出电器线圈外，同一个电器元件（触头）可重复出现多处。将图 9-1（b）按上面要求整理后的位处理梯形图如图 9-8 所示。

由于控制电路中使用了单片机的扩展口 P4，故在编制的程序中必须进行定义方能使用端口 P4。定义 P4 口 P4.4、P4.5 和 P4.6 为 I/O 口的汇编语句是"MOV P4SW，♯70H"，可放在初始化程序段内。此例程序编制中把控制板端子外接动断触头的输入电器用动合状态参与逻辑运算。图 9-8 中输出电器线圈 KM1 的位逻辑运算过程为：把 SB2 送入累加器 C（即进位标志位），累加器 C 与 KM1 进行逻辑与运算，累加器 C 与 SB1 进行逻辑或运算，累

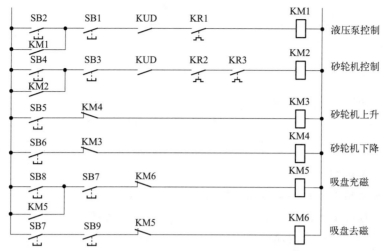

图 9-8 平面磨床单片机控制位处理梯形图

加器 C 与 KUD 进行逻辑或运算，累加器 C 与 KR1 进行逻辑或运算，运算结果送 KM1。程序语句（分号作为语句间隔，实际不需要）为：MOV C，SB2；ANL C，KM1；ORL C，SB1；ORL C，KUD；ORL C，KR1；MOV KM1，C。同样其余输出电器线圈不难编制，整个 M7120 平面磨床单片机控制程序如图 9-9 所示。

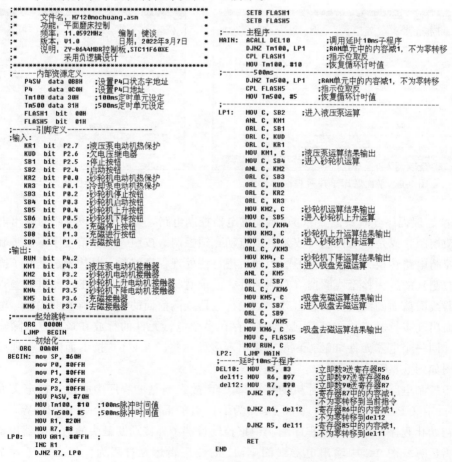

图 9-9 M7120 平面磨床单片机控制程序

(3) 实验验证

验证前需要将外部电器按照图 9-5 连接好，确认电路连接正确方能通电，且已烧录可执行代码。需要实验验证的功能有：液压泵启动、停止，砂轮机启动、停止、上升、下降，吸盘的充磁和去磁，以及三台电动机的热保护等。下面以烧录的是梯形图转换得到的可执行代码为例，在编程软件 FXGPWIN.EXE 中进行监控。

① 停机状态　检查单片机控制板上输入指示灯状态，LX0、LX2、LX4、LX5、LX6 和 LX12 应点亮，其余熄灭。若出现不一致情况需检查接线和触头。输出指示灯 LQ0～LQ7 全熄灭，不应有点亮状态。

② 砂轮机上下移动　在砂轮机与吸盘之间没有障碍物的情况下，按住按钮 SB5，砂轮机上升接触器 KM3 吸合，砂轮机开始上移，监控界面如图 9-10(a) 所示。松开按钮 SB5，砂轮机上升接触器 KM3 释放，砂轮机停止上移。

按住按钮 SB6，砂轮机上升接触器 KM4 吸合，砂轮机开始下移，监控界面如图 9-10

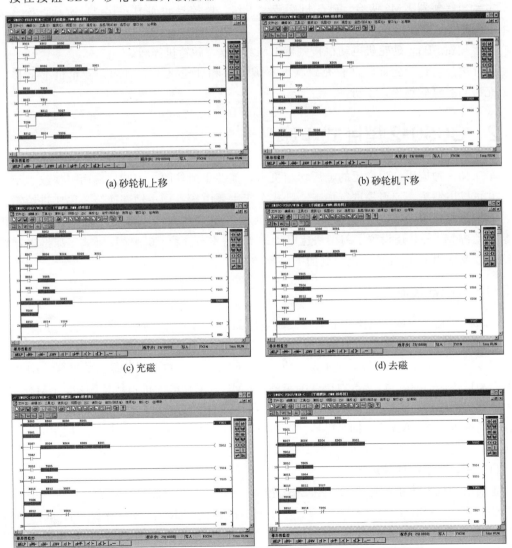

图 9-10　实验验证监控界面

（b）所示。松开按钮 SB6，砂轮机上升接触器 KM4 释放、砂轮机停止下移。

　　③ 吸盘充磁和去磁　在吸盘上放置一个工件，按下按钮 SB8，吸盘充磁接触器 KM5 吸合，对工件充磁固定，监控界面如图 9-10（c）所示。松开按钮 SB8，输入指示灯 LX1 也应点亮，磁盘上的工件应不能搬动。

　　按下按钮 SB7，吸盘充磁接触器 KM5 释放，再按住按钮 SB9，吸盘去磁接触器 KM6 吸合，对工件去磁，监控界面如图 9-10（d）所示。此时输入指示灯 LX1 应熄灭，磁盘上的工件应能搬动。松开按钮 SB9，吸盘去磁接触器 KM6 释放，完成去磁。

　　④ 液压泵启动停止　在充磁状态下，即输入指示灯 LX1 点亮状态，按下按钮 SB2，液压泵电动机接触器 KM1 吸合，液压泵旋转、工作，监控界面如图 9-10（e）所示。松开按钮 SB2，液压泵保持旋转。

　　按下按钮 SB1，液压泵电动机接触器 KM1 释放，液压泵停转。

　　⑤ 砂轮机旋转停止　在充磁状态下，即输入指示灯 LX1 点亮状态，按下按钮 SB4，砂轮机电动机接触器 KM2 吸合，砂轮机旋转、工作，监控界面如图 9-10（f）所示。松开按钮 SB4，砂轮机保持旋转。

　　按下按钮 SB3，砂轮机电动机接触器 KM2 释放，砂轮机停转。

　　除此之外，还应验证磁盘非充磁状态下液压泵和砂轮机不能启动，砂轮机上下移动联锁、充磁与去磁联锁等，不再一一说明。

9.2　C650-2 型卧式车床

　　车床是一种应用最为广泛的金属切削机床，能够车削外圆、内圆、端面、螺纹、定型表面，并可以用钻头、铰刀等进行加工。卧式车床主要由床身、主轴变速箱、尾座进给箱、丝杠、刀架和溜板箱等组成。C650-2 型卧式车床是一种中型车床，除有主轴电动机 M1 和冷却泵电动机 M2 外，还设置了刀架快速电动机 M3。本节介绍 C650-2 型卧式车床继电器控制电路，以及采用 PLC 和单片机控制的电路和控制程序设计。

9.2.1　继电器控制电路

　　C650-2 型卧式车床主电路和继电器控制电路如图 9-11 所示。该电路的特点有：采用正反转控制，反接制动实现快速停车，主轴设有点动控制。图 9-11 中按钮 SB1 为停车按钮，SB2 为正转按钮，SB3 为反转按钮，SB4 为点动按钮，KR1 为主轴电动机热保护继电器，KR2 为冷却泵电动机热保护继电器，KS 为速度继电器，KM1 为主轴电动机正转接触器，KM2 为主轴电动机反转接触器，KM3 为短接制动电阻接触器，KM4 为冷却泵电动机接触器，KM5 为刀架快移电动机接触器，KA 为中间继电器。下面对图 9-11 主轴电动机连续运转、主轴电动机点动运转、主轴电动机反接制动停车、冷却泵电动机启动停止及刀架快速移动进行解读。

（1）主轴电动机连续运转

　　主轴电动机连续正向运转由按钮 SB2 控制。按下按钮 SB2 后，回路 FU3：[4]→SB1：[1]→SB1：[2]→SB2：[13]→SB2：[14]→KM3：[A1]→KM3：[A2]→KR1：[95]→KR1：[96]→FU3：[2] 接通，接触器 KM3 线圈通电、吸合，KM3 动合触头吸合，短接主电路串接的反接制动电阻 R，实现主轴电动机全压启动运转；同时时间继电器 KT 线圈通电、吸合，开始计时。

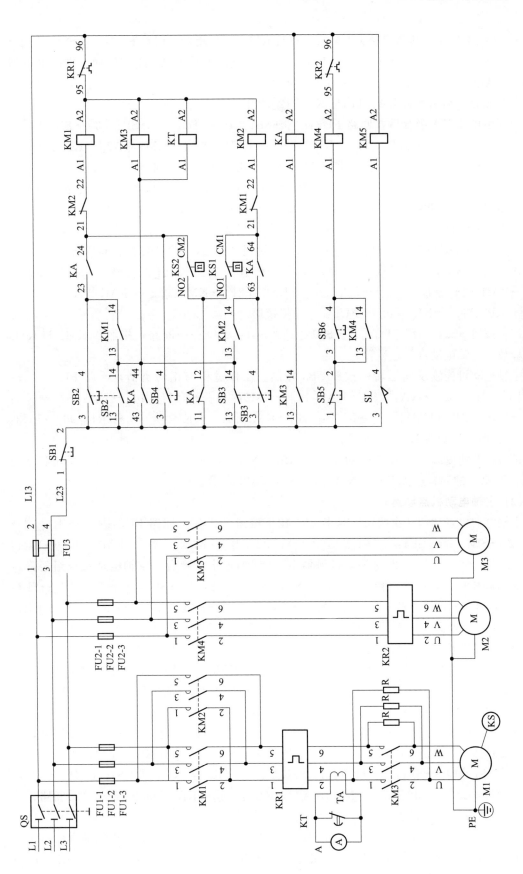

图 9-11 C650-2 型卧式车床主电路和继电器控制电路

KM3 线圈吸合，其动合触头 KM3：[13]与 KM3：[14]闭合，回路 FU3：[4]→SB1：[1]→SB1：[2]→KM3：[13]→KM3：[14]→KA：[A1]→KA：[A2]→FU3：[2]接通，中间继电器 KA 线圈通电、吸合，其动合触头 KA：[23]与 KA：[24]、KA：[43]与 KA：[44]、KA：[63]与 KA：[64]吸合，动断触头 KA：[11]与 KA：[12]断开。

中间继电器 KA 吸合后，回路 FU3：[4]→SB1：[1]→SB1：[2]→SB2：[3]→SB2：[4]→KA：[23]→KA：[24]→KM2：[21]→KM2：[22]→KM1：[A1]→KM1：[A2]→KR1：[95]→KR1：[96]→FU3：[2]接通，接触器 KM1 线圈通电、吸合，主轴电动机全压启动运转。KM1 动断触头 KM1：[21]与 KM1：[22]断开，锁定接触器 KM2 不动作；动合触头 KM1：[13]与 KM1：[14]闭合，回路 FU3：[4]→SB1：[1]→SB1：[2]→KA：[43]→KA：[44]→KM1：[13]→KM1：[14]→KA：[23]→KA：[24]→KM2：[21]→KM2：[22]→KM1：[A1]→KM1：[A2]→KR1：[95]→KR1：[96]→FU3：[2]接通，接触器 KM1 线圈保持吸合。

松开按钮 SB2，回路 FU3：[4]→SB1：[1]→SB1：[2]→KA：[43]→KA：[44]→KM1：[13]→KM1：[14]→KA：[23]→KA：[24]→KM2：[21]→KM2：[22]→KM1：[A1]→KM1：[A2]→KR1：[95]→KR1：[96]→FU3：[2]保持接通。

按下按钮 SB1，回路 FU3：[4]→SB1：[1]‖SB1：[2]→……断路，接触器 KM1 和 KM3 线圈释放，主轴电动机停止运转。

主轴电动机连续反向运转由按钮 SB3 控制。工作过程与正转类似，回路 FU3：[4]→SB1：[1]→SB1：[2]→KA：[43]→KA：[44]→KM2：[13]→KM2：[14]→KA：[63]→KA：[64]→KM1：[21]→KM1：[22]→KM2：[A1]→KM2：[A2]→KR1：[95]→KR1：[96]→FU3：[2]保持接通，接触器 KM2 线圈吸合。

正转状态速度继电器 KS1 的动合触头 KS1：[NO1]与 KS1：[CM1]1 闭合，反转状态速度继电器 KS2 的动合触头 KS2：[NO2]与 KS2：[CM2]闭合。

（2）主轴电动机点动运转

主轴电动机点动运转由按钮 SB4 控制。按下按钮 SB4 后，回路 FU3：[4]→SB1：[1]→SB1：[2]→SB4：[3]→SB4：[4]→KM2：[21]→KM2：[22]→KM1：[A1]→KM1：[A2]→KR1：[95]→KR1：[96]→FU3：[2]接通，接触器 KM1 线圈通电、吸合，主轴电动机绕组经降压电阻 R 后降压启动，低速运转。松开按钮 SB4，回路 FU3：[4]→SB1：[1]→SB1：[2]→SB4：[3]‖SB4：[4]→KM2：[21]→KM2：[22]→KM1：[A1]→KM1：[A2]→KR1：[95]→KR1：[96]→FU3：[2]断路，接触器 KM1 线圈断电、释放，主轴电动机停转。

（3）主轴电动机反接制动停机

在连续正向运转状态下，按下按钮 SB1，接触器 KM3、KM1 释放，中间继电器 KA 释放，其动断触头 KA：[11]与 KA：[12]闭合。松开按钮 SB1，回路 FU3：[4]→SB1：[1]→SB1：[2]→KA：[11]→KA：[12]→KS1：[NO1]→KS1：[CM1]→KM1：[21]→KM1：[22]→KM2：[A1]→KM2：[A2]→KR1：[95]→KR1：[96]→FU3：[2]接通，接触器 KM2 吸合，电动机反接制动。电动机速度降低到速度继电器触头 KS1：[NO1]与 KS1：[CM1]断开，回路 FU3：[4]→SB1：[1]→SB1：[2]→KA：[11]→KA：[12]→KS1：[NO1]‖KS1：[CM1]→KM1：[21]→KM1：[22]→KM2：[A1]→KM2：[A2]→KR1：[95]→KR1：[96]→FU3：[2]断路，接触器 KM2 释放，结束制动。

在连续反向运转状态下，按下按钮 SB1，接触器 KM3、KM2 释放，中间继电器 KA 释放，其动断触头 KA：[11]与 KA：[12]闭合。松开按钮 SB1，回路 FU3：[4]→SB1：[1]→

SB1:[2]→KA:[11]→KA:[12]→KS2:[NO2]→KS2:[CM2]→KM2:[21]→KM2:[22]→
KM1:[A1]→KM1:[A2]→KR1:[95]→KR1:[96]→FU3:[2]接通，接触器 KM1 吸合，电
动机反接制动。电动机速度降低到速度继电器触头 KS2:[NO2]与 KS2:[CM2]断开，回路
FU3:[4]→SB1:[1]→SB1:[2]→KA:[11]→KA:[12]→KS2:[NO2]‖KS2:[CM2]→KM2:
[21]→KM2:[22]→KM1:[A1]→KM1:[A2]→KR1:[95]→KR1:[96]→FU3:[2]断路，接
触器 KM1 释放，结束制动。

（4）冷却泵电动机启动停止

冷却泵电动机启动运转由按钮 SB6 操作，停机由按钮 SB5 操作。

（5）刀架快速移动

刀架快速移动由操作手柄压动行程开关 SL 完成，动合触头 SL:[3]与 SL:[4]闭合，接
触器 KM5 线圈通电、吸合，电动机旋转。动合触头 SL:[3]与 SL:[4]断开，接触器 KM5
线圈断电、释放，电动机停转。

图 9-11 中时间继电器 KT 用于主轴电动机启动和反接制动时保护电流表，防止其受到
电流冲击。

9.2.2　PLC 控制

图 9-11 继电器控制电路采用 PLC 控制，需要用到的输入电器有热保护继电器 KR1 和
KR2，主轴停止按钮 SB1，主轴启动按钮 SB2 和 SB3，主轴点动按钮 SB4，速度继电器 KS
（两对触头定义为 KS1 和 KS2），冷却泵按钮 SB5 和 SB6，刀架快速移动行程开关 SL，共 11
点。输出电器有 KM1、KM2、KM3、KM4 和 KM5，共 5 点。中间继电器 KA 和时间继电
器 KT 由 PLC 内部资源承担。图 9-11 中时间继电器 KT 的延时动断触头用于保护电流表，
有两种处理办法：一种是保留继电器的接线；另一种是输出端子上增加一只由内部时间继电
器驱动的中间继电器 KJ，时间设定 2s。

（1）电气原理图

选用三菱 FX$_{3SA}$-30MR-CM 可编程控制器。输入、输出点都有余量，各电器的功能及 PLC
资源分配见表 9-3。PLC 控制电路如图 9-12 所示，图中 EL 为工作照明灯，由开关 SA 控制。

表 9-3　C650-2 车床电器功能与 PLC 资源分配

电器代号	功能	点分配	电器代号	功能	点分配
输入电器					
KR1	主轴电动机热保护	X00	KS2	速度继电器反转动合触头	X06
SB1	停止	X01	KR2	冷却泵电动机热保护	X07
SB2	主轴连续正转启动	X02	SB5	冷却泵停止	X10
SB3	主轴连续反转启动	X03	SB6	冷却泵启动	X11
SB4	主轴点动启动	X04	SL	刀架快速移动	X12
KS1	速度继电器正转动合触头	X05			
输出电器					
KM1	主轴电动机正转接触器	Y2	KM4	冷却泵电动机接触器	Y5
KM2	主轴电动机反转接触器	Y3	KM5	刀架快移电动机接触器	Y6
KM3	短接制动电阻接触器	Y4	Y7	短接电流表继电器	Y7
中间电器					
KA	中间继电器	M4	KT	时间继电器	T1

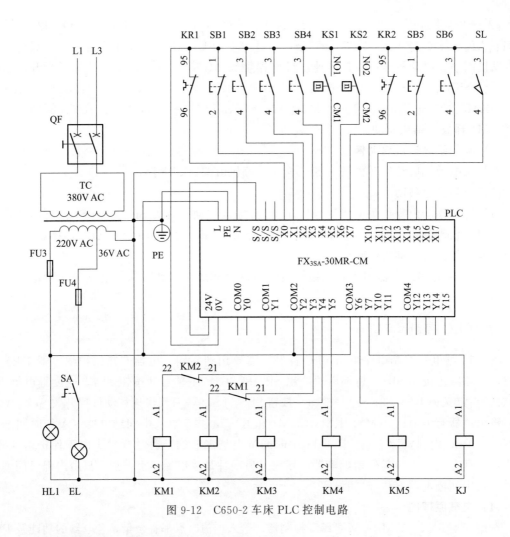

图 9-12　C650-2 车床 PLC 控制电路

（2）程序编制

按照 4.3.2 节中介绍的，依据继电器控制电路，通过电器代号替换、符号替换、触头修改、按规则整理四个步骤，将原继电器控制电路转换为 PLC 控制的梯形图，转换过程如图 9-13 所示。

（3）梯形图录入

运行三菱编程软件 GX Developer。在初始界面上创建新工程，PLC 类型为 "FX3G"，工程名为 "C650-2"。逐行把图 9-13（e）所示梯形图录入，录入完毕后点 "转换" 按钮进行转换，完成后的界面如图 9-14 所示。最后点击保存按钮保存文件。

（4）功能验证

验证前需要将外部电器按照图 9-12 连接好，确认电路连接正确方能通电，且 PLC 已写入程序。

① 停机状态　车床停机状态的监控界面如图 9-15（a）所示。

② 主轴电动机点动运转　按下按钮 SB4，接触器 KM1 线圈通电、吸合，主轴电动机绕组经降压电阻 R 后降压启动，低速运转，监控界面如图 9-15（b）所示。松开按钮 SB4，接触器 KM1 线圈断电、释放，主轴电动机停转。

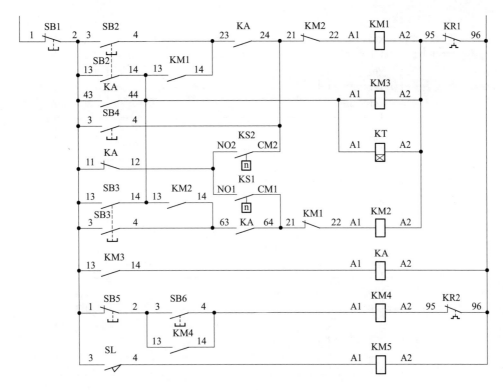

(a) 继电器控制图

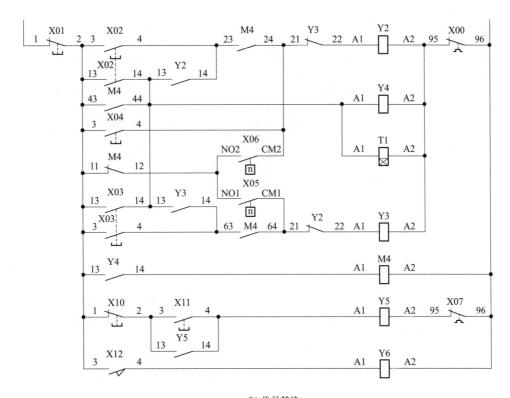

(b) 代号替换

图 9-13

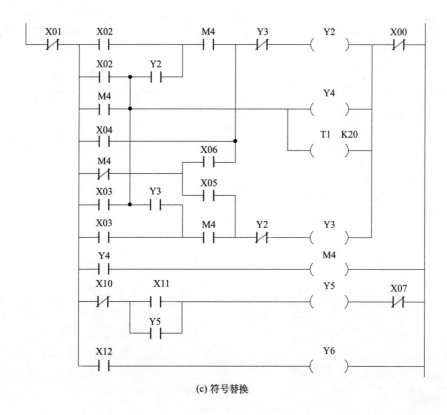

(c) 符号替换

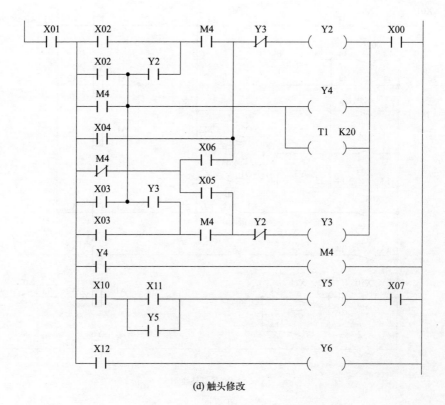

(d) 触头修改

```
 X02      X01      X00                                    Y4
─┤├───┬───┤├───────┤├────────────────────────────────────( )──
 M4    │                                               T1   K20
─┤├────┤                                                  ( )──
 X03   │
─┤├────┘

 Y4       X01                                             M4
─┤├───────┤├──────────────────────────────────────────────( )──

 X02      Y2       M4        Y3       X01      X00        Y2
─┤├───┬───┤├───┬───┤├────────┤╱├──────┤├───────┤├─────────( )──
 M4   │        │
─┤├───┤        │
 X02  │        │
─┤├───┘        │
 M4   X06      │
─┤╱├──┤├───────┘
 X04
─┤├──

 X03      Y3       M4        Y2       X01      X00        Y3
─┤├───┬───┤├───┬───┤├────────┤╱├──────┤├───────┤├─────────( )──
 M4   │        │
─┤├───┤        │
 X03  │        │
─┤├───┘        │
 M4   X05      │
─┤╱├──┤├───────┘

 X11      X10      X07      X01                           Y5
─┤├───┬───┤├───────┤├───────┤├────────────────────────────( )──
 Y5   │
─┤├───┘

 X12      X01                                             Y6
─┤├───────┤├──────────────────────────────────────────────( )──
```

(e) 按规则整理

图 9-13 C650-2 车床梯形图转换

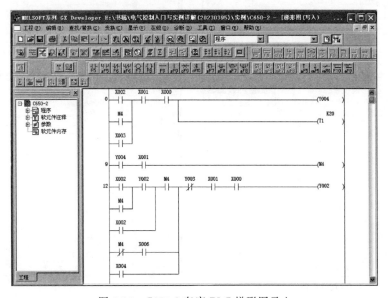

图 9-14 C650-2 车床 PLC 梯形图录入

③ 主轴电动机连续运转　按下按钮 SB2，接触器 KM3 和 KM1 吸合，主轴电动机全压启动、正向运转；同时时间继电器 KT 线圈通电、吸合，开始计时，监控界面如图 9-15(c) 所示。按下按钮 SB1，接触器 KM1 和 KM3 释放，主轴电动机停止运转。

按下按钮 SB3，接触器 KM3 和 KM2 吸合，主轴电动机全压启动、反向运转；同时时间继电器 KT 线圈通电、吸合，开始计时，监控界面如图 9-15(d) 所示。按下按钮 SB1，接触器 KM2 和 KM3 释放，主轴电动机停止运转。

④ 主轴电动机反接制动停车　在连续正向运转状态下，按下按钮 SB1，接触器 KM3、KM1 释放，接触器 KM2 吸合，电动机反接制动。监控界面如图 9-15(e) 所示。

在连续反向运转状态下，按下按钮 SB1，接触器 KM3、KM2 释放，接触器 KM1 吸合，电动机反接制动。监控界面如图 9-15(f) 所示。

⑤ 冷却泵电动机启停　按下按钮 SB6，冷却泵电动机启动运转，监控界面如图 9-15(g) 所示。按下按钮 SB5 冷却泵停机。

⑥ 刀架快速移动　操作快速移动手柄使行程开关 SL 触头闭合，接触器 KM5 吸合，刀架快速移动，监控界面如图 9-15(h) 所示。松开手柄使 SL 触头断开，接触器 KM5 释放，刀架停止快速移动。

过载保护等状态验证不再一一说明。

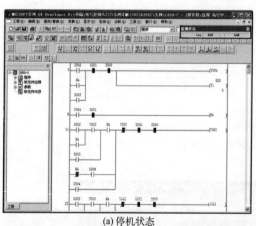

(a) 停机状态

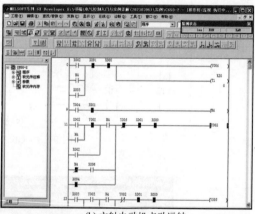

(b) 主轴电动机点动运转

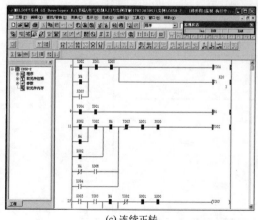

(c) 连续正转

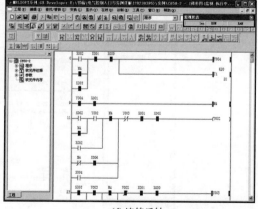

(d) 连续反转

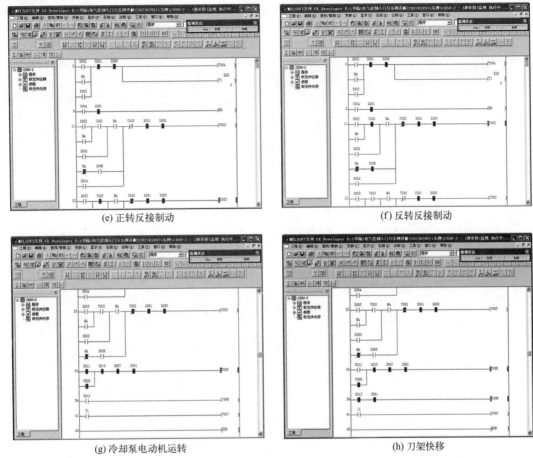

(e) 正转反接制动   (f) 反转反接制动

(g) 冷却泵电动机运转   (h) 刀架快移

图 9-15　监控界面

9.2.3　单片机控制

(1) 电气原理图

将图 9-12 所示 PLC 控制的平面磨床电气原理图中的 PLC 用 ZY-8644MBR 主控板＋ZY-2405DY 单片机控制板替换，就可得到平面磨床采用单片机控制的电气原理图，如图 9-16 所示。图 9-16 中输入、输出和辅助各点的功能及资源分配如表 9-4 所示。

表 9-4　C650-2 车床电器功能与单片机资源分配

	电器代号	功能	端子号	单片机引脚
输入	KR1	主轴电动机热保护	X00	P2.7
	SB1	停止	X01	P2.6
	SB2	主轴连续正转启动	X02	P2.5
	SB3	主轴连续反转启动	X03	P2.4
	SB4	主轴点动启动	X04	P2.3
	KS1	速度继电器正转动合触头	X05	P2.2
	KS2	速度继电器反转动合触头	X06	P2.1

续表

	电器代号	功能	端子号	单片机引脚
输入	KR2	冷却泵电动机热保护	X07	P2.0
	SB5	冷却泵停止	X10	P4.0
	SB6	冷却泵启动	X11	P4.1
	SL	刀架快速移动	X12	P4.4
输出	KJ	时间继电器 KT 延时触头	Y1	P4.3
	KJ1(KM5)	刀架快移电动机接触器	Y2	P3.2
	KM1	主轴电动机正转接触器	Y4	P3.4
	KM2	主轴电动机反转接触器	Y5	P3.5
	KM3	短接制动电阻接触器	Y6	P3.6
	KM4	冷却泵电动机接触器	Y7	P3.7

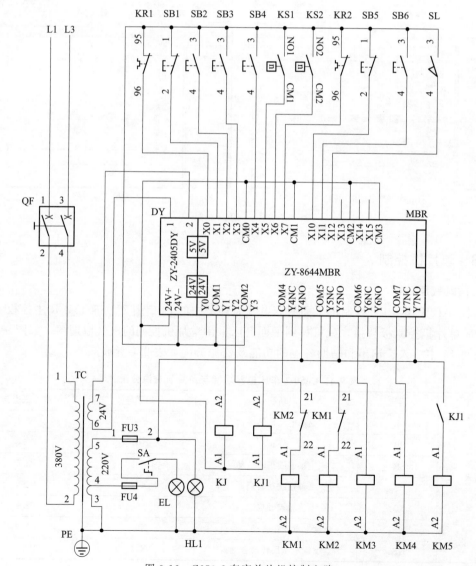

图 9-16　C650-2 车床单片机控制电路

（2）控制程序编制

C650-2 车床单片机控制程序采用梯形图和位处理编制。梯形图程序需要通过专用的转换软件才能得到单片机可执行代码，位处理程序只需要进行编译就能得到单片机可执行代码。

① 梯形图程序　单片机控制平面磨床的梯形图程序可参考 PLC 控制梯形图得到，即把图 9-14 所示梯形图导出，写入 FXGPWIN 格式或用编程软件 FXGPWIN.EXE 录入，PLC 类型为 FX1N 录入，保存为"C650-2.PMW"文件。注意输出信号的端子号需要根据表 9-4 做调整。录入完毕的梯形图如图 9-17 所示。转换得到的可执行代码存放在目录 PMW-HEX-V3.0 下，名为 fx1n.hex，建议将其更名为"C650-2.hex"保存。

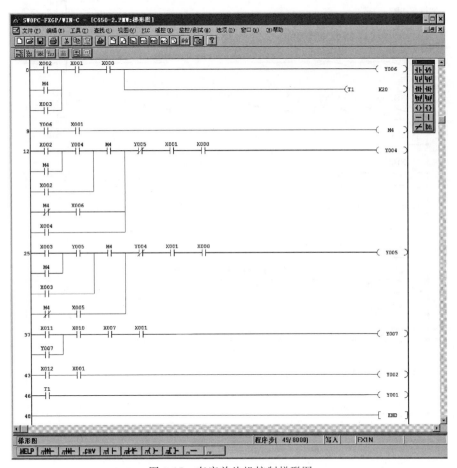

图 9-17　车床单片机控制梯形图

② 位处理程序　按照 5.3.3 节程序编制步骤，先将继电器控制电路转换为位处理梯形图，然后进行位处理程序编制。为方便编制位处理程序，进行如下处理：把线圈后（右侧）的触头移至线圈前（左侧），输出电器线圈前面线路中的元件各自独立，输出电器线圈前面的线路不存在共用段或交叉连接，输出电器线圈前面出现多行时应放在最前（左侧），存在多个电器元件的行放在最上方。输出电器线圈外同一个电器元件（触头）可重复出现多处。图 9-13(a) 经整理后的位处理梯形图如图 9-18 所示。

图 9-18 中有 5 个输出电器，多个输出电器线圈前有多行。程序设计中，从继电器控制

电路的第 1 个输出电器线圈开始就其最前面的电器元件逐个进行逻辑运算，遇到后续并联行时先把当前的运算结果暂时保存；再从并联行开始进行电器元件的逻辑运算，在完成本行电器元件运算后再与暂时保存的值进行逻辑或运算。逐个输出电器线圈进行编制，直到所有的输出电器线圈都有逻辑运算结果。图 9-18 所示 C650-2 型车床单片机控制电路的位处理程序如图 9-19 所示。

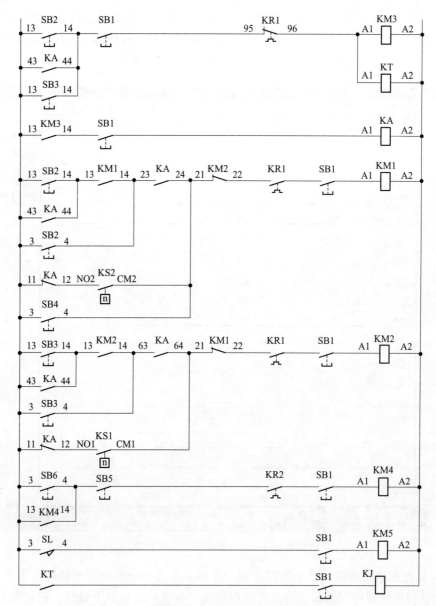

图 9-18　继电器控制线路整理后的位处理梯形图

(3) 实验验证

　　实验验证参照 PLC 控制的功能验证，这里不再重复。若烧录的是梯形图转换得到的可执行代码，则可在编程软件 FXGPWIN. EXE 中进行监控。

```
;------内部资源定义------------------------
    P4SW  data 0BBH    ;设置P4口状态字地址
    P4    data 0C0H    ;设置P4口地址
    Tm100 data 30H     ;100ms定时单元设定
    Tm500 data 31H     ;500ms定时单元设定
    FLASH1 bit  00H
    FLASH5 bit  01H                        ;输出:
;------电器元件定义------------------           KJ  bit  P4.3    ;时间继电器延时动断触头
;输入:                                         KM1 bit  P3.4    ;主轴正转接触器
    KR1   bit  P2.7    ;主轴电动机热保护继电器    KM2 bit  P3.5    ;主轴反转接触器
    SB1   bit  P2.6    ;停止按钮                 KM3 bit  P3.6    ;短接制动电阻接触器
    SB2   bit  P2.5    ;正转启动按钮             KM4 bit  P3.7    ;冷却泵接触器
    SB3   bit  P2.4    ;反转启动按钮             KM5 bit  P3.2    ;刀架快移接触器
    SB4   bit  P2.3    ;正转点动按钮
    KS1   bit  P2.2    ;速度继电器正转动合触头    ;中间:
    KS2   bit  P2.1    ;速度继电器反转动合触头        TEMP    bit  20H
    KR2   bit  P2.0    ;冷却泵电动机热保护继电器      KA      bit  21H                ;中间继电器
    SB5   bit  P4.0    ;冷却泵停止按钮               KT1_vlu DATA 40H                ;时间继电器定时值单元
    SB6   bit  P4.1    ;冷却泵启动按钮               KT1_coil bit 40H                ;时间继电器线圈
    SL    bit  P4.4    ;刀架快速移动                 KT1_no  bit  41H                ;时间继电器延时动合触头
```

(a) 资源定义

```
;------------------------------------------               ANL C, KA
LP1:    MOV C, SB2        ;进入KM3输出电器运算            ORL C, KM2
        ANL C, KA                                        ANL C, SB3
        ANL C, SB3                                       ORL C, KA
        ORL C, SB1                                       MOV TEMP, C
        ORL C, KR1                                       MOV C, KS1
        MOV KM3, C        ;完成KM3输出电器运算            ORL C, /KA
        MOV KT1_coil, C                                  ANL C, TEMP
        MOV C, KM3        ;进入KA输出电器运算             ORL C, /KM1
        ORL C, SB1                                       ORL C, KR1
        MOV KA, C         ;完成KA中间电器运算             ORL C, SB1
        MOV C, SB2        ;进入KM1输出电器运算            MOV KM2, C        ;完成KM2输出电器运算
        ANL C, KA                                        MOV C, SB6        ;进入KM4输出电器运算
        ORL C, KM1                                       ANL C, KM4
        ANL C, SB2                                       ORL C, SB5
        ORL C, KA                                        ORL C, KR2
        MOV TEMP, C                                      ORL C, SB1
        MOV C, KS2                                       MOV KM4, C        ;完成KM4输出电器运算
        ORL C, /KA                                       MOV C, SL         ;进入KM5输出电器运算
        ANL C, SB4                                       ORL C, SB1
        ANL C, TEMP                                      MOV KM5, C        ;完成KM5输出电器运算
        ORL C, /KM2                                      MOV C, KT1_NO     ;进入KJ输出电器运算
        ORL C, KR1                                       ORL C, SB1
        ORL C, SB1                                       MOV KJ, C         ;完成KJ输出电器运算
        MOV KM1, C        ;完成KM1输出电器运算    LP2:    LJMP MAIN
        MOV C, SB3        ;进入KM2输出电器运算
```

(b) 位处理程序

图 9-19　C650-2 型车床单片机控制程序

9.3　专用铣床

　　本节针对某专用铣床的继电控制线路，在解读该电路控制原理的基础上，采用可编程控制器和单片机进行控制线路改造的方案，给出 PLC 和单片机电气控制原理图、控制程序的设计。

　　某专用铣床共有两个动力头，分别称为平铣和端铣。这两个动力头各由一台 4kW 的电动机传动，并水平或垂直安装在同一个滑台上。滑台由一台 2.2kW 的电动机通过两个电磁离合器中的某个来传动。其中一个作快速传动用，另一个作铣削时的工作进给（慢速）用。电气控制采用继电器控制电路。操作面板上有润滑油泵开按钮、连动或点动按钮、快进按

钮、快退按钮、两个动力头的开和停按钮，以及急停按钮。

该专用铣床继电器控制电路的原理如图 9-20 所示。其中图 9-20(a) 是主电路，其中各有关部件的功能是：QF1 为主电源和短路保护开关；QF2 为滑台电动机电源及过载保护开关，KM1/KM2 为滑台电动机正/反转控制接触器；QF3 为润滑油泵电动机电源及过载保护开关，KM3 为润滑油泵接触器，QF4/QF5 为刀盘电动机电源及过载保护开关，KM4/KM5 为刀盘接触器。图 9-20(b) 是继电器控制电路，其中 QF6 为控制电源和短路保护开关，按钮 SB1 为润滑油泵点动按钮，SA 为点动/连续方式开关，SB2 为滑台前进按钮，SB3 为滑台后退按钮，LS1 为铣削行程开关，LS2 为前进限位开关，LS3 为后退限位开关，KA 为铣削中间（工进）继电器，SB5 和 SB6 分别是平铣刀盘停止和启动按钮，SB7 和 SB8 分别是端铣刀盘停止和启动按钮，YC1 和 YC2 是电磁离合器。

9.3.1　继电器控制电路

刀盘的传动控制就是常规的电动机的启动和停止控制。滑台的运行方式分连动和点动。连动时分快进、快退和工进三种状态；点动时只有快进、快退两种状态。状态的改变由限位开关 LS1 来控制。

(1) 点动控制方式

旋转连动/点动方式开关 SA，使其触头 SA：[1] 与 SA：[2] 和 SA：[11] 与 SA：[12] 处在断开状态，滑台工作在点动方式，进给继电器 KA 不起作用。

① 前进　如果滑台在中间位置时，按住前进按钮 SB2，其动合触头 SB2：[3] 与 SB2：[4]闭合，回路 QF6：[4]→LS2：[41]→LS2：[42]→SB4：[11]→SB4：[12]→SB2：[3]→SB2：[4]→KM2：[21]→KM2：[22]→KM1：[A1]→KM1：[A2]→QF6：[2]接通，滑台快进接触器 KM1 线圈通电、吸合，电动机 M1 通电正转。同时回路 QZ：[2]→KM1：[43]→KM1：[44]→KA：[3]→KA：[11]→YC1：[1]→YC1：[2]→QZ：[4]接通，离合器线圈 YC1 也通电，

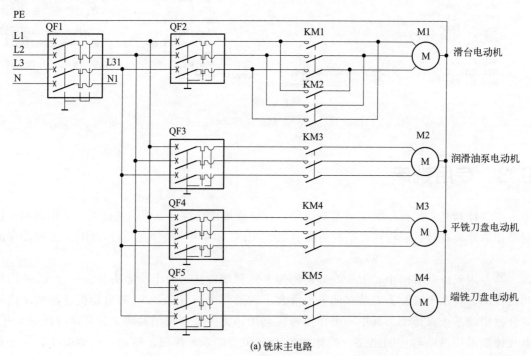

(a) 铣床主电路

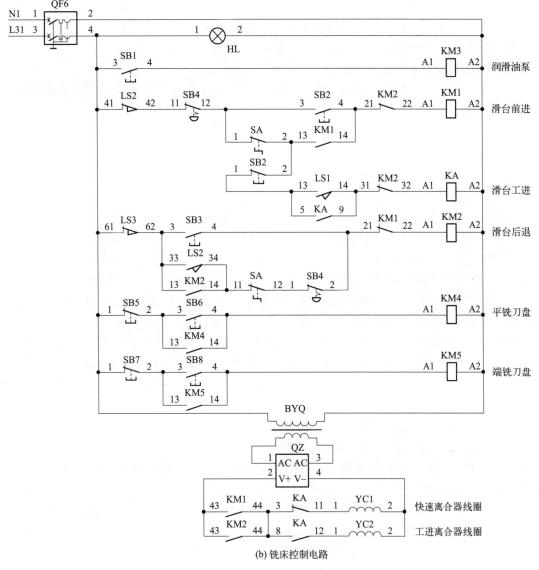

(b) 铣床控制电路

图 9-20 专用铣床继电器主电路及控制电路

通过丝杆传动滑台快速前进。

松开前进按钮 SB2，回路 QF6：[4]→LS2：[41]→LS2：[42]→SB4：[11]→SB4：[12]→
SB2：[3]‖SB2：[4]→KM2：[21]→KM2：[22]→KM1：[A1]→KM1：[A2]→QF6：[2]断路，
则接触器 KM1 线圈断电、释放，电动机停止。

② 后退 按住后退按钮 SB3，其动合触头 SB3：[3]与 SB3：[4]闭合，回路 QF6：[4]→
LS3：[61]→LS3：[62]→SB3：[3]→SB3：[4]→KM1：[21]→KM1：[22]→KM2：[A1]→KM2：
[A2]→QF6：[2]接通，滑台快退接触器 KM2 线圈通电、吸合，电动机 M1 通电反转。同时
回路 QZ：[2]→KM2：[43]→KM2：[44]→KA：[3]→KA：[11]→YC1：[1]→YC1：[2]→QZ：
[4]接通，离合器线圈 YC1 也通电，通过丝杆传动滑台快速后退。

松开后退按钮 SB3，回路 QF6：[4]→LS3：[61]→LS3：[62]→SB3：[3]‖SB3：[4]→

KM1:[21]→KM1:[22]→KM2:[A1]→KM2:[A2]→QF6:[2]断路，则接触器KM2线圈断电、释放，电动机停止。

前进到位或后退到位时，由于限位开关触头LS2:[41]与LS2:[42]或LS3:[61]与LS3:[62]断开，使对应回路断路，接触器KM1或KM2释放，滑台停止移动。

（2）连动控制方式

连动/点动方式按钮SA的触头SA:[1]与SA:[2]和SA:[11]与SA:[12]处在闭合状态，滑台工作在连动方式。

① 快速前进　同样如果滑台在中间位置时，按下前进按钮SB2，回路QF6:[4]→LS2:[41]→LS2:[42]→SB4:[11]→SB4:[12]→SB2:[3]→SB2:[4]→KM2:[21]→KM2:[22]→KM1:[A1]→KM1:[A2]→QF6:[2]接通，滑台快进接触器KM1线圈通电、吸合，电动机M1通电正转。同时回路QZ:[2]→KM1:[43]→KM1:[44]→KA:[3]→KA:[11]→YC1:[1]→YC1:[2]→QZ:[4]接通，离合器线圈YC1也通电，通过丝杆传动滑台快速前进。

同时回路QF6:[4]→LS2:[41]→LS2:[42]→SB4:[11]→SB4:[12]→SA:[1]→SA:[2]→KM1:[13]→KM1:[14]→KM2:[21]→KM2:[22]→KM1:[A1]→KM1:[A2]→QF6:[2]接通，即使松开按钮SB2，也能使滑台快进接触器KM1线圈通电、保持吸合。

② 慢速前进（工进）　当滑台前进到打断限位开关LS1时，其触头LS1:[13]与LS1:[14]闭合，回路QF6:[4]→LS2:[41]→LS2:[42]→SB4:[11]→SB4:[12]→SA:[1]→SA:[2]→SB2:[2]→SB2:[1]→LS1:[13]→LS1:[14]→KM2:[31]→KM2:[32]→KA:[A1]→KA:[A2]→QF6:[2]接通，中间继电器KA线圈通电、吸合。同时回路QZ:[2]→KM1:[43]→KM1:[44]→KA:[8]→KA:[12]→YC2:[1]→YC2:[2]→QZ:[4]接通，离合器线圈YC2通电，滑台转入慢速工进状态。滑台继续向前移动，直到撞击限位开关LS2，使触头LS2:[41]与LS2:[42]断开，接触器KM1和中间继电器KA线圈断电、释放，滑台停止。

③ 快速后退　在工进中当滑台前进到撞击限位开关LS2时，触头LS2:[41]与LS2:[42]断开。由于惯性，滑台使限位开关LS2:[33]与LS2:[34]触头闭合，回路QF6:[4]→LS3:[61]→LS3:[62]→LS2:[33]→LS2:[34]→SA:[11]→SA:[12]→SB4:[1]→SB4:[2]→KM1:[21]→KM1:[22]→KM2:[A1]→KM2:[A2]→QF6:[2]接通，滑台快退接触器KM2线圈通电、吸合，电动机M1通电反转。同时回路QZ:[2]→KM2:[43]→KM2:[44]→KA:[3]→KA:[11]→YC1:[1]→YC1:[2]→QZ:[4]接通，离合器线圈YC1也通电，滑台快退。回路QF6:[4]→LS3:[61]→LS3:[62]→KM2:[13]→KM2:[14]→SA:[11]→SA:[12]→SB4:[1]→SB4:[2]→KM1:[21]→KM1:[22]→KM2:[A1]→KM2:[A2]→QF6:[2]接通，滑台快退接触器KM2线圈通电、保持吸合，电动机M1通电继续反转、滑台快退。

若滑台在中间位置时，按下后退按钮SB3，回路QF6:[4]→LS3:[61]→LS3:[62]→SB3:[3]→SB3:[4]→KM1:[21]→KM1:[22]→KM2:[A1]→KM2:[A2]→QF6:[2]接通，滑台快退接触器KM2线圈通电、吸合，电动机M1通电反转，同时回路QZ:[2]→KM2:[43]→KM2:[44]→KA:[3]→KA:[11]→YC1:[1]→YC1:[2]→QZ:[4]接通，离合器线圈YC1也通电，通过丝杆传动滑台快速后退。回路QF6:[4]→LS3:[61]→LS3:[62]→KM2:[13]→KM2:[14]→SA:[11]→SA:[12]→SB4:[1]→SB4:[2]→KM1:[21]→KM1:[22]→KM2:[A1]→KM2:[A2]→QF6:[2]接通，滑台快退接触器KM2线圈通电、保持吸合，电动机M1通电继续反转、滑台快退。

滑台后退到撞击限位开关LS3时，限位开关触头LS3:[61]与LS3:[62]断开，回路

QF6:[4]→LS3:[61]∥LS3:[62]→KM2:[13]→KM2:[14]→SA:[11]→SA:[12]→SB4:[1]→SB4:[2]→KM1:[21]→KM1:[22]→KM2:[A1]→KM2:[A2]→QF6:[2]断路,接触器 KM2 线圈断电、释放,滑台停止移动。

在滑台连续前进或后退过程中不管是快速还是慢速,只要转动连动/点动方式开关 SA,则接触器 KM1 或 KM2 就释放,滑台电动机 M1 停止。

图 9-20(b) 电路中,接触器线圈 KM1、KM2 线圈前面的接触器辅助触头 KM1 [21] 与 KM1 [22]、KM2 [21] 与 KM2 [22] 用于互锁保护,防止两个接触器同时吸合,造成电源相间短路。

(3) 控制电路存在问题

从控制原理图 9-20 (b) 中可以看出,当滑台在工进过程中,遇到停电或其他原因使滑台停止后,如需再次让滑台前进时,滑台只能快速移动,而不能回到原先的工进状态;在快速前进中即使到了铣削位置也不会切换到工进速度。稍不注意的话,很容易损坏刀头或刀盘。

9.3.2 PLC 控制

输入电器有联动/点动方式开关 SA,润滑油泵点动按钮 SB1,滑台前进按钮 SB2,滑台后退按钮 SB3,限位开关 LS1、LS2、LS3,两个刀盘的启动按钮 SB6 和 SB8、停止按钮 SB5 和 SB7,电动机保护按钮 DK,及滑台急停按钮 SB4,共 13 个输入点。输出电器有滑台快进、快退接触器 KM1、KM2,润滑油泵接触器 KM3,两个刀盘接触器 KM4、KM5,离合器线圈 YC1、YC2 的控制继电器 KA,运行指示灯 HL,共 7 点。

(1) 电气原理图

选用三菱 FX$_{3SA}$-30MR-CM 可编程控制器。输入、输出点都有余量,各电器的功能及 PLC 资源分配见表 9-5。PLC 控制电路如图 9-21 所示,其中 EL 为工作照明灯,由开关 SA1 控制;运行指示灯 HL2 作为工作状态指示,正在铣削工作时指示灯 HL2 亮灭间隔 1:1 闪烁,电动机故障时指示灯亮灭间隔 1:4 闪烁,急停按钮按下时指示灯亮灭间隔 4:1 闪烁,待机状态时指示灯常亮;图 9-21 中未画出保留滑台快慢速切换的电磁离合器电路。

表 9-5 专用铣床电器功能与 PLC 资源分配

输入电器					
电器代号	功能	点分配	电器代号	功能	点分配
SB4	滑台急停	X00	LS2	前进限位	X07
DK	电动机保护	X01	LS3	后退限位	X10
SB1	润滑油泵点动	X02	SB5	平铣刀盘停止	X11
SA	滑台连续/点动	X03	SB6	平铣刀盘启动	X12
SB2	滑台前进	X04	SB7	端铣刀盘停止	X13
SB3	滑台后退	X05	SB8	端铣刀盘启动	X14
LS1	工进行程	X06			
输出电器					
KM1	滑台前进接触器	Y2	KM5	端铣刀盘接触器	Y6
KM2	滑台后退接触器	Y3	KA	工进继电器	Y7
KM3	润滑油泵接触器	Y4	HL2	状态指示灯	Y10
KM4	平铣刀盘接触器	Y5			

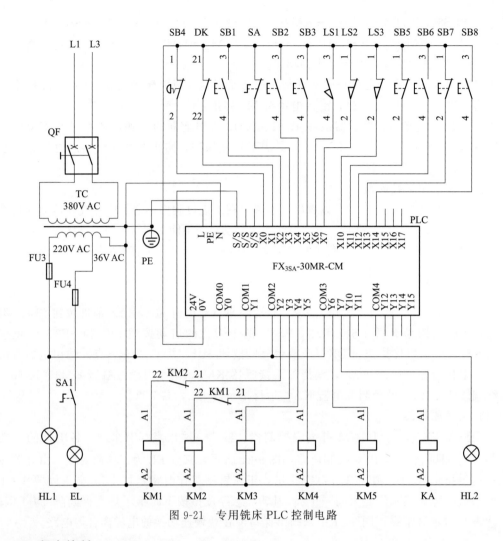

图 9-21　专用铣床 PLC 控制电路

（2）程序编制

按照 4.3.2 节中介绍的，依据继电器控制电路，通过电器代号替换、符号替换、按规则整理、触头修改四个步骤，将原继电器控制电路转换为 PLC 控制的梯形图，转换过程如图 9-22 所示。

单个指示灯要有四种显示状态：亮、灭间隔 1 ∶ 1，亮、灭间隔 4 ∶ 1，亮、灭间隔 1 ∶ 4，常亮。要实现"亮、灭间隔 1 ∶ 1"的闪光，需要用到两个定时器；实现"亮、灭间隔 4 ∶ 1"及"亮、灭间隔 1 ∶ 4"也要用到两个定时器，其梯形图如图 9-23 所示。

（3）梯形图录入

运行三菱编程软件 GX Developer。在初始界面上创建新工程，PLC 类型为"FX3G"，工程名为"专用铣床"。逐行把图 9-22（d）所示梯形图录入，录入完毕后点"转换"按钮进行转换，完成后的界面如图 9-24 所示，图 9-23 所示梯形图录入并转换后的运行指示灯梯形图如图 9-25 所示。最后点击保存按钮保存文件。

（4）功能验证

图 9-24 所示专用铣床梯形图的功能验证参见单片机控制的实验验证。

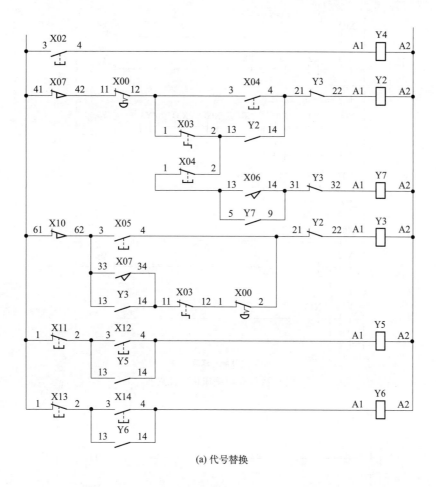

(a) 代号替换

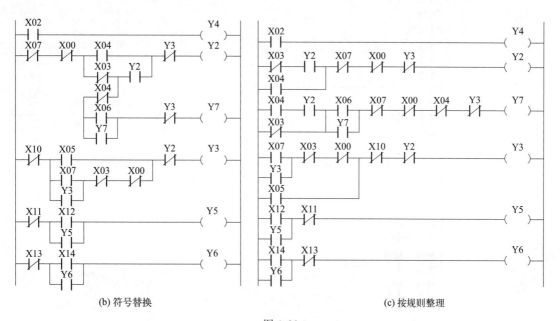

(b) 符号替换

(c) 按规则整理

图 9-22

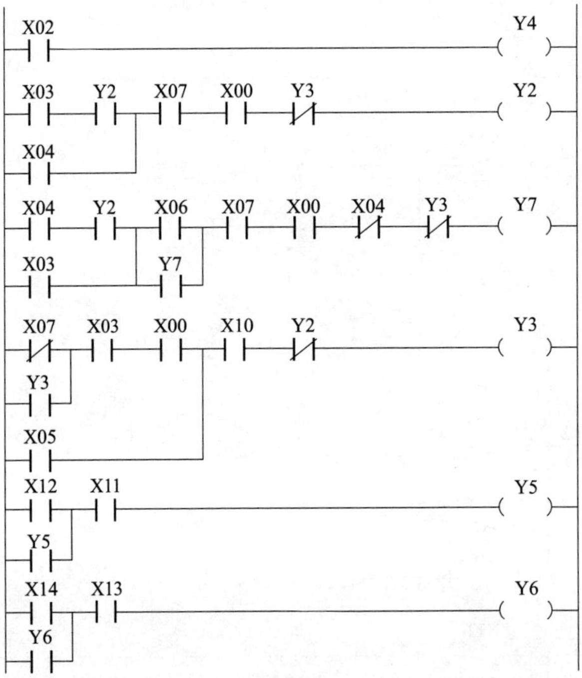

(d) 触头修改

图 9-22　专用铣床梯形图转换

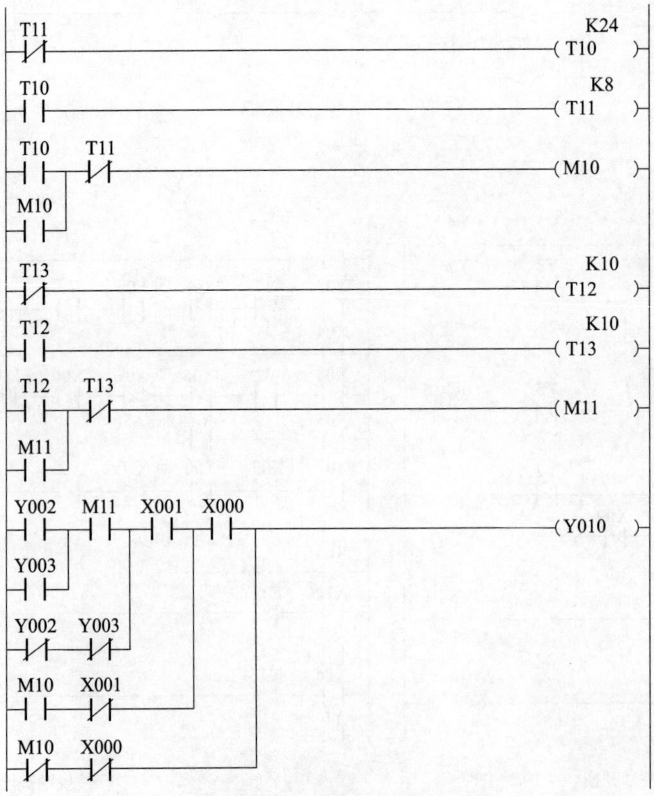

图 9-23　指示灯梯形图

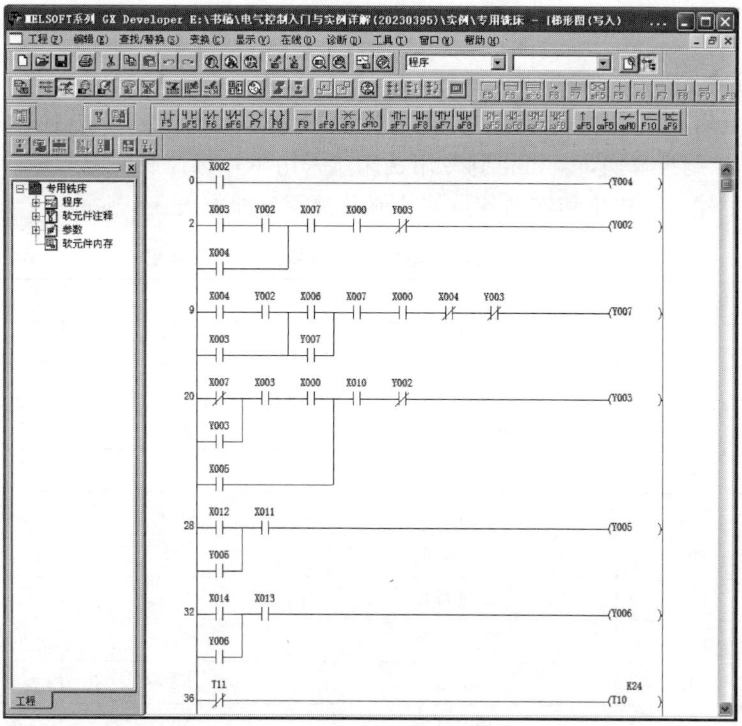

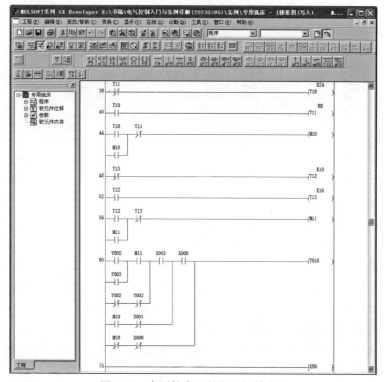

图 9-24　专用铣床 PLC 控制梯形图

图 9-25　专用铣床运行指示灯梯形图

9.3.3　单片机控制

（1）电气原理图

将图 9-21 所示 PLC 控制的专用铣床电气原理图中的 PLC 用 ZY-8644MBR 主控板＋ZY-2405DY 单片机控制板替换，就可得到专用铣床床采用单片机控制的电气原理图，如图 9-26 所示。图 9-26 中输入、输出和辅助各点的功能及资源分配如表 9-6 所示。

表 9-6　专用铣床电器功能与单片机资源分配

	电器代号	功能	端子号	单片机引脚
输入	SB4	滑台急停	X00	P2.7
	DK	电动机保护	X01	P2.6
	SB1	润滑油泵点动	X02	P2.5
	SA	滑台连续/点动	X03	P2.4
	SB2	滑台前进	X04	P2.3
	SB3	滑台后退	X05	P2.2
	LS1	工进行程	X06	P2.1
	LS2	前进限位	X07	P2.0
	LS3	后退限位	X10	P4.0
	SB5	平铣刀盘停止	X11	P4.1
	SB6	平铣刀盘启动	X12	P4.4
	SB7	端铣刀盘停止	X13	P4.5
	SB8	端铣刀盘启动	X14	P4.6
输出	HL2	状态指示灯	Y1	P4.3
	KA	工进继电器	Y2	P3.2
	KM3	润滑油泵接触器	Y3	P3.3
	KM1	滑台前进接触器	Y4	P3.4
	KM2	滑台后退接触器	Y5	P3.5
	KM4	平铣刀盘接触器	Y6	P3.6
	KM5	端铣刀盘接触器	Y7	P3.7

（2）控制程序编制

专用铣床单片机控制程序同样采用梯形图和位处理编制。梯形图程序需要通过专用的转换软件才能得到单片机可执行代码，位处理程序只需要进行编译就能得到单片机可执行代码。

① 梯形图程序　单片机控制平面磨床的梯形图程序可参考 PLC 控制梯形图得到，即把图 9-24 所示梯形图导出写入 FXGPWIN 格式或用编程软件 FXGPWIN.EXE 录入，PLC 类型为 FX1N 录入，保存为"专用铣床.PMW"文件。注意输出信号的端子号需要根据表 9-6 调整。录入完毕的梯形图如图 9-27 所示。专用软件进行梯形图转单片机可执行代码的转换设置如图 9-7 所示，转换得到的可执行代码存放在目录 PMW-HEX-V3.0 下，名为 fx1n.hex，建议将其更名为"专用铣床.hex"保存。

② 位处理程序　按照 5.3.3 节程序编制步骤，先将继电器控制电路转换为位处理梯形图，然后进行位处理程序编制。为方便编制位处理程序进行如下处理：把线圈后（右侧）的

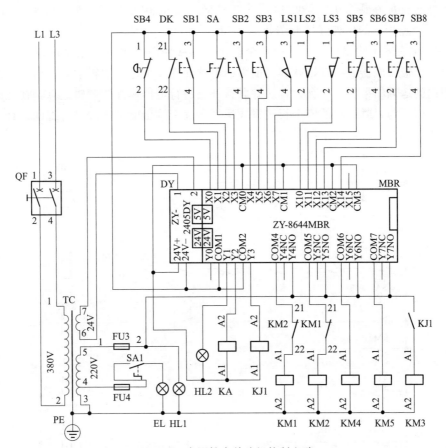

图 9-26 专用铣床单片机控制电路

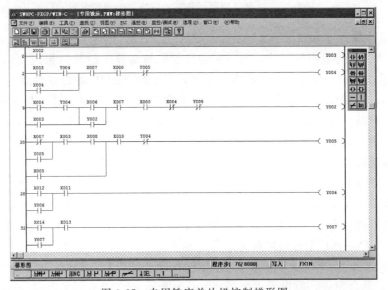

图 9-27 专用铣床单片机控制梯形图

触头移至线圈前（左侧），输出电器线圈前面线路中的元件各自独立，输出电器线圈前面的线路不存在共用段或交叉连接，输出电器线圈前面出现多行时应放在最前（左侧），存在多个电器元件的行放在最上方。输出电器线圈外同一个电器元件（触头）可重复出现多处。图 9-20(b) 经整理后的位处理梯形图如图 9-28 所示。

　　图 9-28 中有 6 个输出电器，其中 5 个输出电器线圈前有多行。程序设计中，从位处理梯形的第 1 个输出电器线圈开始就其最前面的电器元件逐个进行逻辑运算，遇到后续并联行时先把当前的运算结果暂时保存；再从并联行开始进行电器元件的逻辑运算，在完成本行电器元件运算后再与暂时保存的值进行逻辑或运算。逐个输出电器线圈进行编制，直到所有的输出电器线圈都有逻辑运算结果。

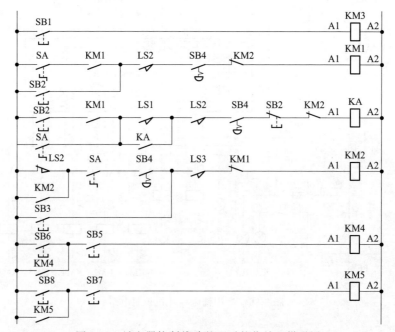

图 9-28　继电器控制线路整理后的位处理梯形图

　　以图 9-28 中输出电器线圈 KA 为例，采用负逻辑设计的运算过程如下：把 SB2 送入累加器 C，与 KM1 进行逻辑或运算，与 SA 进行逻辑与运算，运算结果送变量 TEMP 保持，把 LS1 送入累加器 C，与 KA 进行逻辑与运算，与变量 TEMP 进行逻辑或运算，与 LS2 进行逻辑或运算，与 SB4 进行逻辑或运算，与 SB2 的反进行逻辑或运算，与 KM2 的反进行逻辑或运算，运算结果送 KA，结束 KA 线圈运算。图 9-28 所示专用铣床单片机位处理梯形图的汇编程序如图 9-29 所示。

(3) 实验验证

　　验证前需要将外部电器按照图 9-26 连接好，确认电路连接正确方能通电，且已烧录可执行代码。需要实验验证的功能有：润滑油泵点动，刀盘运转、停止，滑台点动前进、后退，滑台连续前进、工进、后退。下面以烧录的是梯形图转换得到的可执行代码为例，在编程软件 FXGPWIN.EXE 中进行监控。

　　① 停机状态　停机状态单片机控制板上的指示灯 LX0、LX3、LX7、LX10、LX11、LX13 应点亮，其余熄灭，监视界面如图 9-30(a) 所示。

　　② 润滑油泵点动　按住按钮 SB1，单片机控制板上输入指示灯 LX2、输出指示灯 LQ3 点亮，继电器 KJ1 吸合、接触器 KM3 吸合，润滑油泵工作，监视界面如图 9-30(b) 所示。

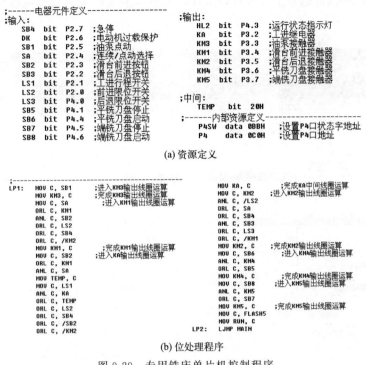

```
;------电器元件定义------------------          ;输出：
;输入：                                              HL2   bit  P4.3   ;运行状态指示灯
   SB4  bit  P2.7  ;急停                             KA    bit  P3.2   ;工进继电器
   DK   bit  P2.6  ;电动机过载保护                    KM3   bit  P3.3   ;油泵接触器
   SB1  bit  P2.5  ;油泵点动                          KM1   bit  P3.4   ;滑台前进接触器
   SA   bit  P2.4  ;连续/点动选择                      KM2   bit  P3.5   ;滑台后退接触器
   SB2  bit  P2.3  ;滑台前进按钮                       KM4   bit  P3.6   ;平铣刀盘接触器
   SB3  bit  P2.2  ;滑台后退按钮                       KM5   bit  P3.7   ;端铣刀盘接触器
   LS1  bit  P2.1  ;工进行程开关
   LS2  bit  P2.0  ;前进限位开关                   ;中间：
   LS3  bit  P4.0  ;后退限位开关                       TEMP  bit  20H
   SB5  bit  P4.1  ;平铣刀盘停止                   ;------内部资源定义------------------
   SB6  bit  P4.4  ;平铣刀盘启动                       P4SW  data  0BBH  ;设置P4口状态字地址
   SB7  bit  P4.5  ;端铣刀盘停止                       P4    data  0C0H  ;设置P4口地址
   SB8  bit  P4.6  ;端铣刀盘启动
```

(a) 资源定义

```
;-------------------------------------------
LP1:  MOV C, SB1    ;进入KM3输出线圈运算          MOV KA, C     ;完成KA中间线圈运算
      MOV KM3, C    ;完成KM3输出线圈运算          MOV C, KM2    ;进入KM2输出线圈运算
      MOV C, SA     ;进入KM1输出线圈运算          ANL C, /LS2
      ORL C, KM1                               ORL C, SA
      ANL C, SB2                               ORL C, SB4
      ORL C, LS2                               ANL C, SB3
      ORL C, SB4                               ORL C, LS3
      ORL C, /KM2                              ORL C, /KM1
      MOV KM1, C    ;完成KM1输出线圈运算          MOV KM2, C    ;完成KM2输出线圈运算
      MOV C, SB2    ;进入KA输出线圈运算           MOV C, SB6    ;进入KM4输出线圈运算
      ORL C, KM1                               ANL C, KM4
      ANL C, SA                                ORL C, SB5
      MOV TEMP, C                              MOV KM4, C    ;完成KM4输出线圈运算
      MOV C, LS1                               MOV C, SB8    ;进入KM5输出线圈运算
      ANL C, KA                                ANL C, KM5
      ORL C, TEMP                              ORL C, SB7
      ORL C, LS2                               MOV KM5, C    ;完成KM5输出线圈运算
      ORL C, SB4                               MOV C, FLASH5
      ORL C, /SB2                              MOV RUN, C
      ORL C, /KM2                       LP2:  LJMP MAIN
```

(b) 位处理程序

图 9-29 专用铣床单片机控制程序

松开按钮 SB1，单片机控制板上输入指示灯 LX2、输出指示灯 LQ3 熄灭，继电器 KJ1 释放、接触器 KM3 释放，润滑油泵停止工作。

③ 刀盘运转和停止 按下按钮 SB6 或 SB8，单片机控制板上输入指示灯 LX12 或 LX14、输出指示灯 LQ6 或 LQ7 点亮，接触器 KM4 或 KM5 吸合，平铣或端铣刀盘旋转，监视界面分别如图 9-30(c)(d) 所示。

按下按钮 SB5 或 SB7，单片机上输入指示灯 LX11 或 LX13、输出指示灯 LQ6 或 LQ7 熄灭，接触器 KM4 或 KM5 释放，平铣或端铣刀盘停止旋转。

④ 滑台点动 断开 SA，即单片机控制板上指示灯 LX3 熄灭，滑台处在点动工作方式。

按下按钮 SB2，单片机控制板上输入指示灯 LX4、输出指示灯 LQ4 点亮，接触器 KM1 吸合，滑台快速前进，监视界面如图 9-30(e) 所示。松开按钮 SB2，单片机控制板上输入指示灯 LX4、输出指示灯 LQ4 熄灭，接触器 KM1 释放，滑台快速停止移动。

按下按钮 SB3，单片机控制板上输入指示灯 LX5、输出指示灯 LQ5 点亮，接触器 KM2 吸合，滑台快速后退，监视界面如图 9-30(f) 所示。松开按钮 SB3，单片机控制板上输入指示灯 LX5、输出指示灯 LQ5 熄灭，接触器 KM2 释放，滑台快速停止移动。

⑤ 滑台连续工作 接通 SA，即单片机控制板上指示灯 LX3 点亮，滑台处在连续工作方式。

按下按钮 SB2，单片机控制板上输入指示灯 LX4、输出指示灯 LQ4 点亮，接触器 KM1 吸合，滑台快速前进。松开按钮 SB2，单片机控制板上输入指示灯 LX4 熄灭、输出指示灯 LQ4 仍点亮，接触器 KM1 保持吸合，滑台快速保持快速移动，监视界面如图 9-30(g) 所示。

滑台快速前进到撞击行程开关 LS1 时，LS1 动合触头闭合，输入指示灯 LX6、输出指

示灯 LQ2 点亮，中间继电器 KA 吸合，滑台转入慢速前进的工进状态，监视界面如图 9-30
（h）所示。

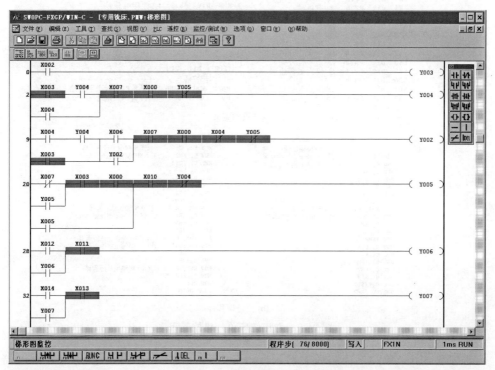

(a) 停机状态

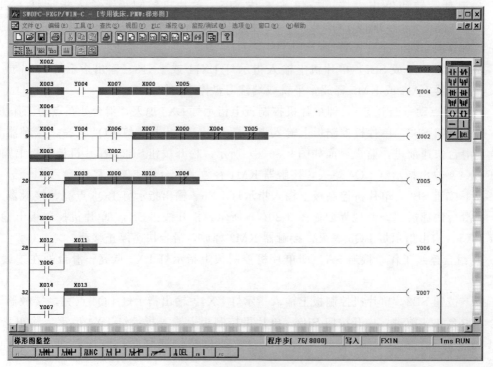

(b) 润滑油泵点动

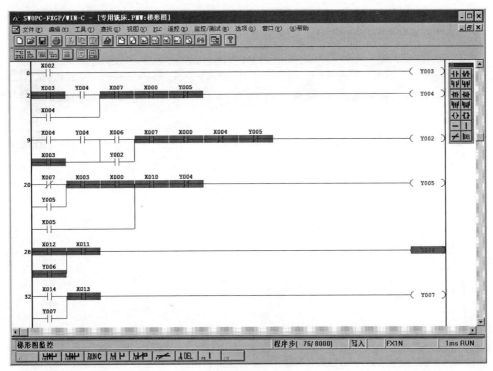

(c) 平铣刀盘工作

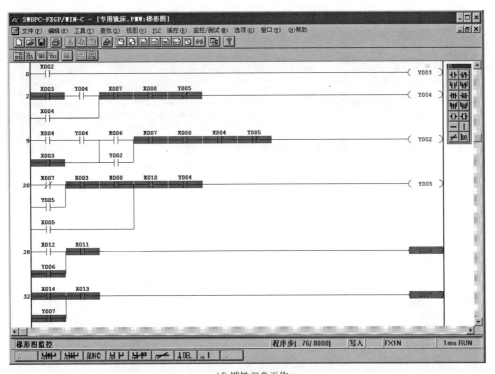

(d) 端铣刀盘工作

图 9-30

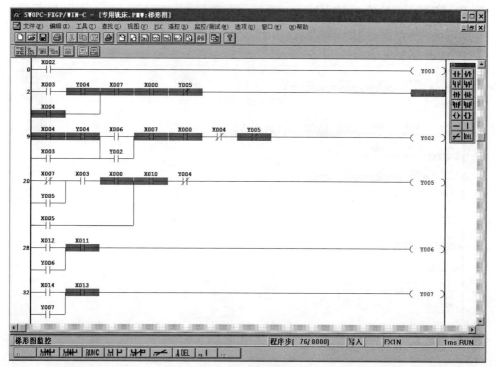

(e) 滑台点动前进

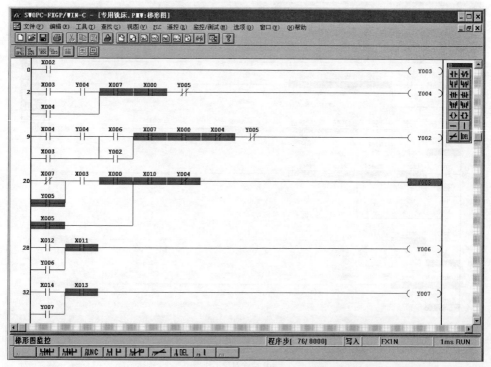

(f) 滑台点动后退

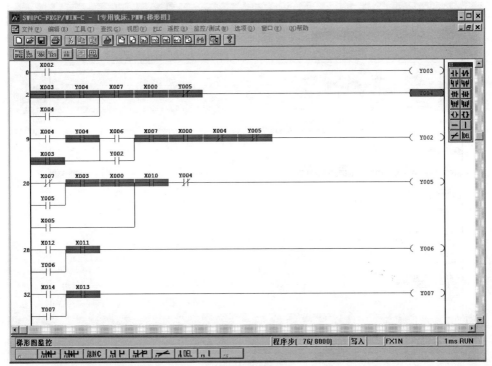

(g) 滑台连续前进

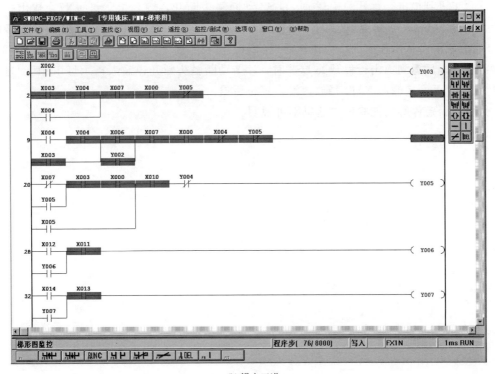

(h) 滑台工进

图 9-30

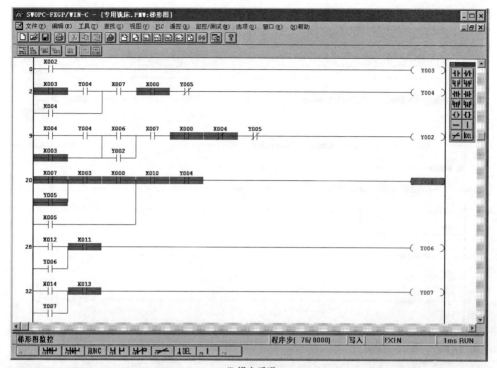

(i) 滑台后退

图 9-30　监视界面

　　滑台工进到撞击行程开关 LS2 时，LS2 动断触头断开，输入指示灯 LX7、输出指示灯 LQ2 和 LQ4 熄灭，中间继电器 KA 和接触器 KM1 释放；输出指示灯 LQ5 点亮，接触器 KM2 吸合，滑台从慢速前进转为快速后退状态，监视界面如图 9-30(i) 所示。

　　滑台快速后退到撞击行程开关 LS3 时，LS3 动断触头断开，输入指示灯 LX10、输出指示灯 LQ5 熄灭，接触器 KM2 释放，滑台停止后退。

　　余下滑台急停等功能验证，这里不再说明。

第 10 章

风机、水泵控制

民用建筑中通常采用三相交流异步电动机来拖动各种类型的风机或水泵，这些机器的电动机控制仍以传统的继电器控制。本章以建筑物内一种排烟加压风机、消防稳压泵一用一备和一用一备排水泵自动轮换运转继电器控制电路为例进行解读，然后改用可编程控制器和单片机进行控制。为方便对照参考，控制电路中各电器代号尽量与原图集保持一致。

10.1 排烟加压风机控制

排烟加压风机主电路和控制电路如图 10-1 所示，图 10-1(a) 为主电路，图 10-1(b) 为继电器控制电路。图 10-1(a) 主电路中 QA 为低压断路器，QB 为隔离开关。当低压断路器 QA 具有隔离功能时 QB 可省略，QAC 为接触器主触头，BB 为热继电器，M 为风机电动机。图 10-1(b) 中上面表格用于说明该栏对应下方电路的功能，如栏目"手动控制"表示下方电路完成该功能，其中 SS1 为停止按钮，SF1 为启动按钮，QAC 为接触器线圈或辅助触头。电器符号旁边的数字表示该电器上端子编号，如按钮 SS1 旁的数字 [11] 与 [12] 代表该电器上一副动断（常闭）触头两端的编号，个位数 [1] 与 [2] 规定为动断（常闭），个位数 [3] 与 [4] 规定为动合（常开）。控制电路中 FA 为控制电源熔断器，SAC 为运行方式选择开关，SS1 为停止按钮，SF1 为启动按钮，ST 为光报警试验按钮，SR 为报警消声按钮，PGY 为报警指示灯，PGG 为风机运行信号灯，PGW 为控制电源信号灯，KA1～KA6 为中间继电器线圈或触头，PB 为报警蜂鸣器。SF2 和 SF3 分别是消防联动手动启动和停止按钮，KH 为防火阀。

排烟加压风机的运行方式有手动和自动两种。当运行选择开关打在"手动"位置时，触头 SAC:[3] 与 SAC:[4]、SAC:[7] 与 SAC:[8] 断开，消防联动控制不起作用；触头 SAC:[1] 与 SAC:[2]、SAC:[5] 与 SAC:[6] 接通；当运行选择开关打在"自动"位置时，触头 SAC:[3] 与 SAC:[4]、SAC:[7] 与 SAC:[8] 接通，消防联动控制起作用；触头 SAC:[1] 与 SAC:[2]、SAC:[5] 与 SAC:[6] 断开。

10.1.1 继电器控制电路

(1) 手动方式

排烟加压风机的手动运行方式，触头 SAC:[1] 与 SAC:[2]、SAC:[5] 与 SAC:[6] 接通。手动运行方式只能通过按钮 SF1 或 SS1 进行启停操作。控制电源正常时，信号灯 PGW 点亮。

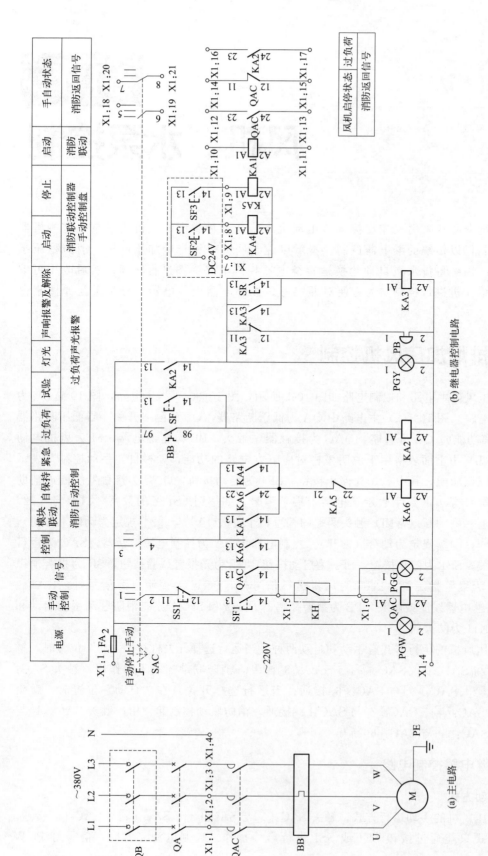

图 10-1　排烟加压风机电路原理图

① 启动　按下启动按钮 SF1，触头 SF1:[13]与 SF1:[14]闭合，回路 X1:1→FA:[1]→FA:[2]→SAC:[1]→SAC:[2]→SS1:[11]→SS1:[12]→SF1:[13]→SF1:[14]→KH(X1:5→X1:6)→QAC:[A1](PGG:[1])→QAC:[A2](PGG:[2])→X1:4 接通，接触器 QAC 线圈通电、吸合，指示灯 PGG 点亮，风机启动运转。接触器 QAC 的辅助动合触头 QAC:[13]与 QAC:[14]闭合，回路 X1:1→FA:[1]→FA:[2]→SAC:[1]→SAC:[2]→SS1:[11]→SS1:[12]→QAC:[13]→QAC:[14]→KH(X1:5→X1:6)→QAC:[A1](PGG:[1])→QAC:[A2](PGG:[2])→X1:4 接通，接触器 QAC 保持吸合。

接触器 QAC 的辅助动合触头 QAC:[23]与 QAC:[24]闭合、QAC:[11]与 QAC:[12]断开、SAC:[5]与 SAC:[6]闭合，返回状态信号。

② 停止

a. 操作停机。

风机运转状态下，按下停止按钮 SS1，触头 SS1:[11]与 SS1:[12]断开，回路 X1:1→FA:[1]→FA:[2]→SAC:[1]→SAC:[2]→SS1:[11]‖SS1:[12]→QAC:[13]→QAC:[14]→KH(X1:5→X1:6)→QAC:[A1](PGG:[1])→QAC:[A2](PGG:[2])→X1:4 断路，接触器 QAC 线圈断电、释放，指示灯 PGG 熄灭，风机停转。

接触器 QAC 的辅助动合触头 QAC:[23]与 QAC:[24]断开、QAC:[11]与 QAC:[12]闭合、SAC:[5]与 SAC:[6]闭合，返回状态信号。

b. 防火阀动作停机。

风机运转状态下，当防火阀动作时，触头 KH 断开，回路 X1:1→FA:[1]→FA:[2]→SAC:[1]→SAC:[2]→SS1:[11]→SS1:[12]→QAC:[13]→QAC:[14]→KH(X1:5‖X1:6)→QAC:[A1](PGG:[1])→QAC:[A2](PGG:[2])→X1:4 断路，接触器 QAC 线圈断电、释放，指示灯 PGG 熄灭、风机停转。

(2) 自动方式

排烟加压风机的自动运行方式，触头 SAC:[3]与 SAC:[4]、SAC:[7]与 SAC:[8]接通。自动运行方式可以通过消防联动控制盘按钮 SF2 或 SF3 进行手动启停操作，还可以通过消防联动自动控制继电器 KA1 启动。控制电源正常时，信号灯 PGW 点亮。

① 手动启动　消防联动控制器手动控制盘上启动按钮 SF2 被按下，中间继电器 KA4 吸合，触头 KA4:[13]与 KA4:[14]闭合，回路 X1:1→FA:[1]→FA:[2]→SAC:[3]→SAC:[4]→KA4:[13]→KA4:[14]→KA5:[21]→KA5:[22]→KA6:[A1]→KA6:[A2]→X1:4 接通，继电器 KA6 线圈通电、吸合，其动合触头 KA6:[13]与 KA6:[14]、KA6:[23]与 KA6:[24]闭合。回路 X1:1→FA:[1]→FA:[2]→SAC:[3]→SAC:[4]→KA6:[23]→KA6:[24]→KA5:[21]→KA5:[22]→KA6:[A1]→KA6:[A2]→X1:4 接通，KA6 保持吸合。

回路 X1:1→FA:[1]→FA:[2]→SAC:[3]→SAC:[4]→KA6:[13]→KA6:[14]→KH(X1:5→X1:6)→QAC:[A1](PGG:[1])→QAC:[A2](PGG:[2])→X1:4 接通，接触器 QAC 线圈通电、吸合，指示灯 PGG 点亮，风机启动运转。

接触器 QAC 的辅助动合触头 QAC:[23]与 QAC:[24]闭合、QAC:[11]与 QAC:[12]断开、SAC:[7]与 SAC:[8]闭合，返回状态信号。

② 自动启动　消防联动自动控制继电器 KA1 吸合、触头 KA1:[13]与 KA1:[14]闭合，回路 X1:1→FA:[1]→FA:[2]→SAC:[3]→SAC:[4]→KA1:[13]→KA1:[14]→KA5:[21]→KA5:[22]→KA6:[A1]→KA6:[A2]→X1:4 接通，继电器 KA6 线圈通电、吸合，

其动合触头 KA6:[13]与 KA6:[14]、KA6:[23]与 KA6:[24]闭合。回路 X1:1→FA:[1]→FA:[2]→SAC:[3]→SAC:[4]→KA6:[23]→KA6:[24]→KA5:[21]→KA5:[22]→KA6:[A1]→KA6:[A2]→X1:4 接通，KA6 保持吸合。

回路 X1:1→FA:[1]→FA:[2]→SAC:[3]→SAC:[4]→KA6:[13]→KA6:[14]→KH(X1:5→X1:6)→QAC:[A1](PGG:[1])→QAC:[A2](PGG:[2])→X1:4 接通，接触器 QAC 线圈通电、吸合，指示灯 PGG 点亮，风机启动运转。

接触器 QAC 的辅助动合触头 QAC:[23]与 QAC:[24]闭合、QAC:[11]与 QAC:[12]断开、SAC:[7]与 SAC:[8]闭合，返回状态信号。

③ 停止

a. 操作停机。

若运行中，消防联动控制器手动控制盘上停止按钮 SF3 被按下，中间继电器 KA5 吸合，触头 KA5:[21]与 KA5:[22]断开，回路 X1:1→FA:[1]→FA:[2]→SAC:[3]→SAC:[4]→KA6:[23]→KA6:[24]→KA5:[21] ‖ KA5:[22]→KA6:[A1]→KA6:[A2]→X1:4 断路，继电器 KA6 线圈断电、释放。

触头 KA6:[13]与 KA6:[14]断开，回路 X1:1→FA:[1]→FA:[2]→SAC:[3]→SAC:[4]→KA6:[13] ‖ KA6:[14]→KH(X1:5→X1:6)→QAC:[A1](PGG:[1])→QAC:[A2](PGG:[2])→X1:4 断路，接触器 QAC 线圈断电、释放，指示灯 PGG 熄灭，风机停止运转。

接触器 QAC 的辅助动合触头 QAC:[23]与 QAC:[24]断开、QAC:[11]与 QAC:[12]闭合、SAC:[7]与 SAC:[8]闭合，返回状态信号。

b. 防火阀动作停机。

风机运转状态下，当防火阀动作时，触头 KH 断开，回路 X1:1→FA:[1]→FA:[2]→SAC:[3]→SAC:[4]→KA6:[13]→KA6:[14]→KH(X1:5 ‖ X1:6)→QAC:[A1](PGG:[1])→QAC:[A2](PGG:[2])→X1:4 断路，接触器 QAC 线圈断电、释放，指示灯 PGG 熄灭，风机停转。

与手动方式不同的是，由于继电器 KA6 仍保持吸合状态，若防火阀恢复其触头闭合，回路 X1:1→FA:[1]→FA:[2]→SAC:[3]→SAC:[4]→KA6:[13]→KA6:[14]→KH(X1:5→X1:6)→QAC:[A1](PGG:[1])→QAC:[A2](PGG:[2])→X1:4 重新接通，接触器 QAC 线圈通电、吸合，指示灯 PGG 点亮，风机运转。

(3) 报警

① 过载报警 若电动机过载，则热继电器 BB 动作，触头 BB:[97]与 BB:[98]接通，回路 X1:1→FA:[1]→FA:[2]→BB:[97]→BB:[98]→KA2:[A1]→KA2:[A2]→X1:4 接通，继电器 KA2 线圈通电、吸合，其触头 KA2:[13]与 KA2:[14]闭合。

回路 X1:1→FA:[1]→FA:[2]→KA2:[13]→KA2:[14]→PGY:[1]→PGY:[2]→X1:4 接通，报警指示灯 PGY 点亮。

回路 X1:1→FA:[1]→FA:[2]→KA2:[13]→KA2:[14]→KA3:[11]→KA3:[12]→PB:[1]→PB:[2]→X1:4 接通，报警蜂鸣器 PB 鸣响。

注意，该控制电路风机过载只报警，不停机。

② 报警试验 按下声光报警试验按钮 ST，回路 X1:1→FA:[1]→FA:[2]→ST:[13]→ST:[14]→KA2:[A1]→KA2:[A2]→X1:4 接通，继电器 KA2 线圈通电、吸合，其触头

KA2:[13]与 KA2:[14]闭合。

回路 X1:1→FA:[1]→FA:[2]→KA2:[13]→KA2:[14]→PGY:[1]→PGY:[2]→X1:4 接通，报警指示灯 PGY 点亮。

回路 X1:1→FA:[1]→FA:[2]→KA2:[13]→KA2:[14]→KA3:[11]→KA3:[12]→ PB:[1]→PB:[2]→X1:4 接通，报警蜂鸣器 PB 鸣响。

③ 报警消声 当报警指示灯 PGY 点亮、报警蜂鸣器 PB 鸣响时，按下消声按钮 SR，回路 X1:1→FA:[1]→FA:[2]→KA2:[13]→KA2:[14]→SR:[13]→SR:[14]→KA3:[A1]→ KA3:[A2]→X1:4 接通，继电器 KA3 线圈通电、吸合，其动断触头 KA3:[11]与 KA3:[12]断开、动合触头 KA3:[13]与 KA3:[14]闭合。

回路 X1:1→FA:[1]→FA:[2]→KA2:[13]→KA2:[14]→KA3:[13]→KA3:[14]→ KA3:[A1]→KA3:[A2]→X1:4 接通，继电器 KA3 保持吸合。

回路 X1:1→FA:[1]→FA:[2]→KA2:[13]→KA2:[14]→KA3:[11] ‖ KA3:[12]→ PB:[1]→PB:[2]→X1:4 断路，报警蜂鸣器 PB 消声。

10.1.2 PLC 控制

为尽可能地减少线路变动，保持原电路连接，列出需要接入 PLC 输入端的电器有运行方式选择开关 SAC（SAC_2 和 SAC_4）、手控停止和启动按钮 SS1 和 SF1、防火阀开关 KH、风机过载保护热继电器 BB、声光报警试验按钮 ST、报警消声按钮 SR、消防联动手动启动继电器 KA4 和停止继电器 KA5 的触头、消防联动启动继电器 KA1 触头，共 11 点。PLC 应该输出的电器有风机电动机接触器 QAC（运行信号 PGG）、过载返回信号 KA2、声光报警信号 PB 和 PGY，共 4 个输出点。消防联动信号、消防返回信号保留原电路。

（1）电气原理图

选用三菱 FX$_{3SA}$-30MR-CM 可编程控制器。排烟加压风机采用 PLC 控制的输入、输出和辅助各点功能及资源分配如表 10-1 所示，PLC 控制原理图如图 10-2 所示。

表 10-1 排烟加压风机 PLC 控制信号点功能及资源

电器代号	资源分配	功能	电器代号	资源分配	功能
输入信号					
SAC_2	X00	手动	SAC_4	X01	自动
BB	X02	风机过载保护	SS1	X03	停止
SF1	X04	启动	KH	X05	防火阀开关
KA1	X06	消防联动启动	KA4	X07	消防联动手动启动
KA5	X10	消防联动手动停止	ST	X11	报警试验
SR	X12	报警消声			
输出信号					
PGY	Y2	光报警	PB	Y3	声报警
QAC	Y10	风机电动机接触器	KA2	Y11	过载返回信号
内部信号					
KA3	M3	消声继电器	KA6	M6	消防自动控制

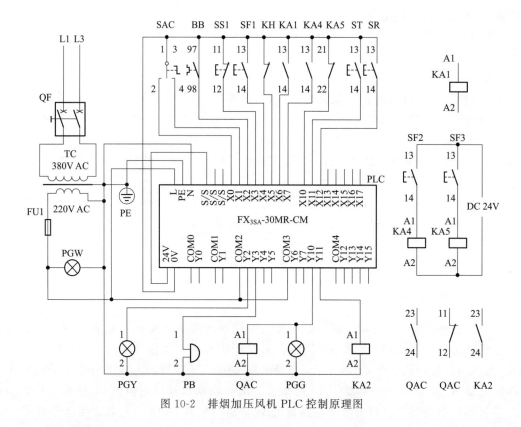

图 10-2 排烟加压风机 PLC 控制原理图

（2）程序编制

排烟加压风机继电器控制线路典型、成熟，故从中得到的梯形图程序是安全、可靠的。按照 4.3.2 节中介绍的，依据继电器控制电路，通过电器代号替换、符号替换、触头修改、按规则整理四个步骤，将原继电器控制电路转换为 PLC 控制的梯形图，转换过程如图 10-3 所示。

（3）梯形图录入

运行三菱编程软件 GX Developer。在初始界面上创建新工程，PLC 类型为"FX3G"，工程名为"排烟加压风机"。逐行把图 10-3（e）所示梯形图录入，录入完毕后点"转换"按钮进行转换，完成后的界面如图 10-4 所示。最后点击保存按钮保存文件。

（4）功能验证

将三菱 PLC 用编程电缆与电脑连接好，接通 PLC 电源。在编程软件界面点击"在线（O）"弹出下拉菜单，选中"传输设置（C）…"，按编程电缆的端口设定好；点击"通信测试"，确定与 FX3GPLC 连接成功，点"确定"后再点"确认"按钮返回编程界面。

点击"在线（O）"弹出下拉菜单，选中"PLC 写入（W）…"，在"文件选择"标签页内选中程序等写入内容，再点"执行"按钮，完成后点"关闭"按钮。若出现参数错误，对 FX$_{3SA}$ 系列可编程控制器，需在左侧导航栏内点击"PLC 参数"，在弹出的对话框"FX 参数设置"中将"内存容量设置"标签页内的内存容量调整为 4000 即可。

点"在线（O）"，选"监视（M）"→"监视模式（M）"，或直接按功能键 F3，进入监视状态。

① 停止状态 在无过载停止状态，PLC 输入点 X03、X05 和 X10 的指示灯应点亮，否

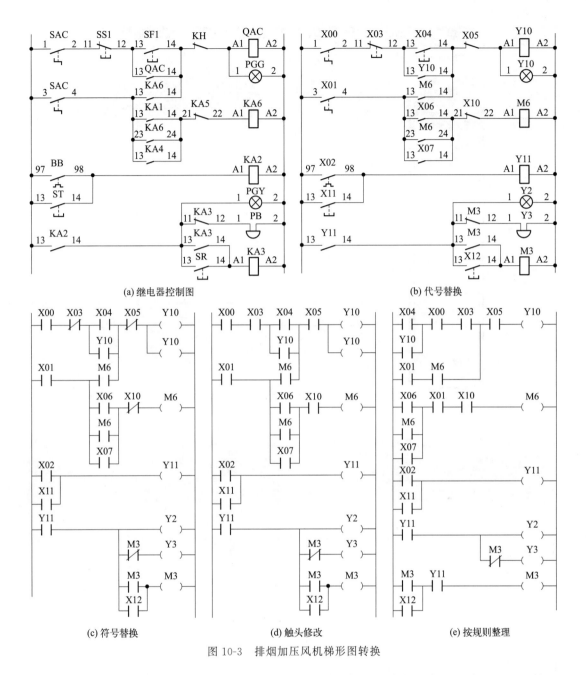

(a) 继电器控制图　　　(b) 代号替换

(c) 符号替换　　　(d) 触头修改　　　(e) 按规则整理

图 10-3　排烟加压风机梯形图转换

则应检查指示灯不亮回路的接线；输出接触器应释放。停止状态的监控界面如图 10-5 所示，其中有方框背景的电器 X003、X005、X010 为有效状态。

② 手动方式启动　手动方式时，X00 指示灯应点亮，X01 指示灯熄灭。按下启动按钮 SF1，接触器 QAC 吸合，指示灯 PGG 点亮，监控界面如图 10-6 所示。

③ 自动方式启动　自动方式时，X00 指示灯应熄灭，X01 指示灯点亮。按下消防联动启动按钮 SF2，接触器 QAC 吸合，指示灯 PGG 点亮，监控界面如图 10-7 所示。若消防联动启动继电器 KA1 吸合，接触器 QAC 吸合，指示灯 PGG 点亮，监控界面如图 10-8 所示。

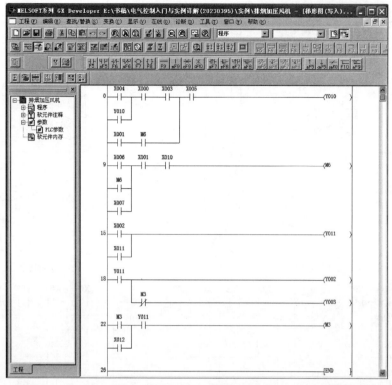

图 10-4　排烟加压风机梯形图录入

图 10-5　停机状态监视界面

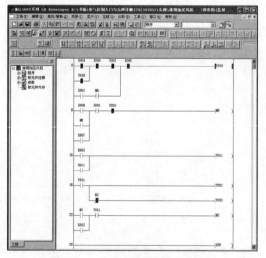

图 10-6　手动方式启动监视界面

④ 自动方式过载报警　自动方式时，X00 指示灯应熄灭，X01 指示灯点亮。当风机过载时，BB 动作，报警指示灯 PGY 点亮、报警蜂鸣器 PB 鸣响，监控界面如图 10-9 所示。

⑤ 自动方式停机　自动方式时，X00 指示灯应熄灭，X01 指示灯点亮。按下消防联动启动按钮 SF3，接触器 QAC 释放、指示灯 PGG 熄灭，监控界面如图 10-10 所示。

防火阀动作等其他状态不再一一列出。

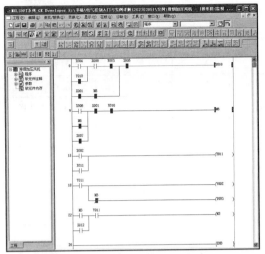

图 10-7 自动方式手动启动监视界面

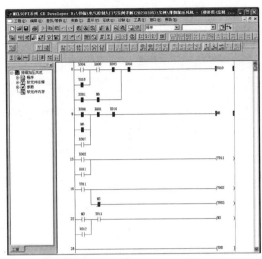

图 10-8 自动方式联动启动监视界面

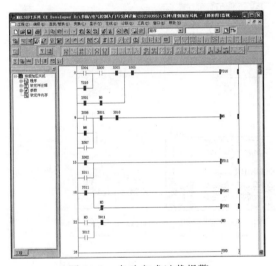

图 10-9 自动方式过载报警

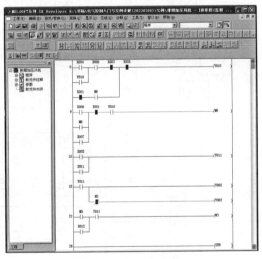

图 10-10 自动方式停机

10.1.3 单片机控制

(1) 电气原理图

将图 10-2 所示 PLC 控制的排烟加压风机电气原理图中的 PLC 用 ZY-8644MBR 主控板 +ZY-2405DY 单片机控制板替换，就可得到排烟加压风机采用单片机控制的电气原理图，如图 10-11 所示。图 10-11 中输入、输出和辅助各点的功能及资源分配如表 10-2 所示。

表 10-2 排烟加压风机信号点功能及资源分配

输入信号							
电器代号	端子号	单片机资源	功能	电器代号	端子号	单片机资源	功能
SAC_2	X00	P2.7	手动	SAC_4	X01	P2.6	自动

续表

输入信号							
电器代号	端子号	单片机资源	功能	电器代号	端子号	单片机资源	功能
BB	X02	P2.5	风机过载保护	SS1	X03	P2.4	停止
SF1	X04	P2.3	启动	KH	X05	P2.2	防火阀开关
KA1	X06	P2.1	消防联动启动	KA4	X07	P2.0	消防联动手动启动
KA5	X10	P4.0	消防联动手动停止	ST	X11	P4.1	报警试验
SR	X12	P4.4	报警消声				
输出信号							
PGY	Y4	P3.4	光报警	PB	Y5	P3.5	声报警
QAC	Y6	P3.6	风机电动机接触器	KA2	Y7	P3.7	过载返回信号
内部信号							
KA3	M3	Bit 23H	消声继电器	KA6	M6	Bit 24H	消防自动控制

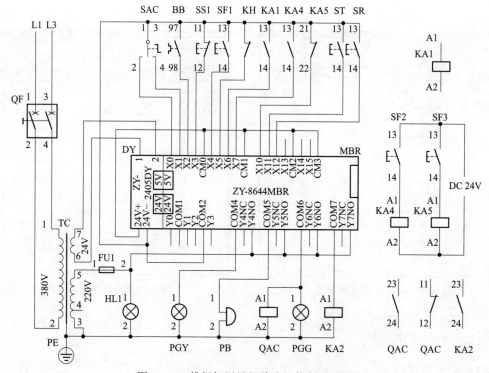

图 10-11　排烟加压风机单片机控制原理图

（2）控制程序编制

排烟加压风机单片机控制程序采用梯形图和位处理编制。不同的程序设计语言得到单片机可执行代码的途径也不同，梯形图程序需要通过专用的转换软件才能得到单片机可执行代码，位处理程序只需要进行编译就能得到单片机可执行代码。

① 梯形图程序　单片机控制的梯形图程序可参考 PLC 控制梯形图得到，即把图 10-3（e）所示梯形图用编程软件 FXGPWIN. EXE 录入，PLC 类型为 FX1N，保存为"排烟风机. PMW"。注意输出信号需要根据表 10-2 调整。录入完毕的梯形图如图 10-12 所示。转换

配置如图 9-7 所示，转换得到的可执行代码存放在目录 PMW-HEX-V3.0 下，名为 fx1n.hex，建议将其更名为"排烟风机.hex"保存，如图 10-13 所示。

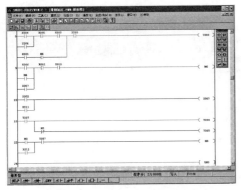

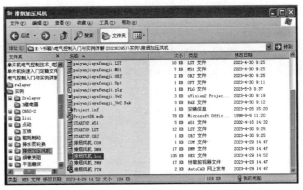

图 10-12　单片机控制梯形图　　　　　　　　图 10-13　文件更名

② 位处理程序　按照 5.3.3 节程序编制步骤，先将继电器控制电路转换为位处理梯形图（如图 10-14 所示），然后进行位处理程序编制。排烟加压风机单片机控制的资源定义如图 10-15 所示，位处理程序如图 10-16 所示。图 10-16 所示程序运算过程如下。

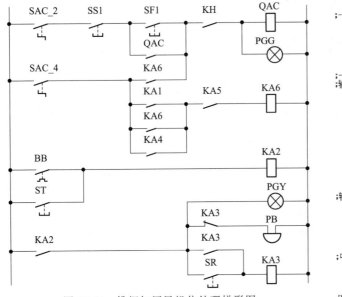

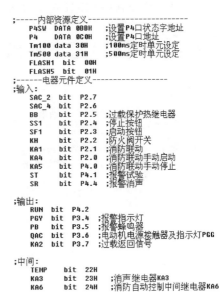

图 10-14　排烟加压风机位处理梯形图　　　图 10-15　排烟加压风机单片机资源定义

将 SAC_2 送累加器 C，与 SS1 进行逻辑或运算，结果送 TEMP 保存；将 SF1 送累加器 C，与 QAC 进行逻辑与运算，再与暂存的 TEMP 进行逻辑或运算，把运算结果送 TEMP 保存；将 SAC_4 送累加器 C，与 KA6 进行逻辑或运算，再与暂存的 TEMP 进行逻辑与运算，与 KH 进行逻辑或运算，把运算结果送 QAC，完成 QAC 线圈的运算。

将 KA1 送累加器 C，分别与 KA6、KA4 进行逻辑与运算，再与 SAC_4、KA5 进行逻辑或运算，运算结果送 KA6，完成 KA6 线圈的运算。

将 BB 送累加器 C，与 ST 进行逻辑与运算后结果送 KA2，完成 KA2 线圈的运算。

将 KA2 送 PGY，完成 PGY 线圈的运算。

```
LP1:   MOV C, SAC_2              ORL C, KA5
       ORL C, SS1               MOV KA6, C        ;完成KA6线圈运算
       MOV TEMP, C   ;保存中间运算结果   MOV C, BB
       MOV C, SF1               ANL C, ST
       ANL C, QAC               MOV KA2, C        ;完成KA2线圈运算
       ORL C, TEMP              MOV C, KA2
       MOV TEMP, C   ;保存中间运算结果   MOV PGY, C
       MOV C, SAC_4             ORL C, /KA3       ;
       ORL C, KA6               MOV PB, C         ;完成PB线圈运算
       ANL C, TEMP              MOV C, KA3        ;
       ORL C, KH                ANL C, SR
       MOV QAC, C    ;完成QAC线圈运算   ORL C, KA2
       MOV C, KA1               MOV KA3, C        ;完成KA3线圈运算
       ANL C, KA6               MOV C, FLASH5
       ANL C, KA4               MOV RUN, C
       ORL C, SAC_4      LP2:   LJMP MAIN
```

图 10-16　排烟加压风机位处理程序

将 KA2 与 KA3 的反进行逻辑或运算，结果送 PB，完成 PB 线圈的运算。

将 KA3 与 SR 进行逻辑与运算，再与 KA2 进行逻辑或运算，结果送 KA3，完成 KA3 线圈的运算。

重复上面各步运算。

(3) 实验验证

参考 PLC 控制功能验证进行，这里不再说明。若烧录的是梯形图转换得到的可执行代码，则可在编程软件 FXGPWIN.EXE 中进行监控。

10.2　消防稳压泵一用一备控制

消防稳压泵一用一备继电器控制电路如图 10-17 所示，其中每个电器功能见表 10-3。该稳压泵有两种控制方式：手动和自动。其中自动又分为 1♯泵投用 2♯泵备用和 2♯泵投用

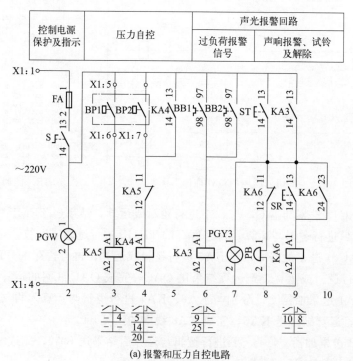

(a) 报警和压力自控电路

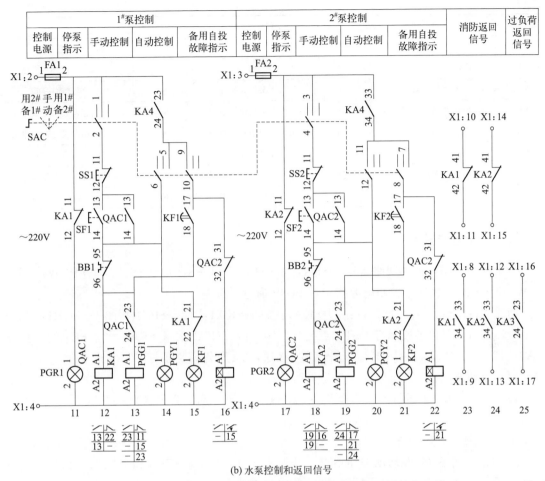

(b) 水泵控制和返回信号

图 10-17 消防稳压泵继电器控制电路

1#泵备用，由压力控制器根据管道内压力的低高控制泵的启动停止。手动方式状态下，就地按下启动按钮 SF1 或 SF2、停止按钮 SS1 或 SS2 可以对 1#泵或 2#泵进行启动、停止操作。自动方式下，由压力控制器触头 BP2 启动投用泵，压力控制器触头 BP1 停止投用泵。投用泵运行过程中若出现故障（如过载），则通过时间继电器定时切换到备用泵。1#泵投用后故障，切换到 2#备用泵的定时器为 KF2，2#泵投用后故障，切换到 1#备用泵的定时器为 KF1。

表 10-3　消防稳压泵电器功能

图 10-17(a)					
代号	功能	代号	功能	代号	功能
FA	控制电源保护熔断器	S	控制电源开关	PGW	控制电源指示灯(白色)
BP1	压力控制器触头(停止)	BP2	压力控制器触头(启动)	KA5	压力自控停止继电器
KA4	压力自控启动继电器	BB1	1#泵过载保护热继电器触头	BB2	2#泵过载保护热继电器触头
KA3	过载报警返回信号继电器	ST	声光报警试验按钮	PGY3	报警(过载)光信号灯
PB	报警(过载声信号)蜂鸣器	SR	声报警解除按钮	KA6	声报警解除继电器

图 10-17（b）

代号	功能	代号	功能	代号	功能
SAC	运行方式选择开关				
PGR1	1#泵停转指示灯(红色)	SS1	1#泵停止按钮	SF1	1#泵启动按钮
BB1	1#泵过载热保护继电器	QAC1	1#泵电动机电源接触器	KA1	1#泵状态返回信号继电器
PGG1	1#泵运转指示灯(绿色)	PGY1	2#泵备用自投指示灯(黄色)	KF1	1#泵备用自投延时继电器
PGR2	2#泵停转指示灯(红色)	SS2	2#泵停止按钮	SF2	2#泵启动按钮
BB2	2#泵过载保护热继电器	QAC2	2#泵电动机电源接触器	KA2	2#泵状态返回信号继电器
PGG2	2#泵运转指示灯(绿色)	PGY2	1#泵备用自投指示灯(黄色)	KF2	2#泵备用自投延时继电器

10.2.1　继电器控制电路

合上控制电源开关，回路 X1:1→FA:[1]→FA:[2]→S:[13]→S:[14]→PGW:[1]→PGW:[2]→X1:4 接通，控制电源指示灯 PGW 通电、点亮。

回路 X1:2→FA1:[1]→FA1:[2]→KA1:[11]→KA1:[12]→PGR1:[1]→PGR1:[2]→X1:4 接通，1#泵停转指示灯 PGR1 点亮。回路 X1:3→FA2:[1]→FA2:[2]→KA2:[11]→KA2:[12]→PGR2:[1]→PGR2:[2]→X1:4 接通，2#泵停转指示灯 PGR2 点亮。

(1) 手动方式

在图 10-17（b）中运行方式选择开关 SAC 打在中间位置，即开关触头 SAC:[1]与 SAC:[2]、SAC:[3]与 SAC:[4]闭合接通，此位置为手动方式。

① 1#泵启动停止操作

a. 启动。按下 1#泵启动按钮 SF1，其触头 SF1:[13]与 SF1:[14]闭合，回路 X1:2→FA1:[1]→FA1:[2]→SAC:[1]→SAC:[2]→SS1:[11]→SS1:[12]→SF1:[13]→SF1:[14]→BB1:[95]→BB1:[96]→QAC1:[A1]→QAC1:[A2]→X1:4 接通，接触器线圈 QAC1 通电、吸合。QAC1 辅助触头 QAC1:[13]与 QAC1:[14]闭合，该触头旁路按钮触头 SF1:[13]与 SF1:[14]，回路 X1:2→FA1:[1]→FA1:[2]→SAC:[1]→SAC:[2]→SS1:[11]→SS1:[12]→QAC1:[13]→QAC1:[14]→BB1:[95]→BB1:[96]→QAC1:[A1]→QAC1:[A2]→X1:4 接通，保持 QAC1 吸合，1#水泵运转。

QAC1 吸合，其辅助触头 QAC1:[23]与 QAC1:[24]闭合，回路 X1:2→FA1:[1]→FA1:[2]→SAC:[1]→SAC:[2]→SS1:[11]→SS1:[12]→QAC1:[13]→QAC1:[14]→BB1:[95]→BB1:[96]→QAC1:[23]→QAC1:[24]→KA1:[A1]（PGG1:[1]）→KA1:[A2]（PGG1:[2]）→X1:4 接通，继电器 KA1 吸合，触头 KA1:[11]与 KA1:[12]断开，回路 X1:2→FA1:[1]→FA1:[2]→KA1:[11]‖KA1:[12]→PGR1:[1]→PGR1:[2]→X1:4 断路，1#泵停转指示灯 PGR1 熄灭。同时 1#泵运转指示灯 PGG1 点亮。

b. 停止。按下 1#泵停止按钮，其触头 SS1:[11]与 SS1:[12]断开，回路 X1:2→FA1:[1]→FA1:[2]→SAC:[1]→SAC:[2]→SS1:[11]‖SS1:[12]→QAC1:[13]→QAC1:[14]→BB1:[95]→BB1:[96]→QAC1:[A1]→QAC1:[A2]→X1:4 断路，接触器 QAC1 断电、释放，水泵停转。

QAC1 释放，其辅助触头 QAC1:[23]与 QAC1:[24]断开，回路 X1:2→FA1:[1]→

FA1:[2]→SAC:[1]→SAC:[2]→SS1:[11]→SS1:[12]→QAC1:[13]→QAC1:[14]→BB1:[95]→BB1:[96]→QAC1:[23]∥QAC1:[24]→KA1:[A1](PGG1:[1])→KA1:[A2](PGG1:[2])→X1:4 断路，继电器 KA1 释放，1♯泵运转指示灯 PGG1 熄灭，触头 KA1:[11]与 KA1:[12]闭合，回路 X1:2→FA1:[1]→FA1:[2]→KA1:[11]→KA1:[12]→PGR1:[1]→PGR1:[2]→X1:4 接通，1♯泵停转指示灯 PGR1 点亮。

② 2♯泵启动停止操作

a. 启动。按下 2♯泵启动按钮 SF2，其触头 SF2:[13]与 SF2:[14]闭合，回路 X1:3→FA2:[1]→FA2:[2]→SAC:[3]→SAC:[4]→SS2:[11]→SS2:[12]→SF2:[13]→SF2:[14]→BB2:[95]→BB2:[96]→QAC2:[A1]→QAC2:[A2]→X1:4 接通，接触器线圈 QAC2 通电、吸合。QAC2 辅助触头 QAC2:[13]与 QAC2:[14]闭合，该触头旁路按钮触头 SF2:[13]与 SF2:[14]，回路 X1:3→FA2:[1]→FA2:[2]→SAC:[3]→SAC:[4]→SS2:[11]→SS2:[12]→QAC2:[13]→QAC2:[14]→BB2:[95]→BB2:[96]→QAC2:[A1]→QAC2:[A2]→X1:4 接通，保持 QAC2 吸合，2♯水泵运转。

QAC2 吸合，其辅助触头 QAC2:[23]与 QAC2:[24]闭合，回路 X1:3→FA2[1]→FA2:[2]→SAC:[3]→SAC:[4]→SS2:[11]→SS2:[12]→QAC2:[13]→QAC2:[14]→BB2:[95]→BB2:[96]→QAC2:[23]→QAC2:[24]→KA2:[A1](PGG2:[1])→KA2:[A2](PGG2:[2])→X1:4 接通，继电器 KA2 吸合，触头 KA2:[11]与 KA2:[12]断开，回路 X1:3→FA2:[1]→FA2:[2]→KA2:[11]∥KA2:[12]→PGR2:[1]→PGR2:[2]→X1:4 断路，2♯泵停转指示灯 PGR2 熄灭。同时 2♯泵运转指示灯 PGG2 点亮。

b. 停止。按下 2♯泵停止按钮，其触头 SS2:[11]与 SS2:[12]断开，回路 X1:3→FA2:[1]→FA2:[2]→SAC:[3]→SAC:[4]→SS2:[11]∥SS2:[12]→QAC2:[13]→QAC2:[14]→BB2:[95]→BB2:[96]→QAC2:[A1]→QAC2:[A2]→X1:4 断路，接触器 QAC2 断电、释放，水泵停转。

QAC2 释放，其辅助触头 QAC2:[23]与 QAC2:[24]断开，回路 X1:3→FA2[1]→FA2:[2]→SAC:[3]→SAC:[4]→SS2:[11]→SS2:[12]→QAC2:[13]→QAC2:[14]→BB2:[95]→BB2:[96]→QAC2:[23]∥QAC2:[24]→KA2:[A1](PGG2:[1])→KA2:[A2](PGG2:[2])→X1:4 断路，继电器 KA2 释放，2♯泵运转指示灯 PGG2 熄灭，触头 KA2:[11]与 KA2:[12]闭合，回路 X1:3→FA2:[1]→FA2:[2]→KA2:[11]→KA2:[12]→PGR2:[1]→PGR2:[2]→X1:4 接通，2♯泵停转指示灯 PGR2 点亮。

(2) 用 1♯备 2♯

在图 10-17（b）中运行方式选择开关 SAC 打在右侧位置，即开关触头 SAC:[5]与 SAC:[6]、SAC:[7]与 SAC:[8]闭合接通，此位置为自动控制方式的用 1♯水泵备用 2♯水泵。

① 1♯泵启动 当管道内的压力低时，压力控制器触头 BP2 闭合接通，回路 X1:1→FA:[1]→FA:[2]→S:[13]→S:[14]→BP2→KA5:[11]→KA5:[12]→KA4:[A1]→KA4:[A2]→X1:4 接通，继电器 KA4 线圈通电、吸合。负载触头 KA4:[13]与 KA4:[14]闭合，旁路 BP2，回路 X1:1→FA:[1]→FA:[2]→S:[13]→S:[14]→KA4:[13]→KA4:[14]→KA5:[11]→KA5:[12]→KA4:[A1]→KA4:[A2]→X1:4 接通，继电器 KA4 保持吸合。

继电器 KA4 吸合，其辅助触头 KA4:[23]与 KA4:[24]、KA4:[33]与 KA4:[34]闭合接通。回路 X1:2→FA1:[1]→FA1:[2]→KA4:[23]→KA4:[24]→SAC:[5]→SAC:[6]→

BB1:[95]→BB1:[96]→QAC1:[A1]→QAC1:[A2]→X1:4 接通,接触器线圈 QAC1 通电、吸合,1♯水泵启动运转。

QAC1 吸合,触头 QAC1:[23]与 QAC1:[24]闭合,回路 X1:2→FA1:[1]→FA1:[2]→KA4:[23]→KA4:[24]→SAC:[5]→SAC:[6]→BB1:[95]→BB1:[96]→QAC1:[23]→QAC1:[24]→KA1:[A1](PGG1:[1])→KA1:[A2](PGG1:[2])→X1:4 接通,1♯泵运转指示灯 PGG1 通电、点亮,继电器 KA1 线圈通电、吸合。触头 KA1:[11]与 KA1:[12]断开,1♯泵停转指示灯 PGR1 熄灭。

② 1♯泵停止　当管道内的压力高时,压力控制器触头 BP1 闭合接通,回路 X1:1→FA:[1]→FA:[2]→S:[13]→S:[14]→BP1→KA5:[A1]→KA5:[A2]→X1:4 接通,继电器 KA5 线圈通电、吸合。辅助触头 KA5:[11]与 KA5:[12]断开,回路 X1:1→FA:[1]→FA:[2]→S:[13]→S:[14]→KA4:[13]→KA4:[14]→KA5:[11]‖KA5:[12]→KA4:[A1]→KA4:[A2]→X1:4 断路,继电器 KA4 线圈断电、释放。

继电器 KA4 释放,其辅助触头 KA4:[23]与 KA4:[24]、KA4:[33]与 KA4:[34]断开。回路 X1:2→FA1:[1]→FA1:[2]→KA4:[23]‖KA4:[24]→SAC:[5]→SAC:[6]→BB1:[95]→BB1:[96]→QAC1:[A1]→QAC1:[A2]→X1:4 断路,接触器线圈 QAC1 断电、释放,1♯水泵停止运转。1♯泵运转指示灯 PGG1 断电、熄灭,继电器 KA1 线圈断电、释放。触头 KA1:[11]与 KA1:[12]闭合,1♯泵停转指示灯 PGR1 点亮。

③ 2♯泵备用自投　在 1♯泵运行期间若出现过载,则过载保护热继电器 BB1 动作,触头 BB1:[95]与 BB1:[96]断开使接触器 QAC1 线圈断电、释放。

辅助触头 QAC1:[31]与 QAC1:[32]闭合接通,回路 X1:3→FA2:[1]→FA2:[2]→KA4:[33]→KA4:[34]→SAC:[7]→SAC:[8]→QAC1:[31]→QAC1:[32]→KF2:[A1]→KF2:[A2]→X1:4 接通,时间继电器 KF2 线圈通电开始计时。定时时间到时,其触头 KF2:[17]与 KF2:[18]闭合接通,回路 X1:3→FA2:[1]→FA2:[2]→KA4:[33]→KA4:[34]→SAC:[7]→SAC:[8]→KF2:[17]→KF2:[18]→QAC2:[A1]→QAC2:[A2]→X1:4 接通,接触器 QAC2 线圈通电、吸合,2♯水泵投入运转。

QAC2 吸合,触头 QAC2:[23]与 QAC2:[24]闭合,回路 X1:3→FA2:[1]→FA2:[2]→KA4:[33]→KA4:[34]→SAC:[7]→SAC:[8]→KF2:[17]→KF2:[18]→QAC2:[23]→QAC2:[24]→KA2:[A1](PGG2:[1])→KA2:[A2](PGG2:[2])→X1:4 接通,2♯泵运转指示灯 PGG2 点亮,继电器 KA2 线圈通电、吸合,2♯泵停转指示灯 PGR2 熄灭。

接触器 QAC1 释放,触头 QAC1:[23]与 QAC1:[24]断开,回路 X1:2→FA1:[1]→FA1:[2]→KA4:[23]→KA4:[24]→SAC:[5]→SAC:[6]→BB1:[95]→BB1:[96]→QAC1:[23]‖QAC1:[24]→KA1:[A1](PGG1:[1])→KA1:[A2](PGG1:[2])→X1:4 断路,1♯泵运转指示灯 PGG1 熄灭,继电器线圈 KA1 断电、释放,触头 KA1:[21]与 KA1:[22]闭合接通,2♯泵备用自投指示灯 PGY1(黄色)点亮。

④ 2♯泵备用自投停止　当管道内的压力高时,压力控制器触头 BP1 闭合接通,回路 X1:1→FA:[1]→FA:[2]→S:[13]→S:[14]→BP1→KA5:[A1]→KA5:[A2]→X1:4 接通,继电器 KA5 线圈通电、吸合,辅助触头 KA5:[11]与 KA5:[12]断开,回路 X1:1→FA:[1]→FA1:[2]→S:[13]→S:[14]→KA4:[13]→KA4:[14]→KA5:[11]‖KA5:[12]→KA4:[A1]→KA4:[A2]→X1:4 断路,继电器 KA4 线圈断电、释放。

继电器 KA4 释放,其辅助触头 KA4:[23]与 KA4:[24]断开,指示灯 PGY1 熄灭。

KA4:[33]与 KA4:[34]断开,回路 X1:3→FA2:[1]→FA2:[2]→KA4:[33]∥KA4:[34]→
SAC:[7]→SAC:[8]→KF2:[17]→KF2:[18]→QAC2:[A1]→QAC2:[A2]→X1:4 断路,
接触器线圈 QAC2 断电、释放,2♯水泵停止运转。指示灯 PGG2 熄灭,继电器 KA2 释放,
触头 KA2:[11]与 KA2:[12]闭合,2♯泵停转指示灯 PGR2 点亮。

当 1♯泵过载保护热继电器自动复位,即触头 BB1:[95]与 BB1:[96]闭合接通,QAC1
线圈通电、吸合,1♯泵运转,相关继电器吸合,指示灯点亮。触头 QAC1:[31]与 QAC1:
[32]、KF2:[17]与 KF2:[18]断开,QAC2 线圈断电、释放,2♯泵停止,相关继电器释放、
指示灯熄灭。

(3) 用 2♯备 1♯

在图 10-17 (b) 中运行方式选择开关 SAC 打在左侧位置,即开关触头 SAC:[9]与
SAC:[10]、SAC:[11]与 SAC:[12]闭合接通。

① 2♯泵启动 当管道内的压力低时,压力控制器触头 BP2 闭合接通,回路 X1:1→
FA:[1]→FA:[2]→S:[13]→S:[14]→BP2→KA5:[11]→KA5:[12]→KA4:[A1]→KA4:
[A2]→X1:4 接通,继电器 KA4 线圈通电、吸合。负载触头 KA4:[13]与 KA4:[14]闭合,
旁路 BP2,回路 X1:1→FA:[1]→FA:[2]→S:[13]→S:[14]→KA4:[13]→KA4:[14]→
KA5:[11]→KA5:[12]→KA4:[A1]→KA4:[A2]→X1:4 接通,继电器 KA4 保持吸合。

继电器 KA4 吸合,其辅助触头 KA4:[23]与 KA4:[24]、KA4:[33]与 KA4:[34]闭合接
通。回路 X1:3→FA2:[1]→FA2:[2]→KA4:[33]→KA4:[34]→SAC:[11]→SAC:[12]→
BB2:[95]→BB2:[96]→QAC2:[A1]→QAC2:[A2]→X1:4 接通,接触器线圈 QAC2 通电、
吸合,2♯水泵启动运转。

QAC2 吸合,触头 QAC2:[23]与 QAC2:[24]闭合,回路 X1:3→FA2:[1]→FA2:[2]→
KA4:[33]→KA4:[34]→SAC:[11]→SAC:[12]→BB2:[95]→BB2:[96]→QAC2:[23]→
QAC2:[24]→KA2:[A1](PGG2:[1])→KA2:[A2](PGG2:[2])→X1:4 接通,2♯泵运转指
示灯 PGG2 通电、点亮,继电器 KA2 线圈通电、吸合。触头 KA2:[11]与 KA2:[12]断开,
2♯泵停转指示灯 PGR2 熄灭。

② 2♯泵停止 当管道内的压力高时,压力控制器触头 BP1 闭合接通,回路 X1:1→
FA:[1]→FA:[2]→S:[13]→S:[14]→BP1→KA5:[A1]→KA5:[A2]→X1:4 接通,继电器
KA5 线圈通电、吸合。辅助触头 KA5:[11]与 KA5:[12]断开,回路 X1:1→FA:[1]→FA1:
[2]→S:[13]→S:[14]→KA4:[13]→KA4:[14]→KA5:[11]∥KA5:[12]→KA4:[A1]→
KA4:[A2]→X1:4 断路,继电器 KA4 线圈断电、释放。

继电器 KA4 释放,其辅助触头 KA4:[23]与 KA4:[24]、KA4:[33]与 KA4:[34]断开。
回路 X1:3→FA2:[1]→FA2:[2]→KA4:[33]∥KA4:[34]→SAC:[11]→SAC:[12]→BB2:
[95]→BB2:[96]→QAC2:[A1]→QAC2:[A2]→X1:4 断路,接触器线圈 QAC2 断电、释
放,2♯水泵停止运转。2♯泵运转指示灯 PGG2 断电、熄灭,继电器 KA2 线圈断电、释放。
触头 KA2:[11]与 KA2:[12]闭合,2♯泵停转指示灯 PGR2 点亮。

③ 1♯泵备用自投 在 2♯泵运行期间若出现过载,则过载保护热继电器 BB2 动作,触
头 BB2:[95]与 BB2:[96]断开,使接触器 QAC2 线圈断电、释放。

辅助触头 QAC2:[31]与 QAC2:[32]闭合接通,回路 X1:2→FA1:[1]→FA1:[2]→
KA4:[23]→KA4:[24]→SAC:[9]→SAC:[10]→QAC2:[31]→QAC2:[32]→KF1:[A1]→
KF1:[A2]→X1:4 接通,时间继电器 KF1 线圈通电,开始计时。定时时间到时,其触头

KF1：[17]与 KF1：[18]闭合接通，回路 X1：2→FA1：[1]→FA1：[2]→KA4：[23]→KA4：[24]→SAC：[9]→SAC：[10]→KF1：[17]→KF1：[18]→QAC1：[A1]→QAC1：[A2]→X1：4 接通，接触器 QAC1 线圈通电、吸合，1♯水泵投入运转。

QAC1 吸合，触头 QAC1：[23]与 QAC1：[24]闭合，回路 X1：2→FA1：[1]→FA1：[2]→KA4：[23]→KA4：[24]→SAC：[9]→SAC：[10]→KF1：[17]→KF1：[18]→QAC1：[23]→QAC1：[24]→KA1：[A1]（PGG1：[1]）→KA1：[A2]（PGG1：[2]）→X1：4 接通，1♯泵运转指示灯 PGG1 点亮，继电器 KA1 线圈通电、吸合，1♯泵停转指示灯 PGR1 熄灭。

接触器 QAC2 释放，触头 QAC2：[23]与 QAC2：[24]断开，回路 X1：3→FA2：[1]→FA2：[2]→KA4：[33]→KA4：[34]→SAC：[11]→SAC：[12]→BB2：[95]→BB2：[96]→QAC2：[23]∥QAC1：[24]→KA2：[A1]（PGG2：[1]）→KA2：[A2]（PGG2：[2]）→X1：4 断路，2♯泵运转指示灯 PGG2 熄灭，继电器线圈 KA2 断电、释放，触头 KA2：[21]与 KA2：[22]闭合接通，1♯泵备用自投指示灯 PGY2（黄色）点亮。

④ 1♯泵备用自投停止　当管道内的压力高时，压力控制器触头 BP1 闭合接通，回路 X1：1→FA：[1]→FA：[2]→S：[13]→S：[14]→BP1→KA5：[A1]→KA5：[A2]→X1：4 接通，继电器 KA5 线圈通电、吸合，辅助触头 KA5：[11]与 KA5：[12]断开，回路 X1：1→FA：[1]→FA1：[2]→S：[13]→S：[14]→KA4：[13]→KA4：[14]→KA5：[11]∥KA5：[12]→KA4：[A1]→KA4：[A2]→X1：4 断路，继电器 KA4 线圈断电、释放。

继电器 KA4 释放，其辅助触头 KA4：[33]与 KA4：[34]断开，指示灯 PGY2 熄灭。KA4：[23]与 KA4：[24]断开，回路 X1：2→FA1：[1]→FA1：[2]→KA4：[23]∥KA4：[24]→SAC：[9]→SAC：[10]→KF1：[17]→KF1：[18]→QAC1：[A1]→QAC1：[A2]→X1：4 断路，接触器线圈 QAC1 断电、释放，1♯水泵停止运转。指示灯 PGG1 熄灭，继电器 KA1 释放，KA1：[11]与 KA1：[12]闭合，1♯泵停转指示灯 PGR1 点亮。

当 2♯泵过载热继电器自动复位，即触头 BB2：[95]BB2：[96]闭合接通，QAC2 线圈通电、吸合，2♯泵运转，相关继电器吸合，指示灯点亮。触头 QAC2：[31]与 QAC2：[32]、KF1：[17]与 KF1：[18]断开，QAC1 线圈断电、释放，1♯泵停止，相关继电器释放，指示灯熄灭。

（4）报警功能

当 1♯水泵或 2♯水泵出现过载时，过载保护热继电器 BB1 或 BB2 动作，触头 BB1：[97]与 BB1：[98]或 BB2：[97]与 BB2：[98]闭合接通，回路 X1：1→FA：[1]→FA：[2]→S：[13]→S：[14]→BB1：[97]（或 BB2：[97]）→BB1：[98]（或 BB2：[98]）→KA3：[A1]→KA3：[A2]→X1：4 接通，继电器 KA3 线圈通电、吸合。

① 声光报警　触头 KA3：[13]与 KA3：[14]闭合接通，回路 X1：1→FA：[1]→FA：[2]→S：[13]→S：[14]→KA3：[13]→KA3：[14]→PGY3：[1]→PGY3：[2]→X1：4 接通，过载光信号灯 PGY3 点亮。回路 X1：1→FA：[1]→FA：[2]→S：[13]→S：[14]→KA3：[13]→KA3：[14]→KA6：[11]→KA6：[12]→PB：[1]→PB：[2]→X1：4 接通，过载声信号蜂鸣器鸣响。

② 声报警解除　声光报警期间按下按钮 SR，回路 X1：1→FA：[1]→FA：[2]→S：[13]→S：[14]→KA3：[13]→KA3：[14]→SR：[13]→SR：[14]→KA6：[A1]→KA6：[A2]→X1：[4] 接通，继电器 KA6 线圈通电、吸合，触头 KA6：[11]与 KA6：[12]断开，回路 X1：1→FA：[1]→FA：[2]→S：[13]→S：[14]→KA3：[13]→KA3：[14]→KA6：[11]∥KA6：[12]→PB：[1]→PB：[2]→X1：4 断路，过载声信号蜂鸣器停止鸣响。

③ 声报警试验　按下按钮 ST，回路 X1:1→FA:[1]→FA:[2]→S:[13]→S:[14]→ST:[13]→ST:[14]→PGY3:[1]→PGY3:[2]→X1:4 接通，过载光信号灯 PGY3 点亮；回路 X1:1→FA:[1]→FA:[2]→S:[13]→S:[14]→ST:[13]→ST:[14]→KA6:[11]→KA6:[12]→PB:[1]→PB:[2]→X1:4 接通，过载声信号蜂鸣器鸣响。

消防稳压泵一用一备继电器控制电路中各电器的工作状态变化见表 10-4。其中"→"表示按钮被按下、触头闭合或过载动作，是暂态信号；"↓"表示信号灯从点亮转为熄灭或继电器接触器从吸合转为释放、蜂鸣器从鸣响转为无声，是稳态信号；"↑"表示信号灯从熄灭转为点亮，或表示继电器接触器从释放转为吸合，或表示蜂鸣器从无声转为鸣响，是稳态信号。

表 10-4　消防稳压泵一用一备继电器控制电路电器的工作状态

电器		手动方式				用1#备2#				用2#备1#				报警	
		1#水泵		2#水泵		1#水泵		2#水泵		1#水泵		2#水泵			
类型	代号	启动	停止	启动	停止	启动	停止	自投	停止	自投	停止	启动	停止	试验	消声
输入电器	SAC	SAC:[1]与SAC:[2]接通 SAC:[3]与SAC:[4]接通				SAC:[5]与SAC:[6]接通 SAC:[7]与SAC:[8]接通				SAC:[9]与SAC:[10]接通 SAC:[11]与SAC:[12]接通					
	SS1		→												
	SF1	→													
	SS2				→										
	SF2			→											
	BP1						→		→		→		→		
	BP2					→						→			
	BB1							→							
	BB2									→					
	ST													→	
	SR														→
中间电器	KA4					↑	↓	↑	↓	↑	↓	↑	↓		
	KA5						→		→		→		→		
	KA6														↑	
	KF1									↑					
	KF2							↑							
输出电器	KA3							↑		↑					
	PGR1	↓	↑			↓	↑	↑		↓	↑				
	QAC1	↑	↓			↑	↓	↓		↑	↓				
	KA1	↑	↓			↑	↓	↓		↑	↓				
	PGG1	↑	↓			↑	↓	↓		↑	↓				
	PGY1							↑	↓						
	PGR2			↓	↑			↓	↑	↑		↓	↑		
	QAC2			↑	↓			↑	↓	↓		↑	↓		
	KA2			↑	↓			↑	↓	↓		↑	↓		

续表

电器		手动方式				用 1# 备 2#				用 2# 备 1#				报警	
		1# 水泵		2# 水泵		1# 水泵		2# 水泵		1# 水泵		2# 水泵			
类型	代号	启动	停止	启动	停止	启动	停止	自投	停止	自投	停止	启动	停止	试验	消声
输出电器	PGG2			↑	↓			↑	↓	↓		↑	↓		
	PGY2									↑	↓				
	PB							↑		↑				↑	↓
	PGY3							↑		↑				↑	↑

10.2.2　PLC 控制

由表 10-4 可知，输入电器有：运行方式选择开关 SAC、压力控制器 BP1 和 BP2、过载保护热继电器 BB1 和 BB2、声光报警试验按钮 ST 和报警声解除按钮 SR、稳压泵启动按钮 SF1 和 SF2、稳压泵停止按钮 SS1 和 SS2。输出电器有：稳压泵电动机电源接触器 QAC1 和 QAC2、稳压泵停转指示灯 PGR1 和 PGR2、稳压泵运转指示灯 PGG1 和 PGG2、稳压泵状态返回信号继电器 KA1 和 KA2、故障备用自投指示灯 PGY1 和 PGY2、过载报警返回信号继电器 KA3、报警蜂鸣器 PB 和报警光信号灯 PGY3。中间电器有：中间继电器 KA4、KA5、KA6，时间继电器 KF1 和 KF2。

(1) 电气原理图

选用三菱 FX_{3SA}-30MR-CM 可编程控制器。消防稳压泵采用 PLC 控制的输入、输出和辅助各点功能及资源分配如表 10-5 所示，PLC 控制原理图如图 10-18 所示。

表 10-5　消防稳压泵 PLC 控制信号点功能及资源

输入信号					
电器代号	资源分配	功能	电器代号	资源分配	功能
SAC_1*	X00	用 1# 备 2#	SAC_2*	X01	用 2# 备 1#
BP1	X02	压力控制器触头 1	BP2	X03	压力控制触头 2
BB1	X04	1# 泵过载保护热继电器	BB2	X05	2# 泵过载保护热继电器
ST	X06	声光报警试验	SR	X07	声报警解除
SS1	X10	1# 泵停止	SF1	X11	1# 泵启动
SS2	X12	2# 泵停止	SF2	X13	2# 泵启动
输出信号					
PGY1	Y0	2# 泵备用自投指示灯	PGY2	Y1	1# 泵备用自投指示灯
PGY3	Y2	光报警	PB	Y3	声报警
KA3	Y4	过载报警信号返回			
QAC1	Y5	1# 泵电动机电源接触器	KA1	Y6	1# 泵状态信号返回
PGG1	Y6	1# 泵运转指示灯	PGR1	Y6	1# 泵停转指示灯
QAC2	Y7	2# 泵电动机电源接触器	KA2	Y10	2# 泵状态信号返回
PGG2	Y10	2# 泵运转指示灯	PGR2	Y10	2# 泵停转指示灯

内部信号					
电器代号	资源分配	功能	电器代号	资源分配	功能
KA4	M4	压力自控启动	KA5	M5	压力自控停止
KA6	M6	报警声解除继电器	KF1	T1	1♯泵备用自投延时
KF2	T2	2♯泵备用自投延时			

*：SAC 中间位置为手动方式。

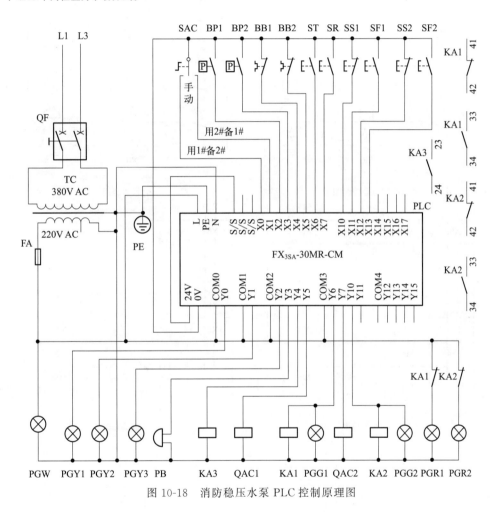

图 10-18　消防稳压水泵 PLC 控制原理图

(2) 程序编制

消防稳压泵 PLC 控制梯形图由其继电器控制电路转换得到。按照 4.3.2 节中介绍的，依据继电器控制电路，通过电器代号替换、符号替换、触头修改、按规则整理四个步骤，将原继电器控制电路转换为 PLC 控制的梯形图。图 10-17(a) 的转换过程如图 10-19，由于图 10-18 中运行方式选择开关 SAC 只使用两副触头，故"用 1♯备 2♯"方式采用 X00 动合逻辑与 X01 动断组合，"用 2♯备 1♯"方式采用 X00 动断逻辑与 X01 动合组合，"手动"方式采用 X00 动断逻辑与 X01 动断组合，图 10-17(b) 1♯和 2♯泵控制转换过程如图 10-20 所示，时间继电器定时值设定为 3s。

（3）梯形图录入

运行三菱编程软件 GX Developer。在初始界面上创建新工程，PLC 类型为"FX3G"，工程名为"消防稳压泵"。逐行把图 10-19（e）和图 10-20（e）所示梯形图录入，录入完毕

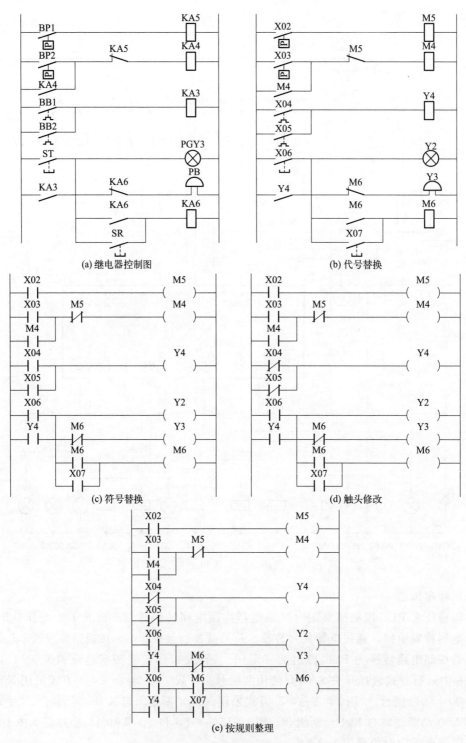

图 10-19　压力自控和报警梯形图转换

后点"转换"按钮进行转换,完成后的界面如图 10-21 所示。最后点击保存按钮保存文件。

(4) 功能验证

将三菱 PLC 用编程电缆与电脑连接好,接通 PLC 电源。在编程软件界面点击"在线(O)"弹出下拉菜单,选中"传输设置(C)…",按编程电缆的端口设定好;点击"通信测试",确定与 FX3GPLC 连接成功,点击"确定"后再点击"确认"按钮返回编程界面。

点击"在线(O)"弹出下拉菜单,选中"PLC 写入(W)…",在"文件选择"标签页内选中程序等写入内容,再点击"执行"按钮,完成后点击"关闭"按钮。若出现参数错误,对 FX_{3SA} 系列可编程控制器,需在左侧导航栏内点击"PLC 参数",在弹出的对话框"FX 参数设置"中将"内存容量设置"标签页内的内存容量调整为 4000 即可。

点击"在线(O)",选"监视(M)"→"监视模式(M)",或直接按功能键 F3,进入监视状态。按照继电器控制电路解读和表 10-4 所列工况,逐一进行验证。其中用 1♯ 备 2♯ 方式下,1♯ 泵运行过载、2♯ 泵备用自投后的监控界面如图 10-22 所示。

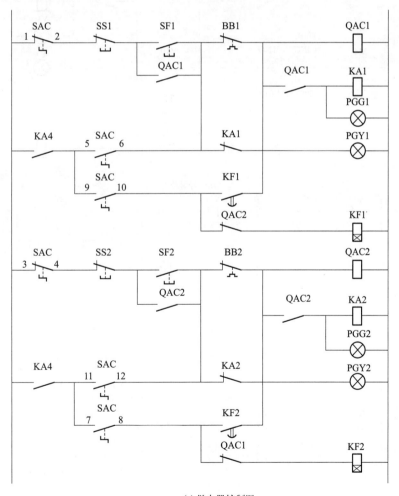

(a)继电器控制图

图 10-20

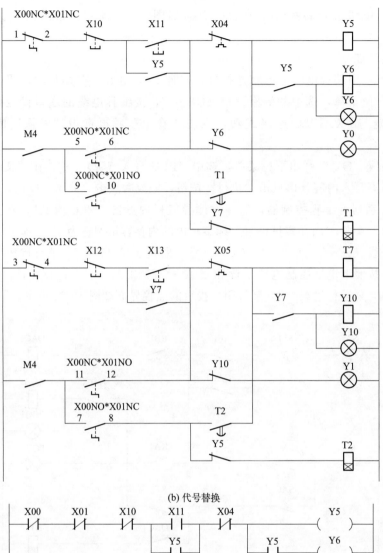

(b) 代号替换

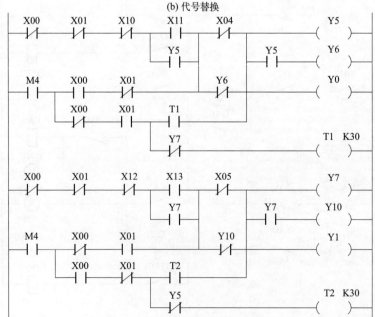

(c) 符号替换

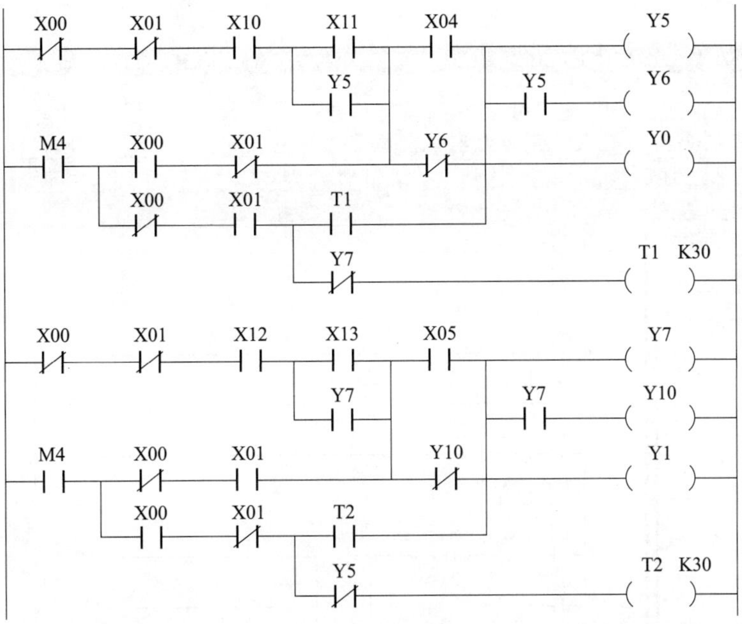

(d) 触头修改

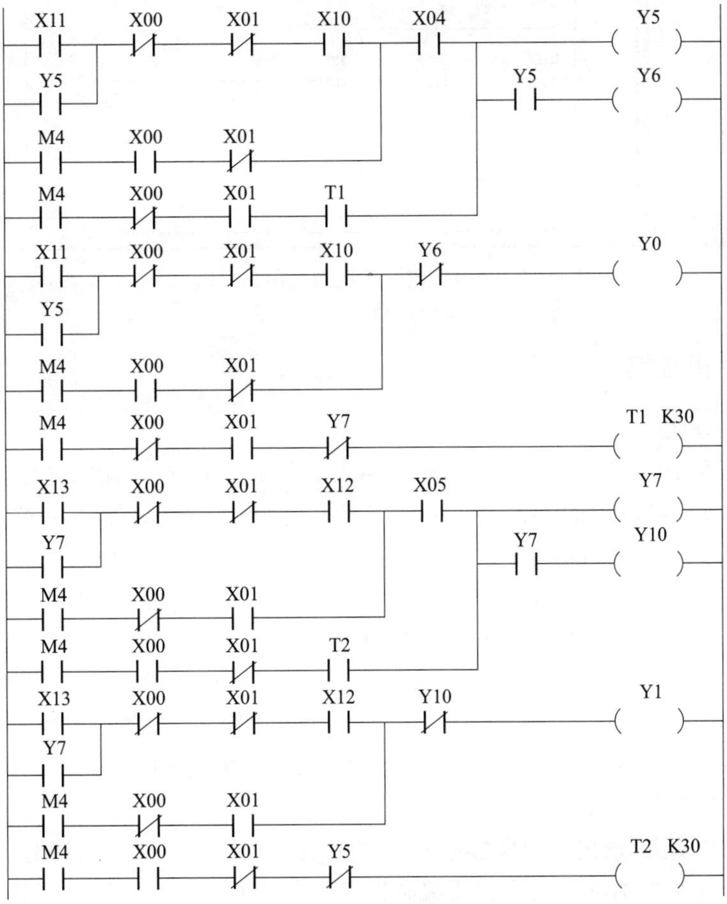

(e) 按规则整理

图 10-20 稳压水泵控制梯形图转换

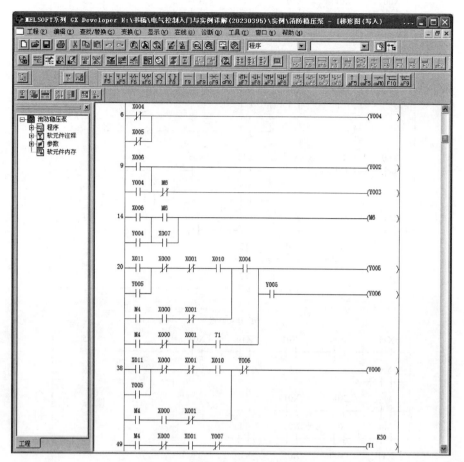

图 10-21　消防稳压泵控制梯形图

10.2.3　单片机控制

(1) 电气原理图

从消防稳压泵 PLC 控制图 10-18 得知，输入电器需要 12 点，输出电器需要 9 点。由于 ZY-8644MBR 主控制板的输出点只有 8 点，若因使用 1 点而增加一块扩展板有点浪费。图 10-17 中 PGY1、PGY2 和 PGY3 都具有报警功能，且 PGY1 和 PGY2 不同时点亮，故将原报警光信号灯 PGY3 省去，改用 PGY1 和 PGY2 闪亮作光报警。保留原继电器控制电路中的返回信号，采用单片机控制消防稳压泵的电路如图 10-23 所示。图 10-23 中定义 1♯泵投用 2♯泵备用为 SAC_1 闭合，2♯泵投用 1♯泵备用为 SAC_2 闭合，手动方式为 SAC_1 和 SAC_2 都断开。这样与 PLC 控制电路一致，1♯泵投用 2♯泵备用方式时触头 SAC_1NO 逻辑与 SAC_2NC，2♯泵投用 1♯泵备用时触头 SAC_1NC 逻辑与 SAC_2NO，手动方式时触头 SAC_1NC 逻辑与 SAC_2NC。

图 10-23 中各输入/输出电器所接端子对应主控制板上单片机的引脚号，以及中间电器的资源分配和定义见表 10-6，为了方便编制程序还定义了两个中间电器 TEMP1 和 TEMP2、用于存放中间运算结果。

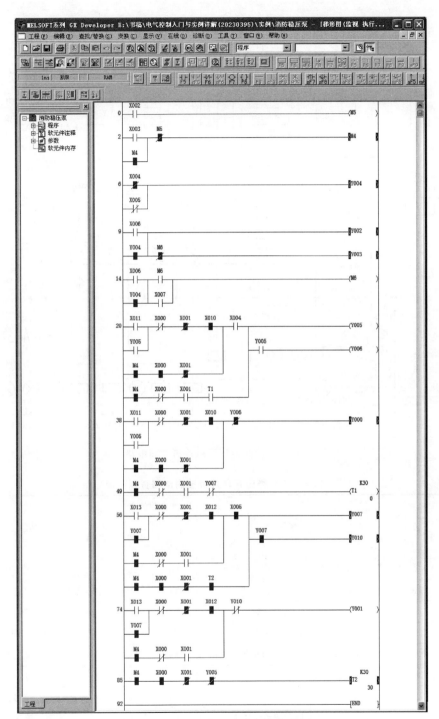

图 10-22 2#泵备用自投后的监控界面

(2) 程序编制

消防稳压泵单片机控制程序采用梯形图和位处理编制。不同的程序设计语言得到单片机可执行代码的途径也不同，梯形图程序需要通过专用的转换软件才能得到单片机可执行代码，位处理程序只需要进行编译就能得到单片机可执行代码。

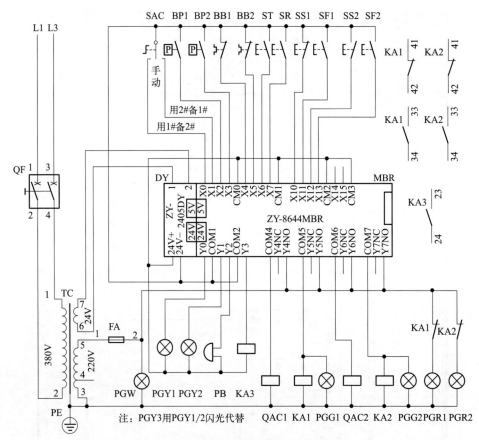

图 10-23　消防稳压泵单片机控制电路

表 10-6　消防稳压泵单片机控制电路资源分配

类型	代号	名称	单片机资源		功能
			端子代号	引脚号	
输入电器	SAC_1	1#投用2#备用运行方式触头	X0	P2.7	1#泵投用2#泵备用运行方式
	SAC_2	2#投用1#备用运行方式触头	X1	P2.6	2#泵投用1#泵备用运行方式
	BP1	压力控制器触头	X2	P2.5	压力控制器高信号
	BP2	压力控制器触头	X3	P2.4	压力控制器低信号
	BB1	1#泵电动机过载保护热继电器动断触头	X4	P2.3	1#泵电动机过载保护
	BB2	2#泵电动机过载保护热继电器动断触头	X5	P2.2	2#泵电动机过载保护
	ST	报警试验按钮动合触头	X6	P2.1	报警试验
	SR	报警声解除按钮动合触头	X7	P2.0	声报警解除
	SS1	1#泵手动停止按钮动断触头	X10	P4.0	1#泵就地停止操作
	SF1	1#泵手动启动按钮动合触头	X11	P4.1	1#泵就地启动操作
	SS2	2#泵手动停止按钮动断触头	X12	P4.4	2#泵就地停止操作
	SF2	1#泵手动启动按钮动合触头	X13	P4.5	2#泵就地启动操作

续表

类型	代号	名称	单片机资源		功能
			端子代号	引脚号	
输出电器	PGY1	1♯泵备用自投指示灯	Y0	P4.2	1♯泵备用自投故障指示
	PGY2	2♯泵备用自投指示灯	Y1	P4.3	2♯泵备用自投故障指示
	PB	报警蜂鸣器线圈	Y2	P3.2	声报警
	KA3	过载报警中间继电器线圈	Y3	P3.3	报警信号返回
	QAC1	1♯泵电动机电源接触器线圈	Y4	P3.4	1♯泵电动机电源
	KA1	1♯泵返回信号中间继电器线圈和指示	Y5	P3.5	1♯泵状态信号返回和指示
	QAC2	2♯泵电动机电源接触器线圈	Y6	P3.6	2♯泵电动机电源
	KA2	2♯泵返回信号中间继电器线圈和指示	Y7	P3.7	2♯泵状态信号返回和指示
中间电器	KA4	中间继电器KA4线圈	M4	14H	自控方式启动(直接寻址位)
	KA5	中间继电器KA5线圈	M5	15H	自控方式停止(直接寻址位)
	KA6	中间继电器KA6线圈	M6	16H	消声(直接寻址位)
	TEMP1	中间位运算值		17H	存放中间运算结果(直接寻址位)
	TEMP2	中间位运算值		18H	存放中间运算结果(直接寻址位)
	KF1_no	切换时间继电器动合触头		21H	2♯切换到1♯泵延时动合触头
	KF1_coil	切换时间继电器线圈	T1	20H	计时开始触发信号
	KF1_vlu	切换时间继电器定时值	K30	40H	时间继电器定时值
	KF2_no	切换时间继电器动合触头		23H	1♯切换到2♯泵延时动合触头
	KF2_coil	切换时间继电器线圈	T2	22H	计时开始触发信号
	KF2_vlu	切换时间继电器定时值	K30	41H	时间继电器定时值

① 位处理程序　先将图10-17所示继电器控制电路通过省去PGY3，采用PGY1和PGY2闪光报警修改成图10-24。再按照5.3.3节程序编制步骤，将图10-24(b)转换为位处理梯形图如图10-25所示，然后进行位处理程序编制。消防稳压泵单片机控制的资源定义如图10-26所示，位处理程序如图10-27所示。1♯泵QAC1线圈的控制运算过程如下。

将SF1送累加器C，与QAC1进行逻辑与运算，与SAC_1的反进行逻辑或运算，与SAC_2的反进行逻辑或运算，与SS1进行逻辑或运算，运行结果送TEMP1保存；将KA4送累加器C，与SAC_1进行逻辑或运算，与SAC_2的反进行逻辑或运算，与TEMP1进行逻辑与运算，运行结果再送TEMP1保存；与BB1进行逻辑或运算，运行结果送TEMP2保存；将KA4送累加器C，与SAC_1的反进行逻辑或运算，与SAC_2进行逻辑或运算，与KF1_no进行逻辑或运算，与TEMP2进行逻辑与运算，运算结果送QAC1，完成QAC1线圈的运算。

② 梯形图程序　单片机控制的梯形图程序可由图10-24(a)和图10-25进行变换得到，如图10-28所示。把图10-28所示梯形图用编程软件FXGPWIN.EXE录入，PLC类型为FX1N录入，保存为"消稳泵.PMW"，录入完毕的梯形图如图10-29所示。转换配置如图9-7所示，转换得到的可执行代码存放在目录PMW-HEX-V3.0下，名为fx1n.hex，建议将其更名为"消稳泵.hex"保存，如图10-30所示。

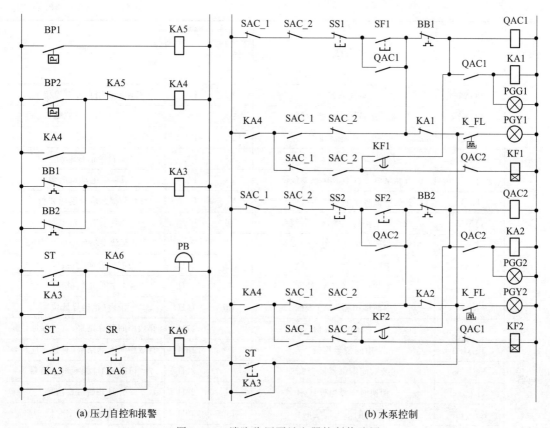

(a) 压力自控和报警   (b) 水泵控制

图 10-24   消防稳压泵继电器控制修改图

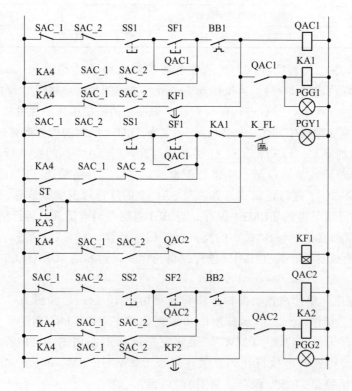

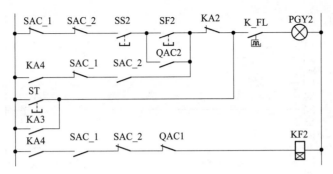

图 10-25　消防稳压泵位处理梯形图

```
;------内部资源定义------------------          ;输出:
  P4SW  DATA 0BBH   ;设置P4口状态字地址              PGY1  BIT  P4.2  ;1#泵备用自投故障指示
  P4    DATA 0C0H   ;设置P4口地址                   PGY2  BIT  P4.3  ;2#泵备用自投故障指示
  Tm100 data 30H    ;100ms定时单元设定              PB    BIT  P3.2  ;声报警
  Tm500 data 31H    ;500ms定时单元设定              KA3   BIT  P3.3  ;报警信号返回
  FLASH1 bit  00H                                 QAC1  BIT  P3.4  ;1#泵电动机电源接触器
  FLASH5 bit  01H                                 KA1   BIT  P3.5  ;1#泵状态信号返回和指示
;------电器元件定义------------------            QAC2  BIT  P3.6  ;2#泵电动机电源接触器
;输入:                                           KA2   BIT  P3.7  ;2#泵状态信号返回和指示
  SAC_1  BIT  P2.7  ;1#泵投用2#泵备用运行方式触头   ;中间:
  SAC_2  BIT  P2.6  ;2#泵投用1#泵备用运行方式触头     KA4   BIT  14H  ;中间继电器KA4
  BP1    BIT  P2.5  ;压力控制器1触头                 KA5   BIT  15H  ;中间继电器KA5
  BP2    BIT  P2.4  ;压力控制器2触头                 KA6   BIT  16H  ;中间继电器KA6
  BB1    BIT  P2.3  ;1#泵电动机过载保护热继电器动断触头 K_FL  EQU  FLASH5  ;闪光
  BB2    BIT  P2.2  ;2#泵电动机过载保护热继电器动断触头 TEMP1 BIT  17H  ;中间运算结果存放单元
  ST     BIT  P2.1  ;报警试验按钮动合触头            TEMP2 BIT  18H  ;中间运算结果存放单元
  SR     BIT  P2.0  ;报警声解除按钮动合触头          ;定时器:
  SS1    BIT  P4.0  ;1#泵手动停止按钮断触头           KF1_vlu  DATA 40H  ;时间继电器KF1定时值
  SF1    BIT  P4.1  ;1#泵手动启动按钮动合触头         KF1_coil BIT  20H  ;时间继电器KF1线圈
  SS2    BIT  P4.4  ;2#泵手动停止按钮断触头           KF1_no   BIT  21H  ;时间继电器KF1动合触头
  SF2    BIT  P4.5  ;2#泵手动启动按钮动合触头         KF2_vlu  DATA 41H  ;时间继电器KF2定时值
                                                 KF2_coil BIT  22H  ;时间继电器KF2线圈
                                                 KF2_no   BIT  23H  ;时间继电器KF2动合触头
```

图 10-26　消防稳压泵单片机控制资源定义

```
LP1: MOV C, BP1   ;水压控制        ORL C, SAC_1              ORL C, /SAC_2
     MOV KA5, C                    ORL C, /SAC_2             ORL C, SS2
     MOV C, BP2                    ANL C, TEMP1              MOV TEMP1, C
     ANL C, KA4                    MOV TEMP1, C              MOV C, KA4
     ORL C,/KA5                    ORL C, BB1                ORL C, /SAC_1
     MOV KA4, C                    MOV TEMP2, C              ORL C, SAC_2
     MOV C, BB1   ;过载报警         MOV C, KA4                ANL C, TEMP1
     CPL C                         ORL C, /SAC_1             MOV TEMP1, C
     ANL C, /BB2                   ORL C, SAC_2              ORL C, BB2
     MOV KA3, C                    ORL C, KF1_no             MOV TEMP2, C
     MOV C, ST                     ANL C, TEMP2              MOV C, KA4
     ANL C, KA3                    MOV QAC1, C  ;完成QAC1的运算 ORL C, SAC_1
     ORL C, /KA6                   ORL C, QAC1               ORL C, /SAC_2
     MOV PB, C                     MOV KA1, C                ORL C, KF2_no
     MOV C, ST                     MOV C, TEMP1 ;1#备自投指示  ANL C, TEMP2
     ANL C, KA3                    ORL C, /KA1               MOV QAC2, C  ;完成QAC2的运算
     MOV TEMP1, C                  ANL C, ST                 ORL C, QAC2
     MOV C, SR                     ANL C, KA3                MOV KA2, C
     ANL C, KA6                    ORL C, K_FL               MOV C, TEMP1  ;2#备自投指示
     ORL C, TEMP1                  MOV PGY1, C               ORL C, /KA2
     MOV KA6, C                    MOV C, KA4                ANL C, ST
;1#泵控制运算开始                    ORL C, /SAC_1             ANL C, KA3
     MOV C, SF1                    ORL C, SAC_2              ORL C, K_FL
     ANL C, QAC1                   ORL C, /QAC2              MOV PGY2, C
     ORL C, /SAC_1                 MOV KF1_coil, C           MOV C, KA4
     ORL C, /SAC_2              ;2#泵控制运算开始              ORL C, SAC_1
     ORL C, SS1                    MOV C, SF2                ORL C, /SAC_2
     MOV TEMP1, C                  ANL C, QAC2               ORL C, /QAC1
     MOV C, KA4                    ORL C, /SAC_1             MOV KF2_coil, C
```

图 10-27　消防稳压泵位处理程序

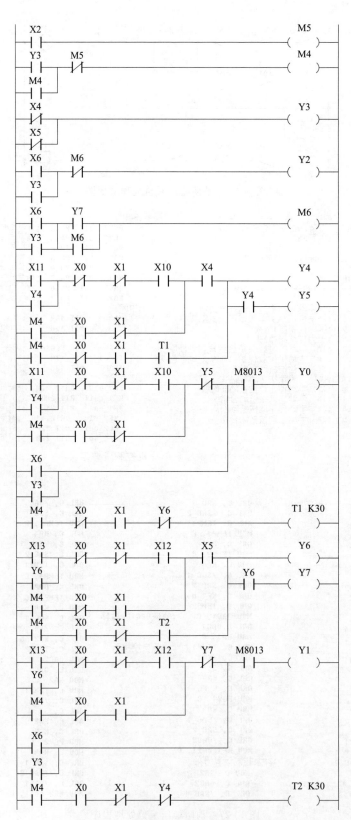

图 10-28 消防稳压泵单片机控制梯形图

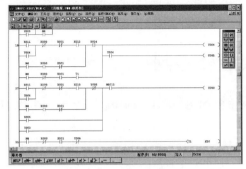 

图 10-29　单片机控制梯形图　　　　　图 10-30　文件更名

（3）功能验证

完整的控制程序经编译后得到可执行代码，并用烧录软件将可执行代码下载到单片机中。按照图 10-23 所示电路，连接好外围电器。首先观察单片机控制板输入、输出点各指示灯的状态，外接动断触头的指示灯应点亮，外接动合触头的指示灯应熄灭；转动运行方式选择开关，开关触头闭合点的指示灯应点亮、断开点的指示灯应熄灭；输出指示灯应全部熄灭。按住报警试验按钮 ST，应出现报警光信号灯闪烁、蜂鸣器鸣响；按下消声按钮 SR，报警声随即消失；松开按钮 ST，报警信号消失。

手动方式功能验证。把开关 SAC 打在中间位置，即控制板上指示灯 LX0 和 LX1 均为熄灭状态，除 LX4、LX5、LX10、LX12 指示灯点亮外，其余应熄灭。操作按钮 SF1、SS1、SF2、SS2，泵应启动停止。泵运行期间对应 BB1 或 BB2 动作，泵应停止，并出现声光报警；按下 SR 按钮，声报警解除；BB1 或 BB2 复位，报警消失。

1♯泵投用 2♯泵备用验证。把 SAC 打在用 1♯备 2♯位置，即指示灯 LX0 点亮、LX1 熄灭，除 LX4、LX5、LX10、LX12 指示灯点亮外，其余应熄灭。若压力控制器触头 BP2 闭合、指示灯 LX3 点亮，输出指示灯 LQ4 和 LQ5 点亮，即 1♯泵启动运转。若压力控制器触头 BP1 闭合、指示灯 LX2 点亮，输出指示灯 LQ4 和 LQ5 熄灭，即 1♯泵停止运转。在 1♯泵运转期间若过载保护动作，即 BB1 触头断开、指示灯 LX4 熄灭，随即声光报警出现、输出指示灯 PGY1（LQ0）和 PGY2（LQ1）闪烁、蜂鸣器 PB（LQ2 点亮）鸣叫、继电器 KA3 吸合（LQ3 点亮），接触器 QAC1 和继电器 KA1 释放（LQ4 和 LQ5 熄灭）、指示灯 PGG1 熄灭、PGR1 点亮、1♯泵停止运转；延时 3s 后接触器 QAC2 和继电器 KA2 吸合（LQ6 和 LQ7 点亮）、指示灯 PGG2 点亮、PGR2 熄灭，2♯备用泵投用，完成切换。

若过载保护热继电器 BB1 复位，1♯泵恢复运转，2♯泵停止运行。

2♯泵投用 1♯泵备用的验证与 1♯泵投用 2♯泵备用验证类似，只是开关 SAC 的位置不同，不再赘述。

详细验证过程可参考 PLC 控制功能验证，这里不再说明。若烧录的是梯形图转换得到的可执行代码，则可在编程软件 FXGPWIN.EXE 中进行监控。注意，监控时主控板上通信插座 CNt:[7] 与 CNt:[8] 须连通。

采用单片机对消防稳压泵进行控制，能充分发挥单片机布尔处理机进行逻辑运算的功能。在此基础上可以很方便地对重要信号回路进行监测，如输出接触器线圈回路；利用指示灯不同占空比闪光，同一指示灯可以指示多种状态，减少电器数量；限于篇幅不再细述。应用单片机控制在不改动连接线路的情况下能方便地完善功能、提高性能，使控制更安全、更可靠。

10.3　一用一备排水泵自动轮换运转控制

两台排水泵一用一备自动轮换工作的继电器控制电路如图 10-31～图 10-33 所示。图 10-31 为主电路，图 10-32 水位监测报警和泵轮换电路，图 10-33 为排水泵控制电路。图 10-32 和图 10-33 中各电器的功能见表 10-7。该线路采用 TN-S（三相五线）供电，其中 L1、L2 和 L3 为三相动力电源；控制线路采用单相 220V 供电，即相线 L1 和中性线 N 为电源，还有保护线 PE。

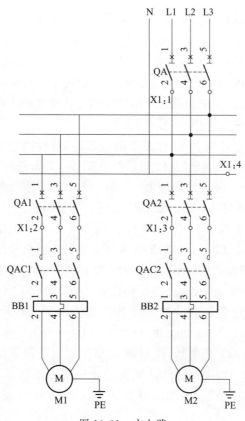

图 10-31　主电路

表 10-7　排水泵控制电路电器功能

图 10-32

代号	功能	代号	功能	代号	功能
FA	控制电源保护熔断器	PGW	控制电源指示灯（白色）	BL3	溢流液位器
PGY1	溢流水位指示灯	KA4	溢流水位继电器	BL1	低水位液位器
BL2	高水位液位器	KA3	水位自控继电器	KF1	轮换延时
KF2	轮换延时	KA5	轮换投入继电器	ST	声光报警试验按钮

续表

代号	功能	代号	功能	代号	功能
SR	声报警解除按钮	KA6	声报警解除继电器	PB	声报警蜂鸣器
PGY2	溢流水位报警指示灯	TC	控制变压器	KA7	BAS 外控继电器

图 10-33

代号	功能	代号	功能	代号	功能
SAC	运行方式选择开关				
PGR1	1#泵停转指示灯(红色)	SS1	1#泵停止按钮	SF1	1#泵启动按钮
BB1	1#泵过载保护热继电器	QAC1	1#泵电动机电源接触器	KA1	1#泵状态返回信号继电器
PGG1	1#泵运转指示灯(绿色)	KF1	通电延时时间继电器		
PGR2	2#泵停转指示灯(红色)	SS2	2#泵停止按钮	SF2	2#泵启动按钮
BB2	2#泵过载保护热继电器	QAC2	2#泵电动机电源接触器	KA2	2#泵状态返回信号继电器
PGG2	2#泵运转指示灯(绿色)	KF2	断电延时时间继电器		

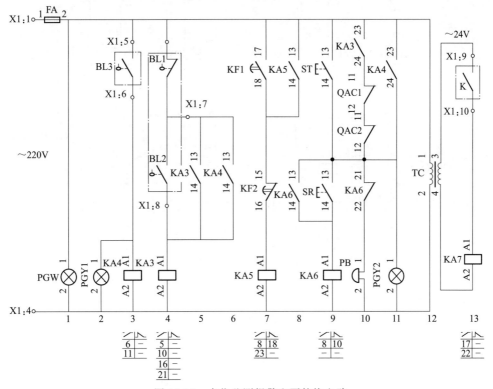

图 10-32　水位监测报警和泵轮换电路

图 10-32 和图 10-33 中表格用于说明该栏对应下方电路的功能，如栏目"溢流水位继电器及指示"，表示下方电路完成该功能，其中 BL3 为溢流液位器，KA4 为溢流水位继电器，PGY1 为溢流水位指示灯。电路图下方的一串数字，某个数字代表数字上方电器的位置号，如继电器 KA3 的位置号为 4。数字下面的是该位置上的继电器或接触器其辅助触头被使用

的位置，如位置 4 的中间继电器 KA3 的常开触头分别在位置 5、10、16 和 21 处被用到，共有 4 副触头，而常闭触头则没有被使用。

当运行方式选择开关 SAC 打在左侧，其触头 SAC：[1]与 SAC：[2]、SAC：[5]与 SAC：[6]接通，两排水泵处在"手动"工作方式，此时只要按下按钮 SF1 或 SF2，1♯泵或 2♯泵便启动投入运行。按下 SS1 或 SS2，排水泵即停止运行。

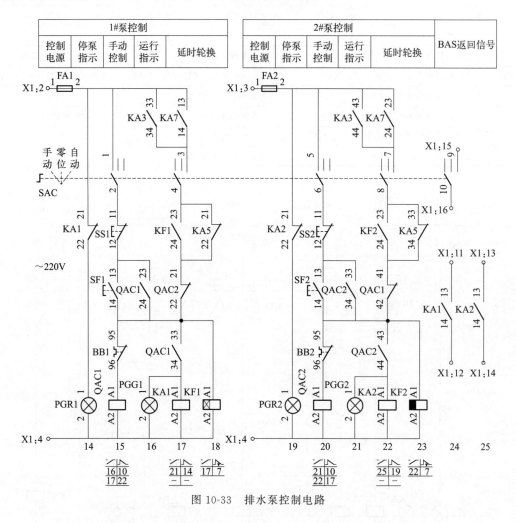

图 10-33　排水泵控制电路

当运行方式选择开关 SAC 打在右侧，其触头 SAC：[3]与 SAC：[4]、SAC：[7]与 SAC：[8]接通，两排水泵处在"自动"工作方式，此时排水泵由液位器或 BAS 外控控制启动和停止。

当运行方式选择开关 SAC 打在中间时，其触头 SAC：[1]与 SAC：[2]、SAC：[3]与 SAC：[4]、SAC：[5]与 SAC：[6]、SAC：[7]与 SAC：[8]均断开，两排水泵处在"零位"运行切除方式。

10.3.1　继电器控制电路

（1）水位监测报警电路

① 水位监测过程　在图 10-32 中，当水位逐渐升高至高水位液位器 BL2 动作时，其动

合触头闭合，控制回路 X1:1→FA:[1]→FA:[2]→BL1→BL2（X1:7→X1:8）→KA3:[A1]→KA3:[A2]→X1:4接通，水位自控继电器 KA3 线圈通电、吸合，动合触头 KA3:[13]与 KA3:[14]闭合，回路 X1:1→FA:[1]→FA:[2]→BL1→KA3:[13]→KA3:[14]→KA3:[A1]→KA3:[A2]→X1:4接通，使 KA3 自保持。

若水位继续上升，直到图 10-32 中溢流液位器 BL3 动作，其动合触头闭合，控制回路 X1:1→FA:[1]→FA:[2]→BL3（X1:5→X1:6）→PGY1:[1]（KA4:[A1]）→PGY1:[2]（KA4:[A2]）→X1:4接通，使溢流水位指示灯 PGY1 点亮、溢流水位继电器 KA4 线圈通电、吸合。KA4 的动合触头 KA4:[13]与 KA4:[14]闭合，用于保持继电器 KA3 的吸合状态；KA4 的另一副动合触头 KA4:[23]与 KA4:[24]也同时闭合，使溢流水位报警指示灯 PGY2 点亮、蜂鸣器 PB 鸣响，用于溢流声光报警。

水位下降至低于"溢水位"后，液位器 BL3 复位，其触头恢复常态断开，继电器 KA4 释放，KA4 的触头也恢复常态。注：溢水状态是异常状态。

随着水位下降至"高水位"以下后，液位器 BL2 复位，其触头恢复常态断开，此时有水位自控继电器触头 KA3:[13]与 KA3:[14]闭合自保。当水位低于"低水位"时，图 10-32 中低水位液位器 BL1 动作，其常闭触头断开，控制回路 X1:1→FA:[1]→FA:[2]→BL1‖BL2（KA3:[13]→KA3:[14]）→KA3:[A1]→KA3:[A2]→X1:4断路，继电器 KA3 线圈断电、释放，其动合触头 KA3:[13]与 KA3:[14]断开。

② 报警 报警试验。按住报警试验按钮 ST，回路 X1:1→FA:[1]→FA:[2]→ST:[13]→ST:[14]→PGY2:[1]→PGY2:[2]→X1:4 和回路 X1:1→FA:[1]→FA:[2]→ST:[13]→ST:[14]→KA6:[21]→KA6:[22]→PB:[1]→PB:[2]→X1:4接通，PGY2 通电点亮、PB 通电鸣响，声光报警出现。按下声报警解除按钮 SR，回路 X1:1→FA:[1]→FA:[2]→ST:[13]→ST:[14]→SR:[13]→SR:[14]→KA6:[A1]→KA6:[A2]→X1:4接通，继电器 KA6 线圈通电、吸合，触头 KA6:[21]与 KA6:[22]断开，回路 X1:1→FA:[1]→FA:[2]→ST:[13]→ST:[14]→KA6:[21]‖KA6:[22]→PB:[1]→PB:[2]→X1:4断路，PB 断电、不发声。松开报警试验按钮 ST，回路 X1:1→FA:[1]→FA:[2]→ST:[13]→ST:[14]→……断路，声光报警消失。

高水位液位器 BL2 动作后 KA3 吸合，触头 KA3:[23]与 KA3:[24]闭合，若 1♯和 2♯水泵都没有运转，回路 X1:1→FA:[1]→FA:[2]→KA3:[23]→KA3:[24]→QAC1:[11]→QAC1:[12]→QAC2:[11]→QAC2:[12]→PGY2:[1]→PGY2:[2]→X1:4 和回路 X1:1→FA:[1]→FA:[2]→KA3:[23]→KA3:[24]→QAC1:[11]→QAC1:[12]→QAC2:[11]→QAC2:[12]→KA6:[21]→KA6:[22]→PB:[1]→PB:[2]→X1:4接通，则声光报警出现，按下 SR 按钮可消声。若有一台水泵运转，即触头 QAC1:[11]与 QAC1:[12]或 QAC2:[11]与 QAC2:[12]断开，回路 X1:1→FA:[1]→FA:[2]→KA3:[23]→KA3:[24]→QAC1:[11]‖QAC1:[12]→QAC2:[11]→（‖）QAC2:[12]→……断路，报警不出现。

溢流液位器动作后 KA4 吸合，触头 KA4:[23]与 KA4:[24]闭合，回路 X1:1→FA:[1]→FA:[2]→KA4:[23]→KA4:[24]→PGY2:[1]→PGY2:[2]→X1:4 和回路 X1:1→FA:[1]→FA:[2]→KA4:[23]→KA4:[24]→KA6:[21]→KA6:[22]→PB:[1]→PB:[2]→X1:4接通，则声光报警出现，按下 SR 按钮可消声。溢水位恢复，光（声）报警消除。溢水消除，KA4 释放，回路 X1:1→FA:[1]→FA:[2]→KA4:[23]‖KA4:[24]→……断路，报警消失。

（2）水泵控制过程

水泵控制根据运行方式选择开关 SAC 所处位置不同，有手动和自控两种。手动由按钮 SF1 或 SF2 控制。自动则由液位器通过中间继电器 KA3 或 BAS 外控 KA7 控制。

① 手动方式

a. 启动。运行方式选择开关 SAC 打在左侧为选择手动，即图 10-33 中 SAC：[1]与 SAC：[2]接通、SAC：[3]与 SAC：[4]断开，SAC：[5]与 SAC：[[6]接通、SAC：[7]与 SAC：[8]断开。因 1♯泵和 2♯泵的控制线路类似，2♯泵启动按钮为 SF2、停止按钮为 SS2。下面以 1♯水泵为例进行解读。

按下图 10-33 中 1♯泵启动按钮 SF1，触头 SF1：[13]与 SF1：[14]闭合接通，回路 X1：2→FA1：[1]→FA1：[2]→SAC：[1]→SAC：[2]→SS1：[11]→SS1：[12]→SF1：[13]→SF1：[14]→BB1：[95]→BB1：[96]→QAC1：[A1]→QAC1：[A2]→X1：4 接通，接触器 QAC1 线圈通电、吸合。同时接触器 QAC1 的辅助触头 QAC1：[23]与 QAC1：[24]闭合接通，自保回路形成，即 X1：2→FA1：[1]→FA1：[2]→SAC：[1]→SAC：[2]→SS1：[11]→SS1：[12]→QAC1：[23]→QAC1：[24]→BB：[95]→BB1：[96]→QAC1：[A1]→QAC1：[A2]→X1：4 接通。1♯水泵启动进入运转状态，接触器 QAC1 的辅助触头 QAC1：[33]与 QAC1：[34]闭合接通，1♯泵运转指示灯 PGG1 点亮，1♯泵状态返回信号继电器 KA1 吸合，1♯泵停转指示灯 PGR1 熄灭。

b. 停止。按下图 10-33 中 1♯泵启动按钮 SS1，触头 SS1：[11]与 SS1：[12]断开，回路 X1：2→FA1：[1]→FA1：[2]→SAC：[1]→SAC：[2]→SS1：[11]‖SS1：[12]→SF1：[13]→SF1：[14]→BB1：[95]→BB1：[96]→QAC1：[A1]→QAC1：[A2]→X1：4 断路，接触器 QAC1 线圈断电、释放。1♯水泵停止运转，接触器 QAC1 的辅助触头 QAC1：[33]与 QAC1：[34]断开，1♯泵运转指示灯 PGG1 熄灭，1♯泵状态返回信号继电器 KA1 释放，1♯泵停转指示灯 PGR1 点亮。

② 自控方式　运行方式选择开关 SAC 打在右侧选择水位自控，即图 10-33 中 SAC：[1]与 SAC：[2]断开、SAC：[3]与 SAC：[4]接通，SAC：[5]与 SAC：[[6]断开、SAC：[7]与 SAC：[8]接通。图 10-33 中 1♯泵触头 KA3：[33]与 KA3：[34]为液位控制，触头 KA7：[13]与 KA7：[14]为 BAS 外控。图 10-33 中 2♯泵触头 KA3：[43]与 KA3：[44]为液位控制，触头 KA7：[23]与 KA7：[24]为 BAS 外控。

a. 1♯泵启动。当水位逐渐上升至高水位液位器 BL2 动作时，图 10-32 中的中间继电器 KA3 吸合，图 10-33 中触头 KA3：[33]与 KA3：[34]、KA3：[43]与 KA3：[44]闭合接通，回路 X1：2→FA1：[1]→FA1：[2]→KA3：[33]→KA3：[34]→SAC：[3]→SAC：[4]→KA5：[21]→KA5：[22]→QAC2：[21]→QAC2：[22]→BB1：[95]→BB1：[96]→QAC1：[A1]→QAC1：[A2]→X1：4 接通，接触器 QAC1 线圈通电、吸合，1♯水泵启动运转。接触器 QAC1 的辅助触头 QAC1：[33]与 QAC1：[34]闭合接通，指示灯 PGG1 点亮，继电器 KA1 吸合，指示灯 PGR1 熄灭。

1♯水泵启动工作，同时图 10-33 中通电延时时间继电器 KF1 线圈通电、吸合，开始计时。计时到达设定值时，图 10-32 中触头 KF1：[17]与 KF1：[18]闭合接通，图 10-32 中中间继电器 KA5 线圈通电吸合，且图 10-32 中触头 KA5：[13]与 KA5：[14]闭合，保持 KA5 的吸合状态。图 10-33 中触头 KA5：[21]与 KA5：[22]断开、触头 KA5：[33]与 KA5：[34]闭合；为 2♯启动做准备。

b. 1#泵停止。随着水泵的运转，水位逐渐下降，当水位低至低水位液位器 BL1 工作时，图 10-32 中的中间继电器 KA3 释放，图 10-33 中触头 KA3:[33]与 KA3:[34]、KA3:[43]与 KA3:[44]断开，图 10-33 中接触器 QAC1 线圈断电、释放，1#水泵停止工作。接触器 QAC1 的辅助触头 QAC1:[33]与 QAC1:[34]断开，指示灯 PGG1 熄灭，继电器 KA1 释放，指示灯 PGR1 点亮。

c. 2#泵启动。当水位再次上升达到高水位液位器 BL2 动作时，图 10-32 中的中间继电器 KA3 再次动作，图 10-33 中触头 KA3:[33]与 KA3:[34]、KA3:[43]与 KA3:[44]闭合接通，因图 10-33 中触头 KA5:[33]与 KA5:[34]处在闭合状态、接触器 QAC2 线圈得电吸合，2#水泵启动运转。接触器 QAC2 的辅助触头 QAC2:[43]与 QAC2:[44]闭合接通，指示灯 PGG2 点亮，继电器 KA2 吸合，指示灯 PGR2 熄灭。

2#泵启动工作，同时图 10-33 中断电延时时间继电器 KF2 线圈通电、吸合。

d. 2#泵停止。随着水泵的运转，水位逐渐下降，当水位低至低水位液位器 BL1 工作时，图 10-32 中的中间继电器 KA3 释放，图 10-33 中触头 KA3:[43]与 KA3:[44]断开，图 10-33 中接触器 QAC2 线圈断电、释放，2#水泵停止工作。接触器 QAC2 的辅助触头 QAC2:[43]与 QAC2:[44]断开，指示灯 PGG2 熄灭，继电器 KA2 释放，指示灯 PGR2 点亮。

触头 KA3:[43]与 KA3:[44]断开，断电延时时间继电器 KF2 线圈断电、释放，开始计时，计时到达设定值时，图 10-32 中触头 KF2:[15]与 KF1:[16]由闭合成断开，图 10-32 中中间继电器 KA5 线圈断电释放，使触头 KA5:[21]与 KA5:[22]闭合、触头 KA5:[33]与 KA5:[34]断开，为下一次 1#泵启动做准备。

由上面分析可知，中间继电器 KA5 处于释放状态，1#水泵可以启动；中间继电器 KA5 处于吸合状态，2#水泵可以启动。

两台水泵轮换控制的时间继电器 KF1 和 KF2 实际上可以用相同的通电延时型，KF2 没有必要选用断电延时型。图 10-33 中时间继电器的瞬动触头 KF1 和 KF2 也可以用对应的信号返回继电器 KA1 和 KA2 的触头替换，这样可简化电路对电器的要求。

③ BAS 外控 BAS 外控由开关 K 通过中间继电器 KA7 进行，触头 KA7:[13]与 KA7:[14]、KA7:[23]与 KA3:[24]分别与触头 KA3:[33]与 KA3:[34]、KA3:[43]与 KA3:[44]并联，则水泵的运行过程只要将上面"自动方式"中的触头 KA3:[33]与 KA3:[34]、KA3:[43]与 KA3:[44]改为触头 KA7:[13]与 KA7:[14]、KA7:[23]与 KA7:[24]即可，不再重复。

(3) 零位停止方式

不管是在手动方式还是在自动方式，只要将运行方式选择开关 SAC 打到中间位置，即图 10-33 中 SAC:[1]与 SAC:[2]、SAC:[3]与 SAC:[4]、SAC:[5]与 SAC:[[6]、SAC:[7]与 SAC:[8]均断开，接触器线圈 QAC1 和 QAC2 都断电、水泵不能启动运行。

若出现高水位和溢流水位，BL2 和 BL3 就会立即动作报警。

综上所述，在手动方式下，水泵只能通过按钮启动运行或停止。在自控方式下，可以由水位自控或 BAS 外控。当中间继电器 KA5 处在释放状态时，高水位液位器 BL2 动作或 KA7 吸合，则启动 1#水泵、2#泵备用，且使 KA5 吸合；低水位液位器 BL1 动作或 KA7 释放，则 1#水泵停止。当中间继电器 KA5 处在吸合状态时，高水位液位器 BL2 再次动作或 KA7 再次吸合，则 2#水泵启动、1#泵备用，且将 KA5 释放；低水位液位器 BL1 动作或 KA7 释放,则 2♯水泵停止。如此循环,1♯水泵或 2♯水泵依次轮流运转。零位方式下,水泵虽然不能启动,但水位监测报警仍然在工作。

10.3.2　PLC 控制

根据继电器控制电路原理图 10-32 和图 10-33,以及上面的分析,得到需要接入 PLC 的输入有运行方式选择开关 SAC、液位器 BL1~BL3、远控继电器 KA7 的触头、声光报警试验按钮 ST、声报警解除按钮 SR、两台水泵的过载保护热继电器 BB1 和 BB2、水泵停止按钮 SS1 和 SS2、水泵启动按钮 SF1 和 SF2,共计 14 个输入点。需要输出的有声光报警信号 PB 和 PGY2、溢流水位信号 PGY1、电动机电源接触器 QAC1 和 QAC2、水泵停止信号 PGR1 和 PGR2、水泵运行信号 PGG1 和 PGG2、两路 BAS 返回信号 KA1 和 KA2,共计 9 个输出点。

(1) 电气原理图

选用三菱 FX$_{3SA}$-30MR-CM 可编程控制器,一用一备排水泵自动轮换 PLC 控制原理图如图 10-34 所示。

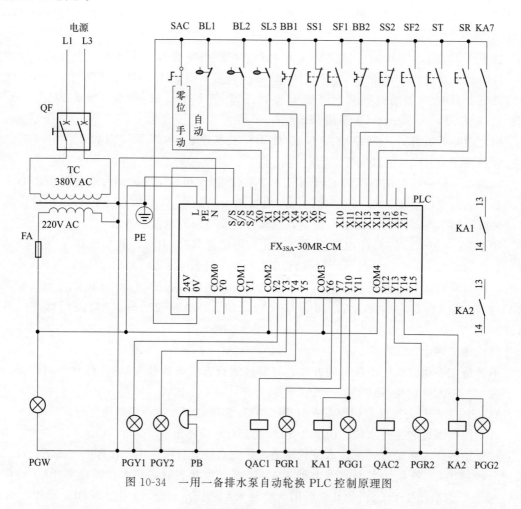

图 10-34　一用一备排水泵自动轮换 PLC 控制原理图

(2) 程序编制

排水泵自动轮换 PLC 控制梯形图由其继电器控制电路转换得到。按照 4.3.2 节中介绍的，依据继电器控制电路，通过电器代号替换、符号替换、触头修改、按规则整理四个步骤，将原继电器控制电路转换为 PLC 控制的梯形图。图 10-33 中 1♯泵和 2♯泵的工作电路类似，1♯泵电路转换得到的梯形图见图 10-35，时间继电器定时值设定为 3s。

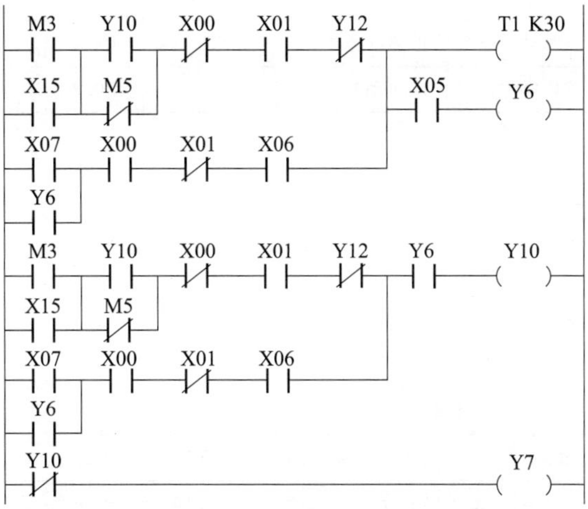

图 10-35　排水泵自动轮换 PLC 控制 1♯泵程序

10.3.3　单片机控制

（1）电气原理图

采用单片机控制板 ZY-8644MBR＋ZY-88ER 控制的一用一备排水泵的电路如图 10-36 所示。图 10-36 中各输入、输出电器所接端子对应主控制板上单片机的引脚号，以及中间电器的资源分配和定义见表 10-8。为了方便编制程序还定义了两个中间电器 TEMP1 和 TEMP2，用于存放中间运算结果，溢流信号继电器 KA4（端子号 Y10）用指示灯输出引脚 P1.2 替换。

表 10-8　排水泵单片机控制电路资源分配

类型	代号	名称	单片机资源		功能
			端子代号	引脚号	
输入电器	SAC_1	1♯投用 2♯备用运行方式触头	X0	P2.7	手动运行方式
	SAC_2	2♯投用 1♯备用运行方式触头	X1	P2.6	自控运行方式
	BL1	低水位液位器触头	X2	P2.5	低水位监测
	BL2	高水位液位器触头	X3	P2.4	高水位监测
	BL3	溢流液位器触头	X4	P2.3	溢流水位监测
	ST	报警试验按钮动合触头	X5	P2.2	报警试验
	SR	声报警解除按钮动合触头	X6	P2.1	声报警解除
	KA7	BAS 外控继电器	X7	P2.0	BAS 外控
	BB1	1♯泵过载保护热继电器	X20	P0.7	1♯泵过载保护
	SS1	1♯泵手动停止按钮动断触头	X21	P0.6	1♯泵就地停止操作
	SF1	1♯泵手动启动按钮合触头	X22	P0.5	1♯泵就地启动操作

类型	代号	名称	单片机资源		功能
			端子代号	引脚号	
输入电器	BB2	2#泵过载保护热继电器	X23	P0.4	2#泵过载保护
	SS2	2#泵手动停止按钮动断触头	X24	P0.3	2#泵就地停止操作
	SF2	2#泵手动启动按钮动合触头	X25	P0.2	2#泵就地启动操作
输出电器	QAC1	1#泵电动机电源接触器线圈	Y4	P3.4	1#泵电动机电源
	QAC2	2#泵电动机电源接触器线圈	Y5	P3.5	2#泵电动机电源
	PB	报警蜂鸣器线圈	Y11	P1.1	声报警
	PGY1	溢流指示灯和 KA4 继电器线圈	Y12	P1.2	溢流指示
	PGY2	光报警指示灯	Y13	P1.3	光报警
	PGR1	1#泵停转指示灯	Y14	P1.4	1#泵停转指示
	KA1	1#泵状态返回信号继电器线圈	Y15	P1.5	1#泵状态返回信号
	PGR2	2#泵停转指示灯	Y16	P1.6	2#泵停止指示
	KA2	2#泵状态返回信号继电器线圈	Y17	P1.7	2#泵状态返回信号
中间电器	KA3	水位自控继电器线圈	M3	14H	水位自控方式(直接寻址位)
	KA4	溢流信号继电器线圈	Y10	P1.2	水位溢流
	KA5	水泵轮换继电器线圈	M5	15H	水泵轮换(直接寻址位)
	KA6	声报警解除继电器线圈	M6	16H	消声(直接寻址位)
	TEMP1	中间位运算值		17H	存放中间运算结果(直接寻址位)
	TEMP2	中间位运算值		18H	存放中间运算结果(直接寻址位)
	KF1_no	切换时间继电器动合触头		21H	2#泵切换到1#泵延时动合触头
	KF1_coil	切换时间继电器线圈	T1	20H	计时开始触发信号
	KF1_vlu	切换时间继电器定值	K30	40H	时间继电器定时值
	KF2_no	切换时间继电器动合触头		23H	1#泵切换到2#泵延时动合触头
	KF2_coil	切换时间继电器线圈	T2	22H	计时开始触发信号
	KF2_vlu	切换时间继电器定值	K30	41H	时间继电器定时值

（2）程序编制

一用一备轮换排水泵单片机控制程序采用梯形图和位处理编制。梯形图程序需要通过专用的转换软件才能得到单片机可执行代码，位处理程序只需要进行编译就能得到单片机可执行代码。

① 位处理程序　按照 5.3.3 节程序编制步骤将图 10-32 和图 10-33 所示继电器控制电路转换为位处理梯形图，其中图 10-32 转换后的梯形图如图 10-37 所示，然后进行位处理程序编制。排水泵轮换单片机控制的资源定义如图 10-38 所示，图 10-37 的位处理程序如图 10-39所示。排水泵水位监测、报警、水泵轮换控制程序运算过程如下。

将 BL3 送累加器 C，再送 PGY1（和 KA4），完成溢流指示（和继电器 KA4 线圈）的运算；将 BL2 送累加器 C，与 KA3 进行逻辑与运算，与 KA4 进行逻辑与运算，与 BL1 进行逻辑或运算，运行结果送 KA3，完成水位自控继电器 KA3 线圈的运算；将 KF1 送累加

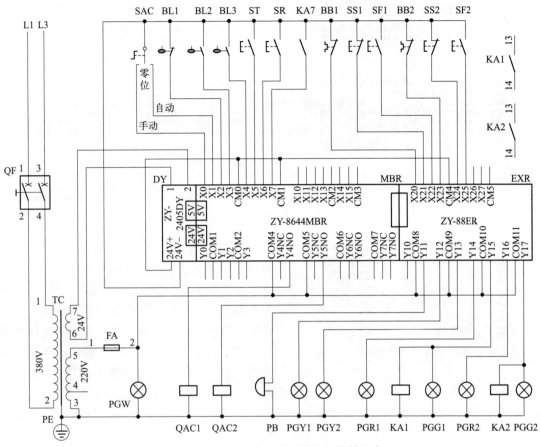

图 10-36　一用一备排水泵单片机控制电路

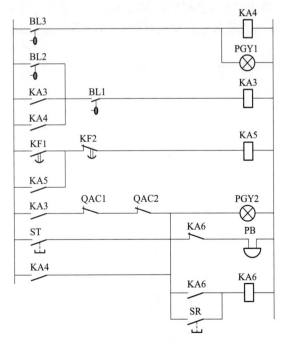

图 10-37　水位监测报警和泵轮换位处理梯形图

```
;------电器元件定义------------------
;输入:
SAC_1   BIT  P2.7   ;1#投用2#备用运行方式触头
SAC_2   BIT  P2.6   ;2#投用1#备用运行方式触头
BL1     BIT  P2.5   ;低水位液位器触头
BL2     BIT  P2.4   ;高水位液位器触头
BL3     BIT  P2.3   ;溢流液位器触头
ST      BIT  P2.2   ;报警试验按钮动合触头
SR      BIT  P2.1   ;声报警解除按钮动合触头
KA7     BIT  P2.0   ;BAS外控
BB1     BIT  P0.7   ;1#泵电动机过载保护热继电器动断触头
SS1     BIT  P0.6   ;1#泵手动停止按钮动断触头
SF1     BIT  P0.5   ;1#泵手动启动按钮动合触头
BB2     BIT  P0.4   ;2#泵电动机过载保护热继电器动断触头
SS2     BIT  P0.3   ;2#泵手动停止按钮动断触头
SF2     BIT  P0.2   ;2#泵手动启动按钮动合触头

;输出:
QAC1    BIT  P3.4   ;1#泵电动机电源接触器
QAC2    BIT  P3.5   ;2#泵电动机电源接触器
PB      BIT  P1.1   ;声报警
```

```
PGY1     BIT  P1.2   ;溢流指示
PGY2     BIT  P1.3   ;光报警
PGR1     BIT  P1.4   ;1#泵停转指示灯
KA1      BIT  P1.5   ;1#泵信号返回和状态指示
PGR2     BIT  P1.6   ;2#泵停转指示灯
KA2      BIT  P1.7   ;2#泵信号返回和状态指示

;中间:
KA3      BIT  14H    ;水位自控继电器
KA5      BIT  15H    ;水泵轮换继电器
KA6      BIT  16H    ;声报警解除继电器
TEMP1    BIT  17H    ;中间运算结果存放单元
TEMP2    BIT  18H    ;中间运算结果存放单元
;定时器:
KF1_vlu  DATA 40H    ;时间继电器KF1定时值
KF1_coil BIT  20H    ;时间继电器KF1线圈
KF1_no   BIT  21H    ;时间继电器KF1动合触头
KF2_vlu  DATA 41H    ;时间继电器KF2定时值
KF2_coil BIT  22H    ;时间继电器KF2线圈
KF2_no   BIT  23H    ;时间继电器KF2动合触头
```

图 10-38　排水泵轮换单片机控制资源定义

```
;-------------------------------
LP1: MOV C, BL3     ;溢水检测
     MOV KA4, C
     MOV C, BL2     ;水位高低检测
     ANL C, KA3
     ANL C, KA4
     ORL C, BL1
     MOV KA3, C
     MOV C, KF1     ;泵轮换
     ANL C, KA5
     ORL C, /KF2
     MOV KA5, C
     MOV C, KA3     ;报警
```

```
     ORL C, /QAC1
     ORL C, /QAC2
     ANL C, ST
     ANL C, KA4
     MOV TEMP1, C
     MOV PGY2, C    ;光报警
     ORL C, /KA6
     MOV PB, C      ;声报警
     MOV C, KA6
     ANL C, SR
     ORL C, TEMP1
     MOV KA6, C     ;消声
```

图 10-39　水位监测报警和泵轮换位处理程序

器 C，与 KA5 进行逻辑或运算，与 KF2 的反进行逻辑或运算，运行结果再送 KA5，完成水泵轮换继电器 KA5 线圈的运算；将 KA3 送累加器 C，与 QAC1 的反进行逻辑或运算，与 QAC2 的反进行逻辑或运算，与 ST 进行逻辑与运算，与 KA4 进行逻辑与运算，运算结果送 TEMP1 保存；运算结果送 PGY2，完成光报警指示的运算；与 KA6 的反进行逻辑或运算，运算结果送 PB，完成声报警指示的运算；将 KA6 送累加器 C，与 SR 进行逻辑与运算，与 TEMP1 进行逻辑或运算，运算结果送 KA6，完成声报警解除继电器 KA6 线圈的运算。

② 梯形图程序　排水泵单片机控制的梯形图程序可由图 10-32 和图 10-33（或 PLC 控制梯形图）结合表 10-8 和图 10-36 变换得到，其中水位监测报警等位处理梯形图如图 10-40 所示。把图 10-40 所示梯形图和排水泵自动轮换控制梯形图一起用编程软件 FXGPWIN.EXE

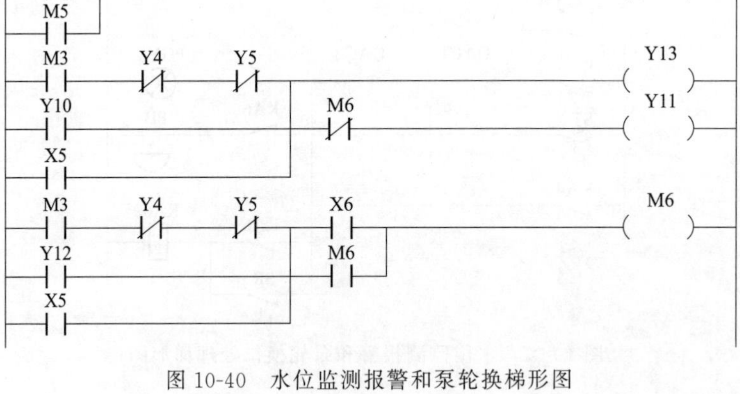

图 10-40　水位监测报警和泵轮换梯形图

录入，PLC 类型为 FX1N 录入，保存为"排水泵.PMW"。经专用软件转换得到的可执行代码存放在目录 PMW-HEX-V3.0 下，名为 fx1n.hex，建议将其更名为"排水泵.hex"保存。

(3) 功能验证

一用一备排水泵轮换单片机控制的梯形图和位处理程序验证步骤和方法参照前面介绍的方式进行。

(4) 监测和冗余设计

为了保证排水泵可靠地启动，可以在单片机控制电路中增加对输出接触器线圈回路的监测，若接触器线圈回路一旦出现接触不良、断线等异常情况，即可报警，及时告知相关人员。监测接触器线圈 QAC1 和 QAC2 回路的单片机电路如图 10-41 所示，对应监测点端子号为 X14 和 X15。

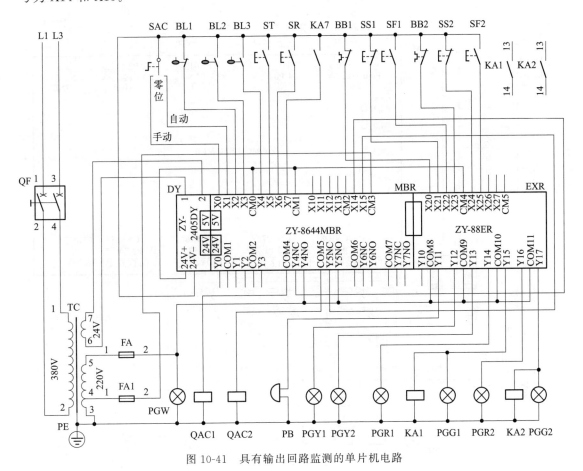

图 10-41　具有输出回路监测的单片机电路

由于单片机控制板成本低，控制系统的电器回路可以采用双通道并联冗余设计，使其可靠性进一步提高。

(5) 选配板控制

若一用一备排水泵采用单片机选配板控制，使用 1 块 MCU 板、4 块直流开关量输入板和 3 块继电器输出板外，还增加 1 只输出直流为 24V/3A 的开关电源，并采用 QAC1 和 QAC2 双路并联输出，其电路如图 10-42 所示，图 10-42 中 MCU 板输入输出接口对应单片机的引脚号见表 7-9。位处理控制程序只要修改输入、输出电器定义即可，梯形图控制程序修改转换配置即可。

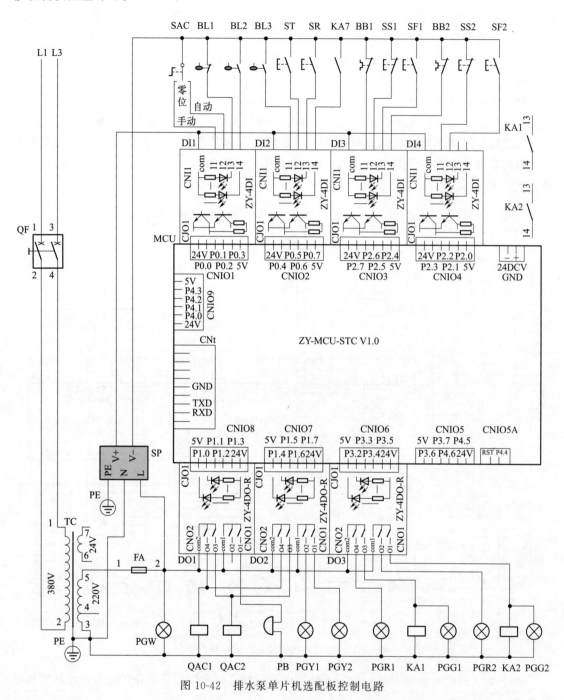

图 10-42   排水泵单片机选配板控制电路

参 考 文 献

[1] 中华人民共和国国家质量监督检验检疫总局，中国国家标准化管理委员会 . GB 13539.1—2015 低压熔断器 第 1 部分：基本要求 [S]. 北京：中国标准出版社，2015.

[2] 中华人民共和国国家质量监督检验检疫总局，中国国家标准化管理委员会 . GB 13539.2—2015 低压熔断器 第 2 部分：专职人员使用的熔断器的补充要求（主要用于工业的熔断器）标准化熔断器系统示例 A 至 K [S]. 北京：中国标准出版社，2015.

[3] 中华人民共和国国家质量监督检验检疫总局，中国国家标准化管理委员会 . GB/T 13539.3—2017 低压熔断器 第 3 部分：非熟练人员使用的熔断器的补充要求（主要用于家用和类似用途的熔断器）标准化熔断器系统示例 A 至 F [S]. 北京：中国标准出版社，2017.

[4] 中华人民共和国国家质量监督检验检疫总局，中国国家标准化管理委员会 . GB/T 13539.5—2013 低压熔断器第 5 部分：低压熔断器应用指南 [S]. 北京：中国标准出版社，2013.

[5] 李英姿 . 低压电器应用技术 [M]. 北京：机械工业出版社，2020.

[6] 中国航空规划设计研究院有限公司 . 工业与民用供配电设计手册 [M]. 4 版 . 北京：中国电力出版社，2016.

[7] 任元会 . 低压配电设计解析 [M]. 北京：中国电力出版社，2020.

[8] 中华人民共和国国家市场监督管理总局，中国国家标准化管理委员会 . GB/T 14048.2—2020 低压开关设备和控制设备 第 2 部分：断路器 [S]. 北京：中国标准出版社，2020.

[9] 中华人民共和国国家质量监督检验检疫总局，中国国家标准化管理委员会 . GB 10963.1—2005 电气附件 家用及类似场所用过电流保护断路器 第 1 部分：用于交流的断路器 [S]. 北京：中国标准出版社，2005.

[10] 中华人民共和国国家质量监督检验检疫总局，中国国家标准化管理委员会 . GB 14048.4—2010 低压开关设备和控制设备 第 4-1 部分：接触器和电动机起动器 机电式接触器和电动机起动器（含电动机保护器）[S]. 北京：中国标准出版社，2010.

[11] 中华人民共和国国家市场监督管理总局，中国国家标准化管理委员会 . GB 21518—2022 交流接触器能效限定值及能效等级 [S]. 北京：中国标准出版社，2022.

[12] 中华人民共和国工业和信息化部 . JB/T 13097—2017 电磁式继电器 [S]. 北京：机械工业出版社，2017.

[13] 中华人民共和国工业和信息化部 . JB/T 8792—2010 接触器式继电器 [S]. 北京：机械工业出版社，2010.

[14] 中华人民共和国国家质量监督检验检疫总局，中国国家标准化管理委员会 . GB/T 4728.7—2008 电气简图用图形符号 第 7 部分：开关、控制和保护器件 [S]. 北京：中国标准出版社，2022.

[15] 中华人民共和国工业和信息化部 . JB/T 5555—2013 机床控制变压器 [S]. 北京：机械工业出版社，2013.

[16] 电工手册编写组 . 电工手册 [M]. 上海：上海科学技术出版社，1990.

[17] 张士林，屈文莺 . 电工手册 [M]. 北京：石油工业出版社，1990.

[18] 史国生 . 电气控制与可编程控制器技术 [M]. 北京：化学工业出版社，2004.

[19] 赵明、许罗 . 工厂电气控制设备 [M]. 北京：机械工业出版社，2005.

[20] 中国机械工业联合会，中华人民共和国住房和城乡建设部 . GB 50055—2011 通用用电设备配电设计规范 [S]. 北京：中国计划出版社，2012.

[21] 国家机床质量监督检验中心，等 . GB/T 5226.1—2019/IEC 60204—1：2016 机械电气安全 机械电气设备 第 1 部分：通用技术条件 [S]. 北京：中国标准出版社，2019.

[22] 谢炜，孙文华，陈谦，等 . 低压三相电机交流控制电源应采用控制变压器 [J]. 建筑电气，2021，40（5）：25-31.

[23] 孙涵芳、徐爱卿 . MCS-51/96 单片机的原理与应用 [M]. 北京：北京航空航天大学出版社，1988.

[24] 宏晶科技 . STC11F/10F 单片机技术手册 [Z]. 2009.

［25］ 余永权、李小青．单片机应用系统的功率接口技术［M］．北京：北京航空航天大学出版社，1992．

［26］ 李清泉，黄昌宁．集成运算放大器原理与应用［M］．北京：科学出版社，1980．

［27］ 杨家树，关静．OP 放大器电路及应用［M］．　北京：科学出版社，2010．

［28］ 钢铁企业电力设计手册编委会．钢铁企业电力设计手册（下册）［M］．北京：冶金工业出版社，1996．

［29］ 中国建筑标准设计研究院．16D303-2 常用风机控制电路图［M］．北京，中国计划出版社，2016．

［30］ 中国建筑标准设计研究院．16D303-3 常用水泵控制电路图［M］．北京，中国计划出版社，2016．